Informationsintegration in der Just-in-Sequence-Logistik

Wertschöpfungsmanagement

Herausgegeben von Hans-Dietrich Haasis

Band 11

PETER LANG
Frankfurt am Main · Berlin · Bern · Bruxelles · New York · Oxford · Wien

Marco Plöger

Informationsintegration in der Just-in-Sequence-Logistik

Koordinationsansätze des Lean Managements zur logistischen Prozesssynchronisation

PETER LANG
Internationaler Verlag der Wissenschaften

Bibliografische Information der Deutschen Nationalbibliothek
Die Deutsche Nationalbibliothek verzeichnet diese Publikation in der Deutschen Nationalbibliografie; detaillierte bibliografische Daten sind im Internet über http://dnb.d-nb.de abrufbar.

Zugl.: Bremen, Univ., Diss., 2010

Umschlaggestaltung:
Olaf Glöckler, Atelier Platen, Friedberg

Gedruckt auf alterungsbeständigem,
säurefreiem Papier.

D 46
ISSN 1863-169X
ISBN 978-3-631-61849-3

www.peterlang.de

Die Ordnung und Regelmäßigkeit also an den Erscheinungen, die wir Natur nennen, bringen wir selbst hinein, und würden sie auch nicht darin finden können, hätten wir sie nicht, oder die Natur unseres Gemüts ursprünglich hineingelegt.

Immanuel Kant (1781)

Vorwort

Diese Arbeit fasst die Erkenntnisse des Projekts SUCULOG zusammen und dokumentiert wesentliche Ergebnisse.

Die kontinuierliche Optimierung von Prozessen ist nicht nur für die Automobilindustrie eine Herausforderung von zunehmender Bedeutung. Ein wichtiger Beitrag zur Effizienzsteigerung kann dabei durch die Synchronisation logistischer Prozesse geleistet werden. Der in dieser Arbeit betrachteter Schwerpunkt des Projekts liegt in der Informationsintegration in den Beschaffungsketten, um Bestandssenkungspotenziale ausschöpfen zu können.

Mein Dank gilt zuallerst Herrn Prof. Dr. Haasis von der Universität Bremen, ohne dessen Fürsprache und Einsatz dieses Projekt nicht möglich gewesen wäre. Zudem danke ich Herrn Prof. Dr. Siestrup von der Hochschule Furtwangen für die externe Begutachtung und die vertrauensvolle Zusammenarbeit im Rahmen des Projekts. Weiterhin Danke ich Herrn Lausmann von der Johnson Controls Headliner GmbH Bremen für die konstruktive Unterstützung und enge Kooperation im Rahmen des Projektkonsortiums.

Ferner Danke ich Frau Dr. Lange und Frau Schmidt für ihre Unterstützung bei der Durchsicht des Manuskripts. Abschließend möchte ich mich bei den Kollegen am Institut für Seeverkehrswirtschaft und Logistik für die zahllosen Diskussionen und kritischen Anregungen bedanken, die zum Gelingen des Projekts direkt und indirekt beigetragen haben.

Bremen im Dezember 2010

Inhaltsverzeichnis

Abbildungsverzeichnis XIII

1 Einleitung 1

1.1 Die Entwicklung Toyotas zum Weltmarktführer mit Logistikkonzepten 1

1.2 Zielsetzung der Arbeit 3

2 Produktionssynchrone Logistik 5

2.1 Geschichtliche Entwicklung des Lean managements 5

2.2 Definition der produktionssynchronen Logistik 8

2.3 Konzeptionelle Grundlagen des Kanban-Konzepts 13

2.4 Beschaffungsmodi in Fertigungsverbünden 19

2.4.1 Entscheidungsmodelle für die Wahl des Beschaffungsmodus 22

2.4.1.1 Pareto-Analyse für Beschaffungsentscheidungen 23

2.4.1.2 Ansätze der mehrkriteriellen Pareto-Analyse 25

2.4.1.3 Literaturüberblick zu alternativen mehrkriteriellen Ansätzen 27

2.4.1.4 Bedeutung von Qualitätsmerkmalen für Beschaffungsentscheidungen 30

2.4.2 Herleitung einer Indifferenzpunkt-Gleichung mit Qualitätskennzahlen und Flächenbedarfen 31

2.4.2.1 Basismodell 31

2.4.2.2 Modellerweiterungen 39

2.4.2.3 Illustration des Einflusses von Qualität und Komplexität auf die Indifferenzmenge 42

2.4.2.4 Zwischenergebnis zu mehrkriteriellen Entscheidungsmodellen der Beschaffung 43

2.4.3 Prozessvariabilität und Platzbedarf 45

2.4.4 Fundierung von Just-in-sequence und der Engpassfaktor Raum 49

2.5 Zwischenfazit 63

2.5.1 Kritische Würdigung 63

2.5.2 Zwischenfazit in sechs Schlussfolgerungen 64

3 Informationsintegration in Fertigungsverbünden 67

3.1 Zielsetzung des Kapitels 67
3.2 Historische Entwicklung der Informationsintegrationskonzepte 68
3.3 Informationslogistik und der Einsatz von Informationen zur Prozessoptimierung 71
3.4 Theoretische Fundierung der Funktion von Informationen in der Informationslogistik 75
3.4.1 Kybernetische Ansätze und der Bullwhip-Effekt 77
3.4.2 Nicht-kybernetische Ansätze und Informationsflüsse downstream 84
3.4.2.1 Haupt-Informationsflüsse downstream 84
3.4.2.2 Neben-Informationsflüsse downstream 87
3.5 Funktions- und unternehmensübergreifende Informationsintegration 91
3.5.1 ERP und unternehmensinterne Informationsintegration 94
3.5.1.1 Entwicklung der betrieblichen Planungssysteme 95
3.5.1.2 Definition und Elemente von ERP-Systemen 97
3.5.1.3 Betriebswirtschaftlicher Nutzen von ERP-Systemen 99
3.5.1.4 Kosten und Grenzen der ERP-Systemintegration.................102
3.5.2 Unternehmensübergreifende Informationsintegration 116
3.5.2.1 Advanced planning-Systeme 117
3.5.2.2 Anwendungsfelder für Electronic Data Interchange (EDI)..118
3.5.2.3 Definition und Elemente von EDI-Systemen 119
3.5.2.4 Positive Effekte von EDI 122
3.5.2.5 Probleme und Grenzen der Informationsintegration mit EDI in mehr stufigen Supply chains 129
3.5.2.6 Besondere Herausforderungen für KMU bei der EDI-Implementierung 136
3.5.2.7 Informationsintegration per XML und WebEDI 138
3.5.2.8 Tracking & Tracing und Supply chain event management ..143
3.5.2.9 Der Ansatz des Internets der Dinge 151
3.5.3 Gesamtschau der Ansätze funktions- und unternehmensübergreifender Informationsintegration 160
3.6 Die Koppelung von Material- und Informationsflüssen........................167

3.6.1 Informationsintegration über automatische Identifikationssysteme 167
3.6.2 Der Informationsintensitätsansatz nach Porter/Millar (1985) 172
3.6.2.1 Die Informationsintensitäts-Matrix 174
3.6.2.2 Bewertung der Implikationen des Informationsintensitätsansatzes für die Just-in-sequence-Logistik 178
3.7 Zwischenfazit 181
3.7.1 Kritische Würdigung 181
3.7.2 Zwischenfazit in sechs Schlussfolgerungen 182
4 Optimierung produktionssynchroner Logistik mit Informationssystemen 185
4.1 Zielsetzung des Kapitels 185
4.2 Source: Bestellabruf 186
4.2.1 EDI-Einsatz in produktionssynchronen Fertigungsverbünden 186
4.2.2 Informationsintegration mit automatischen Identifikationssystemen nach Johnston/Yap (1998) 191
4.3 Make: Variantenfertigung 194
4.3.1 Der Leitteileansatz 194
4.3.1.1 Robuste dezentrale Prozesssteuerung mit dem Leitteileansatz 194
4.3.1.2 Dezentrale Informationsdistribution bei Echtzeitkriterien 197
4.3.2 Qualitätssicherung in der produktionssynchronen Logistik 201
4.3.2.1 Fehlervermeidungsmaßnahmen 201
4.3.2.2 Ausschussminderung durch Paarauslese 207
4.4 Deliver: Warentransfer und -vereinnahmung 211
4.4.1 eKanban 211
4.4.2 One touch Wareneingang bei Just-in-sequence 213
4.5 Return: Chargenrückverfolgung und -rückführung 220
4.5.1 Entwicklung eines Softtracing-Ansatzes 221
4.5.2 Die Unterstützung von Recyclingkonzepten durch RFID nach Saar/Thomas (2003) 225
4.6 Plan: Logistikgestaltung in Fertigungsverbünden 227
4.6.1 Time-driven activity-based costing durch Softtracing 227

4.6.2 Kontinuierliche Verbesserung und Ex post facto-Experimente ...233
4.6.3 Servicegradgerechte Bestellerfüllung bei Kollision von Versorgungskonzepten ...238
4.6.3.1 Optimierung von Beständen vor dem KAEP zur Sicherstellung einer produktionssynchronen Logistik ...242
4.6.3.2 Auswirkungen von Informationssystemen auf Bestandshöhe und den Servicegrad ...250
4.7 Zwischenfazit ...254
4.7.1 Kritische Würdigung ...254
4.7.2 Zwischenfazit in sechs Schlussfolgerungen ...257
5 Zusammenfassung und zukünftige Forschungsfelder ...259
5.1 Zusammenfassung der Arbeit ...259
5.2 Zukünftige Forschungsfelder ...262
Anhang ...263
Literaturverzeichnis ... XVI

Abbildungsverzeichnis

Abb. 1: Ranking konzeptioneller Elemente nach Golhar/Stamm (1991) 9

Abb. 2: Ranking konzeptioneller Elemente nach Ramarapu/Mehra/ Frolick (1995) 11

Abb. 3: Begriffliche Definition anhand von Explanans und Explanandum 12

Abb. 4: Ausschnitt eines Fertigungsverbunds mit Kollision der Beschaffungsansätze 21

Abb. 5: Exemplarische Materialstücklisten und korrespondierende θ......40

Abb. 6: Veranschaulichung des Einflusses von Produktqualität und -komplexität auf $D^{\sim}$ 43

Abb. 7: Definitionsansätze zu Just-in-sequence in der Literatur 51

Abb. 8: Prozessoptimierung durch Just-in-sequence 54

Abb. 9: Konvergierende Stückgüter und konsolidierte Perlenkette......61

Abb. 10: Überblick über Literaturbeiträge zur Informationsintegration......69

Abb. 11: Funktion des EPCglobal Architecture Framework 155

Abb. 12: Informationslogistische Integrationsdefekte jenseits von bilateralem Informationsaustausch a......162

Abb. 13: Informationslogistische Integrationsdefekte jenseits von bilateralem Informationsaustausch b......163

Abb. 14: Informationslogistische Integrationsdefekte jenseits von bilateralem Informationsaustausch c......164

Abb. 15: Informationslogistische Integrationsdefekte jenseits von bilateralem Informationsaustausch d......165

Abb. 16: Klassifizierung automatischer Identifikationssysteme......168

Abb. 17: Die Informationsintensitätsmatrix......176

Abb. 18: Das SCOR-Modell 185

Abb. 19: VDA-Abruf bei Just-in-sequence-Lieferungen......189

Abb. 20: Zuordnung mit maximaler Kardinalität bei einem konvexen bipartiten Graphen *G* zur Paarauslese 208

Abb. 21: Bestandszyklen einer (r,S)-Politik......241

Abb. 22: Verlauf des Sicherheitsbestands *S* im Verhältnis zur Wiederbeschaffungszeit l^W 251

Abb. 23: Bewertung der Anfälligkeit von Prozessen für Informationsintegrationsdefekte 256

1. Einleitung

1.1 Die Entwicklung Toyotas zum Weltmarktführer mit Logistikkonzepten

Im Jahr 2007 gelang der Toyota Motor Corporation die Ablösung der General Motors Company als Weltmarktführer – gemessen an der Zahl verkaufter Fahrzeuge.[1] Dies ist eine bemerkenswerte Aufholjagd eines Unternehmens, das sich unter schwierigen Bedingungen behaupten musste: ansässig in einem rohstoffarmen und durch Kriegsfolgen wirtschaftlich stagnierenden Land mit geringer Nachfrage und Kaufkraft musste sich das Unternehmen gegen finanziell und technisch starke Wettbewerber aus dem Ausland durchsetzen. Toyota bewältigte diese widrigen Umstände, indem es ein Konzept zum Ausgleich des Widerspruches zwischen kostengünstiger Produktion und Bedienung von verschiedenen Marktsegmenten mit jeweils geringem Bedarfsvolumen bei gleichzeitiger Rohstoff- und Zwischenproduktsknappheit einführte.[2] Mit dem zunächst als Toyota production system bezeichneten Ansatz und dessen Instrumenten gelang die erfolgreiche Vorwegnahme eines Mass customization[3] Konzepts, lange bevor ein solcher Ansatz theoretisch formuliert wurde. Das Interesse an den Entwicklungen bei Toyota und den Erfolgen der japanischen Automobilindustrie begründet sich an dessen außerordentlich großen Potenzialen zur Optimierung von Produktionsprozessen.[4] So zeigen empirische Studien zu Just-in-time, dass dessen Einsatz positive Auswirkungen auf finanzielle Kennzahlen hat. Zudem wurden Qualitätserhöhungen, Zeitvorteile, Mitarbeiterflexibilität, Kostenrechnungsvereinfachung, höhere Rentabilität und reduzierte Bestände nachgewiesen.[5] Waters-Fuller (1995) kommt nach Auswertung mehrerer empirischer Studien zu dem Schluss, dass durch die Einführung von Just-in-time-Konzepten folgende Effekte erzielt werden können:[6]

- Reduzierung des Bestands an Vorprodukten um 50%
- Erhöhter Bestandsumschlag um 97%

---

1 Vgl. o. V. (2007a), S. 620.

2 Vgl. Ohno (1988), S. 24 ff.

3 Mass customization (kundenindividuelle Massenproduktion) wird von Piller (1998) definiert als die „[...] Produktion von Gütern und Leistungen für einen (relativ) großen Absatzmarkt, welche die unterschiedlichen Bedürfnisse jedes einzelnen Nachfragers dieser Produkte treffen, zu Kosten, die ungefähr denen einer massenhaften Fertigung eines zugrundeliegenden Standardprodukts entsprechen.“ Piller (1998), S. 65. Diese auf Arbeiten von Pine (1993) basierende Definition stellt die verbreiteste und annerkannteste Definition dar, vgl. Wildebrand (2009), S. 60.

4 Vgl. Görgens (1994), S. 5.

5 Vgl. Kumar/Panneerselvam (2007), S. 405.

6 Vgl. Waters-Fuller (1995), S. 228.

- Verringerung des Ausschusses um 40%
- Verbesserung der Qualität der zugekauften Teile um 26%
- Verringerung der Zulieferkosten um 11%

Mistry (2005) weist in einem Überblick über fünf Studien einen Zusammenhang zwischen der Einführung von Just-in-time und verbesserter Rentabilität sowie höherem Bestandsumschlag bei Unternehmen nach.[7] Auch in einer eigenen Studie belegt er, dass durch Just-in-time Konzepte eine größere Rentabilität, ein höherer Bestandsumschlag und ein höherer Return on assets (ROA) sowie eine bessere Qualität durch die Einführung von Just-in-time erzielt werden konnten.[8] Hinsichtlich des Zusammenhangs zwischen der Einführung von Just-in-time und der Entwicklung des ROA kommen Huson/Nada (1995) zu vergleichbaren Ergebnissen. Auch Fullerton/McWaters/Fawson (2003) beweisen in einer eigenen empirischen Studie einen signifikant positiven Zusammenhang zwischen der Einführung von Just-in-time und den Kenngrößen Return on sales, Return on assets sowie Cash flow.[9] Ebenso können Claycomb/Germain/Dröge (1999) einen signifikanten Zusammenhang zwischen der Einführung von Just-in-time und Bestandsverringerungen, verbesserten Finanzkenngrößen (Return on investment, Return on sales und Rentabilität) sowie einem Abbau an hierarchischen Ebenen in ihrer empirischen Erhebung feststellen.[10] Weitere empirische Belege zur Reduzierung von Durchlaufzeit, Bestand, Ausschuss und Nacharbeit sowie Personalbedarf nach der Einführung von Just-in-time finden sich bei Kazazi/Keller (1994) und werden bei Davy et al. (1992) nachgewiesen.[11] Nach Studien von Spear (2002) sind diese Auswirkungen darauf zurückzuführen, dass produktionssynchrone Versorgungskonzepte die gleichzeitige Steigerung der Ausbringungsmenge, Variantenzahl und Produktivität erleichtern und zudem Bestands- und Durchlaufzeitreduktionen ermöglichen – auch in komplexen Konstellationen mit mehreren Prozessstufen, variablen und schwankenden Prozesszeiten bei einer hohen Zahl von Produktvarianten sowie Bedarfsfluktuation hinsichtlich Produktanteilen, Nachfragemenge und -zeiten.[12]

Angesichts dieser Untersuchungen ist die Einführung von Konzepten wie Just-in-time als vielversprechend anzusehen, um die Ertragslage von Industriebetrieben zu verbessern. Allerdings sind die mit dem Lean management in Verbindung stehenden Konzepte für Produktion und Logistik als hochgradig komplex zu

---

7 Vgl. Mistry (2005), S. 755.

8 Vgl. ebd., S. 761.

9 Vgl. Fullerton/McWaters/Fawson (2003), S. 397.

10 Vgl. Claycomb/Germain/Dröge (1999), S. 625.

11 Vgl. Kazazi/Keller (1994), S. 13; Davy et al. (1992), S. 659.

12 Ein Nachweis im Rahmen einer empirischen Querschnittsstudie für eine Toyota-Fabrik wird vorgestellt in Spear (2002), S. 756.

charakterisieren. So wird der Anteil der Einführungsvorhaben für Just-in-time, die wieder abgebrochen werden, auf 50% beziffert.[13]

1.2 Zielsetzung der Arbeit

Auf Grund der vielfältigen positiven Auswirkungen von Just-in-time sollen im Rahmen dieser Arbeit Ansätze zur Weiterentwicklung dieses Konzepts untersucht werden. Dabei steht insbesondere eine neuere Entwicklung der produktionssynchronen Logistik im Mittelpunkt, die bisher im akademischen Diskurs wenig Beachtung gefunden hat: Just-in-sequence. Neben den Optimierungspotenzialen, die dieses mittlerweile in der Industrie weitverbreitete Konzept bietet, sollen auch die Risiken aufgezeigt werden, die mit der Implementierung von Just-in-sequence einhergehen. Die Analyse wird sich dabei auf den Einsatz von Informationssystemen konzentrieren, um die Rahmenbedingungen für die Versorgung Just-in-sequence in Fertigungsverbünden zu verbessern.

Zum Einstieg werden im zweiten Kapitel grundlegende Begriffe definiert und die wichtigsten Aspekte erörtert, die im Zusammenhang mit der produktionssynchronen Logistik stehen. Im Mittelpunkt werden die Abgrenzung von Just-in-time und Just-in-sequence sowie die mit dem Einsatz von Just-in-sequence verbundenen Vor- und Nachteile gestellt. Das Kapitel zeigt die Fundierungsdefizite im akademischen Diskurs hinsichtlich der theoretischen Rechtfertigung einer Just-in-sequence-Logistik auf. Mittels quantitativer Analysen wird ein neuer Fundierungsansatz ausgearbeitet, mögliche Modellerweiterungen vorgestellt und die Implikationen diskutiert. Neben den Vorteilen von Just-in-sequence werden auch die dem Zusammenhang höheren Koordinationsbedarfe zur Prozesssteuerung diskutiert. Darauf bezugnehmend werden in Kapitel drei Ansätze der Informationsintegration für Zwecke der logistischen Prozesssteuerung vorgestellt. Hierzu werden die Möglichkeiten und Grenzen der Unterstützung von Logistikprozessen mit Informationssystemen erörtert, wobei insbesondere Integrationsprobleme in Fertigungsverbünden herausgestellt werden. Hierbei wird insbesondere auf den Informationsintensitätsansatz nach Porter/Millar (1985) abgestellt, der die Informationsintegration über Informationsflüsse downstream zwecks Prozessoptimierung an Schnittstellen hervorhebt. Unter Bezug auf die in Kapitel zwei ausgearbeiteten Anforderungen an eine Just-in-sequence-Logistik sowie die dann in Kapitel drei hergeleiteten Grenzen der Informationsintegration werden in Kapitel vier Anwendungsfelder für den Einsatz von Informationssystemen zur Informationsintegration in einem Fertigungsverbund mit Just-in-sequence-Logistik analysiert. Hierzu wird auf die in Kapitel drei identifizierten Informationsintegrationsdefekte abgestellt und basierend auf den dort erlangten Ergebnissen

13 Vgl. Towill (2007), S. 3619.

analysiert, inwieweit der Informationsintensitätsansatz einen Beitrag liefern kann, um die Probleme der Informationsintegration der ausgewählten Anwendungsfelder zu beheben. Abschließend werden in Kapitel fünf die Ergebnisse der Arbeit zusammengefasst und ein Ausblick auf zukünftig relevante Entwicklungen des Forschungsdiskurses gegeben.

2 Produktionssynchrone Logistik

Im zweiten Kapitel wird zunächst ein Überblick über die geschichtliche und begriffliche Entwicklung der produktionssynchronen Logistik gegeben. Daran anschließend erfolgt eine komparative Analyse von Just-in-time und Just-in-sequence, aus der Rückschlüsse auf die theoretische Fundierung der produktionssynchronen Logistik gezogen werden. Neben den impliziten Vorteilen dieser Beschaffungsart werden hierzu auch besondere Anforderungen bei der Verwirklichung von Just-in-sequence-Konzepten herausgestellt.

2.1 Geschichtliche Entwicklung des Lean managements

Geschichtlicher Ausgangspunkt für eine Vielzahl von Konzepten des späteren Lean managements ist das von Taiichi Ohno bei Toyota experimentell erdachte und unternehmensweit umgesetzte Toyota production system (TPS). Dabei handelt es sich nicht um ein theoretisch abgegrenztes Einzelinstrument, sondern um ein Bündel an Maßnahmen und Philosophien zur Vermeidung von Verschwendung[14] und zur Effizienzerhöhung durch strikte Kosten-, Qualitäts- und Variabilitätskontrolle in der Produktion. Da Toyota ein eingetragener Markenname ist und eine wissenschaftliche Konzeptabgrenzung die Allgemeingültigkeit über den Einzelfall eines Unternehmens hinaus anstrebt, wurde das Konzept später auch als japanisches Produktionssystem umschrieben und von Krafcik (1988) als Lean production gekennzeichnet – ein Begriff, der dann durch die Arbeit von Womack/Jones/Ross (1990) eine größere Verbreitung fand.[15] Krafcik stellt das Konzept der Lean production, welche auf Grund synchronisierter Prozesse mit geringen Beständen auskommt, der Bufferd production (bei der Prozesse durch Bestände voneinander entkoppelt sind) gegenüber.[16] Ähnlich definieren Shah/Ward (2007) Lean production als System zur Reduzierung von Variabilität, was ebenfalls auf den Synchronisationsgedanken abstellt.[17] Neben diesen engen Definitionen findet sich in der Literatur vorwiegend eine Vielzahl stark voneinander abweichender Definitionsversuche und unscharfer Abgrenzungen – bis hin zur synonymen Gleichsetzung von Lean production mit Konzepten wie Pull production, Kanban

14 Als Beispiele für Verschwendung („Muda“) werden von Ohno (1988) Überproduktion, Wartezeiten, unnötige Transporte, defekte Teile und Ausschuss, redundant intensiv oder umfangreich ausgeführte Arbeitsgänge, redundante Bestände und überflüssige Bewegungsabläufe des Personals oder von Maschinen genannt; vgl. Ohno (1988), S. 19 f.

15 Vgl. Krafcik (1988), S. 41 ff.; Womack/Jones/Roos (1990), S. 48 ff.; Görgens (1994), S. 11; Panichi (1996), S. 7.

16 Vgl. Krafcik (1988), S. 44 f.

17 Vgl. Shah/Ward (2007), S. 791.

und Just-in-time.[18] Als exemplarisches Beispiel kann die Charakterisierung von Lean production durch Osterloh/Frost (2006) genannt werden, die als Hauptmerkmale eine Teamfertigung mittels teilautonomer Arbeitsgruppen, eine segmentierte Produktion, eine verstärkte Zuliefererintegration und Outsourcing zur Verringerung der Fertigungstiefe nennen.[19] Die bisher einzige empirische Studie zur Wahrnehmung des Konzepts Lean produduction wurde von Shah/Ward (2007) vorgelegt, die eine Befragung unter 295 leitenden Angestellten von Unternehmen des produzierenden Gewerbes in den USA vorgenommen hatten. Ein signifikanter Zusammenhang von Lean production wurde dabei zu folgenden Konzepten gefunden: Kooperation mit Zulieferern, Just-in-time Versorgung, Zulieferentwicklung, Einbezug von Kunden, Pull-Prinzip, Flussprinzip, geringe Losgröße, Prozesskontrolle, vorbeugende Wartung und Einbezug von Mitarbeitern.[20] Trotz dieses Meinungsbildes hat sich bisher keine im Diskurs allgemein anerkannte Definition von Lean production herausgebildet.[21] Dies hat zur Folge, dass semantisch unterschiedliche Bezeichnungen für inhaltlich gleiche Sachverhalte parallel entstanden sind und daher viele konzeptionelle Synonyme nebeneinander existieren – mit der Folge einer uneinheitlichen und definitorisch unscharfen Begriffsanwendung.[22] Um auch nicht-produktionsbezogene Prozesse einzuschließen und um Kosteneinsparungspotenziale eines ursprünglich auf die Produktionslogistik abzielenden Konzepts auf die gesamte Unternehmensführung zu übertragen, hat sich in der Entwicklung des Konzepts die Bezeichnung Lean management durchgesetzt.[23] Dennoch muss festgestellt werden, dass das Lean management und die entsprechenden Unterinstrumente definitorisch und konzeptionell unterentwickelt bleiben, was vor allem die Unterscheidung der (z. T. synonym bezeichneten) Unterkomponenten erheblich erschwert.[24] Ungeklärt ist vielfach auch die Beziehung von Elementen, die nebeneinander gestellt werden und zugleich in einem Überordnungs-Unterordnungs-Verhältnis stehen.[25]

In dieser Arbeit soll ausdrücklich nicht den domierenden eklektischen Definitionsansätzen gefolgt werden. Vielmehr soll folgende Definition Grundlage der weiteren Erwägungen sein: Lean management ist ein Konzept der Unternehmensführung, das Instrumente zur funktionsübergreifenden Kontrolle von Kosten, Qualität und Variabilität zwecks kontinuierlicher Verbesserung einsetzt.

---

18 Vgl. Eisenkopf (1994), S. 28; Shah/Ward (2007), S. 788; Swamidass (2007), S. 3764.

19 Vgl. Osterloh/Frost (2006), S. 154 ff.

20 Vgl. Shah/Ward (2007), S. 799.

21 Vgl. Zangwill (1992), S. 14; Görgens (1994), S. 15.

22 Vgl. Shah/Ward (2007), S. 786.

23 Vgl. Urban (2004), S. 11.

24 Vgl. Shah/Ward (2007), S. 790.

25 So werden beispielsweise die Konzepte Kanban und Heijunka (Durchsatznivellierung) als separate Instrumente genannt, wobei Kanban selber einen Beitrag zur Umsetzung von Heijunka liefert.

Der Kostenaspekt bezieht sich insbesondere auf die Vermeidung von Verschwendung von Ressourcen und die Optimierung ineffizienter Prozesse bzw. die Reduzierung von Durchlaufzeiten. Implizit steckt in der Absicht der Kostensenkung auch das Ziel der Liquiditätserhöhung des Unternehmens.[26] Qualität ist die Gesamtheit des Funktionsumfangs und der Charakteristiken eines Produktes oder einer Dienstleistung, die sich auf die Fähigkeit zur Befriedigung von formulierten oder impliziten Anforderungen bezieht.[27] Entsprechend sind alle Abweichungen bei Produktattributen zu vermeiden, wobei im Lean management einer vorbeugenden Fehlervermeidung Vorrang vor einer nachträglichen Qualitätskontrolle gegeben wird. Variabilität ist charakterisiert durch schwankende und unabgestimmte Prozesszeiten, Produktvarietät und Fluktuation in Zusammensetzung, Menge, Taktung und Reihenfolge von Bedarfen nachfolgender Prozesse.[28] Lean management strebt die Nivellierung schwankender Prozessverläufe an. Funktionsübergreifend bedeutet in diesem Zusammenhang, dass die Fern- und Wechselwirkungen von Maßnahmen ebenfalls in die Planung, Steuerung und Kontrolle von Material-, Informations- und Finanzflüssen[29] einbezogen werden. Dies bedeutet einen Wechsel von einer funktionsorientierten Zuweisung von Entscheidungsbefugnissen zu einer prozessorientierten Perspektive. Diese aufgezählten Aspekte des Lean managements werden in Kapitel vier noch eingehend analysiert.

Als Vorgriff auf die nachfolgenden Kapitel können folgende Erwägungen getroffen werden: Für Industrieunternehmen hat eine Kostensenkung durch Bestandsreduzierung auch einen Flexibilitätseffekt, da ein geringerer Lagerbestand eine schnellere Reaktion auf geänderte Kundenwünsche (z. B. bei Modellpflege oder vollständiger Produktneuauflage) ohne hohe Abschreibungen auf Altbestände ermöglicht. Ebenso kann durch eine Rüstkostenverringerung zugleich eine Flexibilitätssteigerung verwirklicht werden, da eine Produktion mit kleinen Losgrößen in schneller Abfolge wirtschaftlicher wird. Die Zielsetzung der Flexibilität ist im Falle industrieller Produktion ein impliziter Bestandteil des Konzepts Lean management, das als Nebenwirkung von Rüstkosten- und Bestandssenkungen auftritt. Eine generelle und redundante Flexibilitätserhöhung steht im Endresultat hingegen im Widerspruch zum Lean management: das Vorhalten beliebig hoher Bestände oder Kapazitäten verursacht Kosten und erschwert das Aufdecken von Fehlern und ineffizienten Prozessen.

---

26 Durch geringe Kapitalbindung, insbesondere bei Beständen, werden Mittel für andere Investitionen freigesetzt. Dies war auch historisch ein besonderer Treiber für die Entwicklung bei Toyota, da in Japan nach dem Krieg die knappen finanziellen Mittel sowie die eingeschränkte Rohstoffverfügbarkeit keinen Aufbau hoher Bestände zuließen.

27 Vgl. Johnson/Winchell (1989), S. 2.

28 Vgl. Spear (2002), S. 756.

29 Vgl. Haasis (1994), S. 11.

Qualität und Variabilität haben auch Kostenwirkungen, sind aber nicht nur mit solchen gleichzusetzen. Beispielsweise senkt eine verbesserte Qualität von Komponenten nicht nur Ausschusskosten, sondern hat auch eine positive Wirkung auf die Kundenzufriedenheit und damit auf das Absatzpotenzial. Wie an späterer Stelle noch zu zeigen sein wird, hat die Variabilitätsbegrenzung u. a. einen Bestandssenkungseffekt, aber auch einen Kapazitätserhöhungseffekt zur Folge. Daher können ebenfalls mittelbar auch positive Auswirkungen auf das Umsatzpotenzial durch Variabilitätskontrolle erzielt werden.

Bei dieser Definition von Lean management wird ausdrücklich auf den expliziten Einbezug des Pull Prinzips verzichtet, da dieses ein abgeleitetes Instrument zur Variabilitätskontrolle ist. Ebenso soll Lean management als Zielsystem hier nicht mit den anderen abgeleiteten Instrumenten zur Zielverwirklichung als synonym gleichgesetzt werden. Stattdessen werden diese im Folgenden separat untersucht.

2.2 Definition der produktionssynchronen Logistik

Die produktionssynchrone Logistik wurde das erste Mal wissenschaftlich in dem Beitrag von Sugimori et al. (1977) erörtert. Die Autoren stellen dabei das Kanban System zur Fertigungssteuerung vor und stellen dies zugleich in einen größeren Zusammenhang des oben genannten Toyota Production System (TPS). Historisch lassen sich Entwürfe und Ansätze einer produktionssynchronen Logistik schon bei Henry Ford sowie Alfred Weber (1909) und Erich Gutenberg (1955) erkennen.[30]

Die Interpretationen von produktionssynchronen Konzepten reichen von einem Fertigungssteuerungskonzept über Bestandssenkungsmaßnahmen bis hin zu einer „Philosophie“.[31] Entsprechend unterscheidet sich die (uneinheitliche) Auswahl der Instrumente und subsummierten Konzepte von Definition zu Definition, insbesondere in Abhängigkeit vom Betrachtungshorizont (Produktionslogistik oder Ebene der unternehmensführung).[32]

---

30 Vgl. Hartlieb (1997), S. 29; Gutenberg (1955), S. 158; Weber (1909), S. 127. Pokrandt (1993) verweist auch auf Darstellungen einer produktionssynchronen Bereitstellung in der zweiten Auflage (1955) von Gutenbergs ersten Band der „Grundlagen der Betriebswirtschaftslehre“. Diese hat allerdings selbst keine nennenswerte Beachtung gefunden; vgl. Pokrandt (1993), S. 64. Um 1920 hatte bereits Ford zusammen mit seinem Manager Henry Kanzler eine Synchronisation der Anlieferung von Rohstoffen und Halbzeugen vorgenommen, die nahe an einer Just-in-time Versorgung lag; vgl. Petersen (2002), S. 87. Auch die Produktion des U-Boot-Typs XXI der Reichsmarine wurde ab dem Jahr 1944 mit fertigen Modulsektionen weitgehend Just-in-time vollzogen; vgl. Rössler (2002), S. 49.

31 Vgl. Boyd/Kronk/Skinner (2002), S. 154; Hallihan/Sackett/Williams (1997), S. 908.

32 Vgl. Ramarapu/Mehra/Frolick (1995), S. 39; Davy et al (1992), S. 654; Goyal/Deshmukh (1992), S. 19.

Kategorie	Nennungen
[A] Vermeidung von Verschwendung	
1. Kanban	37
2. Vermeidung von Verschwendung	34
3. Verringerte Rüst-Zeiten	30
4. Stetige Fertigung	26
5. U-Zellen	25
6. Verringerte Losgröße	22
7. Fertigungssegmentierung	17
8. Verringerte Durchlaufzeit	17
9. Automation	8
10. One-piece flow	8
11. Die richtigen Werkzeuge am richtigen Platz	4
[B] Mitarbeiterbeteiligung bei Entscheidungen	
1. Funktionsübergreifende Weiterbildung	26
2. Einbezug von Gruppenentscheidungen	20
3. Problemlösungsnetzwerke	8
4. Betriebliches Vorschlagswesen	6
5. Lebenslange Beschäftigung	5
[C] Zuliefererreinbezug	
1. Schnelle und pünktliche Lieferung	21
2. Ausschussfreie Lieferungen	18
3. Geringe Losgröße	14
4. Fertigungsverbund	11
5. Kommunikation mit dem Zulieferer	7
6. Verringerte Lieferzeit	5
7. Nähe zum Kunden	5
8. Single Sourcing	4
9. Langfristige Vertragsbindung	4
10. Training und Unterstützung des Zulieferers	4
[D] Vollständige Qualitätskontrolle	
1. Kontinuierliche Qualitätsverbesserung	29
2. Mitarbeiter kontrollieren ihre Arbeit selbst	19
3. Stopp der Fertigung durch Mitarbeiter	13
4. Vorbeugende Wartung	13
5. Poka yoke (Autonomation)	9
6. Visuelle Kontrolle	8
7. Varianzverringerung	4
8. Statistische Prozesskontrolle	4

Abb. 1: Ranking konzeptioneller Elemente nach Golhar/Stamm (1991)[33]

33 Vgl. Golhar/Stamm (1991), S. 662.

Die Vielzahl von Einzel-Konzepten, die in enger Verbindung mit produktionssynchronen Logistikkonzepten stehen, speist sich auch aus einer außerordentlich hohen Zahl an Beiträgen, die zu diesem Thema veröffentlicht wurden und deren Zahl in den 1980er Jahren bereits im vierstelligen Bereich lag.[34] So haben Inman/Mehra (1990) im Rahmen einer Literaturrecherche die Veröffentlichung von 700 wissenschaftlichen Beiträgen in der Zeit zwischen 1985 und 1990 ermittelt[35] – ebenso viele wie Sakakibara/Flynn/Schroeder (1993).[36] Spear (2002) dokumentiert auf Basis einer Datenbankenrecherche 1755 Beiträge, die zwischen 1983 und 1997 zum Toyota production system veröffentlicht wurden.[37] Golhar/Stamm (1991) haben 860 veröffentlichte Artikel im Bereich produktionssynchroner Logistik identifiziert.[38] In einer Meta-Analyse haben sie davon 211 begutachtete Beiträge aus Fachzeitschriften ausgewertet und dazu ein Ranking der Nennungen von zugehörigen Einzel-Konzepten erstellt (siehe Abbildung 1).

Analog haben Ramarapu/Mehra/Frolick (1995) in einer Meta-Studie 105 Beiträge aus begutachteten Fachzeitschriften zur produktionssynchronen Logistik ausgewertet und ebenfalls ein Ranking der häufigsten dort genannten Elemente erstellt (siehe Abbildung 2).

Im akademischen Diskurs wie auch in praxisorientierten Beiträgen werden regelmäßig Definitionsversuche mit jeweils einer Auswahl dieser Komponenten angeführt. Aber schon Kazazi/Keller (1994) kommen nach Auswertung von mehr als 400 Fachbeiträgen zu dem Schluss, dass es keine einheitliche Definition von Just-in-time gibt.[39] An dieser Stelle soll nicht der Versuch unternommen werden, eine mittlere vierstellige Zahl an Veröffentlichungen hinsichtlich verschiedener Definitionsversuche auszuwerten, weil dies den Rahmen dieser Arbeit sprengen würde.[40] Vielmehr wird auf den theoretischen Rahmen für eine wissenschaftliche Definitionsfindung nach Wacker (2004) verwiesen, der folgende Anforderung an Definitionen herleitet: Klarheit, Mitteilbarkeit und Kommunizierbarkeit, Widerspruchsfreiheit und Konsistenz, Sparsamkeit und Kompaktheit, Unterscheidbarkeit, Inklusivität (Einbeziehung aller relevanten Sachverhalte) sowie Ausschließlichkeit.[41] Unter dem Gesichtspunkt dieser formal-theoretischen Anforderungen an die Definitionsbildung sind die bisher in der Literatur vorzufindenden Definitionsversuche kritisch zu beurteilen: die Einhaltung des Prinzips der Inklusivität einerseits und der Kompaktheit wie Kommunizierbarkeit andererseits scheitert an der

34 Vgl. Görgens (1994), S. 47.
35 Vgl. Inman/Mehra (1990), S. 30.
36 Vgl. Sakakibara/Flynn/Schroeder (1993), S. 178.
37 Vgl. Spear (2002), S. 754.
38 Vgl. Golhar/Stamm (1991), S. 658 ff.
39 Vgl. Kazazi/Keller (1993), S. 2 ff.
40 Für überblicksartige Darstellungen wird auf die Artikel von Ramarapu/Mehra/Frolick (1995) und Golhar/Stamm (1991) sowie die Fachbücher von Wildemann (2001) und Schniederjans/Olson (1999) verwiesen.
41 Vgl. Wacker (2004), S. 630.

Menge der zu berücksichtigen Elemente. Entsprechend findet sich in der Literatur keine allgemein anerkannte Definition für Just-in-time.[42]

Kategorie	Nennungen
1. Vermeidung von Verschwendung	40
2. Rüstzeitverringerungen	38
3. Kontinuierliche Qualitätsverbesserung	37
4. Funktionsübergreifende Weiterbildung	34
5. Verringerte Durchlaufzeit	34
6. Stetige Produktion	34
7. Geringer Ausschuss	28
8. Schnelle und pünktliche Lieferung	27
9. Verringerte Losgröße	27
10. Entscheidungsprozesse in Gruppen	24
11. Vorbeugende Wartung	25
12. Fertigungssegmentierung	21
13. Kleine Losgrößen	20
14. Mitarbeitereinbezug	17
15. Stopp der Fertigung durch Mitarbeiter	14
16. Kommunikation mit Zulieferern	11
17. Automatisierung	11
18. Betriebliches Vorschlagswesen	10
19. Langfristige Vertragsbindung	7
20. Wissenstransfer für Zulieferer	6
21. Statistische Prozesskontrolle	5
22. Qualitätszirkel	5
23. Single Sourcing	4
24. One piece flow Produktion	3
25. Richtiges Werkzeug am richtigen Platz	3
26. Lebenslange Beschäftigung	3
27. Nähe zum Kunden	3
28. Kultureller Wandel	3

Abb. 2: Ranking konzeptioneller Elemente nach Ramarapu/Mehra/Frolick (1995)[43]

Die Entwicklung und wissenschaftliche Untersuchung des Just-in-time-Konzepts wird dabei durch den Mangel an konsistenten Definitionen behindert.[44] Die am häufigsten vorzufindenden Definitionsansätze beziehen sich überwiegend auf w-Fragen (wann, wo, wie viel etc.) oder als Ergänzungssatz zum Adjektiv „richtig“ (Lieferung und Beschaffung von Komponenten zur richtigen Zeit, am

42 Vgl. Goeudevert (1991), S. 102.
43 Vgl. Ramarapu/Mehra/Frolick (1995), S. 42.
44 Vgl. Spencer/Daugherty/Rogers (1996), S. 701.

richtigen Ort und in der richtigen Menge).[45] Diesem in der Literatur dominierenden Definitionsansatz soll hier nicht gefolgt werden, weil sie das Explanandum (von Heinen (1969) als „klarzulegendes Phänomen“ charakterisiert) mit dem Explanans (kausale Gesetzmäßigkeiten einerseits sowie erläuternde konkrete Antecedensbedingungen andererseits)[46] gleichgesetzt. Dabei bilden die Versorgungsregeln (eine Lieferung zur richtigen Zeit, am richtigen Ort und in der richtigen Menge führt zur synchronisierten Prozessen) sowie die konkrete Ausprägung der Attribute (z. B. Erfüllung von Bedingungen) gemeinsam das Explanans, so dass eine produktionssynchrone Logistik als Ergebnis das Explanandum bildet. Abbildung 3 veranschaulicht den wissenschaftstheoretischen Zusammenhang der Definitionselemente.

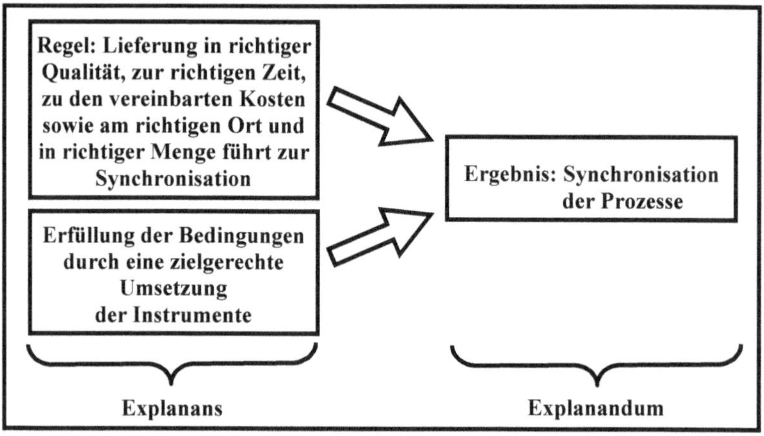

Abb. 3: Begriffliche Definition anhand von Explanans und Explanandum

Anstelle von Just-in-time soll im Folgenden von produktionssynchroner Logistik als Überbegriff für Just-in-time und Just-in-sequence gesprochen werden. In Anlehnung an die Definition des Lean managements wird die produktionssynchrone Logistik als der Einsatz eines Bündels von Instrumenten zur Kontrolle von Kosten, Qualität und Variabilität zwecks funktionsübergreifender Synchronisation von Prozessen zur Material- und Informationsversorgung definiert.

Die Synchronisation der Logistik bedeutet dabei vorrangig die Abstimmung von Bedarfs- und Lieferzeitpunkten bei der Materialversorgung. Krafcik (1988) stellt die Unterscheidung zwischen synchronisierten Produktionsprozessen (Lean

45 Diese Umschreibung lässt sich auf die erste wissenschaftliche Veröffentlichung zum TPS mit folgendem Wortlaut zurückführen: „all processes produce the necessary parts at the necessary time and have on hand only the minimum stock necessary to hold the process together“, Sugimuri et al. (1977), S. 555. Vgl. ebenso Ohno (1988), S. 30.

46 Vgl. Heinen (1969), S. 210; Chmielewicz (1994), S. 151; Eichhorn (1979), S. 60.

production) und über Pufferlager entkoppelte Produktionsprozesse (Buffered production) in den Mittelpunkt seiner Definition von Lean production.[47] Funktionsübergreifende Synchronisation kann dabei einerseits bedeuten, dass Produktionsprozesse zwischen einzelnen Fertigungsanlagen innerhalb einer Produktionsstraße abgestimmt werden. Andererseits auch, dass eine Abstimmung von Versorgungsprozessen zwischen Unternehmen in einem Fertigungsverbund erfolgt, indem die Anlieferung von Teilen aus der Kundenperspektive bedarfsgerecht hinsichtlich Art, Zeit, Menge, Qualität und weiterer (durch den Kunden definierter Merkmale) erfolgt. Der Zeitraum zwischen Bestellaufgabe und Lieferung ist dabei deutlich geringer als bei einer konventionellen, lagerorientierten Beschaffung. Er beträgt regelmäßig nur einen Tag oder ggf. nur wenige Stunden. Zwingende Bedingung hierfür ist die Etablierung von Informationsflüssen zur verzögerungslosen Regelung des Materialflusses. Eine separate Betrachtung der Begriffe produktionssynchroner Logistik, produktionssynchroner Fertigung, produktionssynchroner Beschaffung und produktionssynchroner Lieferung ist theoretisch unzweckmäßig, weil diese gleichzeitig implementiert werden und verschiedene Aspekte des gleichen Instruments sind.[48]

Die Verknüpfung und Synchronisation von Material- und Informationsflüssen in der produktionssynchronen Logistik soll exemplarisch anhand des Kanban-Konzepts veranschaulicht werden. Dieses stellt im Kern ein selbststeuerndes System von Regelkreisen dar, das Material- und Informationsfluss dezentral koppelt. Zudem ist es nach der empirischen Studie von Golhar/Stamm (1991) das wichtigste Instrument zur Umsetzung einer produktionssynchronen Logistik.[49]

2.3 Konzeptionelle Grundlagen des Kanban-Konzepts

Das Kanban Konzept ist ein Instrument zur Steuerung von Material- und Informationsflüssen in der mehrstufigen Produktionslogistik durch retrograde Bestelldisposition (auch Pull-Prinzip oder Supermarkt-Prinzip genannt). Beim Pull-System wird von einem nachgelagerten Prozess ein Auftragssignal gegeben, sobald ein Bedarf entsteht – hier ist die nachgelagerte Bearbeitungsstation ein Kunde des vorgelagerten Prozesses. Daraus folgt, dass die vorangehenden Stationen nicht ohne Auftrag produzieren. Bei einer lagerbezogenen Produktion auf Basis von Bedarfsprognosen (Push-System) hingegen werden erhebliche Bestände auf-

47 Vgl. Krafcik (1988), S. 44 f.
48 Vgl. Germain/Dröge (1995), S. 25.
49 Vgl. Abbildung 1.

gebaut,[50] weil prognostizierte Bedarfe noch nicht realisiert sind. Das Bestandslager erfüllt daher eine Pufferfunktion zur Absicherung einer unsicheren Bedarfsentwicklung.

Kanban dient der Geschwindigkeits- und Mengensteuerung von Materialflüssen in der Fertigung zur Abstimmung aufeinanderfolgender Prozesse[51] und findet Anwendung in der industriellen Fertigung, bei der diskrete Teile zu komplexeren Produkten zusammengesetzt werden.[52] Nicht geeignet ist es hingegen für kontinuierliche Produktionsverfahren wie die Draht- oder Glasherstellung oder der Fließgutproduktion in der Chemie- und Pharmazieherstellung. Ebenso wenig geeignet sind produktionssynchrone Konzepte bei einer geschlossenen Chargenproduktion, die technisch determinierte Losgrößen hat[53] oder bei technisch unumgehbar hohen Rüstkosten wie bei hohem Verschleiß durch Werkzeugwechsel, langer Standzeit des Gesenkwerkzeuges bei Warmverformung oder bei hohen Maschinenstillstandskosten.[54] Zudem sind Bestände dann vorzuhalten, wenn die spezifischen Fertigungsdurchlaufzeiten länger als akzeptierte Lieferzeiten sind, so dass Bestände auf der Stufe der niedrigstmöglichen Wertschöpfung vorgehalten werden.[55]

Kanban ist die japanische Bezeichnung für Karte. In diesem Konzept werden Karten als Informationsträger Ladungsträgern zugeordnet, deren Inhalt nach Art, Befüllungsmenge und zugehörigem Adressaten auf der Karte vermerkt ist. Eine Kanban-Karte enthält regelmäßig auch Informationen zur Fertigungsstation, zugeordneten Pufferlagerplätzen, Teilenummer, Losgröße und Behältertyp.[56] Im Einkarten-System wird an der Verbrauchsstelle nach vollständiger Entleerung des Ladungsträgers die zugehörige Karte an die vorgelagerte Stelle weitergeleitet. Für diese ist der Eingang des Kanban ein Lieferauftrag und die Freigabe der Lieferung zugleich. Das Kanban wird an einen korrekt gefüllten Ladungsträger geheftet und mit diesem an die Verbrauchsstelle ausgeliefert. Ein etwas komplexeres (und weitaus seltener angewandtes)[57] System ist ein Zwei-Karten-Kanban. Dabei ist zwischen zwei Fertigungsstufen ein Zwischenlager angelegt (insbesondere wenn die Fertigung zu lange dauert, um kurzfristig die Bedarfe zu decken). Es wird analog zum Ein-Karten-Kanban ein Transport-Kanban an das Zwischenlager gesandt, wo ein passend gefüllter Ladungsträger (versehen mit dem Transport-Kanban) zur nachfolgenden Fertigungsstufe geschickt wird. Der Transfer dieses

50 Vgl. Ho/Chang (2001), S. 177.
51 Vgl. Ohno (1988), S. 40 ff.; Spear (2002), S. 756.
52 Vgl. Miltenburg (2001), S. 198.
53 Vgl. Hartlieb (1997), S. 169.
54 Vgl. ebd., S. 130 f.
55 Vgl. Ihde (1991), S. 193.
56 Vgl. Görgens (1994), S. 21; Lackes (1995), S. 9.
57 Vgl. Baykoç/Erol (1998), S. 204.

gefüllten Ladungsträgers erfolgt erst nach Weitergabe eines Fertigungs-Kanbans an die dem Zwischenlager zugeordnete (vorgelagerte) Fertigungsstufe. Dies löst dort einen Produktionsauftrag aus. Hierdurch gefüllte Ladungsträger werden wieder mit dem Fertigungs-Kanban versehen und an das nachfolgende Zwischenlager transferiert. In einer vereinfachten Form sind die Ladungsträger selber zugleich ein Kanban: Der Rücktransport eines leeren Kanban-Behältnisses ist selbst das Signal für einen Kundenauftrag in der vorgelagerten Bearbeitungszelle.[58] Belieferungen durch vorangegangene Stufen erfolgen hierdurch nicht mehr durch Prognosen oder dimensioniert nach dem Produktionsvermögen der jeweiligen Fertigungskapazität, sondern werden retrograd durch realisierte Bedarfe vorangegangener Produktionsstufen ausgelöst.[59] Das Pullprinzip (Holprinzip) wird auch als „Supermarkt-Prinzip“ umschrieben,[60] bei dem die Aufträge der letzten Fertigungsstufe der vorangegangenen Stufe das Signal zu Fertigung geben und Pufferbestände nach Entnahme wieder auffüllen, so dass sich über bilaterale Regelkreise der Fertigungsimpuls entgegengesetzt dem Materialfluss fortpflanzt. Es entsteht ein dezentraler, selbststeuernder Regelkreis.[61]

Neben diesem Grundkonzept wurde Kanban in einer verallgemeinerten Form zum Konzept Constant work in progress (CONWIP) weiterentwickelt, bei dem die zirkulierenden Bestände über mehrere Fertigungsstufen hinweg erfasst werden. Beim Ausscheiden einer fertigen Komponente aus der letzten Fertigungsstufe werden in der ersten Fertigungsstufe weitere Aufträge durch ein manuelles oder elektronisches Signal freigegeben, so dass der Bestand an unfertigen Erzeugnissen innerhalb der Produktion (Work in progress, WIP[62]) konstant bleibt.[63] WIP umfasst in erster Linie unfertige Erzeugnisse und auch Rohstoffe, die sich im Bereich der Fertigung befinden und darauf warten, bearbeitet zu werden. Die Bestandshöhe wird häufig als Effizienzmesser für die Fertigung benutzt.[64]

Wenn die Zahl der in CONWIP integrierten Fertigungsstufen bei nur zwei liegt, ist das System identisch mit einem Kanban-System. In ihrem Literaturüberblick verweisen Kumar/Panneerselvam (2007) darauf, dass die Mehrheit der wissenschaftlichen Untersuchungen CONWIP als Kanban überlegen hinsichtlich der Bestandshöhe darstellen.[65] Aus Sicht der produktionssynchronen Logistik mögen Kostenvorteile durch Bestandssenkungen zu begrüßen sein, aber die

58 Vgl. Schneider/Buzacott/Rücker (2005), S. 100.

59 Vgl. Hartlieb (1997), S. 50 f.

60 Vgl. Ruppert (1997), S. 10.

61 Vgl. VDI-Richtlinie 3600, S. 13; Hartlieb (1997), S. 51 f.

62 Vgl. Stölzle/Heusler/Karrer (2004), S. 14.

63 Vgl. Schniederjans/Olson (1999), S. 58.

64 Vgl. Nahmias (2009), S. 201.

65 Zu einem Überblick über mehr als 100 wissenschaftliche Beiträge zu Kanban-Konzepten vgl. Kumar/Panneerselvam (2007), S. 403; zu einem ebenfalls umfangreichen Literaturüberblick vgl. Krieg (2005), S. 13 ff.

Bildung eines Regelkreises über mehrere Stufen hinweg beeinträchtigt das Auffinden von Fehlern oder kann die Weitergabe von Probleminformationen behindern. Zudem verweisen Kumar/Panneerselvam (2007) auf die Fähigkeit von einfachen Kanban-Systemen mit bedarfsmengenspezifisch anpassbarer Kanban-Anzahl, hervorragend auf Bedarfsschwankungen reagieren zu können.[66] Aus der Perspektive des Lean managements kann in der Gesamtschau daher keine allgemeine Aussage getroffen werden, ob Kanban oder CONWIP als Konzept generell überlegen ist, sondern die Auswahl muss hinsichtlich des Anwendungsszenarios erfolgen.

Für Kanban wie auch CONWIP gilt als Einsatzbedingung, dass keine Fertigung ohne Freigabe durch Eingang eines Kanban erfolgen darf. Materialbewegungen sollen nicht ohne Freigabe durch den Informationsfluss erfolgen, der sich auf bereits realisierte Kundenaufträge bezieht.[67] Nur die auf dem Kanban festgehaltene Zahl an Teilen darf produziert werden und nur fehlerfreie Teile dürfen weitergegeben werden.[68] Bedarfsstellen sind angewiesen, nur bei Unterschreitung der standardisierten Zwischenspeicher einen Produktions- und Lieferauftrag auszulösen. Dies geschieht regelmäßig nach Leerung eines Ladungsträgers mit genauer Befüllmengenvorgabe.[69] Kanban begrenzt zugleich den Bestand (WIP) und kontrolliert den Informationsfluss durch das Fertigungssystem.[70] In Umgebungen mit außerordentlich langen Rüstzeiten, sehr kurzen (vom Kunden geforderten) Auftragsdurchlaufzeiten oder einer Produktion mit hoher Ausschussrate[71] sowie in der Produktion von Spezialprodukten mit selten benötigten Sonderbauteilen sind Kanbans zur Fertigungssteuerung ungeeignet.

Die Vorteile von Kanban-Systemen sind in folgenden Effekten zu sehen: Begrenzung von (Zwischen-)Beständen und Vermeidung von Überproduktion,[72] Vereinfachung von mehrstufigen Dispositionsvorgängen und Verstetigung von (standardisierten) Rüstvorgängen, um mit kleineren Losgrößen eine höhere Versorgungsflexibilität und eine erleichterte Qualitätskontrolle zu fördern sowie die Nivellierung von Variabilität in der Fertigung durch Bedarfsschwankungen. Als Ursachen von Bedarfsschwankungen werden von Dickmann (2009) folgende

---

66 Vgl. Kumar/Panneerselvam (2007), S. 404.

67 Vgl. Huang/Kusiak (1996), S. 169 f.; Schneider/Buzacott/Rücker (2005), S. 130.

68 Vgl. Lackes (1995), S. 12; Schneider/Buzacott/Rücker (2005), S. 97.

69 Vgl. Ohno (1988), S. 30; Schniederjans/Olson (1999), S. 52.

70 Vgl. Schneider/Buzacott/Rücker (2005), S. 144; Lackes (1995), S. 74.

71 Vgl. Monden (1983), S. 64.

72 Darüber hinaus kann der Bestand im System leicht durch Reduzierung der Kanbans (und damit umlaufenden Behälter) verringert werden. Allerdings ist Kanban kein völlig bestandsloses Konzept der Fertigungssteuerung, sondern bedarf vielmehr doch auch Bestände zwischen Bearbeitungsstationen; vgl. Pokrandt (1993), S. 58; Martinich (1997), S. 759.

Gründe genannt:[73] saisonaler Bestandsabbau und -aufbau (z. B. vor Feiertagen und dem Ende des Geschäftsjahrs), dezentrale Absatzplanung, zentrale Produktionssteuerung, Änderungshäufigkeit der Prognose bzw. Planung, Soll-Ist-Abweichungen, Auftragsänderungen nach deren Freigabe, Losbildung, Preisschwankungen, Bestellungen bei Lieferengpässen über den Bedarf hinaus, Kapazitätsrestriktionen, fehlerhafte IT-Daten oder mangelnde Datenpflege bei Datenbanken, hohe Komplexität und Vielfalt von Parametern in IT-Systemen, Kumulation in Produktionsplanungssystemen, lange Transport-, Durchlaufs- und Wiederbeschaffungszeiten, Informationsdurchlaufzeit, mangelnde Materialpuffer, parallele Lieferantensysteme (mit Quotierung), mangelhafte Qualität und Ausschuss sowie mangelnde Termintreue.

In der Literatur wird überwiegend postuliert, dass Kanban nur bei konstantem Materialfluss einsetzbar sei.[74] Diese Forderung sollte nicht absolut gesetzt werden, denn eine vollkommen deterministische Auftragsbearbeitung würde eine Koordination der Fertigung über Kanban überflüssig machen, da die jeweilige Produktion zu festgelegten Terminen erfolgen könnte und damit eine retrograde Disposition überflüssig werden würde. Das Argument, eine Kanban Steuerung funktioniere unter Bedingungen geringer Schwankungen besser, verfängt nicht: alle Fertigungssteuerungskonzepte funktionieren besser unter konstanten Rahmenbedingungen. Vielmehr ist Kanban als Instrument zu verstehen, dessen Zielsetzung selbst darin besteht, den Materialfluss im Fertigungsbereich auch bei schwankenden Bedarfen zu verstetigen.[75] Kanban ist daher auch ein bestandsorientiertes Koordinationsprinzip. Sofern Bestände durch zusätzliche Anlagenkapazität substituiert werden, enthält es indirekt auch ein engpassorientiertes Planungsprinzip. Geschieht dies nicht, ist eine Nivellierung der Produktionsrate und Verringerung der Durchlaufzeit schwer möglich, da Staueffekte vor Engpässen zu Durchlaufzeitverlängerungen und Produktionsverzögerungen führen. Bei Kanban steht entsprechend nicht mehr die Kapazitätsauslastung, sondern Kontinuität des Materialflusses im Vordergrund.

Zusammengefasst entspricht dies dem Prinzip der funktionsübergreifenden Verstetigung von Materialflüssen und Begrenzung von Variabilität, um Verschwendung zu vermeiden.[76] Denn bei steigender Variabilität nimmt WIP stark zu[77] – mit einhergehend negativen Folgewirkungen auf Kapitalbindung, Prozess-

---

73 Vgl. Dickmann (2009), S. 48 ff.

74 Vgl. Ho/Chang (2001), S. 177; Pokrandt (1993), S. 59 f.; Schneider/Buzacott/Rücker (2005), S. 97; Hartlieb (1997), S. 52; Lackes (1995), S. 13; Huang/Kusiak (1996), S. 173; Zäpfel (1991), S. 219 f.

75 Vgl. Ohno (1988), S. 44. Wan/Chen (2008) und Deleersnyder et al. (1989) kommen zu dem Ergebnis, dass eine Kanban-Steuerung eine nivellierende Wirkung auf die Produktionsmenge hat; vgl. Wan/Chen (2008), S. 996; Deleersnyder et al. (1989), S. 1088.

76 Vgl. Hartlieb (1997), S. 50 f.; Boysen/Fliedner/Scholl (2007), S. 37.

77 Vgl. Sarkar/Zangwill (1991), S. 448 f.

qualität und die Fähigkeit zur kontinuierlichen Verbesserung. Zugleich dienen Kanbans als Informationsträger der Synchronisation einer Ablauffolge von Bedarfsdeckung und Komponentenfertigung. Die kleinen Regelkreise erleichtern die Problemidentifikation und -zuordnung. Kanban-Systeme werden weiterhin überwiegend mit Hilfe von Pappkarten realisiert. Seltener finden Varianten Anwendung, bei denen Barcodes oder per Funk auslesbare Transponder die Kanban-Informationen enthalten und das Scannen bei der vorangegangenen Station zu einer Auftragsfreigabe führt, ohne dass eine Karte physisch transportiert wird oder das Verbringen leerer Ladungsträger selber in einen farblich markierten Stellplatz einen Fertigungsauftrag auslösen muss.[78]

Im Resultat sind die Kanban-Karten Träger eines Informationsflusses, der dem Materialfluss entgegengesetzt ist. Hierdurch wird eine Kette von Regelkreisen installiert, so dass Bedarfsinformationen retrograd weitergeleitet werden. Die Fertigung produziert also nicht auf Basis von Prognosedaten (Push-Prinzip), sondern auf Basis bereits realisierter Aufträge, deren Spezifikationsinformationen nach Art und Menge rekursiv vom Endkunden bis zum ersten Prozessschritt die Fertigung durchlaufen (Pull-Prinzip). In Verbindung mit der Regel, dass ohne Fertigungs-Kanban keine Fertigungsstufe produzieren darf, führt dieser Mechanismus des Pull-Prinzips zu einer strikten Vermeidung von Beständen an Rohstoffen und unfertigen Erzeugnissen in der Fertigung (WIP) und damit zu einer Bestandsreduzierung. Somit liegt die Funktion eines Kanban-Systems darin, dass durch die Zahl der umlaufenden Kanban-Karten die Bestände gedeckelt werden. Hierbei erfolgt die Fertigungssteuerung ohne zentralisierte Planung und ein gewisses Maß an Unsicherheit und Schwankungen kann vom System kompensiert werden, ohne dass es der Intervention einer zentralen Stelle bedarf.[79] Ein wesentlicher Effekt neben der Bestandsreduzierung ist die Etablierung einer visuellen Kontrolle von Bestandsbewegungen.[80] Dies unterstützt eine arbeitsteilige Materialflusskoordination über mehrere Bereiche hinweg, da ausgehend von einem Kundenauftrag sich alle vorangegangenen Schritte zur Fertigung ohne komplexe Fertigungsplanung und ohne Notwendigkeit einer IT-Unterstützung aus dem Pull-Prinzip ergeben.[81] Teure und komplexe computerbasierte Systeme zur Fertigungssteuerung (MRP- bzw. PPS-Systeme) werden durch ein einfaches und kostengünstiges Kanban-System ersetzt,[82] dessen Vorteil vor allem in dem reduzierten Steuerungs- und Kontrollaufwand bei großer Robustheit des Systems liegt.[83] Sofern ein Produkt aus Unterkomponenten besteht, wird faktisch durch eine Auftrags-

78 Vgl. Schniederjans/Olson (1999), S. 51.
79 Vgl. Görgens (1994), S. 24.
80 Vgl. Golhar/Stamm (1991), S. 659.
81 Vgl. Miltenburg (2001), S. 208.
82 Vgl. Schonberger (1987b), S. 68.
83 Vgl. Pokrandt (1993), S. 61; Srinivasan/Kekre/Mukhopadhyay (1994), S. 1291.

erteilung der Hauptkomponente der Bedarf für die Unterkomponenten in vorhergehenden Fertigungsprozessen ausgelöst, sobald die den Kanbans zugeordneten Ladungsträger geleert wurden. Die retrograde Disposition führt sich analog für untergeordnete Verbauteile fort, ohne dass es einer zentralen Stücklistenauflösung oder Teiledisposition bedarf.[84] Dies wiederum vereinfacht die Fertigungssteuerung in mehrstufigen Produktionsprozessen erheblich und macht sie auch für die gewerblichen Fertigungsmitarbeiter ohne Dispositionserfahrung buchstäblich (als Kanban-Karte) begreifbar. Daher ist Kanban ein technisch leicht implementierbares und transparentes Fertigungssteuerungssystem, das den Bestand an WIP gegenüber einer Push-Produktion (Produktion auf Basis von Prognosedaten) deutlich reduziert und zudem Qualitätsprobleme (bei Produkten wie auch Prozessen) effizient aufdeckt. Ein in der Literatur diskutierter Nachteil von Kanban gegenüber einer IT-gestützten Fertigungssteuerung (z. B. mit Material resource planning Systemen) ist allerdings, dass es keine Vorhersagen über zukünftige Bedarfsschwankungen (wie z. B. saisonal auftretende Bedarfsspitzen) berücksichtigt.[85]

Das Kanban-Konzept stellt zusammengefasst eine enge Verknüpfung von Material- und Informationsfluss her, um innerbetriebliche Prozesse der Fertigung zu optimieren. Im folgenden Abschnitt soll veranschaulicht werden, wie unternehmensübergreifende Versorgungsprozesse im Rahmen eines Fertigungsverbunds durch Informationsaustausch optimiert werden können.

2.4 Beschaffungsmodi in Fertigungsverbünden

Ein wesentliches Merkmal von erfolgreichen produktionssynchronen Logistiksystemen ist, dass die Fertigungstiefe durch die Ausgliederung von Leistungen an Partner verringert wird. Zugleich wird aber die gemeinsame Kooperation durch Zulieferintegration als arbeitsteiliger Fertigungsverbund intensiviert, um Prozesse zu optimieren.[86] Statt einer rechtlichen Unternehmensintegration (durch Aufkäufe oder Fusionen) kann eine vergleichbar starke Integration von Material- und Informationsflüssen im Rahmen eines Fertigungsverbunds erzielt werden und zugleich schneller und kostengünstiger abgewickelt werden sowie mit zusätzlichen Flexibilitätsgewinnen einhergehen.[87] Ein Fertigungsverbund ist dabei zu definieren als langfristige, arbeitsteilige Kooperation zwischen rechtlich selbstständigen Unternehmen auf Basis von Verträgen zur arbeitsteiligen Herstellung von (Zwischen-) Produkten und weiteren Dienstleistungen. Regelmäßig wird die Zusammenarbeit vertraglich über die Dauer des jeweiligen Produktlebenszyklus der Baureihe fest-

84 Vgl. Ho/Chang (2001), S. 177.
85 Vgl. Nahmias (2009), S. 399.
86 Vgl. hierzu den Überblick über die Empirie in den Abbildungen 1 und 2.
87 Vgl. Waters-Fuller (1995), S. 228.

geschrieben – die in der Automobilindustrie zwischen drei und sieben liegt.[88] Charakteristisch für Fertigungsverbünde ist dabei, dass die Vertragsgestaltung über Kaufvereinbarungen hinaus auf eine enge überbetriebliche Prozessintegration abzielt. So wird für produktionssynchrone Lieferungen regelmäßig eine Qualitätskontrolle beim Zulieferer vereinbart, die eine Qualitätskontrolle im Wareneingang beim OEM entbehrlich macht. Ein anderes übliches Verfahren ist, dass die Zulieferer ihre Kostenstruktur offen zu legen haben und Zielkosten bzw. -erträge vereinbart werden (Open book accounting).[89]

Wie bereits in Kapitel 2.1 erörtert, stellt Krafcik (1988) die Synchronisation von Prozessen im Lean management und die Entkoppelung von Produktionsprozessen (Buffered production) als konkurrierende Koordinationsansätze gegenüber.[90] Während in einem innerbetrieblichen Zusammenhang eine Versorgung allein auf Basis produktionssynchroner Logistikkonzepte möglich ist, so ist eine unternehmensübergreifende produktionssynchrone Logistik von der Urerzeugung bis zum Endkunden wirtschaftlich nicht rational. Es gibt hierfür nur ein historisch dokumentiertes Beispiel: Die Ford Motor Company benötigte für den kompletten Fertigungsprozess von der Erzverhüttung in eigener Erzhütte und Verabreitung des Kautschuk bis zur Auslieferung des Models T an den Kunden 81 Stunden.[91] Heute ist auf Grund der komplexen Wertschöpfung[92] eine solche vertikale Totalintegration ohne praktische Bedeutung. Auch die Vorstellung der Erreichung eines vollkommen bestandslosen (Zero inventory) Systems wird häufiger in der Literatur postuliert,[93] ist allerdings wirtschaftlich nicht erfüllbar. Kistner (1994) zeigt auf, dass durch Investitionen in Fertigungsanlagen und Prozessverbesserungen Bestandsreduktionen möglich sind; Bestandsvermögen und Anlagevermögen stehen daher in einem Substitutionsverhältnis zueinander. Anhand verschiedener stochastischer bestands- und warteschlangentheoretischer Modelle beweist er allerdings mathematisch, dass eine Reduktion von Beständen auf Null im Rahmen eines Just-in-time Konzepts auch theoretisch ausgeschlossen ist – die das Substitutionsverhältnis zwischen Anlage- und Umlaufvermögen abbildende Isoquante weist eine abnehmende Grenzrate der Substitution auf.[94] Somit ist Zero inventory als anspruchsvolle Zielsetzung zu sehen, die Mitarbeiter zu Prozessverbesserungen anspornen soll, aber deren Verwirklichung im engeren Sinne

88 Vgl. Vahrenkamp/Becker (2005), S. 18; Thun/Drüke/Silveira-Camargos (2007), S. 29.

89 Vgl. Kajüter/Kulmala (2005), S. 180 ff.

90 Vgl. Krafcik (1988), S. 44 f.

91 Vgl. Vokurka/Lummus (2000), S. 90.

92 Industrielle Wertschöpfung kann als Abfolge von Prozessen gesehen werden, deren Struktur durch funktionale (Strukturlisten und Arbeitspläne) und zeitliche Abhängigkeiten bestimmt ist und die durch Materialflüsse untereinander verkettet sind; vgl. Ihde (1998), S. 210.

93 Vgl. Zhangwill (1992), S. 15; Schniederjans/Olson (1999), S. 4; Goyal/Deshmukh (1992), S. 18.

94 Vgl. Kistner (1994), S. 130. Siehe hierzu Kapitel 2.4.3.

ausgeschlossen bleibt. Im Ergebnis schließen sich produktionssynchrone Konzepte und Konzepte zur (optimierten) Bestandshaltung und -beschaffung nicht gegenseitig aus, da es auch im produktionssynchronen Umfeld einer (wenn auch begrenzten) Bestandshaltung zwingend bedarf. Towill (2007) verweist auf empirische Daten für japanische Unternehmen, die vorrangig produktionssynchrone Logistikkonzepte betrieben, aber dennoch partiell Sicherheitsbestände vorhalten.[95] So haben Bestände bei Toyota eine funktionale Rolle, wobei zweierlei Bestandskategorien unterschiedlich behandelt werden: Pufferbestände zur Abdeckung des Durchschnittsbedarfs (erstes stochastisches Moment) werden im Sinne eines Zero inventory Ansatzes nahe Null reduziert. Hingegen wird ein Sicherheitsbestand vorrangig zur Abdeckung von exogenen Schwankungen des Kundenbedarfs (zweites stochastisches Moment) vorgehalten. Towill (2007) begründet diesen Dekompositionsansatz damit, dass Sicherheitsbestände im geringen Maße zu rechtfertigen sind, um Umsatzausfälle durch mangelnde Lieferfähigkeit und Prozessvariabilität zu vermeiden.[96] Auch Shingo (1992) verweist darauf, dass auf Mindestbestände nicht verzichtet werden kann.[97]

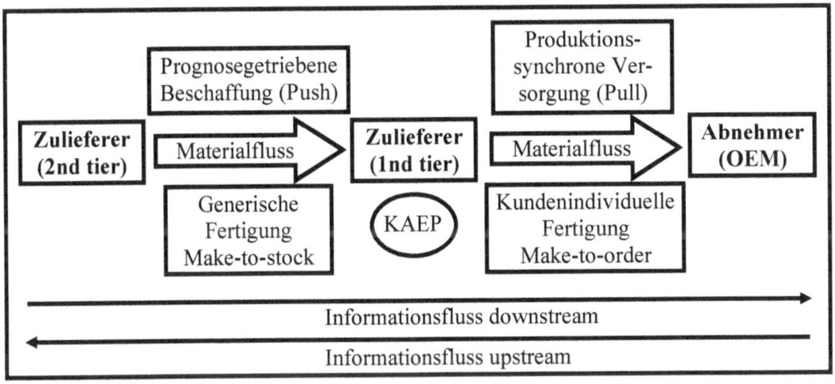

Abb. 4: Ausschnitt eines Fertigungsverbunds mit Kollision der Beschaffungsansätze

Für arbeitsteilig organisierte, ggf. mehrstufige Fertigungsverbünde ist auch eine andere Abwägung zu berücksichtigen: auch wenn zur Versorgung eines Endmontage-Herstellers (OEM) nach seinem Produktionsprogramm gefertigt wird und die benötigten Komponenten bedarfsgerecht beim Zulieferer Just-in-time abgerufen werden, hat der Zulieferer zur kurzfristigen Erfüllung der Bestellung im vertraglich vereinbarten Zeitfenster selber Verbaukomponenten, Vorprodukten und Module vorzuhalten und damit einen Lagerbestand aufzubauen. Dies erzeugt im

95 Vgl. Towill (2007), S. 3627.
96 Vgl. ebd., S. 3628.
97 Vgl. Shingo (1992), S. 18.

Fertigungsverbund eine Kollision von Beschaffungsansätzen, wobei die Schwelle des Wechsels von kundenindividueller Fertigung auf Basis realisierter Kundenaufträge (Make-to-order) zur prognosebasierten Fertigung auf Vorrat (Make-to-stock) als Kundenauftragsentkoppelungspunkt (KAEP) oder Order penetration point bezeichnet wird. Abbildung 4 veranschaulicht diesen Zusammenhang.

Die Bestandsbildung wird also nach Einführung einer produktionssynchronen Versorgung teilweise verschoben und nicht vollkommen eliminiert. Höhere Bestände bei Zulieferern erzeugen allerdings höhere Lagerhaltungs- und Qualitätskosten, die wiederum über die Stückkosten in die Bezugspreise für den OEM eingepreist werden. Daher sind Bestandsauswirkungen – einschließlich Fernwirkungen – in Fertigungsverbünden zu berücksichtigen.

Ein wichtiges Motiv zur Bestandshaltung ist die Einhaltung von Servicezusagen: Bestände werden immer dann (auf der geringstmöglichen Fertigungsstufe) vorgehalten, wenn produktspezifische Fertigungsdurchlaufzeiten länger sind als die vom Kunden vorgegebenen Lieferzeiten.[98] Daneben sind aus Perspektive des Lean managements auch die unternehmensübergreifende Kontrolle von Kosten, Qualität und Variabilität von Relevanz. Nachfolgend sollen mögliche Entscheidungsmodelle zur Wahl zwischen einer konventionellen, lagerorientierten und einer produktionssynchronen Beschaffung untersucht werden.

2.4.1 Entscheidungsmodelle für die Wahl des Beschaffungsmodus

Die Ausgestaltung des Beschaffungskonzepts durch den OEM innerhalb eines Fertigungsverbunds kann in zweierlei Ausprägungen erfolgen: der Zulieferer produziert auf Grundlage von Prognosen unabhängig von realisierten Kundenbedarfen auf Lager (konventionelle Beschaffung im Sinne von Make-to-stock) oder fertigt erst auf Grundlage realisierter Kundenaufträge und liefert kurzfristig ohne Zwischenlagerung aus (produktionssynchrone Logistik im Sinne von Make-to-order). Während sich die Bestellmengen und -zeitpunkte bei der produktionssynchronen Logistik unmittelbar aus dem Fertigungsprogramm des OEM ableiten, geht ein konventionelles Beschaffungskonzept einher mit Fragestellungen zur wirtschaftlichen Optimierung der Losgrößenwahl. Das hierzu immer noch in der Praxis am weitesten verbreitete Verfahren ist die Formel von Harris (1913),[99] welche vielfach auch nur als klassische Losgrößenformel bezeichnet wird. Darüber hinaus wurde eine außerordentlich große Vielzahl komplexer Modelle entwickelt, die mehrperiodige und/oder mehrstufige Losgrößenprobleme behandeln. Eine Darstellung all dieser Modelle würde den Rahmen dieser Arbeit sprengen, so dass

98 Vgl. Ihde (1991), S. 193.

99 Vgl. Dyckhoff/Spengler (2007), S. 235; Schiemenz/Schönert (2005), S. 178.

hierzu auf die ausführlichen Darstellungen in den Monographien von Tempelmeier (2006b) und Axsäter (2006)[100] verwiesen wird. Vielmehr sollen im folgenden Kapitel Entscheidungsmodelle zur optimalen Auswahl des Beschaffungsansatzes näher erörtert werden.

2.4.1.1 Pareto-Analyse für Beschaffungsentscheidungen

Das wichtigste Instrument zur Wahl des wirtschaftlichen Beschaffungskonzepts innerhalb eines Fertigungsverbunds (konventionelle Beschaffung bei Lagerhaltung oder produktionssynchrone Logistik) ist die Pareto-Analyse (überwiegend auch als ABC-Analyse bezeichnet).[101] Diese weist aufgrund ihrer leichten Handhabbarkeit einen außerordentlichen Verbreitungsgrad auf und ist in allen modernen Enterprise resource planning (ERP) Systemen implementiert.[102] Das Pareto-Prinzip geht auf die Untersuchungen von Vilfredo Pareto zur Abbildung der Einkommensverteilung in der Bevölkerung zurück und wurde erstmals 1896 veröffentlicht. Er leitete daraus die Empfehlung ab, dass Banken sich auf die 20% der Kunden mit den höchsten Einkommen konzentrieren sollten, da sie über 80% des Vermögens verfügen.[103] Die Abbildung erfolgt vorwiegend in Form einer Lorenz-Kurve.[104] Die erste Industrieanwendung der Pareto-Analyse fand zur Bestandsstrukturierung bei General Electric Co. statt und wurde 1951 von H. Ford Dieckies veröffentlicht.[105] Hierbei wird eine Unterteilung von Bezugsteilen in unterschiedliche Kategorien vorgenommen, so dass Wertdichte und Verbrauchswert pro Periode gegenübergestellt werden: A-Teile mit geringem mengenmäßigen Anteil und hohem Wertanteil, B-Teile mit mittlerem mengenmäßigen Anteil und mittleren Wertanteil sowie C-Teile mit hohem mengenmäßigen und geringen Wertanteil. Klasse A-Komponenten werden in eine detaillierte Bestandsplanung einbezogen, während für Klasse C-Teile eine weniger detaillierte Bestandsüberwachung und -planung in Kauf genommen wird, um den Verwaltungsaufwand im Lager zu begrenzen.[106] Für A-Teile erfolgt eine sorgfältige Bestandsplanung, die mit einer Überwachung umfangreicher Prozesse und der Anwendung mathematischer Optimierungsverfahren einhergeht.[107] Teure Komponenten werden daher sorgfältiger überwacht als mehrere Tausend anderer Sachnummern, die Industrieunternehmen regelmäßig

100 Vgl. Tempelmeier (2006b), S. 99 ff.; Axsäter (2006), S. 115 ff.

101 Vgl. Plöger/Haasis (2008), S. 613; Lackes (1995), S. 212; Tempelmeier (2006b), S. 28; Brehm (1997), S. 105 f.; Richter (1997), S. 13.

102 Vgl. Dittrich et al. (2006), S. 101.

103 Vgl. Pareto (1897), S. 501; Jodlbauer (2009), S. 263 ff.

104 Vgl. Lorenz (1905), S. 218.

105 Vgl. Dieckies (1951), S. 92 ff.; Flores/Whybark (1988), S. 191.

106 Vgl. Schiemenz/Schönert (2005), S. 179

107 Vgl. Ernst/Cohen (1990), S. 575.

verwalten müssen.[108] Für die Pareto-Analyse werden im ersten Schritt Periodenverbrauchswerte ermittelt, anschließend der kumulierte Prozentanteil der Materialdisposition am Gesamtbedarf sowie der prozentuale Mengenanteil in Bezug auf Gesamtmenge berechnet und schließlich die Klassengrößen festgelegt.[109] Ergänzt wird die ABC-Kategorisierung häufig um die Dimension der Prognostizierbarkeit von Materialbedarfen (XYZ-Analyse).[110] Hintergrund ist, dass produktionssynchrone Versorgungssysteme eine nahezu hundertprozentige Liefertreue erfordern und sie zugleich auf Grund der sehr geringen Materialpuffer anfällig für teure Prozessunterbrechungen sind. Die XYZ-Analyse berücksichtigt die Bedarfsschwankungen und Bedarfsvorhersagegenauigkeit zur Teileklassifikation. Die Einteilung erfolgt in Teile mit hoher (X), mittlerer (Y) und niedriger (Z) Vorhersagegenauigkeit bei konstantem (X), schwankendem (Y) oder unregelmäßigem (Z) Verbrauch.[111]

Der Annahme der klassischen Pareto-Analyse zufolge ist eine produktionssynchrone Versorgung auf die A-Teile und die X-Teile zu beschränken, da hier die höchsten Kapitalbindungskosten auftreten und nur wenige Störungen für die sensiblen Lieferungen Just-in-time zu erwarten sind.

In der Literatur wird vielfach kritisiert, dass die Pareto-Analyse auf Grund einer heuristisch begründeten, willkürlichen Einteilung in Klassen erfolgt. So lautet ein häufig gefundener Vorschlag, dass für A-Teile eine Klassengröße von 20% des Gesamtbestandswertes gewählt wird.[112] Ebenso ist als nachteilig zu beurteilen, dass in der klassischen Pareto-Analyse nur die Kapitalbindung als Kriterium in die Bewertung einbezogen wird.[113] Weiterhin kritisch zu sehen ist die implizite Annahme der Pareto-Analyse, dass eine produktionssynchrone Versorgung eine aufwändige Implementierung erfordert und sich daher nur für A-Teile lohnt. Bei solchen Teilen wird das größte Rationalisierungspotenzial vermutet. Aus Sicht des Lean managements lässt jedoch eine solche Betrachtung Qualitäts- und Variabilitätserwägungen außer Acht. Eine Ergänzung der Pareto-Analyse um weitere Prozessparameter ist allerdings auf Grund der Vielzahl der zu berücksichtigen Kategorien schlecht handhabbar.[114] Bei Berücksichtigung von mehr als zwei Entscheidungsvariablen ist eine grafische Darstellung in einer zweidimensionalen Matrix nicht mehr möglich, so dass eine multidimensionale

---

108 Vgl. Ramanathan (2006), S. 696; Chen et al. (2008), S. 35; Ernst/Cohen (1990), S. 574; Partovi/Anandarajan (2002), S. 390.

109 Vgl. Hartlieb (1997), S. 164.

110 Vgl. Tempelmeier (2006b), S. 29.

111 Vgl. Hartlieb (1997), S. 165.

112 Vgl. Partovi/Anandarajan (2002), S. 390. Für eine ausführliche quantitative Herleitung der Aggregation von Produktgruppen nach dem Kriterium der Lagerkostenminimierung unter Annahme der Harris-Formel; vgl. Tempelmeier (2006b), S. 11 ff.

113 Vgl. Flores/Whybark (1988), S. 191; Partovi/Anandarajan (2002), S. 390.

114 Vgl. Flores/Whybark (1988), S. 192.

Abbildung grafisch nur schlecht darstellbar ist.[115] Eine Segmentierung von m verschiedenen Beurteilungsvariablen in jeweils nur drei Klassen (wie A, B und C) führt zu nm verschiedenen Klassen. Eine Berücksichtigung von Bestands-, Qualitäts- und Variabilitätsgrößen würde hier zu $3^3 = 27$ verschiedenen Klassen führen, was einer objektiven und effizienten Auswahl entgegen steht. Zudem kritisieren Ernst/Cohen (1990), dass eine Klassenzuordnung bei nicht-monetären Größen häufig willkürlich und unangemessen ausfällt.[116] Aufgrund der modelltheoretischen Unzulänglichkeiten einer Pareto-Analyse, die nur zwei Kriterien gegenüber stellt, werden nachfolgend mehrkriterielle Pareto-Ansätze zur Analyse von drei oder mehr Kriterien vorgestellt. Dazu wird in den nachfolgenden Kapiteln zunächst ein Überblick über Ansätze der mehrkriteriellen Pareto-Analyse gegeben und anschließend ein alternativer Ansatz zur Wahl des Beschaffungsmodus entwickelt.

2.4.1.2 Ansätze der mehrkriteriellen Pareto-Analyse

Zu Erweiterungen des Ansatzes von Dieckies (1951) wurden verschiedene Beiträge veröffentlicht, die an dieser Stelle überblicksartig erörtert werden sollen. Flores/Whybark (1987) entwickeln ein Verfahren zum iterativen Vergleich verschiedener Kriterien. Hierbei bilden sie jeweils eine zweidimensionale Matrix, um zwei Entscheidungsvariablen abzubilden und stellen wiederum die hier gebildete Klassenzusammenfassung mit einem weiteren Kriterium in einem nächsten Schritt gegenüber.[117] Der Nachteil dieses mehrstufigen Aggregationsverfahrens liegt in dem aufwändigen und subjektiven Klassenzuordnung und der willkürlichen Aggregation der Klassen, was die Handhabbarkeit, Objektivität und Anwenderakzeptanz erheblich einschränkt.

Guvenir/Erel (1998) untersuchen die Anwendung von Analytical hierarchy process (AHP) und Genetischen Algorithmen, um eine Pareto-Analyse durchzuführen. Hier ist nachteilig zu bewerten, dass AHP umfangreiche Matrizenoperationen benötigt und sich durch einen aufwendigen, manuellen Vergleich von Variablenpaaren durch Experten auszeichnet, der damit implizit auch subjektive Meinungen abbildet. Genetische Algorithmen können von der Mehrheit von Praktikern ohne Spezialwissen (insbesondere Programmierkenntnisse) nicht verstanden werden und weisen daher eine geringere Nutzerakzeptanz als die klassische Pareto-Analyse auf. Zudem zeichnen sich die vorgeschlagenen Genetischen Algorithmen durch einen intensiven Pflegeaufwand aus, wenn Modellparameter angepasst werden sollen, was z. B. bei Produktwechseln regelmäßig zu erwarten ist.[118] Vergleichbare Probleme treten beim Ansatz von Partovi/Anandarajan (2002)

115 Vgl. Liu/Huang (2006), S. 1185.
116 Vgl. Ernst/Cohen (1990), S. 577.
117 Vgl. Flores/Whybark (1987), S. 84.
118 Vgl. Guvenir/Erel (1998), S. 32.

auf, welche Genetische Algorithmen und Back propagation Algorithmen mit Neuralen Netzwerken zur Bestandsklassifizierung kombinieren.[119]

Chen et al. (2008) stellen einen Rough set Ansatz vor, der linguistische Regeln auf die Datenbewertung überträgt. Hierzu ist eine dreistufige Abbildung von Daten in einer Matrix notwendig,[120] was eine Nachvollziehbarkeit für Anwender in der Praxis erschwert und bei mehreren Kriterien und einer Vielzahl von Sachnummern die Erstellung einer speziellen Software notwendig macht.[121]

Neben den genannten Ansätzen zum schrittweisen Vergleich und zur Aggregation von Entscheidungsvariablen wurden noch weitere Ansätze entwickelt: Ramanathan (2006) schlägt eine Klassifizierung durch einen Ansatz vor, der mit der Data envelopment analysis (DEA) verwandt ist. Nachteilig ist, dass auch dieses Vorgehen eine subjektive Zuordnung der betrachteten Variablen voraussetzt. Ferner liegt dem Ansatz die nicht allgemeingültige Annahme zu Grunde, dass alle bewerteten Kriterien positiv korreliert sind.[122] Dies wird vielfach nicht für Praxisprobleme zutreffen, was die Anwendbarkeit dieses Ansatzes erheblich einschränkt. So können beispielsweise teure Produktgruppen eine im Vergleich zur Grundgesamtheit niedrige Ausfallquote haben. Zhou/Fan (2007) sowie Ng (2007) und Hadi-Vencheh (2010) stellen modifizierte Ansätze von Ramanathans DEA-Modell vor,[123] die allerdings implizit alle eine subjektive Bewertung durch einen Disponenten bezüglich des Rankings der Kriterien voraussetzen. Ein anderer DEA-Ansatz zur mehrkriteriellen Klassifikation im Rahmen einer Pareto-Analyse stellen Liu/Huang (2006) vor.[124] Ernst/Cohen (1990) führen die Clusteranalyse zur Klassifikation von Variablen in der mehrkriteriellen Pareto-Analyse ein. Diese Methodik ist allerdings zu kompliziert, als dass sie von Praktikern verstanden werden kann und führt daher zu Akzeptanzproblemen bei den anwendenden Entscheidern.[125] Diese Schlussfolgerung gilt analog für Liiv (2007), der zwei Algorithmen zur Clusteranalyse vorstellt, um eine Klassenzuordnung zu einer Pareto-Analyse vorzunehmen. Er untersucht dabei Verbundeffekte bei Kaufentscheidungen durch Verbraucher.[126]

Partovi/Anandarajan (2002) übertragen einen Ansatz neuronaler Netzwerke auf das Klassifizierungsproblem für Bestandskategorien.[127]

119 Vgl. Partovi/Anandarajan (2002), S. 395.
120 Vgl. Chen et al. (2008), S. 40.
121 Vgl. Ng (2007), S. 345.
122 Vgl. Ramanathan (2006), S. 696 f.
123 Vgl. Zhou/Fan (2007), S. 1489 ff.; Ng (2007), S. 347 f.; Hadi-Vencheh (2010), S. 963 ff.
124 Vgl. Liu/Huang (2006), S. 1186 f.
125 Vgl. Ernst/Cohen (1990), S. 581; Partovi/Anandarajan (2002), S. 390.
126 Vgl. Liiv (2007), S. 2 ff.
127 Vgl. Partovi/Anandarajan (2002), S. 395.

Zusammengefasst weisen die iterativen Aggregationsverfahren und die algorithmischen Lösungen für Klassifikationsprobleme strukturelle Nachteile gegenüber der ursprünglichen Pareto-Analyse mit zwei Kriterien auf. Alle erörterten Ansätze basieren auf dem manuellen Ranking von Variablen durch Experten und daher liegt ihnen eine rein subjektive Bewertung zu Grunde. Zugleich ist eine praktische Umsetzung selbst in mittelständischen Unternehmen mit einem prohibitiv hohem Personalaufwand verbunden – das Ranking einer vier- bis fünfstelligen Zahl an Sachnummern für mehrere Kriterien bedeutet für einen Disponenten eine zeitlich nicht realisierbare Aufgabe. Zudem bedürfen die Algorithmen und die zu Grunde liegenden Verfahren des Operations Research und der künstlichen Intelligenz eine Implementierung in komplexe Softwareanwendungen.[128] Diese sind für Praktiker intransparent und kaum nachvollziehbar, was die Akzeptanz der Analyseergebnisse bei Anwendern schmälert.

Für eine Entscheidungsunterstützung bei der Wahl des Beschaffungskonzepts (lagerbezogene oder produktionssynchrone Beschaffung) ist die Anforderung zu stellen, dass die drei Zielkomponenten der Definition des Lean managements (Kontrolle von Kosten, Qualität und Variabilität) mit einbezogen werden. Eine mehrkriterielle Pareto-Analyse wird dieser Anforderung nur unzureichend gerecht. Daher soll im folgenden Kapitel ein alternatives Entscheidungsmodell entwickelt werden.

2.4.1.3 Literaturüberblick zu alternativen mehrkriteriellen Ansätzen

Abseits der Pareto-Analyse hat Fazel (1997) einen Vergleich der Kostenfunktion für die Beschaffungsalternativen einer konventionellen, lagerbezogenen sowie einer produktionssynchronen Logistik vorgeschlagen.[129] Unter Einbezug des klassischen Losgrößenmodells von Harris (1913) schlägt Fazel (1997) vor, die Bedarfsmenge zu bestimmen, bei der sich die Kostenfunktionen für die beiden Beschaffungsalternativen schneiden. Diese Bedarfsmenge ist der Indifferenzpunkt. Analytisch leitet er aus seinem Modell her, dass für einen gegebenen Periodenbedarf unterhalb des Indifferenzpunktes eine konventionelle Beschaffung kostengünstiger ist und oberhalb eine produktionssynchrone Versorgung die wirtschaftlichste Alternative darstellt. Dieses Ergebnis ist konform mit der impliziten Annahme der Pareto-Analyse und steht im Widerspruch zur (genau umgekehrten) Anwendung der produktionssynchronen Logistik bei Toyota.[130] Fazel/Fischer/Gilbert (1998) erweitern das Ausgangsmodell um Preisrabatte.[131]

---

128 Vgl. Ramanathan (2006), S. 696.

129 Vgl. Fazel (1997), S. 498.

130 Dieser Widerspruch versinnbildlicht sich schon im Titel von Ohnos Beschreibung seines Konzepts der Fertigungssteuerung: „Toyota production system: Beyond large-scale production“.

131 Vgl. Fazel/Gilbert/Fischer (1998), S. 104 ff.

Schniederjans/Cao (2000) und Schniederjans/Cao (2001) schlagen eine Erweiterung des Indifferenzpunkt-Gleichungssystems um die Opportunitätskosten der Platzeinsparung durch Abbau von Lagern an Rohstoffen, unfertigen Erzeugnissen und Endprodukten bei Einführung einer produktionssynchronen Logistik vor. Sie kommen im Gegensatz zu Fazel (1997) mit ihrer Sensitivitätsanalyse zu dem Schluss, dass eine produktionssynchrone Logistik gegenüber einer konventionellen Versorgung regelmäßig wirtschaftlicher ist – schon bei einer moderaten Platzeinsparung von 5%.[132] Somit kehren sich die Empfehlungen des Entscheidungsmodells im Vergleich mit dem Modell von Fazel (1997) und auch der Pareto-Analyse um, sobald neben den Stückkostenerwägungen auch weitere Prozessfaktoren berücksichtigt werden. Nach Auswertung einschlägiger wissenschaftlicher Untersuchungen kommen Schniederjans/Olson (1999), Schniederjans/Cao (2000), Schniederjans/Cao (2001) und Cao/Schniederjans (2004) zu dem Schluss, dass durch eine Umstellung auf eine produktionssynchrone Logistik in der Praxis Platzeinsparungen von 30-80% realisiert werden können.[133] Auch Wu/Low (2005a) kritisieren die Modelle von Fazel (1997) und Fazel/Fischer/Gilbert (1998) als zugunsten einer konventionellen Beschaffung verzerrt, weil fixe Kosten einer solchen (wie Opportunitätskosten des Lagerplatzes) unberücksichtigt bleiben.[134] In einer Reihe von Beiträgen befassen sie sich mit der Auswirkung von Lagerplatzknappheit auf die Beschaffung bei großen Nachfragemengen.[135] Die Wahrnehmung von Platz als Engpassfaktor von historisch gewachsenen Betriebsgeländen ist in Japan als bergiger Inselarchipel sensibler als in Deutschland. Allerdings werden auch hier Kostenstellen mit kalkulatorischen Kosten für Raumbeanspruchung von Gebäuden und Anlagen belastet, da eine räumliche Expansion zumeist baulich engen Grenzen unterliegt oder mit prohibitiv hohen Kosten einhergeht.[136] Als besonders drastisches Beispiel hierzu kann die Airbus-Betriebsstätte Hamburg-Finkenwerder genannt werden, wo 170 Hektar Land in der Elbe (Mühlenberger Loch) aufgeschüttet werden mussten, um den notwendigen Platz für die Montage des Flugzeugs A380 zu schaffen.

Eine durch Bestandseinsparungen erzielte Rückgewinnungen von Flächen lässt sich auf eine Verringerung der Variabilität zurückführen – zuvor durch Lager entkoppelte Prozesse werden durch Anlieferungen per produktionssynchroner Logistik so aufeinander abgestimmt, dass das Lager als Puffer nicht mehr notwendig ist. In diesem Fall lässt sich die Einsparung von Platz aus der Perspektive des Lean managements so interpretieren, dass sie eine Folge der besseren Variabilitätskontrolle ist. Anstelle intermittierender Produktionsprozesse in großen Losgrößen

132 Vgl. Schniederjans/Cao (2000), S. 292 f.

133 Vgl. Schniederjans/Olson (1999), S. 27; Schniederjans/Cao (2000), S. 291; Schniederjans/Cao (2001), S. 111; Vgl. Cao/Schniederjans (2004), S. 84.

134 Vgl. Wu/Low (2005a), S. 54.

135 Vgl. Wu/Low (2005a); Wu/Low (2005b); Wu/Low (2006); Wu/Low (2007).

136 Vgl. Plöger/Haasis (2008), S. 614.

mit einhergehendem Aufbau von Pufferlägern, werden in der produktionssynchronen Logistik Prozesse funktionsübergreifend zur Erlangung eines gleichmäßigen Materialflusses abgestimmt. Dieses analytisch hergeleitete Empfehlung, dass eine produktionssynchrone Versorgung bei Einbezug von weiteren Prozessfaktoren in die Kalkulation nahezu generell wirtschaftlich von Vorteil ist, wird auch durch empirische Studien gestützt: Sakakibara et al. (1997) belegen in einer empirischen Studie, dass die kombinierte Einführung einer produktionssynchronen Logistik in Verbindung mit Anpassungen der Infrastruktur (wie Reduzierung von Lagerraum) eine signifikante Verbesserung von wirtschaftlichen Kennzahlen ermöglicht.[137]

Zusammengefasst ergibt sich ein Widerspruch zwischen der Empfehlung der Pareto-Analyse und Fazels Modellansatz, kleine Bedarfsmengen nur konventionell lagerbezogen zu beziehen und erst ab großen Bedarfsmengen zu einer produktionssynchronen Logistik überzugehen einerseits und der These von Ohno (1988), dass eine produktionssynchrone Logistik dazu dient, eine wirtschaftliche Produktion für kleine Losgrößen (bis hin zur Losgröße eins) zu ermöglichen andererseits. Die Ergebnisse von Schiederjans/Cao (2000, 2001) weisen darauf hin, dass der Einbezug weiterer Prozessparameter die Empfehlungen von Fazels Modell und der Pareto-Analyse umkehren, was auch durch empirische Studien gestützt wird. Außer für sehr große Bedarfsmengen ist eine produktionssynchrone Logistik demnach einer konventionellen Beschaffung regelmäßig überlegen. Einschränkend können hierzu die in Kapitel 2.3 erwähnten technologischen Restriktionen erwähnt werden. Ferner wird in Kapitel 2.4.2.1 eine weitere Bedingung erörtert, bei deren Erfüllung eine konventionelle Versorgung gegenüber einer produktionssynchronen Logistik dennoch wirtschaftlicher ist.

Daher ist aus Perspektive des Lean managements festzustellen, dass eine Entscheidung zwischen produktionssynchroner Logistik und konventioneller Beschaffung ausschließlich auf Grundlage von Kapitalbindungskosten verzerrt ist und vielmehr auch die Aspekte Variabilitäts- und Qualitätskontrolle einbezogen werden müssen. Schniederjans/Cao (2000) haben dafür einen ersten Ansatz vorgeschlagen, die Kosten der Platzreduktion als Absolutgröße einzubeziehen. Für Qualitätskosten ist dies aus der Perspektive des Lean managements nicht zweckmäßig. Nach der These von Ohno (1988) ist Qualität keine exogen gegebene Größe, sondern sie hängt von der Losgröße der Teileproduktion und -lagerhaltung ab.[138]

Daher soll im anschließenden Abschnitt die Bedeutung des Einbezugs von Qualitätsmerkmalen in Beschaffungsentscheidungen fundiert werden. Im darauf folgenden Kapitel soll ein Modell entwickelt werden, dass simultan Kosten-,

137 Vgl. Sakakibara et al. (1997), S. 1253 f.
138 Vgl. Ohno (1988), S. XIV.

Qualitäts- und Variabilitätsgrößen einbezieht und die Wechselwirkung von Qualitätskennzahlen auf die Losgröße berücksichtigt.

2.4.1.4 Bedeutung von Qualitätsmerkmalen für Beschaffungsentscheidungen

Schniederjans/Cao (2000) und Cao/Schniederjans (2000) sehen den Einbezug von Platzeinsparungen als einziges zusätzliches Kriterium (neben Kapitalbindung) als Schwachpunkt ihres Ansatzes.[139] Fazel (1997) selbst verweist darauf, dass die produktionssynchrone Logistik einen Einfluss auf eine Vielzahl von Faktoren hat, insbesondere auf die Qualität.[140] Qualität ist ein Faktor mit erheblichen mittelbaren Kosten- und Umsatzwirkungen. Studien zeigen, dass Firmen mit hoher Produktqualität einen besseren Return on investment, größere Marktanteile und eine höhere Rentabilität aufweisen als Firmen mit vergleichbar schlechterer Produktqualität.[141]

Vier Kategorien von Qualitätskosten können unterschieden werden:

1. Vermeidungskosten (vorrangig Wartungskosten oder auch die Installation von Poka yoke Einrichtungen, d. h. in Prozesse eingebettete Diagnosesysteme)
2. Inspektions- und Auditingkosten
3. Interne Fehlerkosten (insbesondere Ausschuss und Nacharbeit sowie erneute Prüfungen, downgrading fehlerhafter Leistungen, Drosselung der Produktion durch Ausschleusungen und Stillstände)
4. Externe Fehlerkosten (einschließlich Garantiekosten; Ersatzlieferungen; Kosten für Beschwerdebearbeitung, Rechtstreits und Produkthaftung; verlorenes Kundenvertrauen und Opportunitätskosten für entgangene Umsätze; Produkthaftungszahlungen und Konventionalstrafen; Produktbeschlagnahmung sowie entgangene Erlöse und Kundenabwanderung)

Die Kategorien 1) und 2) sind Kosten der Qualitätseinhaltung, d. h. zur Erlangung eines gegebenen Qualitätsniveaus, während die Kategorien 3) und 4) Kosten der Nicht-Einhaltung von Qualitätsstandards bedeuten.[142] Eine wichtige Annahme des Lean managements ist, dass die Kosten der Nicht-Einhaltung von Qualitätsstandards ganz erheblich unterschätzt werden, so dass selbst eine hundertprozentige Qualitätskontrolle (anstelle von Stichprobenkontrollen) generell gerechtfertigt ist. Denn besonders die externen Fehlerkosten sind nur schwer einzuschätzen, weil sie nur im Fall von Kundenbeschwerden erfasst werden. Da nur ein

139 Vgl. Schniederjans/Cao (2000), S. 294; Cao/Schniederjans (2004), S. 94.
140 Vgl. Fazel (1997), S. 496.
141 Vgl. Nahmias (2009), S. 684.
142 Vgl. Nagar/Rajan (2001), S. 497; Bruhn (2008), S. 479 ff.

kleiner Teil der Kunden mit Mangelware den Kundenservice kontaktiert und die Mehrheit schweigend den Zulieferer wechselt, werden die externen Fehlerkosten systematisch unterschätzt. Nagar/Rajan (2001) kommen aufgrund ihrer empirischen Studie zu dem Schluss, dass externe Fehlerfolgekosten von einem US $ zu einem Umsatzrückgang von 13,70 $ im ersten Quartal und zu einem Umsatzrückgang von 12,30 $ in den folgenden Quartalen führen.[143] Andere Studien sehen einen signifikant positiven Zusammenhang zwischen dem Einsatz von Qualitätsmaßnahmen und der Rentabilität von Unternehmen.[144] Dies stützt den außerordentlich hohen Qualitätsanspruch des Lean managements wie er beispielsweise in der Anwendung von Six Sigma-Qualitätsniveaus Niederschlag findet und damit scheinbar verschwenderisch teure Qualitätsmaßnahmen rechtfertigt. Als drastisches Beispiel für externe Fehlerfolgekosten beim Versagen von Qualitätskontrollen kann der Rückruf von 4,5 Millionen Fahrzeugen der Marke Toyota im Jahr 2010 genannt werden, verursacht durch Fehler von Bremsensteuersystemen des Zulieferers CTS Corporation. Der Gesamtschaden für die Toyota Motor Corporation wird auf mehr als fünf Milliarden US $ geschätzt.[145]

2.4.2 Herleitung einer Indifferenzpunkt-Gleichung mit Qualitätskennzahlen und Flächenbedarfen

2.4.2.1 Basismodell

Die vorangegangenen Erwägungen haben die Schwächen einer einseitig auf Kapitalbindung abstellenden Beschaffungsentscheidung zwischen konventioneller Beschaffung und produktionssynchroner Logistik sowie die Bedeutung von Qualitätsmerkmalen aufgezeigt. Daher wird in diesem Abschnitt ein Indifferenzpunkt-Modell ausgearbeitet, dass konform mit der Definition von Lean management in Kapitel 2.1 simultan Kapitalbindungskosten, Variabilitäts- und Qualitätsmerkmale in die Entscheidung zwischen konventioneller Beschaffung und produktionssynchroner Logistik einbezieht. Dies greift auch die Kritik von Gunasekaran et al. (1993) auf, dass dezentrale Qualitäts- und Prüfkosten bei produktionssynchroner Logistik, wie Prüfkosten und verringerte Auslastung bei Prozessabweichungen von den Soll-Werten, bisher nicht in Losgrößenmodellen berücksichtigt worden sind.[146]

143 Vgl. Nagar/Rajan (2001), S. 507.
144 Vgl. Fullerton/McWatters/Fawson (2003), S. 400.
145 Vgl. o. V. (2010).
146 Vgl. Gunasekaran et al. (1993), S. 532.

Der Ausgangspunkt ist das klassische Losgrößenmodell nach Harris (1913), dem zufolge die gesamten Bestandskosten C_a in folgendem Zusammenhang stehen:[147]

$$C_a = \frac{kD}{Q} + \frac{QP_E h}{2} \tag{1}$$

D ist dabei die Nachfrage pro Periode, k sind die (fixen) Kosten pro Los, Q ist die Losgröße, P_E der Stückpreis, h die periodischen Lagerhaltungskosten pro Periode. Entsprechend ist die optimale Bestellmenge:

$$Q_a^* = \sqrt{\frac{2kD}{P_E h}} \tag{2}$$

Daraus folgen die minimalen Kosten pro Periode mit:

$$C_a^* = \sqrt{2kDP_E h} \tag{3}$$

PE ist der Basispreis für eine gegebene, konventionell beschaffte Komponente. Eine produktionssynchron beschaffte Komponente geht mit zusätzlichem Aufwand für den Zulieferer einher (so z. B. höhere Kosten für Prozesskontrolle, Versandkoordination und Qualitäts- bzw. Inspektionskosten sowie zusätzlichem Transportaufwand durch höhere Lieferfrequenz). Diese zusätzlichen Kosten werden auf den Abnahmepreis des OEM aufgeschlagen (eingepreist).[148] Daher wird der Preis für produktionssynchron gelieferte Teile P_J zunächst etwas größer als P_E ausfallen. Die Höhe des Gefälles hängt auch von dem Einsatz von Maßnahmen wie der Ansiedlung von Zulieferern in Nähe des Abnehmers (Co-Location) oder Hilfestellungen für Zulieferer durch den OEM bei der Qualitätserhöhung (Zuliefererentwicklung) ab. Dennoch wird erwartet, dass bei einer sorgfältigen Implementierung der produktionssynchronen Logistik die Stückkosten P_J sehr nah bei P_E liegen.[149]

147 Vgl. Harris (1913), S. 135 ff.

148 Vgl. Wu/Min (2005a), S. 53; Fazel et al. (1998), S. 104; Cao/Schniederjans (2004), S. 89; Waters-Fuller (1996), S. 40; Fazel (1997), S. 498. So ist in der Automobilindustrie auf Grund der Abhängigkeit vieler kleiner Zulieferer von wenigen OEM die Offenlegung aller Kostendaten des Zulieferers üblich („Open book accounting"), vgl. Carr/Ng (1995), S. 359. Dabei werden Gewinnmargen des Zulieferers regelmäßig vertraglich begrenzt. Ein Kostenanstieg wird in einer solchen Konstellation immer an den OEM weitergegeben werden müssen, da sonst der Zulieferer Verluste erleidet und langfristig der Ausfall eines Lieferanten drohen würde.

149 Vgl. Fazel (1997), S. 501.

Große Produktions- und Lieferlose bedingen hohe Pufferbestände auf Lager. Wenn in einem Produktionsprozess fehlerhafte Teile produziert werden, verursachen diese zweierlei negative Effekte:

1) Eine große Menge an fehlerhaften Teilen wird zunächst unbemerkt gefertigt, welche hohe Ausschuss- und Entsorgungskosten verursachen sowie die nachfolgende Auftragserfüllung verzögern können (sofern nicht rechtzeitig ein neues Los aufgelegt werden kann, dass den Fehlbedarf deckt).
2) Die Auffindung der Fehlerquelle ist schwieriger, da ein Pufferlager tendenziell die Zeitspanne zwischen Problemauftritt und Problemerkennung im Zuge des weiteren Teileverbaus verlängert. Dies erschwert die Zurückverfolgung zur Problemquelle und die Identifikation der Problemverantwortlichen. Zudem erschwert eine große Losgröße die Implementierung von 100%-Kontrollen. Wenn hingegen Bestellungen sofort bedient werden, sind qualitative und quantitative Bestellabweichungen leichter und schneller zu erfassen als wenn Bestellungen aus Lagern bedient und durch Bestände gepuffert werden, was auch Mistry (2005) in seiner empirischen Studie bestätigt.[150] Zur theoretischen Fundierung wird auf Kapitel 4.6.2 verwiesen.

Daher fordern die Prinzipien des Lean managements kleine Losgrößen, weil sie Rückmeldungen (Feedback) zu Qualitätsinformationen erleichtern und beschleunigen, was wiederum das Vermeiden von Prozessfehlern erleichtert.[151] Denn bei kleineren Bestell- und Versandgrößen können Fehler leichter während des Fertigungsprozesses aufgedeckt und korrigiert werden, wodurch wiederum Qualitätsendkontrollen und teure Folgefehler durch Ausschuss vermieden werden.[152] Mittels verringerter Losgrößen werden entsprechend Bestände reduziert, die Produktionsflexibilität erhöht und ein schnelleres Feedback bei Qualitätsmängeln etabliert. Eine schnellere Problemerkennung führt zu besserer Qualität mit weniger Ausschuss und Nacharbeit, was zudem langwierige Prozessunterbrechungen (Variabilität) vermeidet.[153] Dreyfus/Ahire/Ebrahimpour (2004) weisen in diesem Zusammenhang in ihrer empirischen Studie nach, dass die Produktqualität in Unternehmen nach Einführung von Just-in-time signifikant ansteigt.[154] Verschwendung

---

150 Vgl. Mistry (2005), S. 761.

151 Vgl. Ohno (1988), S. XIV; Shingo (1981), S. 102; Spear (2002), S. 462; Nahmias (2009), S. 369; McCann/Fingleton (1996), S. 497. Pinedo (2005) zeigt dies an dem drastischen Beispiel der Halbleiterfertigung, wo unfertige Erzeugnisse mehrmals eine Bearbeitungsstation durchlaufen, die Qualitätskosten sehr hoch sind und die Ausschussquote bei 5-40% liegt. An diesem Beispiel wird ersichtlich, dass eine sofortige Entdeckung von Problemen durch kleine Losgrößen sehr wichtig ist, um zu verhindern, dass große Lose zu Ausschuss werden; vgl. Pinedo (2005), S. 31.

152 Vgl. McCann/Fingleton (1996), S. 493.

153 Vgl. Fullerton/McWatters (2001), S. 82.

154 Vgl. Dreyfus/Ahire/Ebrahimpour (2004), S. 133 ff.

kann somit eliminiert werden, indem häufige und damit verstetigte Lieferungen in kleinen Losgrößen vollzogen werden. Die Annahmen des Lean managements sind dabei, dass ein One-piece flow die Qualität erhöht und Variabilität reduziert. Bezogen auf das Streben einer produktionssynchronen Logistik nach einem stetigen Materialfluss und unter Qualitätsgesichtspunkten, verschiebt sich entsprechend die Zielsetzung der Losgrößenplanung zur Maximierung der Bestellfrequenz D/Q. Kleine Liefermengen erhöhen zudem die Produktivität, indem sie Bestände und Ausschuss verringern und eine höhere Produktqualität ermöglichen, weil Inspektionskosten für eingehende Stückgüter verringert werden. Weiterhin werden defekte Teile schneller identifiziert sowie eine höhere Flexibilität gefördert, was die Reaktion auf Wandel in den Kundenwünschen erleichtert. Diese Vorteile kleiner Losgrößen rechtfertigen auch regelmäßig höhere Transportkosten und den Verzicht auf Mengenrabatte.[155] Kleinere Losgrößen erlauben dabei verstetigte Materialflüsse, was Staueffekte und Lagerpufferbedarfe abbaut. Demgegenüber stehen aber vermehrte Rüstzeitvorgänge, die Durchlaufzeiteneinsparungen durch verminderte Staueffekte konterkarieren.[156] Zudem spielt auf Grund der geringen Pufferbestände eine konsequente Qualitätspolitik eine große Rolle.[157]

Um die Wechselwirkung von Losgröße und Qualitätsmerkmalen abzubilden, schlagen McCann/Fingleton (1996) vor, die Anzahl fehlerhafter Teile f mit folgender Formel abzubilden:[158]

$$f = \theta \cdot \frac{Q}{2} \tag{4}$$

$Q/2$ ist dabei der durchschnittliche Lagerbestand unter der Annahme einer konstanten Abgangsrate, gewichtet mit dem Komplexitätsmaß $\theta \geq 1$. Die gesamten qualitätsbezogenen Kosten C_F ergeben sich dabei durch die Gewichtung mit den Qualitätskosten pro Stück φ.

$$C_F = \frac{Q}{2} \cdot \theta\varphi \tag{5}$$

Diese Interpretation bezieht sich auf die Kosten der Nicht-Einhaltung von Qualitätsstandards (Non-Konformitätskosten, siehe Kapitel 2.4.1.3). Aber auch eine andere Interpretation dieser Qualitätskosten ist möglich. Die nachfolgende Formel kann als Maß für die Kosten der Qualitätseinhaltung (Konformitätskosten) interpretiert werden, wenn die Inspektionskosten C_I linear mit der Losgröße sinken:

155 Vgl. Banerjee/Kim (1995), S. 237.
156 Vgl. Olhager (2002), S. 683 f.; Lackes (1995), S. 213.
157 Vgl. Lackes (1995), S. 8.
158 Vgl. McCann/Fingleton (1996), S. 497.

$$C_I = \frac{Q}{2D} \qquad (6)$$

Hier würden die niedrigeren Qualitätskosten aufgrund eines schnelleren Feedbacks aufgrund kleiner Losgrößen bei kurzen Zykluszeiten in die Kalkulation einbezogen.[159] $D\varphi$ wäre dabei äquivalent zu den gesamten Qualitätskosten der Periodennachfrage.[160] Wenn dieser Term mit der vorgeschlagenen Komplexitätsmaß θ erweitert wird, würde dies wieder in folgender Weise ausgedrückt werden können:

$$C_F = \theta \frac{Q}{D2} \varphi D = \frac{Q}{2} \theta\varphi \qquad (7)$$

Diese Modellierung ist konform mit den Prinzipien des One-piece flows und Heijunka, die auf der Annahme von Ohno (1988) basieren, dass Qualitätskosten mit der Losgröße zunehmen (Qualitäts-These).[161]

Daher wird hier vorgeschlagen, das erweiterte klassische Losgrößenmodell einschließlich qualitäts- und komplexitätsbezogener Kennzahlen wie folgt auszudrücken:

$$C_b = \frac{kD}{Q} + \frac{QP_E h}{2} + \frac{\theta\varphi Q}{2} \qquad (8)$$

$$Q_b^* = \sqrt{P_E h + \theta\varphi} \qquad (9)$$

Die korrespondierende optimale Kostenfunktion unter Einbezug der Stückkosten ergibt sich hierzu wie folgt:[162]

$$C_b^* = \frac{kD}{\sqrt{\frac{2kD}{P_E h + \theta\varphi}}} + \frac{\sqrt{\frac{2kD}{P_E h + \theta\varphi}} P_E h}{2} + \frac{\theta\varphi \sqrt{\frac{2kD}{P_E h + \theta\varphi}}}{2} + P_E D \qquad (10)$$

---

159 Dieser Ansatz wird in Kapitel Kapitel 4.6.2. noch im Hinblick auf die Locality of reference eingehend erörtert.

160 Diese Annahme bezieht einen zunehmenden Inspektions- und Prüfaufwand sowie eine geringere Fehlerentdeckungswahrscheinlichkeit bei zunehmender Produktkomplexität mit ein.

161 Vgl. Ohno (1988), S. XIV.

162 Zur Herleitung siehe Anhang.

$$C_b^* = \sqrt{2kD(P_E h + \theta\varphi)} + P_E D \qquad (11)$$

Nachdem nun die qualitäts- und komplexitätsbezogenen Kennzahlen in das Modell von Harris (1913) einbezogen wurden, werden die Kosten einer konventionellen Beschaffung mit Lagerhaltung und einer produktionssynchronen Beschaffung gleichgesetzt, um den Indifferenzpunkt der Bedarfsmenge zu ermitteln, an dem die Kosten beider Beschaffungskonzepte gleich sind. Ferner finden die Opportunitätskosten durch Platzeinsparungen im Rahmen einer produktionssynchronen Logistik eine Berücksichtigung. Sei N Anzahl der Flächeneinheiten, die eingespart werden können und F die Opportunitätskosten pro Einheit und Periode. Wie in Kapitel 2.4.2.1 erörtert, wird die Nebenbedingung $P_J \geq P_E$ hinzugefügt.

$$\sqrt{2kD(P_E h + \theta\varphi)} + P_E D = \sqrt{2kD(P_J h + \theta\varphi)} + P_J D - FN \qquad (12)$$

$$0 = \sqrt{2kD(P_J h + \theta\varphi)} - \sqrt{2kD(P_E h + \theta\varphi)} + (P_J - P_E)D - FN \qquad (13)$$

Die Gleichung wird nun zur Bedarfsmenge D umgestellt:

$$0 = (P_J - P_E)D + [\sqrt{2k(P_J h + \theta\varphi)} - \sqrt{2k(P_E h + \theta\varphi)}]\sqrt{D} - FN \qquad (14)$$

Über Anwendung folgender Formel erfolgt die Lösung der quadratischen Gleichung zum Indifferenzpunkt $D^{\sim}$:

$$x_{1,2} = \frac{-b \pm \sqrt{b^2 - 4ac}}{2a} \qquad (15)$$

$$\sqrt{D^{\sim}} = \frac{-(\sqrt{2k(P_J h + \theta\varphi)} - \sqrt{2k(P_E h + \theta\varphi)}) \pm \sqrt{(\sqrt{2k(P_J h + \theta\varphi)} - \sqrt{2k(P_E h + \theta\varphi)})^2 - 4(P_J - P_E)(-FN)}}{2(P_J - P_E)} \qquad (16)$$

Da für alle Variablen (Preise, Kosten, Mengen, Distanzen und Flächen) eine positive Ausprägung angenommen werden kann, ist der Term immer definiert. Da negative Werte hierfür nicht sinnvoll interpretierbar sind, wird auch der rechte Term des Zählers niemals subtrahiert.

$$D^{\sim} = \left(\frac{-\sqrt{2k(P_J h + \theta\varphi)} + \sqrt{2k(P_E h + \theta\varphi)} + \sqrt{(\sqrt{2k(P_J h + \theta\varphi)} - \sqrt{2k(P_E h + \theta\varphi)})^2 + 4(P_J - P_E)(FN)}}{2(P_J - P_E)}\right)^2 \qquad (17)$$

$D^{\sim}$ ist der Indifferenzpunkt, der die Nachfragemenge pro Periode beschreibt, bei der die konventionelle Beschaffung und die produktionssynchrone Logistik die gleichen Kosten aufweisen. Hier ist der Entscheider hinsichtlich der Optionen des Beschaffungs- und Versorgungsmodus (konventionelle, lagerbezogene Beschaffung oder produktionssynchrone Logistik) indifferent, weil beide gleich günstig sind. Bei einer Beschaffungsmenge von $D<D^{\sim}$ ist eine produktionssynchrone Logistik wirtschaftlicher, während bei einer Beschaffungsmenge von $D>D^{\sim}$ eine konventionelle Beschaffung empfohlen wird. Ein wichtiger Faktor, der die Lage des Indifferenzpunkts beeinflusst, ist das Gefälle von P_J und P_E. Wenn das Gefälle sehr klein ist, ist tendenziell ein sehr großer Periodenbedarf als Indifferenzmenge zu erwarten. Im Grenzfall wird die Bedarfsmenge des Indifferenzpunkts so groß, dass sie mit einer hohen Lieferfrequenz einhergeht. Diese konvergiert dann zu einem Zustand der nah an einer produktionssynchronen Logistik liegt. In diesem Zusammenhang verweisen Fazel/Fischer/Gilbert (1998) darauf, dass eine adäquate Anwendung des klassischen Losgrößenmodells zu Losgrößen führen sollte, die sich einer produktionssynchronen Logistik annähern.[163] Eine andere analytische Untersuchung stützt diese These, so dass auch D'Ouville/Willis/Huston (1998) zum Ergebnis kommen, dass trotz eines Zielkonflikts auf Grund zusätzlicher Produktionskosten eine produktionssynchrone Versorgung strukturell vorteilhafter ist als eine konventionelle, lagerbezogene Beschaffung.[164]

Da das Lean management eine kontinuierliche Verbesserung anstrebt,[165] sollten P_J und P_E nicht als statische Variablen betrachtet werden, sondern sie werden mit zunehmendem Erfahrungszuwachs einer fortlaufenden Verbesserung unterliegen. Unter Verweis auf solche dynamischen Effekte vermuten Schniederjans/Cao (2000): "Much like a cat trying to catch its tale, the dynamic nature of a JIT system should continuously achieve a cost advantage over an EOQ system [...]." "It is our conclusion that a JIT ordering system is preferable to an EOQ system at any level of annual demand and with almost any cost structure."[166]

Implizit beziehen sie sich hiermit auf dynamische Lerneffekte, die das Gefälle zwischen $P_J \geq P_E$ verringern. Kostenreduktionen durch Lerneffekte wurden erstmals von Wright (1936) veröffentlicht, der die empirische Beobachtung machte, dass die Stückkosten jedes Mal um einen Prozentsatz fallen, sobald die kumulierte Absatzmenge verdoppelt wird.[167] Dieses Verhalten von dynamischen Kosteneffekten wird auf Prozessoptimierungen durch Erfahrungszunahme zurückgeführt. Ein Ansatz,

---

163 Vgl. Fazel/Fischer/Gilbert (1998), S. 102. Der Lagerumschlag pro Jahr lag bei Toyota bei durchschnittlich 303; vgl. Stalk/Webber (1993), S. 100.

164 Vgl. D'Ouville/Willis/Huston (1998), S. 463.

165 Vgl. Schonberger (1982), S. 63 ff.

166 Schniederjans/Cao (2000), S. 294. Ähnlich formulieren sie es an anderer Stelle: "[...] that a JIT system would virtually always be preferable to an EOQ system. Put another way, the annual demand has to be so large, that the only way inventory could be ordered would be on a continous, JIT basis."; Schniederjans Cao (2001), S. 116.

167 Vgl. Wright (1936), S. 124 ff.

der diesen Gedanken konsequent fortführt, wird von Ocaña/Zemel (1996) vorgestellt. Sie postulieren eine Fertigung vorübergehend in einer produktionssynchronen Konstellation mit weniger Sicherheitsbeständen zu betreiben als zur Deckung von Schwankungen notwendig sind. Ziel ist die Provokation und die einhergehende Aufdeckung von zusätzlichen Problemen und Prozessfehlern, um Optimierungspotenziale in Prozessen zu identifizieren.[168] Sie interpretieren Fehler als Gelegenheiten zum Lernen und wollen daher vorübergehend mehr Fehlereintritte provozieren, um Prozessschwächen zu identifizieren und dadurch eine beschleunigte Prozessoptimierung zu forcieren. Dadurch würden wiederum langfristig weniger Pufferbestände zur Prozessabsicherung benötigt, so dass die Bestandskosten analog zu einer selbsterfüllenden Prophezeiung sänken. Eine empirische Studie von Lieberman/Demeester (1999) zur Einführung von produktionssynchroner Logistik bei japanischen Unternehmen stützt diese Vermutung: aus einer Reduzierung der Bestände um 10% resultierte dort ein durchschnittlicher Produktivitätsfortschritt um 1%. Dabei wurde nur ein Drittel des Produktivitätszuwachses auf die Verringerung der Bestandshaltungskosten zurückgeführt.[169] Ein ähnlicher dynamischer Ansatz, der kurzfristig eine wirtschaftlich suboptimal kleine Losgröße verwirklicht, wird von Luhmer (2001) vorgeschlagen.[170] Auch hierbei sollen bei der Fertigung (insbesondere durch vermehrte Rüstvorgänge und durch eine generelle Erhöhung der Frequenz von Produktions- und Transportvorgängen) Erfahrungskurveneffekte realisiert werden, um dadurch langfristig Kosten zu senken. Dazu werden auch bewusst kurzfristig höhere Produktionskosten in Kauf genommen. Luhmer (2001) modelliert seinen Ansatz mit einer gemischten Exponentialfunktions-Erfahrungskurve und beweist folgenden Zusammenhang: Sei U die Anzahl der Produktions- und Versandvorgänge (jeweils unter Verwendung von Q_a^* von Formel 2) für eine Produktsorte über ihren Lebenszyklus hinweg. Sei W die Kostenreduktion bei jeder kumulierten Verdoppelung der Produktionsmenge des genannten Produkts (bei einer Kostenreduktion von beispielsweise 25% wäre W=1-0,25=0,75). Die Anwendung der technisch minimal realisierbaren Losgröße über den Lebenszyklus hinweg ist optimal, wenn folgende Ungleichung gilt:

$$U \cdot W < e^{\frac{-2}{e}} \approx 0{,}479 \qquad (18)$$

Luhmer (2001) entwickelt mit seinem „Riding down the experience curve"-Ansatz eine mathematische Herleitung für die dynamische Optimalitätsvermutung

168 Vgl. Ocaña/Zemel (196), S. 206 ff.

169 Vgl. Liebermann/Demeester (1999), S. 473; ebd. S. 482.

170 Vgl. Luhmer (2001), S. 46. Interessanter Weise stellt er zugleich einen Zusammenhang zu den Kosten der Qualitätskontrolle her, die ebenfalls Erfahrungskurveneffekten unterliegen, so dass sein dynamischer Ansatz auch eine ökonomische Fundierung für eine 100% Qualitätskontrollen bietet.

von Schniederjans/Cao (2000) für eine produktionssynchrone Logistik. Der Grund liegt darin, dass sich bei dynamischer Betrachtung durch die Implementierung einer produktionssynchronen Logistik eine Spirale von Kostenreduktionen durch Erfahrungskurveneffekte in Gang setzt. Allerdings fundiert er zugleich eine Restriktion, bei deren Verletzung eine konventionelle Beschaffung mit Lagerhaltung auch bei dynamischen Erfahrungskurveneffekten wirtschaftlich rational bleibt. Ein dogmatisch motivierter Totalverzicht auf Sicherheitsbestände, wie er von Vertretern des „Zero inventory"-Prinzips gelegentlich postuliert wird, lässt sich somit (neben produktionstechnischen Einwänden) wirtschaftlich nicht rechtfertigen.

2.4.2.2 Modellerweiterungen

Um Entscheidungsprobleme wie im Zusammenhang mit Co-Location von Zulieferern besser abbilden zu können, kann in dem Modell an Stelle der losfixen Kosten k auch auf eine Funktion abgestellt werden, bei der die Bestellkosten aus einer fixen Komponente K und transportenfernungsabhängige Kosten ψ (in Abhängigkeit von der Distanz zum Zulieferer l_i) bestehen:

$$k = K + \psi(l_i) \tag{19}$$

Zudem soll noch ein Komplexitätsmaß für Komponenten aufgeführt werden. Nach Blecker/Friedrich (2007) ist die Komplexität von Produkten charakterisiert durch die Anzahl und Verschiedenheit von Elementen und deren Relationen sowie die Anzahl der Zustände, die diese annehmen können.[171] Somit sind die Anzahl und Heterogenität der verbauten Subkomponenten als maßgeblicher Komplexitätstreiber von Produkten anzusehen. Einerseits bieten Module mit einer Vielzahl von Komponenten tendenziell eine größere Zahl an Funktionsmöglichkeiten, andererseits weisen die unterschiedlichen Komponenten eine größere Zahl an Schnittstellen auf, die potenzielle Problemquellen aufweisen können. Somit sind Module mit einer großen Anzahl von Teilen und einer großen Bandbreite an verschiedenen verbauten Teilen tendenziell anfälliger für Qualitätsmängel und eine Qualitätskontrolle ist aufwändiger. Noch problematischer fallen Qualitätskontrollen aus, wenn verschachtelte Module vorliegen. Daher wird an dieser Stelle vorgeschlagen, die Komplexität von Produkten durch eine Metrik abzubilden, die von Collier (1982) entwickelt wurde.[172]

---

171 Vgl. Blecker/Friedrich (2007), S. 6. Pibernik (2001) verweist auf mehr als 50 weitere wissenschaftliche Definitionen, die zum Teil nicht überscheidungsfrei sind.

172 Vgl. Collier (1982), S. 1296.

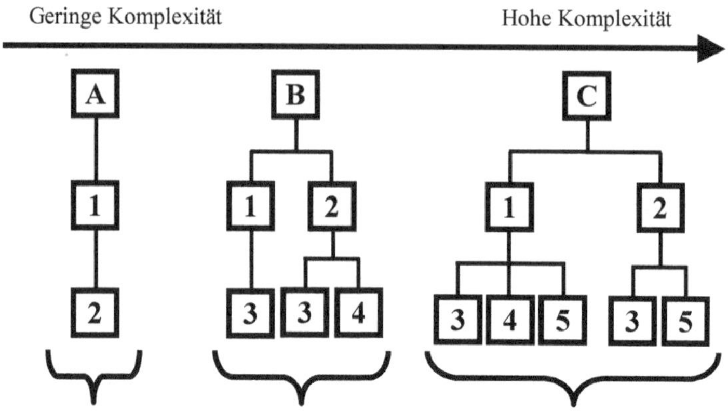

$$\theta = \frac{1+1}{2} = 1 \quad \theta = \frac{2+1+2}{4} = 1{,}25 \quad \theta = \frac{2+3+2}{5} = 1{,}4$$

Abb. 5: Exemplarische Materialstücklisten und korrespondierende θ[173]

Diese ist leicht anhand einer Materialstückliste ermittelbar und zudem sehr gut zur Integration von Qualitätsmerkmalen von diskreten Teilen in eine Indifferenzpunkt-Gleichung geeignet, weil sie auch verschachtelte Komponentenhierarchien abbildet:

$$\theta = \frac{\sum_{j=1}^{d} \kappa_j}{d}, 1 \leq \theta \leq \omega \tag{20}$$

d= Gesamtzahl der Komponentenarten in einem Modul
κ= Anzahl der Sub-Komponenten, die jeweils einem unmittelbar übergeordneten Modul zugeordnet sind (pro Systemstrukturebene)
ω=Gesamtzahl von übergeordneten Komponenten (d. h. Komponenten, denen mindestens eine Unterkomponente zugeordnet ist)

Die untere Grenze dieses Komplexitätsmaßes θ ist 1 (geringstmögliche Komplexität) und die obere Grenze ist ω (höchstmögliche Komplexität).

Die Maßzahl von Collier (1982) ist auch deswegen besonders für den Einbezug in die Indifferenzpunkt-Gleichung geeignet, da gilt $\theta \geq 1$. Könnte hingegen der Fall $0 \leq \theta < 1$ eintreten, würden anfallende Qualitätskosten nicht voll in das Kalkül (Formel 17) einbezogen.

173 Vgl. ebd., S. 1297.

Dieser Komplexitätsgrad hat zugleich eine andere für Fertigungsverbünde interessante Implikation: für die Verwendung von Gleichteilen in einem Produkt (also der Verringerung von d) für jede beliebig verteilte Nachfrage gilt:[174]

$$S_{agg} = \frac{1}{\sqrt{\theta}} \cdot \sum_{j=1}^{d} S_j \qquad (21)$$

Dieser „Risiko-Pooling-Effekt“ bedeutet auch, dass durch eine Substitution von verschiedenartigen Teilen *d* durch gemeinsam nutzbare Gleichteile der zur Gewährleistung eines gegebenen Servicegrades vorzuhaltende aggregierte Bestand der Gleichteile Sagg sinkt. Durch den Einsatz von zu verbauenden Gleichteilen für verschiedene Endprodukte kann also der vorzuhaltende Sicherheitsbestand gesenkt werden.[175] Auch Inderfurth (1992) diskutiert im Zusammenhang mit einer bestandskostenoptimalen Allokation von Sicherheitsbeständen entlang eine mehrstufigen Supply chain mit stochastischen Bedarfen, so dass die gemeinsame Gleichteilenutzung zur Risikomischung führt (und damit eine Servicegraderhöhung erzielt wird), sofern die Nutzungswahrscheinlichkeiten nicht positiv korreliert sind.[176]

Diese Implikation fundiert zugleich den Wechsel des Beschaffungskonzepts von der produktionssynchronen Logistik für kundenindividuell erstellte Endprodukte (Make-to-order) zur konventionellen Beschaffung mit Lagerhaltung bei kundenneutral erstellten (Vor-) Produkten (Make-to-stock): Obige Formel zeigt auf, dass für einfache (Vor-)Produkte mit niedrigem Komplexitätsgrad auf Grund des Poolingeffekts nur geringen Lagerhaltungskostenersparnisse durch Umstellung auf eine produktionssynchrone Versorgung zu erzielen wären. Analog fallen hier nach Formel fünf die Qualitätskosten weniger ins Gewicht als für hochkomplexe Systemmodule. Dies ist ein gewichtiges Argument dafür, dass Teile und Vorprodukte mit einem geringen Komplexitätsgrad vorrangig prognosegetrieben (Make-to-stock) produziert und gelagert werden. Erst bei der Lieferung komplexerer Module mit hohen Variationsmöglichkeiten wird der Pooling-Effekt durch die Lagerhaltungserfordernisse einer Vielzahl von kundenindividuellen Varianten konterkariert. Ein Wechsel der Versorgungsweise vom Push- zum Pull-Prinzip ist aus wirtschaftlicher wie qualitätsorientierter Perspektive sinnvoll. Zugleich stützt diese Analyse die These von Ohno (1988), dass eine produktionssynchrone Logistik ein Instrument zur wirtschaftlichen Realisierung einer Produktion mit Losgröße eins ist: Anstelle einer teuren Lagerhaltung von Produkten nahe am Ende der Wertschöpfungskette mit hoher Wertdichte werden einfache Vorprodukte beim Zulieferer auf Lager vorgehalten und dann flexibel gefertigt und angeliefert. Im Resultat kann eine Auslieferung an den Kunden ohne (oder nur mit geringfügiger

---

174 Für den mathematischen Beweis vgl. Collier (1982), S. 1298 f.

175 Vgl. Garg/Lee (2003), S. 470.

176 Vgl. Inderfurth (1992), S. 31.

Verzögerung) erfolgen, ohne ausufernde Lagerhaltungskosten zu verursachen wie sie sonst bei Produkten mit einer Vielzahl von kundenindividuellen Optionen zu erwarten wären. Das Konzept der produktionssynchronen Logistik ist daher ein Instrument zur Realisierung einer kundenindividuellen Produktion, die zugleich wettbewerbsfähig mit einer Massenproduktion (Mass customization) ist.

2.4.2.3 Illustration des Einflusses von Qualität und Komplexität auf die Indifferenzmenge

Um die Effekte von Qualität und ebenso Komplexität auf die Höhe der Indifferenzmenge zu veranschaulichen, soll eine Beispielrechnung vorgenommen werden. Für drei unterschiedliche Ausprägungen von θ ($\theta = 1$, $\theta = 1{,}5$ und $\theta = 2{,}2$, in Bezug auf Collier (1982)[177]) werden die Indifferenzmengen zu Kosten von 0 bis 100 € in Abbildung 6 veranschaulicht. Die weiteren Daten wurden Studien von Fazel (1997) and Schniederjans/Cao (2001) entnommen:[178] Die Beschaffungskosten pro Stück betragen für die konventionelle Beschaffung $P_E = 40$ € und für die produktionssynchrone Beschaffung $P_J = 40{,}40$ €. Die Lagerhaltungskosten pro Periode werden mit $h = 0{,}3$ und die fixen Beschaffungskosten mit $k = 500$ € angenommen.

In Anlehnung an Kalkulationen von Schniederjans/Cao (2001) werden $F = 10$ € als Opportunitätskosten pro Quadratmeter und $N = 50.000$ als die eingesparten Quadratmeter auf Grund der Einführung einer produktionssynchronen Logistik angenommen.

Diese Beispielrechnung zeigt, dass eine hohe Komplexität von Bauteilen und hohe Qualitätskosten pro Stück eine Erhöhung der Indifferenzmenge $D^{\sim}$ implizieren, was wiederum eine produktionssynchrone Beschaffung auch für größere Beschaffungsmengen rechtfertigt. Im Vergleich zum Fall einer geringen Produktkomplexität und vernachlässigbarer Qualitätskosten pro Stück sollte unter wirtschaftlichen Gesichtspunkten ein Wechsel des Beschaffungsmodus von produktionssynchroner Beschaffung zu konventioneller Beschaffung erst bei höherer Bedarfsmenge erfolgen. Für die Höhe der Indifferenzmenge (hier 1248470 Einheiten) ist im Wesentlichen die Einsparung von Opportunitätskosten (wie Raumkosten) maßgeblich, was die herausgehobene Bedeutung einer Flächenproduktivitätserhöhung veranschaulicht.

177 Vgl. Collier (1982), S. 1297.

178 Vgl. Fazel (1997), S. 502; Schniederjans/Cao (2001), S. 115.

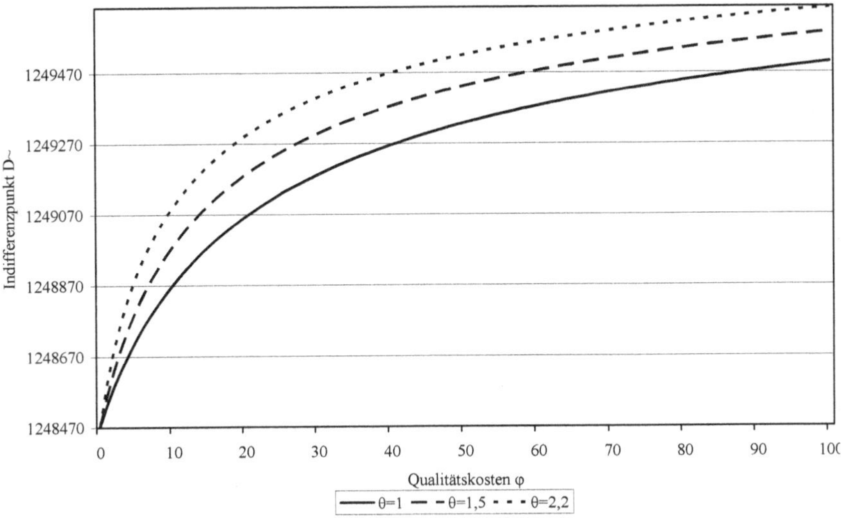

Abb. 6: Veranschaulichung des Einflusses von Produktqualität und -komplexität auf D~

2.4.2.4 Zwischenergebnis zu mehrkriteriellen Entscheidungsmodellen der Beschaffung

Ausgangspunkt der Untersuchung war die Definition der produktionssynchronen Logistik als Instrument, das funktionsübergreifend die Kontrolle von Kosten, Qualität und Variabilität zwecks kontinuierlicher Verbesserung durchsetzt. Im Laufe der Analyse wurde aufgezeigt, dass eine Verengung von Entscheidungsansätzen auf den reinen Kostenaspekt der Kapitalbindung zu verzerrten Ergebnissen von Entscheidungsprozessen führt. Besonders wurde auf einen Widerspruch der impliziten Annahme der weit verbreiteten Pareto-Analyse verwiesen, die implizit auf die Kapitalbindung abstellt und daher nur Volumenteile für eine produktionssynchrone Logistik empfiehlt – in Gegensatz zum japanischen Diskurs, der die produktionssynchrone Logistik als Instrument zur wirtschaftlichen Versorgung mit Komponenten bei geringem Nachfrageaufkommen betrachtet. Unter Einbezug von Qualitäts- und Variabilitätskriterien zeigte sich, dass schon moderate Ausprägungen dieser Variablen eine produktionssynchrone Beschaffung für Teile mit geringen Beschaffungsmengen pro Sorte zur wirtschaftlicheren Beschaffungsform machen. Die mangelnde Berücksichtigung von Qualitäts- und Variabilitätseffekten in der Pareto-Analyse ist daher eine inhärente Schwäche dieses Modellansatzes für die Wahl der Beschaffungsform. Während also eine Pareto-Analyse im Widerspruch zu Ohno (1988) zu dem Schluss kommt, dass eine produktionssynchrone Logistik nur für Produkte mit großen Bedarfsmengen wirtschaftlich ist, zeigt eine genauere Analyse mit der Indifferenzpunkt-Gleichung umgekehrt, dass eine produktionssynchrone Logistik für Teile mit geringer Bedarfsmenge die effizientere Beschaffungsform ist, sofern qualitäts- oder varibilitätsbezogene Nebeneffekte realisiert werden können. Diese Erkenntnis ist auch insofern von Relevanz, als dass sich die Mehrzahl der Veröffentlichungen zur produktionssynchronen Logistik nur auf den Aspekt der Bestandsverringerung beziehen.[179] Im Kontrast zu letzterer Betrachtungsweise kommen Sakakibara/Flynn/Schroeder (1993) in ihrer empirischen Studie zu dem Schluss, dass es bei erfolgreichem Einsatz von produktionssynchroner Logistik einen starken Zusammenhang zwischen einer Vielzahl der untergeordneten Instrumente gibt.[180] Dieses Ergebnis wurde hier mit der multikriteriellen Indifferenzpunktgleichung untermauert.

Der Überblick über neuere multikriterielle Pareto-Ansätze hat gezeigt, dass diese das Problem der mangelnden simultanen Berücksichtigung von Kosten, Qualität und Variabilität nicht befriedigend lösen können und vielfach ebenfalls auf falsche implizite Annahmen abstellen. Der Vorteil der Indifferenzpunkt-Gleichung (Formel 17) liegt darin, dass es keines Rankings von Komponenten nach Bedarfsmengen bedarf. Stattdessen ist die Volumenmenge, bei der eine Umstellung auf eine produktionssynchrone Versorgung wirtschaftlich ist, das explizite Ergebnis der Analyse. Zudem liefert die Indifferenzpunkt-Gleichung – im Gegensatz zu multikriteriellen Pareto-Analyse Ansätzen – Resultate in geschlossener Form. Eine algorithmische Umsetzung in Spezialsoftware ist deshalb nicht erforderlich, so dass Praktiker sie mit Hilfe von verbreiteten Tabellenkalkulationsprogrammen ohne Programmierkenntnisse implementieren können. Auch fallen bei Indifferenzpunkt-Ansätzen keine subjektiven und personalintensiven Ranking-Arbeiten an; die notwendigen Daten (wie Stücklisten und Beschaffungskosten) können automatisiert aus einem ERP-System abgerufen werden.

Auch in Konstellationen, in denen kurzfristige Kostenvorteile im Rahmen einer konventionellen Beschaffung erzielt werden können, wird langfristig eine produktionssynchrone Versorgung die bessere Alternative sein. Der Einbezug dynamischer Erfahrungskurveneffekte – wie sie durch kontinuierliche Verbesserung im Rahmen eines Lean managements angestrebt werden – kann dazu führen, dass die produktionssynchrone Logistik unter Kostengesichtspunkten die bessere Alternative ist, sofern die Luhmersche Ungleichung (Formel 18) erfüllt wird.

Somit liegt der wirtschaftliche Effekt einer produktionssynchronen Logistik nicht allein in einer Bestandsminimierung, sondern entfaltet sich erst im Verbund mit Nebeneffekten hinsichtlich Infrastruktur-Opportunitätskosten und Qualitäts-

---

179 Vgl. Spear (2002), S. 754.

180 Vgl. Sakakibara/Flynn/Schroeder (1993), S. 189. Die Autoren haben für ihre Studie sieben japanische und fünf US-amerikanische Unternehmen einbezogen.

effekten. Ein monokausaler Zusammenhang greift aber zu kurz, so dass Beschaffungs-Entscheidungen auf Basis der Pareto-Analyse auf Grund falscher Annahmen einer unzutreffenden Vereinfachung zu Grunde liegen. Eine fundamentale Rolle für die Wirtschaftlichkeit einer produktionssynchronen Logistik spielen Nebeneffekte hinsichtlich Qualität und Variabilität. Der Einfluss letzterer wurde am Beispiel von Platzersparnissen aufgezeigt. Im folgenden Kapitel soll dieser Aspekt und das Instrument Just-in-sequence genauer erläutert werden.

2.4.3 Prozessvariabilität und Platzbedarf

In der Definition von Lean management und den nachfolgenden Analysen wurde mehrmals der Zusammenhang von Prozessvariabilität und Lagerplatzbedarf angedeutet. Bei zeitlich ungebundener Fließproduktion (zeitlich ungleichmäßiger Zulauf) bedarf es eines Zwischenlagers, um Schwankungen auf Grund unabgestimmter Prozesse zu puffern.[181] Puffer erfüllen dabei nur die Funktion der kurzfristigen Lagerung von Halbfabrikaten zur Auslastungssicherung und als Unterbrechungsschutz (z. B. bei stochastisch schwankendem Bedarf).[182] Die hier vorgehaltenen Bestände in den Zwischenstufen der Wertschöpfung (operative Lagerung, z. B. Pufferlagerung und Speditionslager) werden im englischsprachigen Raum auch als Work-in-progress (WIP) bezeichnet und dienen der Abfederung stochastischer Schwankungen.[183] Weiterhin werden sie vorgehalten bei unterschiedlichen Kapazitätsquerschnitten und unterschiedlichen Schichtsystemen angrenzender Bereiche auf Grund des Wechsels von kapital- zu lohnintensiver Produktion. Sie dienen hingegen hier nicht der mittel- oder langfristigen Bevorratung zur Spekulationsfunktion, Reifungsfunktion oder zum Ausgleich saisonaler Angebotsschwankungen.[184]

Die zwischenzulagernde Puffermenge M kann wie folgt ermittelt werden: Bei einzelner Anlieferung von Transporteinheiten in einem rekurrentem Strom[185] mit zeitlichem Abstand (Taktzeit) τ, beträgt der durchschnittliche zu puffernde Lagerbestand vor einer Bearbeitungsstation mit beliebiger Bearbeitungszeit,[186] sofern gilt $1/\mu_0 > \tau$:[187]

181 Vgl. Günther/Tempelmeier (2005), S. 92.

182 Vgl. Gudehus (2005), S. 357.

183 Vgl. Arnold/Furmans (2009), S. 175.

184 Vgl. Haasis (2009), S. 21.

185 Ein rekurrenter Strom entsteht bei unkorrelierten und einzelnen Ereignissen des Eintreffens; vgl. Ferschl (1964), S. 42; Gudehus (2005), S. 273.

186 Vgl. Kistner (1994), S. 131; Ferschl (1964), S. 144.

187 μ_0 bezeichnet den maximalen Durchsatz (Grenzleistung). Gilt hingegen nicht $1/\mu_0 > \tau$, so wächst der Bestand vor der Bedienstation über alle Grenzen an.

$$E\{M\} = (\tau + z)E\{\mu\} + \frac{\left((\tau + z)E\{\mu\}^2(1 + c^2\right)}{2[1 - (\tau + z)E\{\mu\}} \quad (22)$$

Der Mittelwerte $E\{\mu\}$ und die Prozessvariabilität c^2 beziehen sich also auf die Bearbeitungs- und Vereinnahmungszeit in der Station, die Umschaltung zwischen zwei Strömen wird berücksichtigt durch die Zwischenzeit z. Die Zwischenzeit kann interpretiert werden als Wartezeit zwischen zwei eigentlichen Bearbeitungsvorgängen. Von besonderem Interesse für die produktionssynchrone Logistik ist die bereits zuvor erörterte Prozessvariabilität. Formalisiert ausgedrückt ist die Prozessvariabilität der Quotient aus Varianz und quadriertem Erwartungswert:[188]

$$c^2 = \frac{Var(\mu)}{E^2(\mu)} \quad (23)$$

Sowohl der Erwartungswert der Bedienrate $E\{\mu\}$ als auch die Prozessvariabilität c^2 haben einen erheblichen Einfluss auf die Größe von Materialpuffern: Gudehus (1976b) weist für verschiedene Transportnetzwerke in Konstellationen mit rekurrenten Strömen und Einzelabfertigung bei großer Varianz der Stromintensitäten und Bearbeitungszeiten mit unterschiedlichen Verteilungen von Zufluss und Bearbeitung mittels mathematischer-analytischer Herleitung und ergänzend simulativ nach, dass die Wahrscheinlichkeit der Blockierung einer Bearbeitungsstationen (bzw. Transportknoten) durch eine angrenzende Bearbeitungsstation mit nahezu gleichem Kapazitätsquerschnitt exponentiell mit der Zahl verfügbarer Lagerplätze in einem zwischengeschalteten Lagerpuffer abnimmt.[189] Es ist daher wirtschaftlich und technisch sinnvoll, aufeinander folgende Abschnitte und Stationen mit Puffern zu entkoppeln, sofern sie hoch ausgelastet sind und eine große Variabilität aufweisen. Die Kapazität der Puffer sollte dabei größer sein als die mittlere Warteschlange vor der Station.[190] Puffer können auch bei getakteter Produktion zum Einsatz kommen, um bei zufälligen Störungen der Fertigungsprozesse die aufeinander folgenden Stationen zu entkoppeln und damit Verkettungsverluste zu minimieren.[191]

Im Umkehrschluss kann aus Perspektive der produktionssynchronen Logistik allerdings auch geschlussfolgert werden, dass eine Erhöhung der Bedienkapazität oder eine Verringerung der Variabilität erheblich zur Verringerung von WIP beitragen kann. Die wirtschaftliche Bedeutung solcher Maßnahmen kann daran ermessen werden, dass bei mittelständischen Unternehmen in Deutschland ein

188 Vgl. Furmans (2007), S. 187.

189 Für die ausführliche mathematische Herleitung vgl. Gudehus (1976b), S. B230 ff.

190 Vgl. Gudehus (2005), S. 518.

191 Vgl. Arnold/Furmans (2009), S. 112; Tempelmeier/Schröer/Schwarz (2006), S. 35.

Viertel des Unternehmenskapitals in Beständen gebunden ist.[192] Daher stellt eine durchgängige produktionssynchrone Logistik darauf ab, redundante Kapazitäten vorzuhalten und Prozesse zu verstetigen.

Das Vorhalten redundanter Anlagenkapazitäten zur Reduzierung von WIP stellt einen radikalen Bruch mit den dominierenden Fertigungskonzepten dar. Zuvor war eine Erhöhung des Auslastungsgrades von Maschinen ein Ziel mit höchster Priorität. Dahinter steht die Vorstellung, dass die Rentabilität von teuren Anlageinvestitionen durch eine hohe Auslastung verstärkt werden kann. Das wahre Ausmaß der dazu in Kauf genommenen Bestandskosten wird dabei regelmäßig unterschätzt, wie die Zahlen der Deutschen Bundesbank implizieren. Ohno (1988) begründet diese Konzeptionsweise von Toyota historisch damit, dass nur einfache und billige Anlagen angeschafft wurden, deren Kapazität günstig erweitert werden konnte und dass vorgehaltene Zwischenerzeugnisse auf Grund von Rohstoff- und Devisenmängel der Nachkriegszeit verzögerungslos verbaut werden sollten.[193] Dadurch spielten Auslastungsgrade als Kennzahlen eine untergeordnete Rolle und es erfolgte somit wurde eine Substitution von Umlaufvermögen durch Anlagevermögen. Damit einher gingen Flexibilitätsvorteile, da nach Änderung von Kundenwünschen die Abschreibungen auf vorfabrizierte Teile erheblich geringer ausfielen. Diese Flexibilität schlägt sich auch darin nieder, dass Produktionsaufträge mit geringen Wartezeiten realisiert werden können, so dass die Durchlaufzeit von Produkten sinkt. Dies wiederum ist die Voraussetzung für eine retrograde Disposition mit dem Kanban-System, das ebenfalls auf eine kontrollierte Begrenzung von WIP abzielt.

Zugleich verringert die retrograde Disposition bei Produktion in kleinen Stückmengen Prozessschwankungen. Da nicht mehr intermittierend in großen Losen (und damit langen Produktionszyklen) produziert wird, verstetigen sich Materialflüsse. Verzögerungen selbst begünstigen ein Aufschaukeln von Schwankungen im Nachfrageverhalten verketteter Systeme;[194] im Umkehrschluss wirkt sich eine Reduzierung von Verzögerungen in der Auftragsbearbeitung als Verstetigung von Prozessen aus. Das Prinzip der Prozessverstetigung und -nivellierung wird im Lean management als Heijunka bezeichnet. Das Ziel der Reduzierung von Ablaufvariabilität und die Etablierung gleichmäßiger Materialflüsse ist allerdings gerade in einer variantenreichen Produktionsumgebung eine komplexe Problemstellung.[195] Die Vermeidung von Schwankungen von Produktionsprozessen wird auch daher angestrebt, weil sie unterschiedliche Ablaufgeschwindigkeiten erfor-

---

192 Die Unternehmensbilanzstatistik 2007 der Deutschen Bundesbank weist den Anteil der Bestände an der Bilanzsumme für Unternehmen bis zu 10 Millionen Euro Umsatz p. a. mit 25,6% aus; vgl. Haasis/ Zimmermann/Plöger (2010), S. 263.

193 Vgl. Nahmias (2009), S. 395.

194 Siehe Kapitel 3.4.1.

195 Vgl. Yavuz/Akçali (2007), S. 3580.

derlich machen. Diese führen zu Kosten der Beschleunigung (wie höherer Maschinenverschleiß, Überstunden-Zuschläge oder Fehler bei der Bearbeitung von Eilaufträgen). Zudem ist eine ungleichmäßige Nutzung von Kapazitäten und Ressourcen schwer zu beherrschen, so dass als Folgewirkung vermehrt Planungsfehler auftreten (z. B. eine unzureichende Pufferlagerausstattung, komplexe und intransparente Schichtpläne oder falsche räumliche Disposition von Werkzeugen).[196] Heijunka hat zwei Ausprägungen:[197] einerseits eine Nivellierung von Produktionsmengen und andererseits eine Verstetigung der Abfolge produzierter Güter in einer Mehr-Produkt-Fertigung (Produkt Mix). Die Produktionsmenge kann durch die Einführung von Heijunka-Taktzeiten (τ_H) nivelliert werden. Dabei kommt folgende Formel mit der Schichtdauer in Sekunden H und der Produktionsmenge pro Schicht o zur Anwendung:[198]

$$\tau_{\mathrm{H}} = \frac{H}{o} \tag{24}$$

Eine Anwendung dieser Taktzeiten ergibt mengenmäßig stetige Abläufe über eine Schicht hinweg. Das Produkt-Mix Problem ist ungleich komplexer, da das Problem NP-hart ist.[199] Moden (1993) stellt einen bei Toyota verwendeten, heuristischen Lösungsansatz zum Produkt-Mix Problem (Goal Chasing Methode) vor.[200] Einen aktuellen Überblick über Algorithmen zur Lösung des Produkt-Mix Problems und deren jeweils größte, noch optimal lösbare Probleminstanz, gibt Miltenburg (2007).[201] Zielsetzung solcher Verfahren ist, eine Abfolge gefertigter Produkte zu erzielen, die sich nach regelmäßigen Mustern wiederholt (im Gegensatz zur Produktion in großen Losen mit langen und unregelmäßigen Abständen). Der angestrebte Idealzustand ist dabei die Produktion und der Transport jeweils nur eines Teils einer Produktsorte als One-piece flow (Einzelstückfertigung).[202] Der wesentliche Nachteil eines One-piece flow Konzepts liegt in den dazu nötigen Rüstvorgängen beim Wechsel der Produktart. Um trotz hoher Rüstfrequenz wirtschaftlich zu produzieren, sind Investitionen in Produktionsanlagen und ein Training der Mitarbeiter nötig.[203] Dies ist als eine Substitution von Umlaufvermögen in Anlagenvermögen zu verstehen. Allerdings ist eine vollständige Substitution nicht möglich. Wie in Kapitel 2.4 erörtert ist die das Substitutionsverhältnis zwischen Anlage- und Umlaufvermögen abbildende Isoquante durch

196 Vgl. Monden (1983), S. 253 ff.

197 Vgl. Boysen/Fliedner/Scholl (2007), S. 40; vgl. ebd. zu einem Überblick über algorithmische Ansätze des Level-Scheduling.

198 Vgl. Lander/Liker (2007), S. 3690.

199 Vgl. Miltenburg (2007), S. 3557.

200 Vgl. Monden (1983), S. 256.

201 Vgl. Miltenburg (2007), S. 3557 ff.

202 Vgl. Shingo (1985), S. 138.

203 Vgl. ebd., S. 134 f.

eine abnehmende Grenzrate der Substitution charakterisiert,[204] so dass die Anlagenkapazität über alle Grenzen wachsen müsste, um Sicherheitsbestände (bei Einhaltung eines gegebenem Servicegrads) auf Null abzusenken.

Insgesamt zielt Heijunka auf eine reduzierte Variabilität der Abläufe auf der letzten Produktionsstufe ab, um einen stabilen Nachfragestrom für vorangehende Produktionsstufen zu erzeugen. Dies ist eine besondere Herausforderung in der Fertigung von vielen Produktvarianten, weil eine solche die Produktionsvariabilität tendenziell erhöht.[205] Eine Reduktion der Variabilität ist eines der Kernziele des Lean managements und hat positive Rückwirkungen auf Kapitalbindungskosten durch Verringerung von WIP sowie die Qualität (leichtere Kontrolle in kleinen Losen mit verstetigtem Materialstrom) und ermöglicht weitere Einsparungen (so z. B. den Wegfall von Opportunitätskosten für Stauraum der Materialpuffer). Zudem wird das Reaktionsvermögen von Produktionsprozessen erhöht, da die durch die verringerte Variabilität verkürzten Warteschlangen vor den Bearbeitungsstationen gleichbedeutend mit einer Durchlaufzeitverkürzung sind. Ein schnelleres Liefervermögen schafft Potenziale zur Ansprache zeitsensitiver Kunden, die für schnellere Auftragsbearbeitung ggf. eine höhere Preisbereitschaft haben. So beziffern Kumar/Motwani (1995) in ihrer Studie den durchschnittlichen Anteil der Liegezeit auf Grund von Staueffekten in der Produktion auf 92% der Gesamtdurchlaufzeit.[206] Heijunka ermöglicht allerdings keine Bestandsreduktion um 100%, die Indifferenzpunkt-Analyse zeigt aber, welche positiven ökonomischen Effekte insbesondere durch eine Verbesserung von Qualitätsmerkmalen und der Reduzierung von Platzkosten erzielt werden können.

Im folgenden Abschnitt sollen diese Implikationen im Hinblick auf das Konzept der Just-in-sequence-Logistik genauer betrachtet werden. Dabei wird untersucht, wann es für einen Produktionsverbund wirtschaftlich sinnvoll ist, über eine Just-in-time-Logistik hinaus eine Just-in-sequence-Logistik zu etablieren.

2.4.4 Fundierung von Just-in-sequence und der Engpassfaktor Raum

Märkte in Industrienationen sind seit dem letzten Drittel des 20. Jahrhunderts durch eine sich immer weiter ausdifferenzierende Angebotspalette bestimmt. Die Steigerung der Angebotsvielfalt und die Einführung optional kundenangepasster Produkte ist eine Reaktion auf eine vielfach gesättigte Nachfrage und einem

204 Vgl. Kistner (1994), S. 130. Dieser Zusammenhang gilt analog auch für Warteschlangensysteme, weil die Substitutionsfunktion gegen eine von der Fertigungsrate determinierte Untergrenze konvergiert, vgl. ebd., S. 132 f.

205 Vgl. Yavuz/Akçali (2007), S. 3580.

206 Vgl. Kumar/Motwani (1995), S. 44.

scharfen Wettbewerb zwischen den Anbietern. Eine Angebotsdifferenzierung schafft hierbei Chancen, neue Kundensegmente anzusprechen oder eine höhere Preisbereitschaft zu generieren. Einhergehende Konzepte zielen auf die Produktion von Gütern auf dem Kostenniveau der Massenproduktion nach weitgehend individuellen Kundenwünschen (Mass customization) ab.[207] Als negative Auswirkung von Mass customization ergeben sich negative Effekte wie umgekehrte Erfahrungskurveneffekte (Wildemann (2001) nennt eine Stückkostensteigerung von 20-35% bei jeder Verdoppelung der Variantenzahl)[208] und eine höhere Kapitalbindung durch die Erfordernis, für jede Produktart Sicherheitsbestände vorzuhalten.[209] Letztere These wird von Untersuchungen von Aigbedo (2007) gestützt, nach denen Mass customization zu signifikant höheren vorzuhaltenden Bestandsmengen führt.[210] Dies wird ebenfalls von dem Gleichteiletheorem von Collier (1982) (Formel 21) impliziert.

Ein in der Literatur vernachlässigter Effekt ist aber der sich aus dem größeren Artikelspektrum ergebende zusätzliche Platzbedarf, so dass Lagerfläche zum Engpassfaktor wird. Just-in-time Konzepte liefern einen Beitrag zur Reduktion der Lagerfläche, indem Modulkomponenten beim Zulieferer außerhalb des Werkgeländes vorgehalten werden und eine Anlieferung regelmäßig erst am Tag des Verbaus erfolgt. So verweist Ruppert (1997) auf Bestandsreduzierungen von 40 bis 50% (mit bis zu 80% im Einzelfall) und Flächenreduzierungen von bis zu 65%, die durch Einführung von Just-in-time erzielt werden konnten.[211] Die Auswirkungen des Einbezugs von Opportunitätskosten der Fläche auf die Wirtschaftlichkeit einer produktionssynchronen Logistik wurden in Kapitel 2.4.2.1 analytisch untersucht. Ebenso wurde die Bedeutung von Flächenrestriktionen für historisch gewachsene Betriebsstätten erläutert. Greifbarer wird die Bedeutung von Flächenrestriktionen bei der Anwendung von Mass customization an einem Beispiel aus der Automobilindustrie: So werden vom Lear-Werk Bremen Fahrzeugsitze in rechnerisch sieben Millionen Kombinationsmöglichkeiten Just-in-sequence an das Mercedes Werk Bremen geliefert.[212]

---

207 Vgl. Haasis/Plöger (2007a), S. 368. Weitgehend kundenindividuell meint dabei keine Fertigung von Unikaten, sondern die Produktion einer endlichen Zahl von möglichen Produktvarianten durch Modularisierung, um Skaleneffekte auf Modulebene zu erzielen; vgl. Haasis (2008), S. 99 ff.; Duray (2002), S. 316.

208 Vgl. Wildemann (2001), S. 13.

209 Dies ist der Umkehrschluss zum Risikopooling-Effekt von Gleichteilen, wie er in Formel 21 dargestellt wurde.

210 Vgl. Aigbedo (2007), S. 712. Siehe hierzu auch das Gleichteiletheorem von Collier (1982) in Formel 21.

211 Vgl. Ruppert (1997), S. 33.

212 Vgl. Hollmann (2006), S. 11.

Definition und Konzeption von Just-in-sequence	**Autoren**
„Concepts of supply of parts and components at the right time and at the right place have been used in this highly customer related manufacturing area, where product variety has increased. JIS supply tops JIT by adding the right sequence for supplied parts and components.“	Werner et al. (2003), S. 107.
„Just-in-Sequence adopts the basic procedure of just-in-time and adds the aspect of sequencing. Accordingly, Just-in-Sequence can be regarded as a refinement of the just-in-time principle that besides delivering parts at the right time, at the right place, in the right amount, and in the right quality also strives for the right sequence of the parts to be delivered“. „In this paper we regard just-in-sequence as a stockless form of supply based on the just-in-time philosophy“.	Thun/Marble/ Silveira-Camargos (2007), S. 3.
„Analog und erweitert zur Definition des Just in Time als Zulieferung […] wird Just in Sequence in diesem Beitrag definiert als die produktionssynchrone Zulieferung von Bauteilen zum richtigen Zeitpunkt, in richtiger Qualität und Menge, am richtigen Ort und in der richtigen Reihenfolge.“ „Just in Sequence kann also als Just in Time erweitert um den Aspekt einer sequenzgerechten Anlieferung interpretiert werden.“	Thun/Drüke/Silveira-Camargos (2007), S. 21.
„Bei [...] Just-in-Sequence erfolgt die Bereitstellung der an einem Bedarfsort benötigten Materialien genau in der benötigten Reihenfolge.“	Pfohl (2004), S. 130.
„Erfolgt die Anlieferung von Teilen, Modulen und Systemen in der Produktionsreihenfolge des Kunden, so spricht man von Just-In-Sequence Belieferung.“	Schulte (2004), S. 293.
„Bei reihenfolgegenauer Synchronisation mit der Fahrzeugmontage spricht man von Just-in-Sequence-Anlieferung („in Sequenz“ oder „sequenzgenau“). Diese Beschaffungsprozesskette eignet sich, wie bereits weiter oben ausgeführt, für komplexe, großvolumige und kundenindividuelle Module oder Teileumfänge, die aufgrund ihrer hohen Varianz sequenz- und zeitpunktgenau am Verbauort anzuliefern sind.“	Becker (2005), S. 24.
„Bei einer Materialversorgung der Linie nach dem Prinzip Just-in-Sequence (JIS) werden die benötigten Materialien auf ihrem entsprechenden Ladungsträger (Euro-Palette, Gitterbox etc.) exakt in der Reihenfolge angeordnet, in der sie später auch in die Produkte an der Fließlinie eingehen, d. h. es findet eine reihenfolgesynchrone Belieferung statt“	Boysen/Fliedner/ Scholl (2007), S. 61.
„[Eine] Anlieferung [...] "Just-in-Sequence" (JIS) [erfolgt] zeitpunkt- und reihenfolgegenau, montagegerecht bei kürzesten Reaktionszeiten und höchsten Qualitätsanforderungen“	Wildemann/Faust (2004), S. 157.

Abb. 7: Definitionsansätze zu Just-in-sequence in der Literatur

Wären diese Sitze stattdessen prognosegesteuert produziert und auf dem Werksgelände vorzuhalten, könnten mehrere Quadratkilometer Betriebsfläche damit bedeckt werden (bei prohibitiv hohen Kapitalbindungskosten). Hier wird entsprechend auf Just-in-sequence zurückgegriffen, um nicht nur den Aufbau von Beständen zu begrenzen, sondern auch, um die Flächenbeanspruchung innerhalb der Fertigungsbetriebe zu vermindern. So sind für das Mercedes Werk Rastatt Lagerplatzeinsparungen in Höhe von 850 m^2 durch die Umstellung auf eine Just-in-sequence Versorgung dokumentiert.[213] Thun/Drüke/Silveira-Camargos (2007) kommen in einer empirischen Studie zu dem Ergebnis, dass nach Einführung von Just-in-sequence folgende Verringerungen nachgewiesen werden konnten: eine Reduzierung der Durchlaufzeit um 51%, eine Reduzierung der Lagerbestände um 41% und der Flächenbedarf um 48%.[214] Trotz dieser erfolgreichen Anwendung des Just-in-sequence Konzepts (JIS) zur Steigerung der Flächenproduktivität in industriellen Betrieben bleibt diese neuere Entwicklung der produktionssynchronen Logistik im internationalen Diskurs weitgehend unbeachtet.

Dies ist bemerkenswert, weil in der Praxis eine dezidiert sequenzgerechte Anlieferung so weit verbreitet ist, dass für Just-in-sequence eigene Normen geschaffen wurden, die zwischen Just-in-time und Just-in-sequence differenzieren (so das Abrufformat EDIFACT/Odette-DELJIT/SYNCRO oder das VDA-Format 4916 für sequenzgerechte Abrufe). Hier fällt die konzeptionelle Fundierung von Just-in-sequence weit hinter der praktischen Bedeutung zurück. Abbildung 7 listet die in der Literatur zu findenden Definitionsansätze auf.

Der Unterschied zwischen Just-in-time und Just-in-sequence liegt in der Pulklieferung Just-in-time auf Basis von Produktionsprogrammdaten (Prognosedaten) des OEM einerseits und einer reihenfolgegenauen Anlieferung nach der tatsächlichen Verbaureihenfolge (Sequenzdaten) beim OEM in einer „Perlenkette" andererseits.[215] Dazu findet der Abruf der zu verbauenden Teile beim Zulieferer erst mit dem Einlauf der Produktplattform (z. B. Karosserien aus dem Rohbau) in die Fertigung statt, so dass die Zeitfenster zwischen Abruf und Auslieferung nochmals erheblich kleiner sind als bei einer Lieferung Just-in-time.[216] Eine Perlenkette schafft höhere Verbindlichkeit und größere Materialflusstransparenz in der produktionssynchronen Logistik. Der Produktionsablauf orientiert sich somit am Auftragsfluss und nicht umgekehrt.[217] Ein solches Verfahren setzt denk-

213 Vgl. Weyer (2002), S. 108.

214 Vgl. Thun/Drüke/Silveira-Camargos (2007), S. 28 f.

215 Auf Grund von prozessbedingten Faktoren (Mehrlinienproduktion, Störungen und Prozessvariabilitäten) oder gesetzliche Vorgaben (Auditierung oder zufällige Messprüfungen) muss bei Verwendung von Prognosedaten regelmäßig von einer kurzfristigen Durchmischung der Produktionsreihenfolge ausgegangen werden. Durch Verwendung von Sequenzdaten auf der Grundlage des tatsächlichen Einlaufs von Produktplattformen in die Fertigungslinie werden solche Störungen beim Bestellabruf vermieden; vgl. Weyer (2002), S. 78.

216 Vgl. Plöger/Haasis (2008), S. 614; Haasis/Plöger (2008), S. 3; Wildemann/Faust (2004), S. 159. Lyons et al. (2005) führen in einer Feldstudie einen Abrufzeitraum von 4-5 Stunden an, vgl. Lyons et al. (2005), S. 4295.

217 Vgl. Weyer (2002), S. 72.

notwendig eine inhomogene Fertigungsabfolge von Produktsorten in einer Kleinserien- oder Einzelfertigung voraus, da eine Großserienproduktion ebenso gut mit Pulklieferungen Just-in-time bedient werden könnte. Der Grund für Lieferungen Just-in-sequence ist dabei in der Notwendigkeit zu sehen, dass angesichts einer steigenden Artikelvielfalt (und einhergehenden hohen Lagerflächenbedarfen) die Flächenproduktivität beim OEM gesteigert werden soll.

Das Just-in-sequence Konzept hat besonders in der Automobilindustrie, aber auch zunehmend in der Elektronik- und Haushaltsgerätebranche,[218] eine hohe Verbreitung gefunden,[219] so dass alle Automobilhersteller in Deutschland auf dieses Instrument zurückgreifen. Demgegenüber steht ein erhebliches Forschungsdefizit. Bisher ist Just-in-sequence nur bedingt als eigenständiges Instrument zur Prozessoptimierung erforscht worden. Dies kommt auch darin zum Ausdruck, dass einschlägige Veröffentlichungen Just-in-sequence zwar als Just-in-time Verfahren mit der zusätzlichen Eigenschaft der Anlieferung von Vorprodukten montagegerecht in korrekter Reihenfolge für den direkten Verbau beim Abnehmerunternehmen kennzeichnen,[220] aber durchgängig nicht begründen, warum eine Sequenzierung vorgenommen wird.[221] Ebenso gibt es keinerlei kritische Diskussion, die die erhöhten Anforderungen an Durchlaufzeit und Prozesszuverlässigkeit durch Verringerung der Zeitfenster zwischen dem Lieferabruf und dem spätestmöglichem Versand sowie dem zwingend erforderlichen Mehraufwand für die korrekte Sequenzierung (im Hinblick auf zusätzliches Handling für reihenfolgegenaue Lieferungen und die damit verbundenen Kosten) anspricht. So fällt beim Zulieferer ein im Vergleich zur Pulklieferung zusätzlicher Kontroll- und Handlingaufwand an. Regelmäßig bedarf es hierzu auch Investitionen in fördertechnische Anlagen wie Sequenzrichter (Sorter),[222] die in der Größenordnung eines sechs- bis siebenstelligen Eurobetrags liegen. Da die verbleibende Restzeit zur Erfüllung eines Auftrags sehr klein ist, entsteht ein zusätzlicher Anpassungsbedarf in der Fertigung des Zulieferers, dessen eigene Produktionsreihenfolge zumeist durch die inverse Perlenkettenreihenfolge determiniert wird,[223] um einen verzögerungslosen Versand ohne Zwischenhandling zu gewährleisten. Anhand dieser Erwägungen wird das bisherige Forschungsdefizit im Zusammenhang mit Just-in-sequence klar: Kein rational handelndes Unternehmen würde eine pulkorientierte Versorgung Just-in-time zu Just-in-sequence umstellen, wenn beide Konzepte

218 Vgl. Thun/Drüke/Silveira-Camargos (2007), S. 30.

219 Vgl. Haasis et al. (2009), S. 1.

220 Vgl. Werner et al. (2003), S. 107; Wildemann/Faust (2004), S. 157; Thun/Drüke/Silveira-Camargos (2007), S. 21; Boysen/Fliedner/Scholl (2007), S. 61; Dickmann (2009), S. 18; Becker (2005), S. 24.

221 Vgl. Plöger/Haasis (2008), S. 613.

222 Vgl. Haasis/Plöger (2007a), S. 368 f.; Haasis/Plöger (2008), S. 3 f.

223 Der Vorteil einer inversen Fertigung beim Zulieferer liegt darin, dass nach dem Versand mit einem LKW die Entladereihenfolge der eigentlichen Perlenkette d. h. Verbaufolge beim OEM entspricht.

gleich wären, da erhebliche Investitionen zu tätigen wären. Vielmehr ist Just-in-sequence ein Instrument zur Erhöhung der Flächenproduktivität, indem Handlingaufwand von der Fertigung eines räumlich begrenzten OEM zum Zulieferer verlagert wird, sofern hier die Opportunitätskosten der Flächennutzung geringer sind. Unter diesem Gesichtspunkt ist die Entwicklung von Just-in-sequence als Versuch zu sehen, die Flächenproduktivität zu steigern. Während bei einer Just-in-time Versorgung mit Fokus auf die Kapitalbindung ein Minimierungsprinzip im Vordergrund steht (minimierter Input bei gegebenen Output), rückt bei der Just-in-sequence Versorgung das Maximierungsprinzip (maximierter Output bei gegebenen Faktoreinsatz, hier: Fläche) in den Mittelpunkt. Ein weiteres Argument für die Einführung von Just-in-sequence kann sein, dass auf Grund eines Arbeits-Entgeltkostengefälles zwischen OEM und Zulieferer eine Verlagerung von Handlingaufwand Kostenvorteile schafft und somit die Arbeitsproduktivität erhöht. Sofern Platzrestriktionen über andere Planungsaspekte dominieren (wie es beim drastischen Beispiel der Elbaufschüttung für das Airbus-Werk Hamburg-Finkenwerder zur Platzgewinnung anzunehmen ist), folgt die Einführung einer Just-in-sequence Logistik damit dem Ausgleichsgesetz der Planung nach Gutenberg (1955).[224] Es werden also Maßnahmen getroffen, um den Flächenbedarf von Beständen (einschließlich WIP) und deren Handling beim OEM zu reduzieren, sofern die Platzkapazität einen Engpasssektor darstellt.

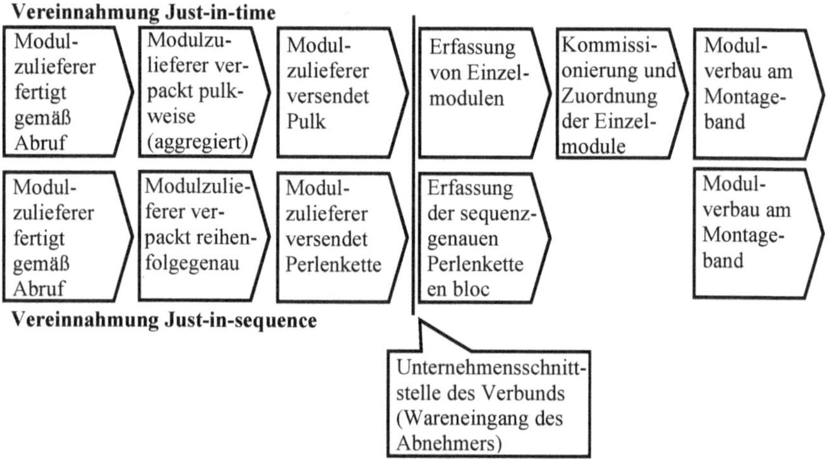

Abb. 8: Prozessoptimierung durch Just-in-sequence[225]

224 Vgl. Gutenberg (1955), S. 164.
225 Plöger/Haasis (2008), S. 615.

Das Handling von eingehenden Versandeinheiten betrifft dabei Prozesse wie Vereinnahmen, Transportieren und Kommissionieren von Stückgütern, Weg- und Suchzeiten zum Bestücken der Fertigungslinien sowie die Rückführung von entleerten Ladungsträgern.[226] Besondere Bedeutung hat die Reduzierung von Handlingaufwand auf den Bereich des Wareneingangs. Abbildung 8 veranschaulicht exemplarisch, wie durch eine Lieferung von konsolidierten Versandeinheiten in einer Perlenkette Prozesse im Wareneingang als Engpass optimiert werden können.

Denn hier konvergieren mehrere Güterströme in einen räumlichen Punkt, so dass verstärkt Verzögerungen zu erwarten sind. Häufig ist der Wareneingang mit den dort vorzunehmenden Prüfungen im Rahmen einer Warenvereinnahmung ein Engpass, der lange Liegezeiten hervorruft.[227] Formel 22 zur Ermittlung von Puffergrößen vor Bedienstationen kann hier analog angewendet werden. Wegen der engen Zeitfenster zwischen Abruf und Verbau von Teilen sind für Just-in-sequence besonders die Wartezeiten vor dem Wareneingang durch Staueffekte von Bedeutung, da bei Verzögerungen unmittelbar Produktionsstillstände drohen. Zur Ermittlung von Wartezeiten kann der Wareneingang als irreduzibler Transportknoten aufgefasst werden, der n von den Punkten E_i kommenden unstetigen Transportströme λ_i^E auf m zu den Punkten A_j verlaufenden Transportströmen λ_i^A aufteilt, wobei alle Ströme gemeinsam eine Konfliktzone (im Sinne eines Engpasses) durchlaufen.[228]

Die Stromintensität[229] pro Stunde beträgt:

$$\lambda = \frac{3600}{\bar{\tau}} \tag{25}$$

Hierzu ist $\bar{\tau}$ die durchschnittliche Taktzeit von τ pro Sekunde. Mit Annäherung von λ an den maximalen Durchsatz (Grenzleistung) gilt:[230]

$$\mu_0 = \frac{3600}{\tau_0} \tag{26}$$

226 Vgl. Haasis/Plöger (2007a), S. 369.

227 Vgl. Weber (2007), S. 68.

228 Vgl. Gudehus (1976a), S. B41.

229 Ferschl (1964) definiert die Intensität eines stationären Stromes als „[...] die durchschnittliche Anzahl der während eines Intervalls der Länge 1 passierenden Einheiten.“, Ferschl (1964), S. 23.

230 Vgl. Arnold/Furmans (2009), S. 13.

Mit dem minimalen zeitlichen Abstand zweier aufeinander folgender Transporteinheiten τ_0 geht ein stochastisch verteilter Strom in einen diskret getakteten Strom über.[231]

Die minimale Taktzeit bei ungehindertem Durchlauf der Transporteinheiten ist:[232]

$$\tau_0 = \frac{a}{\eta} \tag{27}$$

Wobei η der Geschwindigkeit in Metern pro Sekunde und a dem zulässigen Minimalabstand in Metern zwischen den Endpunkten zweier aufeinanderfolgender Transporteinheiten entspricht. Das allgemeine Grenzleistungsgesetz für Zusammenführungs- und Verzweigungssysteme bei gleichberechtigter und stochastischer Abfertigung in Transportknoten für zwei Materialströme lautet:[233]

$$\frac{\lambda_1}{\mu_1} + \frac{\lambda_2}{\mu_2} + \frac{u \cdot z}{3600} = 1 \tag{28}$$

Hierzu ist u die Umschaltfrequenz pro Stunde mit einer jeweiligen Dauer z pro Umschaltvorgang, wobei jede Vereinnahmung einer separaten Lieferung Such-, Informations- und Administrationsarbeiten (wie Eintippen einer Verbuchungsnummer) durch den Wechsel zwischen den anliefernden Fahrzeugen verursacht, bevor die eigentliche Vereinnahmung (mit Kontrolle und Weiterversand sowie ggf. Kommissionierung) beginnen kann. Hier vermindert also die Suchzeit für Informationen an Transporteinheiten unmittelbar die weitere Abfertigung. Sind die Informationen zu Transporteinheiten an unterschiedlichen Seiten oder Stellen des Ladungsgutes angebracht bzw. sind unterschiedliche Wareneingangspapiere auszufüllen, so ist eine Zeit für Informationserfassung t_{ij}^{Erf} für unterschiedliche Ladungsarten zu berücksichtigen, sofern sich diese unterscheiden. So können unterschiedlich angebrachte Taschen für Begleitpapiere oder automatisch lesbare Codierungen unterschiedliche Erfassungseinrichtungen (Barcodeleser vs. RFID-Lesegerät) erfordern oder müssen auf Grund unterschiedlicher Kennzeichnungsorte am Ladungsträger erst gesucht werden.[234] Hinzu kommt die Verarbeitungszeit t_j^{Ver} bei der Vereinnahmung einer Transporteinheit. Diese Verarbeitungszeit setzt sich aus der Reaktionszeit (Informationsverarbeitung, Positionierung, Kommissionierung und Weiterleitung) und der Fahrtzeit mit der Maximalgeschwindigkeit η_j

231 Vgl. Gudehus (1976a), S. B40.

232 Vgl. ebd., S. B44.

233 Zur ausführlichen Herleitung unter Annahme gleichberechtigter und gleichlanger Umschaltzeiten η_1=η_2 vgl. Gudehus (1976a), S. B46 f.

234 Vgl. Arnold/Furmans (2009), S. 67.

zusammen. Im einfachsten Fall zweier konvergierender Ströme ergibt sich eine Gesamtzwischenzeit z:

$$z = z_{12} + z_{21} \text{ mit } i, j = 1,2;\ i \neq j \tag{29}$$

Dabei sind die Zwischenzeiten (als reine Verlustzeiten zusätzlich zu den Taktzeiten) für das Umschalten zwischen Strom λ_i auf λ_j wie folgt definiert:[235]

$$z_{ij} = \begin{cases} 0 \; wenn \; \tau_j > t_{ij}^{Erf} + t_j^{Ver} \\ t_{ij}^{Erf} + t_j^{Ver} - \tau_j \; wenn \; \tau_j \leq t_{ij}^{Erf} + t_j^{Ver} \end{cases} \tag{30}$$

Dies bedeutet, dass wenn die Zeit für die Informationserfassung und die Verarbeitungszeit zusammen nur einen Takt ausfüllen, diese nur beim ersten Einlaufen einer Transporteinheit zu einer einmaligen Gesamtverzögerung führen. So ist zu bemerken, dass bei einer vollen Ausnutzung der maximalen Grenzleistung im Sinne von Formel 28 auch ein Rückstau auf der Zuführungsstrecke in Kauf zu nehmen ist, der eine verzögerungslose Anlieferung von Teilen behindert.

Per Definition kommt es beim Überschreiten der Grenzleistung vor dem Einlaufpunkt von Bearbeitungsstationen zu Staueffekten, die Warteschlangen erzeugen. Hierbei handelt es sich um einen systematischen Stau, so dass das System nicht stationär ist. Die Belastung eines Systems kann wie folgt angegeben werden:[236]

$$\lambda = \frac{\text{Mittlere Servicezeit/Zahl der Bedienstationen}}{\text{Mittleres Ankunftsintervall der Kunden}} \tag{31}$$

Das System ist stabil (stationär) wenn $0 \leq \lambda \leq 1$ gilt.

Ein zudem stochastischer Stau entsteht unterhalb der zulässigen Belastungsgrenze, wenn der Stückgutzulauf oder dessen Abfertigung zeitlich schwanken und damit stochastisch sind.[237] Dabei kommt es temporär zu Warteschlangen, wenn die Abfertigungszeit einer Bearbeitungsstation kleiner als der zeitliche Abstand des Zulaufs zweier aufeinander folgender Transporteinheiten ist.[238] Staueffekte hängen also sowohl von der Systemauslastung als auch der Systemvariabilität ab.[239]

---

235 Vgl. Gudehus (1976a), S. B45 f; es kommt zu keiner den Gesamtfluss behindernden Verzögerung, wenn die Umschalt- und Belegungszeiten kürzer als die minimale Taktzeit sind.

236 Vgl. Kiencke (2006), S. 127.

237 Vgl. Gudehus (2005), S. 508 f.

238 Vgl. Ferschl (1964), S. 32.

239 Vgl. Gudehus (2005), S. 508 f.

Zu stochastisch bedingten Staueffekten kommt es nur, wenn die Systemvariabilität c^2 größer als 0 ist.[240] Bei einem getakteten Zustrom und einem getakteten Abfluss kommt es zu keinem stochastischen Staueffekt.[241] Dabei hat die jeweilige Gestalt der Ankunftszeit- und Bearbeitungszeitverteilung einen vernachlässigbaren Einfluss auf Staueffekte; diese hängen vielmehr vom Auslastungsgrad und der Variabilität ab, so dass Wartezeiten und Warteschlangen in erster Linie durch Gestaltung der Kenngrößen Auslastungsgrad oder Variabilitätsverminderung beeinflusst werden.[242] Dabei ist zur Steigerung der Prozessqualität und der Kundenzufriedenheit zunächst die Variabilität der Prozesse zu korrigieren und nur nachrangig der Durchschnitt der Ausbringungsmenge.[243] Dies hat auch eine hohe Bedeutung für einen reibungslosen Ablauf der logistischen Prozesse an den Schnittstellen zwischen Zulieferer und Abnehmer, da durch eine verminderte Streuung des Zustroms oder durch Verbesserung der Abfertigung an Transportknoten kürzere Warteschlangen, Wartezeiten und Rückstauwahrscheinlichkeiten erzielt werden können.[244] Gudehus (2005) verweist darauf, dass Staueffekte typischerweise an Transportknoten linear mit der Systemvariabilität zunehmen,[245] woraus geschlossen werden kann, dass eine sequenzgerechte Konsolidierung von Güterströmen Just-in-sequence einen Beitrag für stabilere Logistikprozesse in einem produktionssynchronen Umfeld liefern kann. So könnten stochastisch induzierte Wartezeiten vermieden werden, welche daraus resultieren würden, dass vor der Bearbeitung eines Wareneingangs noch der Einlauf eines in der Montagesequenz vorangehendes Stückgut erwartet wird oder die Vereinnahmung einer zufälligen Schwankung unterliegt. Da ceteris paribus die Variabilität von Prozessen durch die Zusammenführung von Materialflüssen zu einem Knotenpunkt und die anschließende Verzweigung steigt,[246] sollte der Koordinationsaufwand dadurch verringert werden, dass Ladungen als konsolidierte Just-in-sequence-Lieferungen zeitgleich eintreffen und nicht noch im „Brennpunkt“ Wareneingang manuell zusammengeführt werden müssen. Furmans (2007) kommt im Zusammenhang mit Konzentrationspunkten von Warenströmen zu dem Schluss, dass erst durch eine Beherrschung der Prozessvariabilität bei hoher Kapazitätsauslastung Bestände und Durchlaufzeiten erheblich reduziert werden können.[247] McFarlane und Sheffi (2003) unterscheiden in diesem Zusammenhang hinsichtlich der Prozessvariabilität im Materialfluss zwischen externer und interner Variabilität: Externe Variabilität im Materialfluss wird durch unvorhergesehene Nachfrage- oder Versorgungs-

240 Vgl. ebd., S. 509; der Fall 0 tritt ein, wenn ein Zulauf mit der minimalen Taktzeit erfolgt.
241 Vgl. Gudehus (1976b), S. B 221.
242 Vgl. ebd., S. B 225.
243 Vgl. Toutenburg/Knöfel (2008), S. 15 f.
244 Vgl. Gudehus (1976b), S. B 225.
245 Vgl. Gudehus (2005), S. 512.
246 Vgl. Furmans (2007), S. 188.
247 Vgl. ebd., S. 186 ff.

fluktuationen erzeugt. Interne Variabilität entsteht auf Grund einer unvollkommenen internen Prozessbeherrschung und resultiert u. a. aus Fehlern in der Warenerfassung und Zeitschwankungen bei der Durchlaufzeit. Diese beiden Kategorien von Variabilität stehen insofern zueinander in Beziehung, als dass die Fähigkeit der Beherrschung der externen Variabilität auch vom Vermögen abhängt, die interne Variabilität zu meistern.[248] Es ist ineffektiv, Prozesse, die schlecht im Hinblick auf ihre Stabilität, Qualität und Zuverlässigkeit beherrschbar sind, bezüglich ihrer Flexibilität und Durchlaufzeitdauer optimieren zu wollen.[249] Insofern ist der Beherrschung der externen Variabilität durch die notwendige Bedingung der Bewältigung der internen Variabilität Grenzen gesetzt.

Diese Konstellation – zur Gewährleistung einer hohen Liefertreue – geht einher mit dem Bedarf, die interne Variabilität von Durchlaufprozessen an Schnittstellen (insbesondere dem Wareneingang) mit stochastischen Zuflüssen an Waren zu reduzieren.

Über die Grenzleistung einer Bedienstation kann wiederum die entsprechende Wartezeit W vor dem Transportknoten wie folgt angegeben werden:[250]

$$W = \frac{N}{\lambda} - \frac{1}{\mu_0} \tag{32}$$

Hierbei ist N die mittlere momentane Warteschlange, λ die Ankunftsrate (Stromintensität) und μ_0 die Grenzleistung. $1/\mu_0$ gibt die maximale Abfertigungsrate (bzw. Serviceleistung) an. Die Größe N ist zunächst als gegeben anzusehen, kann aber durch Maßnahmen (wie die Erhöhung der Grenzleistung) mittelfristig verringert werden. Die Beziehung ergibt sich analog wie folgt:[251]

$$N = \frac{\lambda}{\mu_0} + \lambda \cdot W \tag{33}$$

Verzögerungen bedingt durch lange Wartezeiten und lange Warteschlangen haben besonders negative Prozesswirkungen auf produktionssynchrone Versorgungsverbünde: einerseits führen lange Wartezeiten zu einer unnötigen Verlängerung der Durchlaufzeit und machen aufgrund ihres stochastischen Charakters Lieferprozesse schwerer berechenbar. Lange Warteschlangen binden zudem knappe Flächenkapazitäten und bergen das Risiko in sich, dass sie vorangehende Transportknoten blockieren und damit zu weiteren ungeplanten Staueffekten und Verzögerungen führen (z. B. wenn Verzögerungen beim Ausladen von Waren zu einem Verkehrsstau auf einem Werksgelände führen und eine

248 Vgl. McFarlane/Sheffi (2003), S. 2 f.

249 Vgl. Schnetzler/Schönsleben (2007), S. 501.

250 Vgl. Gudehus (1976b), S. B212.

251 Vgl. ebd., S. B212.

Einfahrt zum Werk behindern). Zum Abbau von Auslastungsspitzen bei einem Wareneingang (als Schnittstelle zwischen Unternehmen in einem Fertigungsverbund als konkrete Ausprägung eines Transportknotens) ist eine Verstetigung von Materialflüssen anzustreben, was konform mit dem Ansatz einer Vielzahl von Lieferungen in kleiner Losgröße ist (One-piece flow). Eine schubweise Zuführung in Gruppen hingegen führt gegenüber Einzelzuführung zu einer durchschnittlich höheren Zahl von Transporteinheiten in der Konfliktzone und damit einhergehend zu tendenziell längeren Warteschlangen, sofern die Transporteinheiten stückweise vereinnahmt werden müssen.[252] Erfolgt also die Vereinnahmung von Transporteinheiten nicht einzeln, sondern fahrzeugweise, liegt eine Form der schubweisen Abfertigung vor.

Die Grenzleistung eines Wareneingangs kann daher erhöht werden, indem Lieferungen zu Perlenketten konsolidiert werden, durch die die Vereinnahmung mehrerer Transporteinheiten in einem Schritt abgewickelt werden können. Daraus folgt, dass eine Verringerung von z oder η ceteris paribus eine Erhöhung der Stromintensitäten ermöglicht, ohne dass es einer Erhöhung der Grenzleistung des Wareneingangs (d. h. der Vereinnahmungskapazität) bedarf. Wie später noch aufgezeigt werden soll, spielen Informationstechnologien eine große Rolle bei der Verringerung von Informationserfassungs- und -verarbeitungszeiten. Exemplarisch sei hier das Hinterlegen von Begleitinformationen auf einem Transponder genannt, damit diese an der Versandeinheit schnell und fehlerfrei zur Verfügung stehen. Die Versorgung mit verbaugerechten Lieferungen Just-in-sequence verringert daher die Größe η, da die Häufigkeit der Informationserfassungs- und -verarbeitungsarbeiten verringert wird: eine Perlenkette wird nur einmal erfasst. Die Bestandteile der Perlenkette entsprechen dem Lieferabruf, so dass eine gesamte Ladung gleichsam wie die Vereinnahmung einer einzelnen Versandeinheit erfolgt. Aus gleichem Grund verringert sich bei Just-in-sequence z. Da eine Umsortierung nicht weiter erforderlich ist, fällt ebenso weniger Zeit für die Kommissionierung und Weiterleitung an, weil die Kommissionierung bereits beim Zulieferer geschehen ist und der Adressat für alle Stücke einheitlich pro Perlenkette ist. Gleichfalls verringert sich die Häufigkeit der Informationsaufnahme und -verarbeitung, da Waren nicht mehr stückweise, sondern en bloc gesichtet werden. Just-in-sequence hat also einen Einfluss auf die Größen U, v und μ. Abbildung 9 veranschaulicht den Unterschied im Wareneingang hinsichtlich des Erfassungs- und Sortieraufwands.

252 Ferschl (1961) ermittelt für verschiedene Verteilungen der gruppenweisen Zufuhr eine Erhöhung der durchschnittlichen Warteschlangenmenge um bis zu 100% und eine Erhöhung der entsprechenden Varianz um bis zu 900%, vgl. Ferschl (1961), S. 194 f.

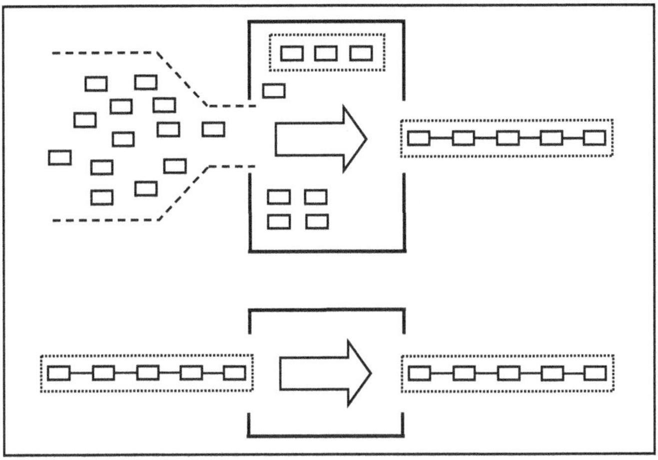

Abb. 9: Konvergierende Stückgüter und konsolidierte Perlenkette[253]

Hieraus wird deutlich, dass Staueffekte auf verschiedene Arten reduziert werden können:

- Durch Verringerung der Intensität λ durch Verringerung der Ankunftsrate λ (erfolgt bei Just-in-sequence durch Konsolidierung von Einzelstückversandeinheiten zu einer einmal zu vereinnahmenden, konsolidierten Perlenkette)
- Durch Erhöhung der Bedienrate μ sowie Verringerung von U und z durch weniger Wechsel zwischen verschiedenen Versandströmen (bei Just-in-sequence geschieht dies durch Ordnung von bisher pulkartigen Versandeinheiten zu einer Perlenkette)
- Durch Verringerung der Variabilität von Vereinnahmungsprozessen (z. B. durch den Einsatz von IT-Systemen zur Optimierung der Informationsintegration).[254]

Eine Erhöhung der Bedienrate macht regelmäßig Investitionen erforderlich,[255] während eine Verringerung der Variabilität vielfach auch ohne Anschaffung zusätzlicher Anlagen möglich ist. Letztere ermöglicht weitere Einsparungen, denn bei steigender Variabilität nehmen Durchlaufzeiten und WIP stark zu.[256] Furmans (2007) weist mathematisch nach, dass ein Übergang von einer hohen zu einer geringen Variabilität zu Reduzierungen von Durchlaufzeiten und Beständen in Größenordnungen von zwei bis fünf führt.[257] Als Nebeneffekt der Beschleunigung

253 Plöger/Haasis (2008), S. 614.
254 Vgl. Drews (2006), S. 254; Fromm (1992), S. 12.
255 Vgl. Kistner (1994), S. 132.
256 Vgl. Sarkar/Zangwill (1991), S. 448 f.
257 Vgl. Furmans (2007), S. 188.

von Lieferprozessen durch Abrufe auf Basis von Sequenzdaten (anstelle von Programmdaten) wird die Durchlaufzeit in der Fertigstellung eines Produkts verkürzt. Hierdurch kann durch eine schnellere Auslieferung des Endprodukts nicht nur die Kundenzufriedenheit verbessert werden. Abseits der Erhöhung der Flächenproduktivität reduziert Just-in-sequence zugleich die Kapitalbindung: nach Littles Gesetz führt eine Verkürzung der Durchlaufzeit bei gleichbleibender Ankunftsrate λ zur proportionalen Reduzierung des mittleren Bestands im System (WIP).[258]

Just-in-sequence ist daher als Konzept anzusehen, das der Komplexitätsbewältigung betriebsübergreifender Prozesskomplexität – bei einer wechselnden Zusammensetzung von Produkten in Bearbeitungsabläufen – in Fertigungsverbünden dient. Durch Just-in-sequence werden Staueffekte vermieden und Durchlaufzeiten erhöht.

Auch wenn Just-in-sequence selbst ein Instrument zur Reduzierung von Variabilität ist, birgt der Einsatz dieses Beschaffungskonzepts auch ein hohes Prozessrisiko für den OEM. Es ist umso mehr bei Prozessschwankungen in angrenzenden Bereichen störanfällig. Lieferverspätungen und Fehlmengen führen unmittelbar zu Produktionsstillständen, da die zu liefernden Teile für den Verbau der in der Fertigung produktplattformenspezifisch sind und nicht als Sicherheitsbestand vorgehalten werden können. Zudem erlauben kurze zeitliche Abstände zwischen Abruf- und Lieferzeit keine nachträgliche Ergänzung durch Eillieferungen.[259] Erst wenn ein hinreichender Grad von Lieferzuverlässigkeit erreicht ist, können Durchlaufzeiten verringert werden und anschließend die Flexibilität erhöht werden. Dahinter steckt die Annahme, dass es ineffektiv ist, Prozesse, die schlecht im Hinblick auf ihre Qualität und Zuverlässigkeit beherrscht werden, hinsichtlich ihrer Flexibilität und Geschwindigkeit (sowie Umlaufbestände) beeinflussen zu wollen. Stabilität und Robustheit von Prozessen in der produktionssynchronen Logistik ist die Voraussetzung für weitere Optimierungsmaßnahmen.[260]

Somit sind hohe Anforderungen an die Prozessqualität zu stellen, zu deren Erfüllung Qualitätskonzepte wie Six Sigma zum Einsatz kommen.[261] Auch wenn eine Verlagerung von Bestandsrisiken auf Zulieferer in der Literatur überwiegend abgelehnt wird, ist unter dem Gesichtspunkt der Engpassoptimierung abzuwägen, ob im Einzelfall begrenzten Umfang die Sicherheitsbestände erhöht werden sollten. Möglich wäre eine Erfüllung eines Servicelevels auf Six Sigma Niveau[262] – um eine hohe Prozesssicherheit zu gewährleisten und damit prohibitiv hohe Produktionsstillstandskosten für den OEM (und gegebenenfalls Eillieferkosten sowie

---

258 Vgl. Little (1961), S. 384 f.

259 Vgl. Haasis/Plöger (2007a), S. 369.

260 Vgl. Schnetzler/Schönsleben (2007), S. 501.

261 Vgl. Thun/Marble/Silveira-Camargos (2007), S. 6; Montgomery/Woodall (2008), S. 329 ff.

262 Für Six Sigma liegt die tolerierte Fehlerrate bei 3,4 Fehlern auf 1.000.000 Prozesse, so dass der korrespondierende Servicegrad bei 0,9999966% liegt.

Vertragsstrafen für den Zulieferer) zu vermeiden. Die hohe Bedeutung der Einhaltung des Servicegradsniveaus wird deutlich, wenn berücksichtigt wird, dass auf Grund der geringen oder vollständig abgebauten Bestandspuffer beim Abnehmer jede Fehlmenge zu sofortigen Produktionsstillständen führt und beispielsweise die in der Automobilindustrie üblichen Strafkosten für Produktionsstillstände in einer Größenordnung von 150.000 € pro Stunde liegen.[263] So können nach Lee/Billington (1993) Verspätungen bei Lieferungen und der Auftragserfüllung auf drei Arten von Unsicherheit zurückgeführt werden: Nachfrageschwankungen (upstream), Schwankungen interner Prozesse und Schwankung der externen Versorgung durch Zulieferer (downstream).[264]

2.5 Zwischenfazit

2.5.1 Kritische Würdigung

Wie in der Ausgangsdefinition der produktionssynchronen Logistik formuliert, bedarf es zur wirtschaftlichen Umsetzung der produktionssynchronen Logistik des Einsatzes eines Bündels an Instrumenten zur simultanen Kontrolle von Kosten, Qualität und Variabilität. Dies wurde in diesem Kapitel durch die Indifferenzpunktgleichung analytisch hergeleitet. Zugleich wurde anhand der Opportunitätskosten der Flächenbeanspruchung aufgezeigt, dass die Rationalität des Einsatzes von Just-in-sequence nur bei einer funktionsübergreifenden Betrachtung erschlossen werden kann, wenn Engpässe (insbesondere Platzmangel beim OEM) einbezogen werden. Somit ist eine Beschaffung Just-in-sequence implizit eine Ausprägung des Ausgleichsgesetzes der Planung nach Gutenberg (1955) und das Element der funktionsübergreifenden Prozessgestaltung in der Definition der produktionssynchronen Logistik theoretisch berechtigt. Der Einsatz von Just-in-sequence wird vorrangig konstituiert durch einen Bedarf zur Erhöhung der Flächenproduktivität – verursacht durch einen Flächenengpass in historisch gewachsenen und räumlich begrenzten Werksgeländen und dem durch eine Variantenfertigung (Mass customization) einhergehenden höheren Lagerflächenbedarf. Ferner wurde die Bedeutung des Aspekts der kontinuierlichen Verbesserung in der Definition des Lean managements (als Zielsystem, in dessen Rahmen eine produktionssynchrone Logistik instrumentell eingesetzt wird) mathematisch durch die Luhmer-Ungleichung beschrieben.

Im Rahmen dieses Kapitels wurde ferner anhand einer quantitativen Herleitung aufgezeigt, dass eine Weiterentwicklung einer Versorgung Just-in-time zu Just-in-sequence erhebliche Potenziale zur Optimierung von Prozessen, insbesondere hinsichtlich der Variabilitätssenkung und einer Erhöhung der Flächenproduktivität,

263 Vgl. Dreher/Scherer (2001), S. 221.
264 Vgl. Lee/Billington (1993), S. 836.

bietet. Mit den Beweisen von Kistner (1994), dem Collier-Theorem, den Indifferenzpunkt-Gleichungen (für statische, multikriterielle Entscheidungsprobleme) und der Luhmer-Ungleichung (für dynamische, monokriterielle Probleme) wurden hierzu die Grenzen des wirtschaftlich rationalen Einsatzes von produktionssynchronen Logistikkonzepten in Fertigungsverbünden aufgezeigt.

Zudem ist als Ergebnis festzuhalten, dass eine Just-in-sequence-Logistik anfällig für Prozessstörungen ist und daher hohe Fehlerfolgekosten (insbesondere bei Produktionsstillstand beim OEM) verursachen kann. Aus diesem Grund charakterisieren Wildemann/Faust (2004) Just-in-sequence auch als „Königsdisziplin der Logistik".[265] Es besteht daher ein hoher Bedarf, Prozesse im Zusammenhang mit Just-in-sequence stabiler und robuster gegen externe Störungen zu machen. Voraussetzung für die hierzu notwendige Optimierung der funktions- und schnittstellenübergreifenden Koordination ist eine reibungslose Informationsintegration. In dem Zusammenhang stellen Schniederjans/Olson (1999) fest, dass die Möglichkeiten des Einsatzes von IT-Systemen in der produktionssynchronen Logistik noch nicht voll ausgeschöpft und erkundet sind.[266] So kommen Paiva/Roth/Fensterseifer (2002) in einer empirischen Studie zum Ergebnis, dass trotz des verbreiteten Einsatzes von EDI der Informationsgrad (Zugangsmöglichkeit zu Informationen) in den untersuchten Unternehmen und die Implementierung von Just-in-time signifikant negativ korreliert sind.[267]

IT-Systeme reduzieren transaktionsbezogene Informationskosten – z. B. durch Einsatz von EDI oder durch Identifikationstechnologien (wie RFID oder Barcode). Sie unterstützen vor allem Kosteneinsparungen in variantenreichen Umgebungen, insbesondere bei Mass customization.[268] Daher soll in den nachfolgenden Kapiteln der mögliche Beitrag von IT-Systemen zur Optimierung der produktionssynchronen Logistik untersucht werden, da diese nach Porter/Millar (1985) das Potenzial bieten, bestehende Schnittstellen in und zwischen Unternehmen effizienter zu nutzen sowie neue Schnittstellen zwischen Prozessen und Unternehmen zwecks einer verbesserten Koordination zu etablieren.[269]

2.5.2 Zwischenfazit in sechs Schlussfolgerungen

- Lean management und die zugehörigen Instrumente sind als bisher definitorisch und konzeptionell unterentwickelt zu charakterisieren. Die Ursache hierfür ist vor allem die schlechte und uneinheitliche Abgrenzung der (z. T. synonym bezeichneten) Unterkomponenten in der Literatur.

265 Wildemann/Faust (2004), S. 158.
266 Vgl. Schniederjans/Olson (1999), S. 84.
267 Vgl. Paiva/Roth/Fensterseifer (2002), S. 385.
268 Vgl. Schnetzler/Schönsleben (2007), S. 507.
269 Vgl. Porter/Millar (1985), S. 152.

- Anlagenkapazität und Bestände sind gegeneinander substituierbar, wobei die wertmäßige Bindung von Beständen in Unternehmen regelmäßig unterschätzt wird. Der Grenzfall eines wirklichen Zero-inventory Ansatzes ist praktisch, aber auch theoretisch niemals erreichbar, da die Grenzrate der Substitution abnimmt. In japanischen Firmen, die Lean management-Konzepte einsetzen, wird weiterhin trotz sehr hohem Durchdringungsgrad der produktionssynchronen Logistik in Einzelfällen bewusst lagerbezogen (Make-to-stock) produziert und beschafft.
- Grundsätzlich wäre es konzeptionell denkbar, dass eine ganze Supply chain von der Urerzeugung der Rohstoffe bis zur Montage des Endprodukts nicht dem Push-Prinzip folgt, sondern durchgängig produktionssynchron gestaltet ist. Hierfür gibt es allerdings nur ein historisches Beispiel (Fords Modell T). Theoretisch lässt sich dies daraus ableiten, dass bei einfachen und kostengünstigen Komponenten ein Risiko-Pooling Effekt eintritt, der eine lagerbezogene Produktion (Push-Prinzip) sehr wirtschaftlich macht (Collier-Theorem). Weitere kritische Einwände gegen eine produktionssynchrone Logistik können in Konstellationen vorliegen, wo neben Kapitalbindungskosten keine positiven Nebeneffekte hinsichtlich Qualitäts- oder Variabilitätsoptimierung erzielt werden können, eine geschlossene Produktion mit technisch fixer Losgröße oder prohibitiv hohen Rüstkosten vorherrscht, die Stückkosten von produktionssynchron bezogenen Teilen erheblich höher sind als bei lagerbezogener Beschaffung,[270] die vom Kunden geforderte Lieferzeit kürzer als die Mindestdurchlaufzeit der Produktion ist oder kein nennenswertes Potenzial für dynamische Erfahrungskurveneffekte ausgenutzt werden kann (Verletzung der Luhmer-Ungleichung). Trotz der erheblichen Vorteile einer produktionssynchronen Logistik für Fertigungsverbünde wird sie die konventionelle lagerbezogene Beschaffung daher nie gänzlich verdrängen können.
- In westlichen Industrieländern und in Japan gibt es eine widersprüchliche Auffassung zur produktionssynchronen Logistik. Während in westlichen Unternehmen eine produktionssynchrone Logistik nur für Volumenprodukte in Massenfertigung empfohlen wird, betrachten Unternehmen wie Toyota die produktionssynchrone Logistik als Instrument zur wirtschaftlichen Realisierung von Mass customization mit dem Idealbild einer Losgröße eins. Dieser Widerspruch lässt sich nur lösen, wenn neben den Stückkosten der Fertigung simultan die Kosten der Qualität und Variabilität berücksichtigt werden. Die Indifferenzpunkt-Gleichungsanalyse deckt auf, dass eine produktionssynchrone Logistik für gerade für kleine Losgrößen wirtschaftliche Vorteile schafft und erst bei großen Produktvolumen eine konventionelle Versorgung wirtschaftlich sinnvoll wird. Eine alleinige Berücksichtigung von Stückkosten zur Beurteilung von Instrumenten des Lean managements stellt eine verzerrende Vereinfachung

270 Vgl. Wu/Low (2007), S. 196 f.

dar und schränkt daher die Aussagekraft der Pareto-Analyse für die Beurteilung des wirtschaftlichsten Beschaffungs- und Versorgungsansatzes ein. Zugleich fundiert die Analyse, dass eine wirtschaftliche Implementierung von produktionssynchroner Logistik nicht durch Einzelmaßnahmen erzielt werden kann, sondern nur durch den Einsatz eines Bündels an Instrumenten.

- Auch dort, wo bei einem kurzfristigen Entscheidungshorizont der Einsatz einer produktionssynchronen Logistik unwirtschaftlich ist, werden durch kontinuierliche Verbesserungen im Rahmen eines Lean managements dynamische Erfahrungskurveneffekte erzielt. Die Grenze der dynamischen Vorteilhaftigkeit einer produktionssynchronen Logistik ist durch die Luhmer-Ungleichung bestimmt.
- Trotz der erheblichen Bedeutung von Just-in-sequence für Unternehmen, die sich schon in der Definition gesonderter Abrufformate niederschlägt (EDIFACT/Odette-DELJIT/SYNCRO; VDA-Format 4916), gab es bisher in der Literatur keine plausible theoretische Fundierung. Hier fällt die konzeptionelle Fundierung von Just-in-sequence weit hinter der praktischen Bedeutung zurück. In Kapitel 2.4 wurde Just-in-sequence als Instrument fundiert, um Engpässe in Fertigungsverbünden zu entlasten. Zugleich wurde erörtert, inwieweit eine konsolidierte und sequenzgerechte Vereinnahmung von Lieferteilen als Perlenkette den Engpass Wareneingang entlasten kann. Es liefert einen Beitrag zur Optimierung des Handlings bei der Warenvereinnahmung, indem es eine schubweise Anlieferung konsolidiert (was Frequenz und Dauer von Zwischenzeiten reduziert) bzw. indem es Pulklieferungen zu einer Perlenkette ordnet und somit die Bedienzeit (wie für Umsortierung und Kommissionieren) reduziert. Eine schnellere Bearbeitung führt zur Reduzierung von Durchlaufzeit, was die Kundenzufriedenheit auf Grund schnellerer Auslieferung erhöht und zugleich proportional zur Durchlaufzeitverkürzung die Bestände (WIP) reduziert. Zugleich ist Just-in-sequence ein Mittel zur Reduzierung der Variabilität von Vereinnahmungsprozessen, um Staueffekte in der Zulieferung von Teilen zu vermeiden und somit logistische Prozesse robuster zu gestalten.

3 Informationsintegration in Fertigungsverbünden

3.1 Zielsetzung des Kapitels

In der betriebswirtschaftlichen Produktionsforschung sehen Hoitsch/Akin (1998) nach den histoischen Phasen der institutionellen Sicht (in der Ausprägung einer branchenbezogenen Industriebetriebslehre) und der funktionalen Betrachtungsdimension (die als Produktionswirtschaft gekennzeichnet wird) in der Gegenwart eine stärker prozessorientierte Sichtweise als dominierend an. Die Betonung der Ablauforganisation mit Fokussierung auf funktionsübergreifende Querschnittsfunktionen rückt im aktuellen Forschungsdiskurs im Zusammenhang mit der Produktion die Logistik bzw. die Produktionslogistik ins Zentrum der Betrachtung.[271] Daher lässt sich in der Betriebswirtschaftslehre ein Wandel vom Denken in Funktionen zu einem Denken in Prozessen feststellen.[272] Entsprechend werden in dieser Arbeit die horizontalen Koordinationsprobleme näher betrachtet, die durch eine prozessorientierte, d. h. funktionsübergreifende, Orientierung der Produktionswirtschaft und Logistik mehr in den Mittelpunkt des wissenschaftlichen Diskurses gerückt sind.

In Fertigungsverbünden lässt sich nicht trennscharf zwischen Produktion und Logistik differenzieren, d. h. ein Produktionsprozess ist zugleich materieller und logistischer Natur.[273] Eine funktionale Abgrenzung ist schwierig, wenn physische und logistische Transformationsprozesse integriert realisiert werden.[274] Daher ist eine getrennte Untersuchung von Produktion und Logistik in Fertigungsverbünden nicht zweckmäßig,[275] da Produktion und Logistik der simultanen Planung, Steuerung und Kontrolle bedürfen.[276] Entsprechend von hoher Bedeutung ist die Abstimmung bzw. Synchronisation von Prozessen innerhalb eines Unternehmens wie auch zwischen Unternehmen eines Fertigungsverbundes – eine Fertigung und der folgende Materialaustausch in einem integrierten Fertigungsverbund ist ohne eine ebenso integrierte Informationslogistik (als Etablierung von Informationsflüssen) nicht sinnvoll. In diesem Zusammenhang soll die Informationsintegration im Rahmen dieser Arbeit eine breitere Fundierung erfahren. Während die dominierenden Ansätze der Kybernetik vorrangig auf Informationsflüsse upstream abstellen, haben Informationen im Prozessparadigma eine über die Steuerung oder Regelung hinausgehende Funktion. Sie sind vielmehr aus wirtschaftlicher Sicht

271 Vgl. Hoitsch/Akin (1998), S. 58; Haasis (2008), S. 6; Richter (1997), S. 6; Weyer (2002), S. 35 f.

272 Vgl. Zäpfel (1996), S. 262.

273 Vgl. Westphal (2001), S. 187.

274 Vgl. Drews (2006), S. 258.

275 Vgl. Schiemenz (1997b), S. 861.

276 Vgl. Haasis (2008), S. 6.

erforderlich für die Synthese von Aktivitäten, die zuvor zwecks Erlangung von Spezialisierungsvorteilen arbeitsteilig zerlegt wurden.[277] Durch eine stärkere Informationsintegration werden räumlich verteilte Prozesse über mehrere Wertschöpfungspartner hinweg effizienter koordiniert.[278] Informationen sind daher im Prozessparadigma ein Komplement der Arbeitsteilung mit dem Zweck der Abstimmung an Schnittstellen.

Ziel dieses Kapitels ist es, den Beitrag von Informationssystemen zur simultanen Planung, Steuerung und Kontrolle von Produktion und Logistik zu untersuchen. Dabei wird zunächst die konzeptionelle Entwicklung theoretischer Ansätze diskutiert und in weiteren Abschnitten jeweils eine innerbetriebliche und überbetriebliche Informationsintegration untersucht. Das Kapitel mündet in der Identifikation von Informationsintegrationsdefekten und deren Implikationen werden erörtert – insbesondere für die Prozessintegration in Fertigungsverbünden, da die Rolle von Informationen zur Optimierung von produktionssynchronen Lieferungen im wissenschaftlichen Diskurs bisher nur nachrangig diskutiert wurde.

In der Literatur wird zudem angenommen, dass eine schnittstellenübergreifende Informationsintegration problemlos möglich ist. Dabei wird implizit die Annahme getroffen, dass Ansätze zum bilateralen Informationsaustausch ebenso zum Austausch in Netzwerken mit verketteten Prozessen geeignet sind. Diese dominierende These wird kritisch hinterfragt.

3.2 Historische Entwicklung der Informationsintegrationskonzepte

Die frühe betriebswirtschaftliche Forschung hat – in Anlehnung an hierarchisch strukturierte Bürokratieansätze – die Bedeutung von vertikalen Informationsströmen in Abteilungen in hierarchischen Organisationen betont. Mit Aufkommen von Informations- und Kommunikationstechnologien sind aber zunehmend laterale und horizontale Informationsströme zwischen funktionalen Bereichen in den Mittelpunkt gerückt.[279]

Der bereichsübergreifende Informationsaustausch hat eine verstärkte Beachtung durch das Aufkommen der Kybernetik als Oberbegriff für die Steuerungs-, Regelungs- und Nachrichtentheorie[280] sowie Lehre über die Lenkung von Prozessen – insbesondere unter Verwendung von Ergebnisinformationen (Rückkoppelung)[281] – und deren Übertragung auf die Betriebswirtschaftslehre erlangt.[282]

---

277 Vgl. Bode (1993), S. 4.

278 Vgl. Porter/Millar (1985), S. 154.

279 Vgl. Houlihan (1985), S. 36; Nicolaou (2002), S. 36.

280 Vgl. Haasis (1994), S. 7.

281 Vgl. Wiener (1948), S. 95 ff.; Ashby (1957), S. 53.

Ansätze der Informationsintegration in der Logistik		Autoren
Zentrale Ansätze	*Scientific Management:* Integration durch Hierarchie im Unternehmen. Rigorose Arbeitsteilung zwischen Planung und Ausführung (Kommunikation in eine Richtung)	Taylor (1911)
*	*Kybernetik:* Übertragung der Steuerungs-, Regelungs- und Nachrichtentheorie auf die Betriebswirtschaftslehre	Wiener (1948) Ashby (1957) Kirsch (1973)
	System Dynamics: Simulative Studie in einer vierstufigen Logistikkette zeigt eine aufschaukelnde Amplitude im Bestand – zunehmend mit der Entfernung von der Endnachfrage	Forrester (1961)
	Bullwhip-Effekt: Aufbauend auf den simulativen Ergebnissen von Forrester (1961) fundieren die Autoren das Aufschaukeln von Beständen mit mathematischen Analysen	Lee/ Padmanabhan/ Whang (1997)
Dezentrale Ansätze *	*Kanban:* Etablierung von dezentralen Regelkreisen zur funktionsübergreifenden Integration der Materialversorgung	Ohno (1988)
**	*Informationsintensitätsansatz:* Koppelung von Materialfluss und Informationsfluss mit Hilfe von automatischen Identifikationssystemen. Ziel der Anreicherung von logistischen Objekten mit vereinnahmungsbezogenen Informationen zur Erzielung von Kosten- und Differenzierungsvorteilen	Porter/Millar (1985)
	* Informationsintegration upstream ** Informationsintegration downstream	

Abb. 10: Überblick über Literaturbeiträge zur Informationsintegration

Implizit ist auch auf dem Gebiet der Informationslogistik der vorherrschende Diskurs durch die betriebswirtschaftliche Kybernetik geprägt, wobei überwiegend oder ausschließlich auf rückkoppelnde Informationsströme zur Regelung des Warenflusses abgestellt wird,[283] d. h. die dem Materialfluss entgegengesetzte Informationsweitergabe („stromaufwärts" oder upstream). In jüngerer Zeit hat diese Wissenschaftsrichtung wieder stärkere Beachtung unter der Bezeichnung Supply chain event management (SCEM) erlebt.[284] Einen historischen Beitrag zur Kyber-

282 Vgl. Kirsch et al. (1973), S. 46; Elbert (2006), S. 57 ff.; Schiemenz (1982), S. 35; Schiemenz (1997a), S. 239; Schiemenz (1997b), S. 859 f.

283 Vgl. Wildemann (2001), S. 35; Wildemann (2000b), S. 78; Pawellek/Best/Hinz (1994), S. 35; Schniederjans/Olson (1999), S. 69.

284 Vgl. Otto (2003), S. 1; Heusler/Stölzle/Bachmann (2006), S. 20; Bodendorf/Zimmermann (2005), S. 58 ff.

netik im Bereich der Logistik hat Forrester (1961) mit seiner Analyse von Bestandsentwicklungen in einer vierstufigen Distributionskette geleistet. Hierzu konnte er experimentell mit einer Simulation nachweisen,[285] dass durch einen aufschaukelnden Effekt über mehrere Distributionsstufen hinweg eine Nachfrageerhöhung um 12% zu einer Bestandserhöhung von 62% auf der wiederum vorgelagerten Distributionsstufe (2nd tier) führt. Dieser Effekt wurde später von Lee/Padmanabhan/Whang (1997) mathematisch-analytisch fundiert und unter dem Namen Bullwhip-Effekt bekanntgemacht.[286] Sie definieren ihn als Aufschaukeln der Bestellschwankungen vom Kunden in Richtung Urerzeugung (upstream) durch Kumulation von Sicherheitsbeständen auf mehreren Stufen entlang der Supply chain.[287]

Unter dem Eindruck dieser Erkenntnisse hat die Bedeutung der Informationsströme und -integration für die Logistik erheblich an Bedeutung gewonnen. Hierbei betonen die Ansätze der Kybernetik und des Systems Dynamics das Konzept der Regelung durch Informations-Rückmeldungen (Feedbacks), die eine Kontrolle gegen Aufschaukelungseffekte ermöglichen.[288] Dieses kybernetische Regelungsparadigma hat dazu geführt, dass in der Literatur zu Logistikketten Informationsströme überwiegend als dem Materialfluss generell gegenläufig gekennzeichnet wurden. Diese implizit kybernetisch geprägte Sichtweise greift zu kurz: Informationen begleiten den Materialfluss (z. B. in Form von Frachtbriefen), laufen dem Materialfluss nach oder kündigen ihn an (vor allem durch Advanced shipping notes per Datenfernübertragung). Porter/Millar (1985) haben die Bedeutung von vereinnahmungs- und verwendungsbezogenen Objektinformationen zur Überbrückung von Schnittstellen herausgestellt. Dies ist gerade für logistische Aktivitäten innerhalb einer arbeitsteiligen Wertschöpfungskette von hoher Bedeutung, da hier nicht nur Funktionsschnittellen innerhalb eines Unternehmens, sondern in hohem Maße auch überbetriebliche Schnittstellen überwunden werden. Allerdings wird der

285 Gudehus kennzeichnet eine Simulation nicht als theoretisches Verfahren, sondern als Modellversuch im Sinne eines Experiments, das aber auch auf komplexe, beliebig strukturierte Probleme anwendbar ist; vgl. Gudehus (1976b), S. 208B; vgl. hierzu auch Schröder (2004), S. 237. Forrester rechtfertigt die Nutzung einer Simulation mit dem zum Zeitpunkt der Untersuchung unzureichenden mathematischen Instrumentarium; vgl. Forrester (1961), S. 17 f.

286 Vgl. Lee/Padmanabhan/Whang (1997), S. 550; aus dem umfangreichen Fundus an nachfolgenden Beiträgen zum Bullwhip-Effekt sei stellvertretend auch auf die quantitative Fundierung bei Chen et al. (2000), S. 439 und den Literaturüberblick zum Bullwhip-Effekt bei Huang/Lau/Mak (2003), S. 1484 verwiesen.

287 Vgl. Delen/Hardgrave/Sharda (2007), S. 622; Warburton (2004), S. 153. Dies kann durch das Verhältnis der Input-Bestellrate (Nachfrage des Endkunden) zu Output-Bestellrate gemessen werden (Nachfragemenge des Zwischenhändlers gegenüber dem Hersteller), vgl. Warburton (2004), S. 153; Huang/Lau/Mak (2003), S. 1503.

288 Vgl. Forrester (1961), S. 14; Wiener (1948), S. 97; Ashby (1957), S. 266.

Beitrag von Porter/Millar (1985) in der Literatur als rein strategischer Ansatz aufgefasst – vor allem zur Beurteilung strategischer Investitionen in die Informations- und Kommunikationsinfrastruktur (IT-Systeme) eines Unternehmens.[289] Die operativen Erwägungen von Porter/Millar (1985) zur Prozessoptimierung blieben bisher hingegen in der Literatur unbeachtet. Im Kapitel 3.7.2 soll daher als forschungsleitende Hypothese der Informationsintensitätsansatz nach Porter/Millar (1985) noch genauer untersucht werden. Dieser postuliert eine Optimierung des schnittstellenübergreifenden Prozessmanagements durch die Einbettung von Informationen in physische Objekte mit Hilfe von automatischen Identifikationssystemen (Barcodes oder Transponder).[290] Hierdurch kommt es zu einer Erhöhung des Anteils vereinnahmungs- und verwendungsbezogener Daten in einem Objekt, das nach dem Informationsintensitätsansatz als Bündel aus physischem Produkt und eingebetteten Informationen aufgefasst wird. Hierbei wird das Untersuchungsfeld auf die Informationslogistik in der Just-in-sequence Fertigung beschränkt. Die Wahl dieser Anwendung wurde getroffen, weil die Versorgung in Fertigungsverbünden Just-in-sequence eine besonders sensible Form des Schnittstellenübergangs beinhaltet und hier der Nutzen und die Grenzen einer vereinnahmungsgerechten Unterstützung durch die Informationslogistik besonders gut aufgezeigt werden können. Zudem basieren die produktionssynchronen Versorgungskonzepte Just-in-time und Just-in-sequence auf dem Kanban-Prinzip der Fertigungssteuerung, das in einigen Varianten auch die Einbettung von Informationen in logistische Objekte (genauer: Ladungsträger) vorsieht und dabei eine vereinnahmungsgerechte Informationsunterstützung des Materialflusses anstrebt.

3.3 Informationslogistik und der Einsatz von Informationen zur Prozessoptimierung

Die Höhe der Aufwendungen für IT-Systeme hat seit dem Jahr 2000 ein erhebliches Ausmaß für Industrieunternehmen angenommen.[291] Der Ausbau der Informations- und Kommunikations-Technologien hat die Informationsverarbeitungskapazitäten von Organisationen massiv erhöht. Im Zuge einer erweiterten Betrachtung von einem einzelnen Betrieb oder Unternehmen auf das gesamte Netzwerk der Wertschöpfung von der Urerzeugung bis zum Endkunden (Supply chain management),[292] rückte die Integration und Koordination der Unternehmens-

289 Vgl. exemplarisch Kim/Narasimhan (2002), S. 4602.

290 Vgl. Porter/Millar (1985), S. 152.

291 Vgl. Ranganathan/Brown (2006), S. 145.

292 Obwohl die arbeitsteilige Wertschöpfung regelmäßig nicht in einer linearen Kette erfolgt, sondern sich als Prozess in mehrpfadigen Netzwerken darstellt, hat sich der Begriff Supply chain management im internationalen Diskurs fest etabliert und wird daher nachfolgend auch für Netzwerke benutzt. Die Zahl der Definitionen zum Supply chain management kann

planung in den Mittelpunkt.[293] Dies wird bei Einbezug einer Vielzahl von Geschäftsbeziehungen für gewöhnlich nicht die Dauer, Verbindlichkeit und Intensität wie bei einem Fertigungsverbund haben. Ziel der Prozessintegration ist die Koordination der arbeitsorganisatorisch und räumlich verteilten Wertschöpfung in Unternehmensnetzwerken, um schneller und effektiver auf Marktentwicklungen reagieren zu können.[294] Koordination ist definiert als die gesamtzielkonforme Abstimmung wechselseitig abhängiger Teilaufgaben durch involvierte Aufgabenträger[295] und meint damit die Ausrichtung mehrerer Bereiche auf ein gemeinsames Ziel. Die Notwendigkeit einer Koordination erwächst aus einer arbeitsteiligen Bearbeitung von größeren Aufgaben und damit einhergehende wechselseitige Abhängigkeiten (Interdependenz) der Tätigkeiten bei der Gesamtzielerreichung.[296] Eine Supply chain ist dann vollständig koordiniert, wenn alle Entscheidungen darauf ausgerichtet sind, für das Gesamtsystem ein globales Optimum zu erzielen. Ein Mangel an Koordination entsteht, wenn Entscheidungsträger unzureichende Informationen oder Anreize haben, die inkompatibel zu systemübergreifenden Zielen sind. Auch wenn alle Informationen vorliegen, kann das Ergebnis suboptimal sein, wenn jeder Entscheidungsträger seine eigene Zielfunktion optimiert.[297] Durch eine Dezentralisierung von Funktionen der Produktion und Logistik treten zwischen funktionalen Einheiten Entscheidungsinterdependenzen auf, deren Vernachlässigung zum Entstehen lokal optimaler – aber global nur suboptimaler – Ausprägungen von Durchlaufzeiten, Kapazitätsauslastungen, Beständen und Termintreue führen. Jede für eine arbeitsteilige Bearbeitung zerlegte Wertschöpfung muss durch Informationen wieder integriert werden.[298] Daher bedarf es übergeordneter Planungs- und Kontrollinstitutionen, um die Einzelaktivitäten hinsichtlich eines übergeordneten Gesamtzieles zu koordinieren.[299] Die begrenzte Entscheidungskapazität von Organisationseinheiten bedingt dabei eine

---

beinahe mit der Zahl der Veröffentlichungen zur Logistik seit den 1990er Jahren gleichgesetzt werden. Eine erste Verwendung des Begriffs wird Houlian (1985) zugeschrieben; vgl. Houlian (1985), S. 53 f. Für diese Arbeit soll eine Supply chain als Netzwerk von rechtlich selbstständigen Unternehmen verstanden werden, die über Material-, Informations- und Finanzströme unmittelbar und auch mittelbar im Austausch zwecks arbeitsteiliger Wertschöpfung stehen. Nach Steven (2007) ist Supply chain management eine prozessorientierte Sichtweise der Unternehmensführung, die die Wertschöpfungskette in den Mittelpunkt stellt; vgl. Steven (2007), S. 399.

293 Vgl. Schniederjans/Olson (1999), S. 70.

294 Vgl. Dekker/van Goor (2000), S. 44; Mönch (2006), S. 2.

295 Vgl. Eymann (2003), S. 37.

296 Vgl. Porter/Millar (1985), S. 151; Kim (1994), S. 54; Richter (1997), S. 8; Adam (2001), S. 2.

297 Vgl. Sahin/Robinson (2002), S. 507.

298 Vgl. Schulz (1970), S. 93.

299 Vgl. Adam/Johannwille (1998), S. 10; Westphal (2001), S. 200; ebenso gibt es zeitliche Interdependenzen, so dass Entscheidungen auf Planungsprozesse verschiedener Perioden ausstrahlen, vgl. ebd. S. 209.

Aufteilung eines komplexen Gesamtproblems in arbeitsteilige und autonome Teilaktivitäten. Die Erreichung eines übergeordneten Gesamtzieles hingegen bedarf der integrierten Abstimmung dieser Teilaktivitäten, wobei die notwendigen (komplexen) Informationen auf steuernden Ebenen häufig nicht vorhanden sind.[300] Die Koordination von Prozessen besteht vorwiegend in der Verarbeitung und dem Transfer von Informationen, die für die Durchführung und Steuerung von Prozessen notwendig sind. Daher sind die Analyse von Wechselwirkungen und die durch sie verursachten Informationsströme maßgeblich, um die Koordination von Prozessen und deren Effizienz zu verbessern.[301] Neue Informations- und Kommunikationssysteme verbessern den Informationsaustausch zur Koordination arbeitsteiliger Prozesse und erhöhen die Qualität und Geschwindigkeit des Informationsaustauschs innerhalb einer Supply chain.[302] Darin liegt die Rechtfertigung und Notwendigkeit für Unternehmen zur Schaffung bereichsübergreifender Informationssysteme.

Hierbei ist die Informationslogistik von besonderer Bedeutung, die sich mit den Informationsflüssen zwischen Wertschöpfungsaktivitäten zur betrieblichen oder überbetrieblichen Koordination befasst.[303] Der Begriff Informationslogistik wurde bereits in den 1970er Jahren verwendet, fand aber erst in den 1980er Jahren eine weitere Verbreitung.[304] Die Informationslogistik bezieht sich implizit auf die These, dass jeder gerichtete Materialfluss einen Informationsfluss erzeugt.[305] Der Beitrag der Informationslogistik liegt in der Koordination funktionsübergreifender und organisatorisch wie räumlich verteilter Leistungserstellung. Die dazu notwendige Gestaltung der Ablaufprozesse über Schnittstellen hinweg ist die Kernaufgabe der Informationslogistik.[306]

Wesentliche Instrumente zur Gestaltung der Informationslogistik werden unter dem Begriff Informationssystem (IT-System) subsumiert. Ein solches ist die „[...] Gesamtheit der Betriebssysteme, Applikationen, Datenbanken und Kommunikation ermöglichenden Ressourcen sowie der sie operativ haltenden technischen Einrichtungen, organisatorischen Regeln und betrieblichen Einheiten."[307] Diese Definition ist so weit gefasst, dass sie die Vielfalt der möglichen Ausprägungen computerbasierter Anwendungen zur Speicherung, Verarbeitung und für die Kommunikation zur Verfügung stehenden Ressourcen einschließt.[308] Informations-

300 Vgl. Westphal (2001), S. 195.
301 Vgl. Albino/Pontrandolfo/Scozzi (2002), S. 7.
302 Vgl. Dimitriadis/Koh (2005), S. 546.
303 Vgl. Hässig/Arnold (1996), S. 102; Henning (1994), S. 71; Loebbecke/Powell (1998), S. 17; Pfohl (2004a), S. 5.
304 Vgl. Kim (1994), S. 50.
305 Vgl. McFarlane/Sheffi (2003), S. 5.
306 Vgl. Kim (1994), S. 58.
307 Fischer/Hofer (2008), S. 405.
308 Vgl. Krcmar (2003), S. 27.

ströme sind – wie Finanzströme – jeweils vom Materialfluss abgeleitet. Die in Industriebetrieben herausgehobene Bedeutung des Informationsflusses gegenüber dem Finanzfluss liegt allerdings darin, dass jede (auch innerbetriebliche) Warentransformation (Bewegung oder Veränderung der Zusammensetzung) einen Informationsfluss bedingt, damit der Materialfluss gesteuert werden kann.[309]

Die Verwaltung des Informationsflusses kann auf verschiedenen Ebenen geschehen:[310]

- Administrative Ebene: Ein Leitrechner (wie ein PPS-System) mit den Aufgaben der Kundenverwaltung, Materialwirtschaft, Produktionsplanung, Vertriebes- und Auftragsabwicklung sowie summarische Bestandsführung
- Bestandsmanagementebene (Logistik-Leitebene): Prozessrechner des Lagerverwaltungssystems mit den Aufgaben Lagerplatzzuordnung, lagerplatzbezogene Bestandsführung, Wareneingangsabwicklung, Einlagerung, Auslagerung, Nachschubsteuerung, Auftragsbearbeitung, Kommissionierung, Verpackung, Verladung
- Transportmanagementebene (Materialflussleit- und Steuerungsebene): Transport-/Staplerleitsystem mit den Aufgaben Materialflussoptimierung, Materialverfolgung, Transportauftrags- und Statusinformationenverwaltung
- Operative Ebene (Prozessebene): Antriebs- und Gerätesteuerung, Datenfunk, Zustandserfassung und Anzeige durch Sensoren, Terminals, Scanner sowie Prozessbeeinflussung durch Aktoren

In der Logistik treten mehrere Rechnerebenen in einer Hierarchie auf: ein Prozess-Leitrechner für Auftragsabwicklung, Materialwirtschaft und Fertigungsplanung, der die Gesamtprozesse steuert; die Systemsteuerung (Führungsebene) für Betriebsmittelgruppen, die die Betriebsmittelsteuerung ansteuert (z. B. Materialflussrechner zwischen SAP und Regalbediengerät), die wiederum einzelne Aggregate kontrolliert. Eine solche Hierarchie erlaubt einen begrenzten Notlaufbetrieb, wenn Teilkomponenten ausfallen. Zukünftig wird vermehrt eine dezentrale Betriebsmittelsteuerungsebene Teilaufgaben des Leitrechners übernehmen und autonom agieren (Verlagerung auf dezentrale Anwendungsebenen).[311]

Für die Logistik als Prozess der Raum/Zeit-Transformation ist dabei die unternehmensübergreifende Integration mittels Informationen von hoher Bedeutung,[312] da die arbeitsteilige Wertschöpfung (verstanden als kundenorientierte Mehrwertschaffung) regelmäßig in räumlich und zeitlich verteilten Netzwerken

309 Vgl. McFarlane/Sheffi (2003), S. 5.
310 Vgl. Martin (2004), S. 479.
311 Vgl. Krieger (1995), S. 169.
312 Vgl. Drews (2006), S. 15.

erfolgt.[313] Dies wird auch dadurch ersichtlich, dass in Deutschland der Anteil der Kosten zum Betrieb von IT-Systemen für logistische Anwendungen an den für die Logistik aufgewandten Gesamtkosten bei schätzungsweise 5 bis 15% liegt.[314] Entsprechend wurden in der Hoffnung auf sinkende administrative Logistikkosten hohe Investitionen in Informationssysteme getätigt.[315]

In den nachfolgenden Abschnitten sollen nur die aus Perspektive der Informationslogistik (unter dem Gesichtspunkt der Koordination arbeitsteiliger Wertschöpfungsketten) relevanten IT-Systeme eingehender betrachtet werden. Zu einem allgemein gehaltenen Überblick über die Entwicklung von IT-Systemen in Unternehmen (einschließlich eher einzelfunktionsorientierter Anwendungen) sei auf Buxmann/König (2000) verwiesen.[316]

3.4 Theoretische Fundierung der Funktion von Informationen in der Informationslogistik

Die IT-Integration bezieht sich auf Computersysteme, die auf elektronischem Wege Informationen innerhalb und zwischen Unternehmen austauschen.[317] Mit dem Einsatz von IT-Systemen wird die Zielsetzung verfolgt, durch Einsparungen und Prozessoptimierungen Effizienzvorteile zu erzielen und gleichzeitig Spielräume für zusätzliche Wertschöpfungsaktivitäten zu schaffen.[318] Narasimhan/Kim (2001) sehen den Nutzwert von IT-Systemen für Unternehmen darin, dass Wertschöpfungsprozesse integriert und optimiert werden können oder auch neue Wertschöpfungsprozesse durch IT-Systeme geschaffen werden. Weil die Wertschöpfung für den Kunden Quelle des Unternehmenserfolgs ist, kann der Einsatz von IT-Systemen die Wettbewerbsfähigkeit erhöhen.[319]

Allerdings ist es schwer, den Nutzen von IT-Systemen abseits von Effizienzgewinnen durch Automatisierung zu quantifizieren, weil der Beitrag von IT-Systemen außerhalb der Anlagen- und Prozesssteuerung überwiegend qualitativer Natur ist und sich daher vielfach einer Quantifizierung in Kostengrößen entzieht. IT-Investitionen mit abteilungsübergreifenden Funktionen lassen sich nur schlecht bewerten, wenn IT-Systeme ihre Leistung auf Grund ihres Querschnittcharakters hauptsächlich indirekt und unterstützend erbringen, wobei diese Leistungen vielfach nicht am Markt veräußerbar sind. Dennoch ist zur Rechtfertigung der

313 Vgl. Haasis (2008), S. 67 ff.
314 Vgl. Krieger (1995), S. 198.
315 Vgl. Bode/Preuß (2004), S. 24.
316 Vgl. Buxmann/König (2000), S. 5 ff.
317 Vgl. Ward/Zhou (2006), S. 178.
318 Vgl. Porter/Millar (1985), S. 156 f.
319 Vgl. Narasimhan/Kim (2001), S. 53.

durch Investitionen in IT-Systeme anfallenden Kosten eine Gegenüberstellung mit den zu erzielenden Nutzen notwendig.[320]

Neben den Vorteilen betrieblicher IT-Systeme führt Gudehus (2005) auch Kritikpunkte an deren Einsatz auf: Planungs- und Abwicklungssysteme treffen falsche Annahmen, verwenden fehlerhafte Algorithmen und bieten nicht erforderliche Funktionalitäten, die das Tagesgeschäft belasten; Stammdatensätze sind nicht funktional strukturiert oder unvollständig; Anwender sind mit der Einrichtung und dem Betrieb der Informationssysteme überfordert und eine Mehrfacherfassung macht Zusatzaufwand erforderlich. Zudem werden zu viele und veraltete Daten erfasst, verwaltet und ausgetauscht sowie unnötig viele Etikettierungen und Berichte erstellt, was Personalkapazitäten bindet. Die technische Möglichkeit der Informationsverarbeitung kann also auch ein Treiber für redundante Prozesse und Zusatzaufwand für die Pflege eines nicht zweckmäßigen Detaillierungsgrades von Informationen sein.[321] Hierdurch liegen dann Informationen vor, die sich aber durch ihre Speicherung in unüberschaubaren Datenmengen einer Identifikation und zweckorientierten Nutzung entziehen. Zudem ignorieren auch viele an die Verwender angepasste Softwarepakete branchenspezifische Anforderungen des Kunden, so dass die Mehrheit der Unternehmen häufig auf eine Mischung verschiedener Anwendungen zugreift, um ihre Prozesse zu managen.[322]

Vielfach wird auch der Aufwand für die Anpassung von ausgelieferten Anwendungen unterschätzt, lange Drucker- und Antwortzeiten mindern die Effizienz und führen zu Totzeiten. Weiter führen undurchsichtige Algorithmen und Einstellungsmöglichkeiten zu einer falschen Anwendung des IT-Systems.[323] Aus Sicht der Logistik können Nachteile aus dem Einsatz von IT-Systemen daraus erwachsen, dass Programme zu stark von realen Prozessen der Praxis abstrahieren und nicht alle erforderlichen Funktionen vorweisen, um einen geregelten Betrieb zu erlauben.[324] Weitere Probleme und Risiken des Einsatzes von betrieblichen IT-Systemen können in Verfügbarkeitsrisiken (hinsichtlich Anlagenausfall), Abstimmungsproblemen mit externen Dienstleistern, geringe Erfolgswahrscheinlichkeiten einer termingerechten Einführung, der Fixierung logistischer Abläufe und Abhängigkeiten vom Systemlieferant liegen.[325]

Die messbaren Produktivitätseffekte einer Automatisierung von Informationsprozessen allein sind eher gering.[326] Produktivitätseffekte treten erst dann

---

320 Vgl. Krcmar (2003), S. 332.
321 Vgl. Gudehus (2005), S. 61 f.
322 Vgl. Helo/Szekely (2005), S. 6.
323 Vgl. Gudehus (2005), S. 62.
324 Vgl. Al-Mashari/Al-Mudimigh/Zairi (2003), S. 358.
325 Vgl. Krieger (1995), S. 194.
326 Vgl. Jayram/Vickery/Droge (2000), S. 315; Walton/Gupta (1999), S. 381.

auf, wenn die Menge der für eine Transaktion benötigten Dokumente abnimmt oder Prozesse standardisiert werden.[327] Im akademischen Diskurs wird vorwiegend betont, dass erst der kombinierte Einsatz von IT-Systemen und Prozessverbesserungen zu messbaren Effekten wie z. B. Durchlaufzeitverbesserungen führt.[328] Die Informationstechnologie hat dabei also nur eine Vermittlerfunktion. Um mit IT-Systemen Wettbewerbsvorteile zu erzielen, muss daher auf die Ausrichtung und Optimierung der eigenen Wertschöpfung und nicht auf Technologien als Selbstzweck abgestellt werden.[329]

Aus der Perspektive der Informationslogistik liegt die Funktion von IT-Systemen in der koordinierenden Unterstützung von Wertschöpfungsketten über räumliche Entfernungen und organisatorische Grenzen hinweg.[330] Eine Wertschöpfungskette ist ein System interdependenter Aktivitäten, welche durch Schnittstellen verbunden sind. Solche liegen dann vor, wenn ein Prozess Einfluss auf die Kosten oder Effektivität anderer Prozesse hat. Hierdurch werden häufig Zielkonflikte verursacht, wenn mehrere Prozesse gleichzeitig optimiert werden sollen. Sie bedingen zudem, dass aufeinander folgende Prozesse wechselseitig abgestimmt werden.[331] Interdependenzen mit stark ausgeprägten Zielkonflikten ergeben sich besonders bei unternehmensübergreifenden Schnittstellen. Die Optimierung dieser Prozessübergänge schafft daher Wettbewerbsvorteile. Die Gestaltungsansätze der Koordination über Schnittstellen gehen weit über die Funktionen Produktion und Logistik hinaus.[332]

In dem nachfolgenden Kapitel sollen insbesondere informationslogistische Anwendungs- und Gestaltungsformen ausgewählter IT-Systeme unter dem Gesichtspunkt der Koordination verteilter Wertschöpfungsprozesse vorgestellt sowie deren Vorteile und Schwächen abgewogen werden.

3.4.1 Kybernetische Ansätze und der Bullwhip-Effekt

Wie bereits definiert, liegen die Funktionen der Informationslogistik in der Koordination und Prozessgestaltung. Eine Koordination kann auf vier Arten zwischen Funktionen erfolgen: gegenseitige Anpassung auf Basis eines Konsens, Standardisierung von Prozeduren (Einigung über ein Austauschverfahren), Datenaustausch (Fortführung, dass von verschiedenen Variablen unterschiedliche Abläufe durchgeführt werden) und direkte Überwachung (durch eine dritte

327 Vgl. Walton/Gupta (1999), S. 383; Jayram/Vickery/Droge (2000), S. 315.
328 Vgl. Jayram/Vickery/Droge (2000), S. 315.
329 Vgl. Walton/Gupta (1999), S. 379.
330 Vgl. Tarn/Yen/Beaumont (2002), S. 28; Porter/Millar (1985), S. 154.
331 Vgl. Porter/Millar (1985), S. 150.
332 Vgl. ebd., S. 150.

Instanz).[333] Damit einher geht die Zielsetzung, eine Überwindung von Bereichsdenken und die Öffnung von Informationssystemen für vor- und nachgelagerte Partner in der Wertschöpfungskette zu ermöglichen.[334]

Informationsflüsse werden in den meisten Supply chain Modellen einbezogen.[335] Weniger häufig werden die unterschiedlichen Funktionen verschiedener Informationsströme behandelt. Sie lassen sich in Planungs-, Steuerungs- und Vollzugsinformationen (z. B. zur Versandfreigabe, -steuerung und Dokumentation),[336] relevante Informationsströme entgegen dem Materialfluss (upstream) und die für den Austausch von dispositiven Daten zur Auftragsbearbeitung relevanten Informationsströme, die mit dem Materialfluss gleichgerichtet sind (downstream) kategorisieren. Bei mit dem Materialfluss gleichgerichteten Informationsflüssen kann weiter zwischen nacheilenden, vorauseilenden und begleitenden Informationen unterschieden werden.[337] Ein Güterfluss setzt jeweils einen korrespondieren Informationsfluss voraus.[338] Dimitriadis/Koh (2005) sehen die Bedeutung des Informationsflusses darin, dass er alle anderen Flüssen vorangeht und daher koordiniert werden muss, bevor ein Geschäftsvorfall stattfinden kann.[339] Informationen lösen den Güterstrom aus, begleiten ihn erläuternd oder folgen ihm bestätigend nach. Der Informationsfluss dient somit den Auftragsübermittlungs- und Auftragsbearbeitungsprozessen.[340] Bestellungen oder Bedarfsmeldungen, die dem Materialfluss entgegengesetzt gerichtet ausgetauscht werden, gelten als unerlässlich, um Kosten in Bezug auf unzureichende Planung, fehlerhafte Abstimmung und Bestandskontrolle zu vermeiden.[341]

Informationen lassen sich durch Repräsentation in Daten abbilden, aus denen umgekehrt durch Abstraktion Informationen gewonnen werden können.[342] Die Abgrenzung zwischen Informationen und Daten erfolgt in der Literatur überwiegend über den Kontext- und Zweckbezug, so dass zweckbezogene Daten zugleich Informationen sind.[343] Daten sind hierbei Gebilde aus Zeichen, die

---

333 Vgl. Sheombar (1992), S. 11 f.

334 Vgl. Dörflein (2005), S. 106.

335 Vgl. Dimitriadis/Koh (2005), S. 546.

336 Vgl. Lackes (2004), S. 406.

337 Vgl. Pfohl (2004a), S. 8; Stölzle/Heusler/Karrer (2004), S. 18; Steven/Krüger/Tengler (2000), S. 15 f.; Schützdeller (1990), S. 90.

338 Vgl. McFarlane/Sheffi (2003), S. 5

339 Vgl. Dimitriadis/Koh (2005), S. 546.

340 Vgl. Pfohl (2004a), S. 8.

341 Vgl. Childerhouse et al. (2003), S. 492.

342 Vgl. Gumm/Sommer (2009), S. 4.

343 Vgl. Wittmann (1959), S. 14; Picot/Reichwald (1991), S. 252; Strassner (2005), S. 32; Alpar et al. (2008), S. 7 f. Der Verfasser weist darauf hin, dass zur Unterscheidung zwischen Daten und Informationen der subjektive Horizont des Adressaten hinzugezogen werden muss. Daher kann im nachfolgenden Text innerhalb eines Kontextes durchaus die

regelmäßig für Zwecke der Verarbeitung vorgehalten werden.[344] Informationen sind hingegen das Ergebnis einer zweckgerichteten Verarbeitung von Daten.[345] Das bedingt, dass das Ziel, an dem sich die Verarbeitung von Daten orientiert, bekannt sein muss; die Informationen müssen inhaltlich und formell richtig sein (syntaktischer Aspekt) und vom jeweiligen Empfänger korrekt verstanden und interpretiert werden können (semantischer Aspekt).[346]

Im Diskurs zu Informationsströmen in der Logistik wird häufig die Forderung gestellt, dass Bestände durch Informationen zu ersetzen sind.[347] Nach dieser Auffassung folgt der Materialfluss zeitlich dem entgegengesetzt verlaufenden Informationsfluss. Besteht eine zeitliche Lücke zwischen diesen beiden Flüssen, kommt es zu Staueffekten und schlechter Liefertreue. Durch eine enge Informationsintegration kann die Reaktionsfähigkeit erhöht werden, wodurch weniger Sicherheitsbestände vorgehalten werden müssen.[348] Aus Prozesssicht haben Lager u. a. eine Pufferfunktion zum Ausgleich von Nachfrageschwankungen (auf Grund unsicherer Bedarfe) und unvorhergesehener Störungen.[349] Folglich ist die Bestandshaltung an Sicherheitsbeständen eine Reaktion auf eine unzureichende Informationslage in einer unsicheren Umwelt. Neben der Bestandshaltung kann die Unsicherheit auch durch den Einsatz von Prognosemethoden reduziert werden (allerdings gilt: je weiter der Horizont, desto mehr sind Prognosen mit Unsicherheit behaftet) oder die Fertigung soweit flexibilisiert werden, dass Bedarfe verzögerungslos erfüllt werden können. Informationen liefern somit einen Optimierungsansatz, wenn sie eine Pufferfunktion erfüllen und es dadurch zur Substitution von Beständen durch Informationen kommt.[350] In diesem Zusammenhang wird Information auch definiert als „diejenige Unsicherheit, die durch das Erscheinen des betreffenden Zeichens beseitigt wird.“[351] Anstatt in Informationstechnologien zu investieren, könnten auch Bestände als Puffer gegen Unsicherheit

---

Bezeichnungen Information und Daten in enger Abfolge verwendet werden, ohne dass eine inkonsistente Begriffsnutzung vorliegt – bei einem Adressaten können durchaus zweckbezogene Informationen eingehen, die für den Absender nur Datenansammlungen ohne Zweckbindung sind.

344 Vgl. Martin (2004), S. 463.

345 Vgl. Schulz (1970), S. 93.

346 Vgl. von Kortzfleisch (1973), S. 551.

347 Vgl. Klaus (2002), S. 1016.

348 Vgl. Gunasekaran/Marri/Menci (1999), S. 331.

349 Vgl. Pfohl (2004a), S. 205; Koether (2001), S. 59; neben der Sicherungs- und die Ausgleichsfunktion erfüllen Lager zugleich eine Assortierungsfunktion, eine Zeitüberbrückungsfunktion, eine Spekulationsfunktion und eine Veredelungsfunktion. Ferner dienen sie der Sortierung und Portionierung. Zu einer eingehenden Erörterung der Funktionen von Bestandslagern vgl. Haasis (2009), S. 18 f.

350 Vgl. Walton/Gupta (1999), S. 381; Bertram (1995), S. 61.

351 Krcmar (2003), S. 15; vgl. auch Albino/Pontrandolfo/Scozzi (2002), S. 9.

aufgebaut werden. Aber es sind räumliche und finanzielle Restriktionen zu beachten, die den Bestandsaufbau verhindern (wie mangelnde Liquidität und eine schlechtere Bewertung von Firmen mit hohem Umlauf- und Anlagevermögen am Kapitalmarkt). Zudem führen Bestände zu hohen Kosten in indirekten Bereichen.[352]

In der Literatur zur Produktion und Logistik liegt die Betonung deutlich auf der Untersuchung der Informationsströme, die dem Materialfluss entgegengesetzt (upstream) verlaufen. Ihre wesentlichen Aufgaben liegen in der Abstimmung von Zeitplänen, Abgabe von Bedarfsmeldungen und der Beseitigung von Bestandsunsicherheiten.[353] Das besondere Interesse an der Funktion von Informationsflüssen upstream wurde mit einem historischen Beitrag des System dynamics durch Forrester (1961) mit seiner Analyse von Bestandsentwicklungen in einer vierstufigen Distributionskette begründet.[354] Der bereits erörterte Bullwhip-Effekt tritt im Zusammenhang mit Zeitverzögerungen zwischen Bedarfseintritt und Nachfrageerfüllung, Planungsverwerfungen und Materialschwankungen im Vorfeld der Supply chain auf.[355] Entsprechend liegt die hohe Bedeutung des Austauschs von Kapazitäts-, Auftrags- und Bestandsinformationen upstream in Supply chains darin, Verwerfungen wie den Bullwhip-Effekt zu reduzieren sowie das Reaktionsvermögen und die Abstimmung des Produktionsprogramms zu erhöhen. Eine mangelhafte oder verzögerte Informationsweitergabe upstream führt zu hohen Beständen und ineffizienten Prozessen. Die Verbesserung der Informationsintegration – über den bilateralen Austausch mit unmittelbaren Handelspartnern hinaus – führt hingegen entlang der gesamten Supply chain zur Reduzierung von Durchlaufzeitschwankungen, erlaubt die Verringerung von Prozessunsicherheiten und damit vorzuhaltender Bestände, eine höhere Liefertreue und die Synchronisation von Fertigungsverbünden.[356] Dieser Effekt basiert darauf, dass in einer Supply chain mit mehreren Lagerhaltungsstufen sich bei Bedarfsänderungen eine aufschaukelnde Amplitude an Beständen bildet, die darauf beruht, dass nachfolgende Zulieferer nicht nur die (zusätzliche) Auftragsmenge bei ihren eigenen Zuliefern abrufen, sondern eine generelle Änderung der Bedarfsstruktur vermuten und die Bestellmengen dadurch stark ansteigen.[357] Ursächlich für die Auslösung des Effekts sind zufällige oder saisonale Bedarfsschwankungen, Werbeaktionen,

352 Vgl. Landers et al. 2000, S. 117 f.

353 Vgl. Childerhouse et al. (2003), S. 492.

354 Gudehus kennzeichnet eine Simulation nicht als theoretisches Verfahren, sondern als Modellversuch im Sinne eines Experiments, dass aber auch auf komplexe, beliebig strukturierte Probleme anwendbar ist; vgl. Gudehus (1976b), S. 208B. Forrester rechtfertigt die Nutzung einer Simulation mit dem zum Zeitpunkt der Untersuchung unzureichenden mathematischen Instrumentarium; vgl. Forrester (1961), S. 17 f.

355 Vgl. Forrester (1961), S. 14; Houlihan (1985), S. 27 f.

356 Vgl. Lyons et al. (2005), S. 4290; Jayram/Vickery/Droge (2000), S. 315; Wang/Seidmann (1995), S. 402; Schnetzler/Schönsleben (2007), S. 507.

357 Vgl. Sahin/Robinson (2002), S. 511.

Mengenrabatte, Kapazitätsbeschränkungen, Durchlaufzeiten, die für Verzögerungen sorgen, welche wiederum eine Vorratsbestellung verursachen sowie Lagerhaltungsmodelle, die idiosynkratisch auf vermeintliche Bedarfsstrukturänderungen reagieren. Letzteres Verhalten kann vorrangig auf eine lokale Filterung von Informationen durch jeweils lokale Prognoseverfahren auf jeder Wertschöpfungsstufe zurückgeführt werden. So z. B. bei Glättungen der Nachfrage durch Prognosemodelle, bei der sich die Prognosefehler bezüglich der zukünftigen Periodennachfrage über mehrere Bedarfsstufen kumulieren, was zu einer Zunahme der Varianz der Bestellmenge entlang der Supply chain führt.[358] Das Ausmaß des Effekts hängt dabei von der Höhe der Nachfrageschwankung, den verwendeten Prognosemodellen für Periodenbedarfe und deren Aktualisierungsneigung hinsichtlich der Bestellmenge sowie der Wiederbeschaffungszeit ab. Weitere Einflussgrößen sind die Bildung größerer Bestellmengen (um eine Fixkostendegression bei der Bestellmenge zu nutzen wie z. B. Mengenrabatte), opportunistisches Verhalten bei Antizipation von Minderlieferungen auf Grund von Bestandsrationalisierung (wenn die Nachfrage aller Abnehmer die Lieferkapazität übersteigt) sowie Spekulationsmotive aufgrund der Erwartung von Preisänderungen.[359] Warburton (2004) nennt als weiteren Faktor den Pipeline-Effekt, wenn die Bestandsplanung über Reichweitenkennzahlen erfolgt. Hierbei erkennt eine kundennahe Wertschöpfungsstufe einen geringfügigen Nachfragerückgang, hat aber im Fall von verzögerten Auslieferungen und bei mangelnder Stornierungsmöglichkeit noch für eine gewisse Zahl an Perioden mit einem konstanten Wareneingang zu rechnen (da dadurch noch offene Bestellungen ausgeliefert werden, deren Zahl der Periodenanzahl der Durchlaufzeit entspricht). Also wird der Disponent für die nächste Bestellperiode eine starke Bestellmengenreduzierung vornehmen, um zunächst die zu erwartenden auflaufenden Lagerbestände der noch offenen Bestellungen abbauen zu können. Diese abrupte Reduzierung wird auf der vorgelagerten Stufe zu einer erheblichen Korrektur der Auftragsmengen führen, wenn sich die dort verwendeten Prognosemodelle schnell aktualisieren. Eine Nivellierung der Schwankungen kann hier durch eine Anpassung der Bestellmengenmodelle erzielt werden, so dass die Bedarfsprognosen nur eine gedämpfte Anpassung vollziehen[360] oder indem die Durchlaufzeiten der Wiederbeschaffung verkürzt werden. Je größer die Lieferzeit, desto höher fällt die Variabilität der Nachfrage über mehrere Bestandsstufen aus. Ein Informationssystem, welches zeitnah die Marktinformation über alle Stufen der Lieferkette bereitstellt, verringert den Bullwhip-Effekt, ohne

358 Vgl. Viswanathan/Widiarta/Piplani (2007), S. 5059; vgl. auch Forrester (1961); Chen et al. (2000); Lee/ Padmanabhan/Whang (1997).

359 Vgl. Tempelmeier (2006a), S. 163 f.

360 Vgl. Warburton (2004), S. 152; Vahrenkamp (2007), S. 38 f.

ihn jedoch ganz zu beseitigen.[361] Zusätzlich entstehen Schwankungen durch eine verzerrte subjektive Wahrnehmung der Disponenten.[362]

Zusammengefasst kann der Bullwhip-Effekt durch einen besseren Informationsaustausch zu Bedarfsmengen über mehrere Stufen der Supply chain hinweg, eine zentrale Disposition der Bestände auf allen Lagerstufen, Änderung der Sensitivität der Lagerhaltungsmodelle und die Verkürzung der Durchlaufzeit (Wiederbeschaffungszeit) eines Lieferknotens verringert werden.[363] Es gibt in der Literatur einen Konsens über die hohe Bedeutung des Einsatzes von IT-Systemen in Supply chains, um Verwerfungen wie den Bullwhip-Effekt und Durchlaufzeitschwankungen zu reduzieren, Bestände zu reduzieren, eine höhere Liefertreue zu ermöglichen sowie das Reaktionsvermögen und die Prozessabstimmung zu erhöhen. Mangelnde oder verzögerte Informationsweitergabe upstream führen hingegen zu hohen Beständen und ineffizienten Prozessen.

In der Entdeckung des Bullwhip-Effekts liegt ein ganz wesentlicher Grund, warum in erster Linie die Informationsströme upstream analysiert werden und damit das Regelungsparadigma der Kybernetik den wissenschaftlichen Diskurs zur Rolle von Informationen in der Logistik dominiert. Dabei bleiben die Informationsströme downstream weitgehend ein blinder Fleck in der Untersuchung. Dies geht soweit, dass diverse Autoren die Existenz von Informationsströmen ausschließen und in der Literatur überwiegend oder ausschließlich auf rückkoppelnde Informationsströme zur Regelung des Warenflusses abgestellt wird.[364] Exemplarisch stellt Wildemann (2001) hierzu fest:

> „Der für die Produktion notwendige Informationsfluß [sic!] wird eng mit dem gegenläufigen Materialfluß [sic!] verknüpft und bewegt sich auf der gleichen Ebene."[365]

Dass eine solche Auffassung zu kurz greift, kann leicht mit dem Beispiel von Frachtbriefen widerlegt werden, die als Informationsträger Stückgüter begleiten und erläuternde Informationen downstream bereitstellen. Es kann davon ausgegangen werden, dass der überwiegenden Zahl der Forscher Begleitdokumente geläufig sind, aber dennoch werden die den Materialfluss begleitenden Informationsflüsse downstream regelmäßig nicht in Systematisierungen berücksichtigt.

---

361 Vgl. Furmans (2007), S. 189 f.

362 Vgl. Warburton (2004), S. 152; Vahrenkamp (2007), S. 38 f.

363 Vgl. Lee/Padmanabhan/Whang (1997), S. 549 ff.; Chen et al. (2000), S. 439 f.; Tempelmeier (2006a), S. 167; Lyons et al. (2005), S. 4290; Sahin/Robinson (2002), S. 511; siehe ebd. für einen umfangreichen Überblick zur Theorie und Empirie des Bullwhip-Effekts.

364 Stellvertretend für eine Vielzahl weiterer Autoren sei verwiesen auf Wildemann (2000b), S. 78; Wildemann (2003), S. 65; Zäpfel (1996), S. 260; Pawellek/Best/Hinz (1994), S. 35; Pawellek (2007), S. 74; Lackes (1995), S. 8; White/Johnson/Wilson (2008), S. 94; Koether (2001), S. 2; Elbert (2006), S. 58; Schiemenz (1997), S. 859 und Mason-Jones/Towill (1999), S. 15.

365 Wildemann (2001), S. 54.

Dies stellt eine wissenschaftliche Lücke im Diskurs dar,[366] denn die in Richtung des Materialflusses verlaufenden Informationsströme charakterisieren Objekte nach Menge, Art, Versandziel sowie Lieferdatum und liefern ggf. noch weitere Informationen wie Qualitäts-, Sicherheits- und Rüstdaten, um die Vereinnahmung, das Handling und die Bearbeitung durch nachfolgende Wertschöpfungsstufen überhaupt zu ermöglichen.[367]

So bleibt festzuhalten, dass der Diskurs zur Informationslogistik implizit durch ein Regelungsparadigma der betriebswirtschaftlichen Kybernetik geprägt ist, bei dem eine dem Materialfluss entgegen gesetzte Informationsweitergabe die Auslösung und Korrektur von Materialströmen regelt. Die Kybernetik beschäftigt sich in dem Zusammenhang mit der Lenkung von Prozessen – insbesondere unter Verwendung von Ergebnisinformationen (Rückkoppelung).[368] In diesem Zusammenhang betont der Ansatz der Kybernetik (vor allem in seiner Ausprägung des System dynamics) das Konzept der Regelung durch Informations-Rückmeldungen (Feedbacks), das eine Begrenzung des Bullwhip-Effekts ermöglicht.[369] Diese Ansätze wurden zuletzt wieder verstärkt mit den Diskussionen zu Tracking & Tracing sowie dem daraus entwickelten Supply chain event management (SCEM) aufgegriffen,[370] bei dem der Status von Objekten entlang der Supply chain (als Analogie einer Regelstrecke) fortlaufend überwacht wird.

Auch der Ansatz, Bestände durch Informationen zu ersetzen, ist somit kybernetischer Natur. Es besteht dabei eine Substitutionsbeziehung zwischen Informationen einerseits und Fertigungskapazität bzw. Lagervolumen andererseits.[371] Wie bereits erörtert können auch Bestände erhöht werden, anstatt in Informationstechnologie zu investieren. Aktuelle Bedarfsinformationen hingegen erlauben den Lieferanten auf vorgelagerten Stufen der Supply chain eine zuverlässige Material- und Kapazitätsplanung, so dass er seine Lieferfähigkeit bei geringen Sicherheitsbeständen sichern kann. Der Austausch von Informationen hat ferner folgende Anwendungsmöglichkeiten:[372]

- Übermittlung des geplanten Produktionsprogramms an den Lieferanten
- Datenfernübertragung zur Bestellabwicklung
- Kleine Lieferlose
- Abholung der Materialien beim Lieferanten (frei Rampe) und Tourenplanung

---

366 Vgl. Haasis/Plöger (2007b), S. 8.

367 Vgl. ebd., S. 8; Childerhouse et al. (2003), S. 492; Furness (2000), S. 29; Porter/Millar (1985), S. 154; McFarlane/Sheffi (2003), S. 7.

368 Vgl. Wiener (1948), S. 95 ff.; Ashby (1957), S. 53.

369 Vgl. Forrester (1961), S. 14; Wiener (1948), S. 97; Ashby (1957), S. 266.

370 Vgl. Otto (2003), S. 1; Heusler/Stölzle/Bachmann (2006), S. 20; Bodendorf/Zimmermann (2005), S. 58 ff.

371 Zur Erörterung von Beständen als gespeicherte Kapazität vgl. Kapitel 2.4.

372 Vgl. Koether, R. (2001), S. 12.

Letzteres Anwendungsszenario erlaubt die Abstimmung der Abholung kleiner Lose mit getakteten Rundtouren (Milkruns), z. B. durch einen Gebietsspediteur.[373]

Der Beitrag von Informationssystemen zur Unterstützung einer informationslogistischen Koordinationsfunktion liegt – aus der Perspektive eines Regelungsparadigmas der Kybernetik – in der Synchronisation von Planung und Steuerung durch Informationstransparenz in allen Stufen, um allen Entscheidungsträgern ein zeitnahes und konsistentes Bild über die Prozesse in der Supply chain zu geben. Eine Lösung der durch den Bullwhip-Effekt verursachten Probleme liegt in der Synchronisation von Informationen und Prozessen, wozu aber unternehmensübergreifende Schnittstellen geschaffen werden müssen,[374] die die erforderliche organisationsübergreifende Datenintegration ermöglichen.[375]

Allerdings zählen Sahin/Robinson (2002) verschiedene Studien auf, bei denen anhaltende Bestandsschwankungen auf Grund des Bullwhip-Effekts trotz unternehmensübergreifender Informationsintegration per Datenfernübertragung (Electronic Data Interchange – EDI) auftreten.[376] Dies ist auch bei aktuellen ERP-Systemen problematisch, die sich vielfach noch auf einstufige Lagerhaltungsmodelle aus den 1950ern und 1960ern stützen und damit – trotz hoher Informationsverfügbarkeit – inadäquat zur Koordination von mehrstufigen Supply chains sind und ebenfalls zu Verwerfungen in der Bestandshaltung beitragen.[377]

3.4.2 Nicht-kybernetische Ansätze und Informationsflüsse downstream

3.4.2.1 Haupt-Informationsflüsse downstream

Wie bereits in Kapitel 3.3 zur Rolle von Informationen in der Logistik aufgeführt, ist die Betrachtung im Regelungsparadigma auf die dem Materialstrom entgegenlaufenden Informationsflüsse beschränkt. Besonders drastisch wurde dies in der ersten deutschsprachigen Monographie zur Logistik von Kirsch et al. (1973) formuliert, in der die Verfasser gar die These formulieren: „Die Kanäle der physischen Bewegung stimmen nicht mit den informationellen Wegen überein."[378] Diese These ignoriert die Tatsache, dass seit der Antike bis in die Späte Neuzeit hinein Informationen nur in Verbindung mit dem Transport physischer Güter (z. B. als Frachtbriefe) weitergegeben werden konnten.[379] Dennoch ist der Ansatz dieser

373 Vgl. Koether, R. (2001), S. 12.
374 Vgl. Dangelmeier/Pape/Rüther (2004), S. 19 f.
375 Vgl. Sahin/Robinson (2002), S. 506.
376 Vgl. ebd., S. 514.
377 Vgl. ebd., S. 530.
378 Kirsch et al. (1973), S. 356.
379 Vgl. Arendt (2002), S. 62.

These von Kirsch et al. (1973), dass vorauseilende, begleitende und nachlaufende Informationen vom Materialfluss getrennt werden sollten, um eine effizientere Planung zu ermöglichen.

Dieses Kapitel soll die dem Materialfluss gleichgerichteten Informationsströme (downstream) näher unter dem Gesichtspunkt der Schnittstellenüberbrückung betrachten. Schnittstellenprobleme treten in der Logistik auf, weil ein Güter- oder Informationsfluss immer wieder rechtliche, organisatorische oder technische Systeme durchquert. Probleme bei der Überbrückung funktionaler Grenzen sind für die Logistik von konstituierender Bedeutung, da die Logistik eine Querschnittsfunktion zur räumlichen und zeitlichen Transformation von Gütern erfüllt,[380] so dass die Schnittstellengestaltung gleichsam die Kernaufgabe der Logistik ist. Güter und Informationen (sowie Finanzmittel) können dabei gleichermaßen Objekte des Funktionstransfers sein.[381]

Der Einsatz von Informations- und Kommunikationssystemen ermöglicht die Verbesserung des Informationsaustauschs und der funktions- und organisationsübergreifenden Koordination, indem sie die Qualität und Geschwindigkeit von Antworten innerhalb einer Supply chain erhöhen.[382] Interorganisationale Informationssysteme erlauben Geschäftspartnern ein größeres Anpassungsvermögen an ein dynamisches Umfeld durch einen schnellen Informationsaustausch.[383] Entsprechend hängt das Integrationsvermögen von Supply chains vom Austausch von aktuellen und akkuraten Informationen ab.[384]

Informationen selbst haben nur einen geringen Wert – damit sie nutzenstiftend sind, müssen sie erfasst, sortiert und in die Hauptprozesse und unterstützende Aktivitäten eingebunden werden.[385] Anzustreben ist eine Informationsintegration ohne manuelle Schnittstellen (d. h. eine Informationstransformation ohne Einbezug von Mitarbeitern), um eine immer neue Informationserfassung und -verarbeitung zu vermeiden, da diese besonders personalintensiv und fehleranfällig ist. Es ist daher an einem Geschäftsdatenaustausch zu arbeiten (z. B. mit Hilfe von EDI und Clearing-Stellen, die die Speicherung, Konvertierung, Verarbeitung und Zustellung von Daten übernehmen). Kosten lassen sich ferner durch Automatisierung von Kommunikationsprozessen über das Internet sparen, was aber ebenfalls einheitliche Datenstandards erfordert. Das Ziel der Schaffung eines Datenverbunds ist die Beschleunigung des Informationsflusses.[386] IT-Systeme in einer Wertschöpfungskette können entsprechend dazu genutzt werden, um die Verflechtung aller

380 Vgl. Haasis (2008), S. 4 f.; Richter (1997), S. 5.
381 Vgl. Pfohl (2004a), S. 308.
382 Vgl. Dimitriadis/Koh (2005), S. 546.
383 Vgl. Wang/Seidmann (1995), S. 401.
384 Vgl. Surana et al. (2005), S. 4236.
385 Vgl. Dimitriadis/Koh (2005), S. 546.
386 Vgl. Pfohl (2004a), S. 94.

Netzwerkakteure bis hin zum Kunden zu erhöhen.[387] Systeme zur Weiterleitung von Geschäftsvorgängen managen Informationen zur Taktung und zur Quantität von Materialflüssen. Sind diese nur lose integriert, so sind sie inhärent langsam und reagieren nur mit Verzögerung. Optimierungsansätze für den Informationsaustausch können sich hier auf Vereinfachung, Automation und Integration der Datenerfassung, Verarbeitung und Weiterleitung beziehen.[388] Eine ausgebaute IT-Infrastruktur kann hierbei einen Beitrag zur Automatisierung geben und eröffnet Innovationspotenziale für die Gestaltung neuer Organisationsformen, insbesondere im Zusammenhang mit verteilten betrieblichen Prozessen,[389] wie z. B. bei produktionssynchronen Fertigungsverbünden.

Nach den bereits im Zusammenhang mit dem Bullwhip-Effekt eingehenden erörterten dispositiven Planungs-, Steuerungs- und Vollzugsinformationen (upstream), sollen hier nun auch die operativen Informationen für Zwecke der Auftragsbearbeitung in nachgelagerten Funktionsbereichen (downstream) näher betrachtet werden: Durch die Schaffung eines Datenverbunds wird eine Beschleunigung des Informationsflusses beabsichtigt, damit dieser dem Materialfluss vorauseilen kann. Denn ein zeitgleich mit dem Materialfluss eintreffender Informationsfluss kann zu Störungen im Warenumschlag führen. Durch die Entkoppelung von Informationen und Materialfluss bekommen die Geschäftspartner einen größeren Dispositionsspielraum durch längere Planungs- und Vorbereitungszeiten. Diese dienen der Erzielung einer höheren Kapazitätsauslastung der Transportmittel, einer Optimierung der Logistik im Sinne des Fließprinzips und der Senkung der Abwicklungskosten.[390] Vorauseilende Informationen haben dabei eine vorbereitende und ordnende Funktion (z. B. zur Herbeiführung von mobilen Betriebsmitteln wie Förderfahrzeugen)[391] und sind weiterhin in der Logistik wichtig, um vorausschauend disponieren und handeln zu können.[392] Liegen auftragsbezogene Daten frühzeitig vor, können Bewältigungsmaßnahmen hinsichtlich Änderungen und Störungen (z. B. unerwartet hoher Ausschuss, schwankende Durchlaufzeiten, Anlagenausfälle) vorzeitig geplant werden.[393] Die Entkoppelung von Informations- und Produktfluss ermöglicht den Versand eines Lieferavis (Advanced shipping notice, ASN), so dass der Abnehmer die Annahme vorbereiten kann. Nur bei manchen Prozessen hat dies Vorteile[394] – beispielsweise

387 Vgl. Tersine/Hummingbird (1995), S. 10.

388 Vgl. ebd., S. 12.

389 Vgl. Porter/Millar (1985), S. 159; Bendoly/Citurs/Konsynski (2007), S. 424; Kim (1994), S. 101.

390 Vgl. Bode/Preuß (2004), S. 20.

391 Vgl. Bode (1989), S. 77.

392 Vgl. Bode/Preuß (2004), S. 134 f.

393 Vgl. Dangelmeier/Pape/Rüther (2004), S. 1.

394 Vgl. Sheombar (1992), S. 8.

dort, wo eine Flusssynchronisierung möglich ist. Eine solche bezieht sich auf Zeit und Ort des Versands und Vereinnahmung. So können beispielsweise Kapazitäten der Vereinnahmung bereitgestellt und parallel auszuführende Prozesse angestoßen werden, was Staueffekte an Verladerampen im Wareneingang reduziert.[395] Je größer die räumliche Distanz zwischen Zulieferer und Abnehmer, desto länger sind die durch Trennung von Material- und Informationsfluss erzielbaren Zeiten einer Vorankündigung.[396] Durch eine schnellere Kommunikation können zudem Kosteneinsparungen und eine höhere Flexibilität erzielt werden.[397] Dadurch wird die Fähigkeit zur Erteilung von aktuellen und akkuraten Auskünften (Informationsfähigkeit) mit IT-Systemen zu einem neuen Wettbewerbsaspekt.[398] Im Resultat kann daraus geschlossen werden, dass Informations- und Güterflüsse nicht losgelöst voneinander realisiert werden können: administrative Arbeiten zur Weiterbearbeitung oder Weiterleitung von Güterflüssen werden durch Verzögerungen im Informationsfluss ausgebremst.[399] Daher müssen sich Maßnahmen zur Durchlaufzeitenreduktion von Prozessen immer zugleich auf den Material- und Informationsfluss beziehen.[400]

3.4.2.2 Neben-Informationsflüsse downstream

Neben einem solchen Haupt-Informationsfluss (z. B. per EDI) gibt es Nebenflüsse in Form von Informationsträgern für Erfassungs- sowie Kontroll- und Verwaltungszwecke. Hier wurde bereits das Beispiel von Frachtpapieren genannt. Trotz dieses eingängigen Beispiels finden diese Neben-Informationsflüsse keine explizite Beachtung im Diskurs zur Logistik. Eine der wenigen Ausnahmen stellt Klaus (2002) dar, der die These formuliert, dass eine Informationskoppelung an den Materialfluss Fehler und Diskrepanzen vermeide sowie ganze Schichten von Aktivitäten reduzieren. Entsprechend könnten logistische Prozesse problemloser ablaufen, wenn die wesentlichen Informationen am Objekt selber verfügbar seien (und damit Material- und Informationsfluss gekoppelt werden). Durch die einhergehende Vermeidung von Medienbrüchen ergeben sich Zeitgewinne, eine Einsparung von Konversions- und Handlingaufwand und Potenziale zur Fehlerverringerung.[401] Die Trennung von Gütern und Informationen behindert entsprechend den schnellen und überall verfügbaren Zugang zu Informationen und hindert Unternehmensangehörige in Echtzeit auf Ereignisse in der Supply chain zu

395 Vgl. ebd., S. 9.

396 Vgl. Wecker (1993), S. 27.

397 Vgl. Kim (1994), S. 133.

398 Vgl. ebd., S. 170; vgl. auch Kapitel 3.5.1.3.

399 Vgl. Henkel (1995), S. 175 f.

400 Vgl. Childerhouse et al. (2003), S. 492.

401 Vgl. Klaus (2002), S. 53 f.; siehe auch die Bezugnahme von Pflaum (2001) auf eine frühere Ausgabe von dessen Beitrag; Pflaum (2001), S. 217.

reagieren.[402] Zudem verursacht die Trennung von Güter- und Informationsströmen Verzögerungen in der Durchlaufzeit und die Entstehung von Bestandspuffern. Daher sollte zur Verringerung der Durchlaufzeit der Blick stärker auf den Informationsstrom gelegt werden.[403]

Gudehus (2005) systematisiert die für Sendungen erforderlichen Begleitinformationen wie folgt:[404]

- Identinformationen zur Erfassung der Ladeeinheit, Packstücks bzw. Artikels
- Absenderinformationen zur Kennzeichnung des Ursprungs
- Zielinformationen zur Bestimmung des Adressaten
- Steuerungsinformationen mit Erläuterungen zu Lieferetappen und Lagerorten

Die Funktion Transporteinheiten begleitender Informationen liegt in der Identifikation, Prozesskontrolle, Dokumentation eines Gefahrenübergangs und der Sendungsverfolgung. Dabei kennzeichnen die betreffenden Informationen die Identität des Artikels oder der Ladeeinheit, treffen Aussagen zum Absender, zur Kennzeichnung der Herkunft, benennen den Adressaten sowie weitere Steuerungsinformationen mit Angaben zu Lieferpfaden, Zwischenstationen und Lagerplätzen. Zur Identifikation können auf Klarschrift basierende Informationsträger (angebracht auf dem Gut selbst oder in Begleitdokumenten) oder automatische Identifikationssysteme dienen. Dabei sind das Kodieren und Etikettieren sowie die Informationserfassung, -verarbeitung und -weiterleitung mit Kosten verbunden, die nicht mehr zu vernachlässigen sind.[405]

So kann für die Produktionsplanung ein Informationsbedarf hinsichtlich Informationen des betrieblichen Rechungswesen (wie Kosten- und Erlösdaten), technischer Informationen (Daten maschineller Anlagen und der IT sowie umwelttechnische Daten), rechtlicher Informationen (einschränkende rechtliche Regelungen für die Produktion) und Umfeldinformationen (im weiteren Sinne auch Informationen über Wettbewerbs- und Technologieentwicklung) vorliegen.[406] Für den operativen Informationsbedarf kann die Verfahrenssteuerung einen Bedarf an technischen Daten und Zeitdaten (wie Stücklisten, Betriebsmitteldaten, Arbeitspläne, Liefertermine, Kapazitäten und Instandhaltungsarbeiten), oder Mengendaten (Nettobedarfe, Auftragsgrößen, Losgrößenplanung sowie Kostendaten einschließlich Grenzkosten und Maschinenstundensätze) aufweisen.[407] Allgemeine Handelsdaten umfassen dabei nur indirekte Daten zu einem Produktkontext. Vielmehr sind Produktdaten erforderlich, die Daten zu einem konkreten Werkstück und dessen

---

402 Vgl. White/Johnson/Wilson (2008), S. 89.
403 Vgl. Gunasekaran/Marri/Menci (1999), S. 338.
404 Vgl. Gudehus (2005), S. 59.
405 Vgl. ebd., S. 59.
406 Vgl. Hoitsch (1993), S. 261.
407 Vgl. ebd., S. 531.

gesamten Lebenszyklus enthalten.[408] Hierzu lassen sich Informationen als Tupel aus Objekt-Attribut-Wert repräsentieren.[409]

Zur effizienten Gestaltung von Supply chains aus Perspektive der Informationslogistik können folgende Kennzahlen unternehmensübergreifender Prozesse gebildet werden:[410]

- Automatisierungsgrad: Zahl der von Informationssystem selbstständig erfüllten Prozesse zur Gesamtzahl aller Aktivitäten
- Zahl der Systemschnittstellen: bezogen auf den Ablauf eines konkreten Prozesses
- Zahl der Schnittstellenformate: sie korreliert mit der Zahl der Systeme, wobei diese mehrere aufweisen können (bei SAP R/3 können externe Aufträge im Intermediate Document (Idoc)-Format oder per Business Application Programming Interface (BAPI) ausgetauscht werden)
- Zahl der Geschäftsdokumente pro Zeiteinheit: Eine Vielzahl von verwendeten Geschäftsdokumenten führt zu hohen Prozesskosten
- Prozessdurchlaufzeiten
- Fehlerrate: Fehler bei der Ausführung von Geschäftsprozessen, die durch eine falsche Erfassung, Verarbeitung und Weiterleitung von Informationen verursacht werden
- Zahl der Medienbrüche: Wechsel der Informationsträger und Formate innerhalb eines Geschäftsprozesses

Einschränkend muss bedacht werden, dass in der Praxis die Kennzahlen (z. B. für den Automatisierungsgrad) mitunter nur schwer und mit hohem Aufwand quantifiziert werden können.[411] Zudem sind die mit diesen Kennzahlen erfassten Sachverhalte nicht durchgängig überschneidungsfrei (wie Zahl der Medienbrüche und Anzahl der Systemschnittstellen). Ihnen allen kann aber folgende Konzeption der Informationsverarbeitung zugrunde gelegt werden:[412] Die Transmission beinhaltet die gänzlich unveränderte Weitergabe der Informationen. Die Translation umfasst nur die Variation der Informationsform, deren Inhalt unverändert bleibt (z. B. durch Übersetzung von einem Zeichensystem in ein anderes). Die Transformation umfasst sowohl die Datenmodifikation in der Form als auch nach

---

408 Vgl. Neuburger (1994), S. 7.

409 Vgl. Bode (1993), S. 51. Ein Tupel ist eine geordnete Menge von Werten. Mehrere Tupel ergeben einen Tupelraum als assoziativen Speicher, in dem beliebige Prozesse Tupel auslesen, einfügen und aktualisierte Werte speichern können. Dieses System ist für nebenläufige Prozesse in verteilten Systemen geeignet; vgl. Schoch (2005), S. 135; Picot/Reichwald (1991), S. 361.

410 Vgl. hierzu auch Bullinger/Lebender/Otto/Weisbecker (2003), S. 66 f.

411 Vgl. Strassner (2005), S. 121.

412 Vgl. Picot/Reichwald (1991), S. 257; Bode (1993), S. 102 f.

dem Inhalt (in einfacher Form nur Verdichtung oder Selektion von Informationen, in aufwändiger Form auch das Schließen und Interpretieren).

Aus Sicht des Erfassungs-, Verarbeitungs- und Weiterleitungsaufwands ist die Transmission mit dem geringsten, die Translation mit einem mittleren und die Transformation mit dem meisten Aufwand und einer größeren Zahl an Prozessschritten verbunden, was sich dann u. a. in höheren Personalkosten und längeren Durchlaufzeiten niederschlägt. Medienbrüche liegen insbesondere dann vor, wenn fortlaufend an Schnittstellen eine Informationstransformation vorgenommen werden muss. Durch Informationsintegration soll idealer Weise nur eine Transmission zur Schnittstellenüberbrückung notwendig sein. Dieses Vorgehen ist auch technisch robuster, um Übersetzungs- und Verarbeitungsfehler zu vermeiden. Entsprechend können aber auch die anderen aufgeführten Kenngrößen als Gestaltungsparameter berücksichtigt werden oder bedarfsgerecht weitere Kennzahlen auf Grundlage dieser Unterscheidung Verwendung finden.

Das Vorliegen von Informationen auf Informationsträgern am Stückgut koppelt den Informationsfluss mit dem Materialfluss, was die zeitnahe und vereinnahmungsgerechte Bereitstellung von ergänzenden Erläuterungen und Anweisungen erleichtert. Wenn an Stelle von manuell zu erfassenden Frachtpapierbelegen automatische Identifikationssysteme Verwendung finden, kann zudem manueller Handlingaufwand zur Erfassung, Translation oder Transformation von Informationen vermieden werden, was eine robustere, schnellere und kosteneffizientere Gestaltung von Prozessen ermöglicht. Ein wesentlicher Teil der Prozesskoordination besteht in der Erfassung, Verarbeitung und der Weiterleitung von Informationen.[413]

Zusammengefasst wurde gezeigt, dass über die dem Materialfluss entgegengesetzten Informationsflüsse hinaus, begleitende, nachfolgende und vorauseilende Informationen in der Logistik von Bedeutung sind, um auf Seite der Senke eines Materialflusses vorausschauend disponieren und handeln zu können. Entsprechend gibt es neben dem Haupt-Informationsfluss (z. B. per EDI) einen Neben- Informationsfluss in Form von den Materialfluss begleitenden Informationsträgern für Vereinahmungs- sowie Kontroll- und Verwaltungszwecke.[414] In den folgenden Unterkapiteln sollen dazu die Potenziale einer informationslogistischen Integration sowie deren Ansätze und Funktionsweisen genauer erörtert vorgestellt werden.

---

413 Vgl. Albino/Pontrandolfo/Scozzi (2002), S. 7.

414 Vgl. Bode/Preuß (2004), S. 134 f.

3.5 Funktions- und unternehmensübergreifende Informationsintegration

Eine unternehmensübergreifende Prozessintegration kann auf mehreren Ebenen erfolgen. Decker/van Goor (2000) unterscheiden dabei vier Stufen von unternehmensübergreifender Integration: Bei der physischen Integration wird die Effizienz von Materialflüssen zwischen zwei Akteuren optimiert. Dazu können sowohl Produkte als auch Ladungsträger hinsichtlich Transport und Handling angepasst oder standardisiert werden.[415] Eine Informationsintegration bezieht sich auf die Aktivitäten zur Koordination operativer Informationen. Hierbei wird weder die Infrastruktur logistischer Prozesse verändert noch die Höhe der Bestände unmittelbar beeinflusst. Vielmehr muss der Empfänger von Gütern und Informationen diese nicht wiederaufbereiten, sondern kann sie ohne Behinderungen weiterverarbeiten, was Fehler im Informationsfluss verringert. Ein hierfür bedeutendes Beispiel sind Systeme zur automatischen Datenfernübertragung (EDI).[416] Die Etablierung von Datenübertragungssystemen führt tendenziell dazu, dass die Menge und Häufigkeit des unternehmensübergreifenden Datenaustausch zunimmt.[417] Die Etablierung solcher Systeme innerhalb einer Geschäftsbeziehung sichert den rechtzeitigen Austausch von Informationen über Produkte und die Verfügbarkeit bzw. den Bedarf an Kaufteilen auf verschiedenen Wertschöpfungsstufen. Zugleich können Kosten von Fertigungsabläufen und Bestandshaltung wie auch Abschreibungen reduziert werden. Durch diese Automatisierung von Informationsverarbeitungsschritten können sich die Prozessverantwortlichen stärker auf die Aufdeckung von Prozessunregelmäßigkeiten und die Gestaltung von Prozessen konzentrieren.[418] Die dritte Kategorie der Integration ist die Steuerungsintegration. Dabei nutzen Unternehmen systematisch Informationen von anderen Firmen zur Prozessoptimierung in zweierlei Hinsicht: für eine Kostenreduktion und für eine Verbesserung des Kundenservice. Durch den Austausch von Informationen wird die Fähigkeit des gesamten Netzwerkes verbessert, schneller und effektiver auf Marktentwicklungen zu reagieren. Die intensivste Form von Integration bezieht sich auf Infrastrukturintegration. Dabei werden Wertschöpfungsaktivitäten von einem Akteur auf einen anderen übertragen, wenn sie dort effizienter und effektiver ausgeführt werden können.[419] Diese Ausprägung der Vernetzung liegt insbesondere bei Fertigungsverbünden vor, wenn Produktionsprozesse von Abnehmer- und Zulieferunternehmen automatisiert synchronisiert werden.

Stevens (1989) legt eine weitere Systematisierung der Abfolge von Integrationsstufen vor, nach der zunächst eine auf isolierte Abteilungen ausgerichtete

---

415 Vgl. Dekker/van Goor (2000), S. 43.

416 Vgl. ebd., S. 43.

417 Vgl. Nicolaou (2002), S. 36.

418 Vgl. ebd., S. 41.

419 Vgl. Dekker/van Goor (2000), S. 43 f.

Betriebsführung dominiert, darauf eine eine funktionale Integration erfolgt und diese nachfolgend innerbetrieblich um eine querschnittsbezogene Prozessintegration erweitert werden kann sowie abschließend eine unternehmensübergreifende Integration externer Prozesse umgesetzt wird.[420]

Die unternehmensübergreifende Integration von Prozessen als Supply chain management Eingang in die Logistik gefunden. Sahin/Robinson (2002) definieren eine Supply chain als eine Vielzahl von Akteuren, die eine gemeinsam vernetzte Transport-, Informations- und Finanzinfrastruktur benutzen. Auch sie erwähnen aber die Koordination von Flüssen (Informations-, Finanz- und Materialflüssen) zwischen verschiedenen Akteuren mit unterschiedlichen Interessen.[421] Supply chain management (SCM) ist daher ein integrierter Ansatz, um alle Flüsse eines Vertriebskanals von der Produktion über den Vertrieb bis zum Kunden zu managen, wobei die Gesamtoptimierung an Stelle der Optimierung einzelner Stufen der Wertschöpfungskette angestrebt wird.[422] Der Begriff des Supply chain managements wird im wissenschaftlichen Diskurs nicht einheitlich definiert.[423] Vielmehr finden sich unterschiedliche Perspektiven, da es zwei unterschiedliche Auffassungsarten des Begriffs gibt. In die erste Kategorie fallen alle Definitionen, die die Abläufe innerhalb eines logistischen Netzwerkes herausstellen wollen, wobei besonders die Integration der Akteure in Bezug auf Beschaffung, Produktion und Absatz sowie die unternehmensübergreifende Prozessoptimierungen eine zentrale Rolle spielen.[424] Unter der Supply chain wird dabei eine Prozesskette verstanden, die von der Beschaffung über die Produktion, den Vertrieb bis hin zum Kunden reicht. Dabei werden neben den wertschöpfenden Leistungen ebenfalls die finanziellen und informationsverarbeitenden Ströme miteinbezogen.[425] Die andere Kategorie weist den logistischen Prozessen eine nachrangige Rolle zu und betont die übergeordnete Funktion der Supply chain als koordinierende Instanz zwischen den Geschäftsbereichen einzelner Organisationen.[426] Parallel zum Begriff der Supply chain beschreibt das Supply chain management Organisation, Steuerung, Controlling und Optimierung der einzelnen Material-, Informations- und Finanzströme des Wertschöpfungsnetzes als Planungsaufgabe.[427] Dabei ist der Begriff Supply chain in zweierlei Hinsicht irreführend: einerseits handelt es sich nicht um eine einpfadige Kette, sondern eine mehrstufige Wertschöpfung erfolgt

---

420 Vgl. Stevens (1989), S. 4 ff.

421 Vgl. Sahin/Robinson (2002), S. 505.

422 Vgl. Houlian (1985), S. 52 f.; Cooper/Lambert/Pagh (1997), S. 2 f.; Simchi-Levi/Kaminski/Simchi-Levi (2000), S. 197 ff.; Jayram/Vickery/Droge (2000), S. 314; Helo/Szekely (2005), S. 5; Tam/Yen/Beaumont (2002), S. 29 f.

423 Dekker und van Goor führen bereits 17 unterschiedliche Definitionen von Supply chain management in der internationalen Literatur, vgl. Dekker/van Goor (2000), S. 42.

424 Vgl. Holzkämper (2006), S. 34 ff.

425 Vgl. Dangelmeier/Pape/Rüther (2004), S. 1; Kim (1994), S. 48.

426 Vgl. Holzkämper (2006), S. 36.

427 Vgl. Nicolai (2004), S. 5; McFarlane/Sheffi (2003), S. 5.

regelmäßig in verzweigten Netzwerken. Zudem suggeriert der Begriff Supply chain, dass das Verhalten der Akteure von der Zulieferseite bestimmt wird, obwohl die Zielsetzung eigentlich in einem kundenorientierten Handeln liegt. Ferner ist eine solche „Wertschöpfungskette“ nur der Ausschnitt aus einem komplexen zwischenbetrieblichen Beziehungsgefüge, wobei ein Zulieferer regelmäßig mehrere Großkunden simultan beliefert und seine Tätigkeiten nicht nur auf einen Abnehmer beschränkt. In vielen logistischen Netzwerken kann man beobachten, dass sich mehrere Wertschöpfungsketten konkurrierender Supply chains in einem Knoten schneiden; ein Zulieferer ist Mitglied mehrerer Supply chains. Das relativiert die Aussagen, dass die Konkurrenz zwischen Supply chains die Konkurrenz zwischen Unternehmen ersetzt; vielmehr entsteht ein komplexes Beziehungsgeflecht.[428] Zutreffender wäre also von einem Demand and Supply network management zu sprechen.[429] Da der Begriff Supply chain management historisch gewachsen ist und sich als Begriffsbezeichnung durchgesetzt hat, wird in dieser Arbeit auch von Supply chains gesprochen, wenn verzweigte mehrstufige Wertschöpfungsnetzwerke gemeint sind. Eine Supply chain wird in dieser Arbeit allerdings in Abgrenzung zu bilateralen Verhältnissen von Cooper et al. (1997) als Austauschverhältnis über drei oder mehr abgegrenzte Akteure definiert, die ein Produkt handeln, wobei ein Produkt physische Güter, Dienstleistungen oder Informationen umfassen kann.[430]

Die Innovation des Supply chain management liegt in der Betonung des Integrationsgedankens.[431] Entsprechend hat das Supply chain management zwei Ziele: Die Koordination der Aktivitäten auf jeder Stufe und Abstimmung von Austauschprozessen, um einen effizienten Fluss ohne Verzögerungen zu ermöglichen. Als zweite Aufgabe ist der Ausgleich zwischen (Kunden-)Nachfrage und Angebot (durch Leistungserstellung) zu verstehen.[432] Klaus (2002) spezifiziert diese Ziele weiter, indem er zwischen den Zielen der Fluss-Kostensenkung, Objekt-Wertsteigerung und der Systemadaptionsfähigkeit unterscheidet.[433]

Der Gedanke des Supply chain managements wurde implizit bereits in den ersten dezidiert logistikbezogenen Veröffentlichungen im deutschsprachigen Raum angesprochen, ohne die Bedeutung von bereichsübergreifender Koordination in Logistikketten begrifflich herauszustellen. So postulieren Kirsch et al. (1973): „Die

---

428 Vgl. Plöger (2009), S. 128; Plöger et al. (2008), S. 364; Tempelmeier (2006a), S. 12; Stölzle/Heusler/Karrer (2004), S. 128; Kärkkäinen/Ala-Risku/Främling (2003), S. 148; Bretzke (2006), S. 8.

429 Vgl. Stölzle/Hofmann/Hofer (2005), S. 52; Bode/Preuß (2004), S. 386; siehe auch Tempelmeier (2006a), S. 10.

430 Vgl. Cooper/Ellram/Gardner/Hanks (1997), S. 67.

431 Vgl. Stölzle/Heusler/Karrer (2004), S. 126.

432 Vgl. Tan/Shaw/Fulkerson (2000), S. 42.

433 Vgl. Klaus (2002), S. 28.

Interdependenz der von einzelnen Komponenten wahrgenommenen Funktionen und die zwischen den Komponenten auftretenden Konflikte machen eine Koordination zwischen diesen erforderlich."[434] Zudem betonen Kirsch et al. (1973), dass die arbeitsteilig differenzierte Organisation der Wertschöpfung eine Ableitung der Subziele einzelner Akteure vom Gesamtzweck der Wertschöpfung erfordert. Dabei ist ein Ausgleich bei Zielkonflikten zu schaffen, insbesondere wenn der optimale Zustand des Gesamtsystems nicht mit den optimalen Zuständen der Teilsysteme übereinstimmt. Daher ist in solchen Konstellationen ein Nachteilsausgleich zwischen allen Akteuren anzustreben, damit auch dann ein Gesamtoptimum erzielt wird, wenn dies mit einem Suboptimum bei einzelnen Akteuren einhergeht.[435] Logistische Ziele verursachen insbesondere Zielkonflikte zwischen verschiedenen Kostenarten (z. B. wenn Investitionen in die Automatisierung zu niedrigeren Personalkosten, aber höheren Abschreibungen führen) sowie zwischen Servicequalität und Kosten.[436]

Durch Integration soll die Abstimmung von Prozessen optimiert werden.[437] Im Zusammenhang mit der unternehmensübergreifenden Vernetzung liegt die besondere Bedeutung der Informationsintegration für logistische Aufgaben darin, dass der Informationsfluss in unmittelbarer Weise die Erfüllung logistischer Ziele bestimmt (wie pünktliche Lieferungen Just-in-sequence).[438] Daher sollen im weiteren Verlauf dieses Kapitels die Möglichkeiten der Informationsintegration – bereichsübergreifend zur Koordination innerhalb eines Betriebs und überbetrieblich – näher erörtert werden. Die Informationsintegration bezieht sich auf Computersysteme, die auf elektronischem Wege Informationen innerhalb und zwischen Unternehmen austauschen.[439]

3.5.1 ERP und unternehmensinterne Informationsintegration

Um funktions- und abteilungsübergreifende Prozesse mit einer integrierten Informationsversorgung unterstützen zu können, wurden Informationssysteme immer weiter zusammengefasst oder vernetzt. Eine vorläufige Endstufe dieser Entwicklung sind Enterprise Resource Planning (ERP)-Systeme.[440] Grundsätzlich können Daten räumlich und organisatorisch verteilt oder zentralisiert in einer

434 Kirsch et al. (1973), S. 357.
435 Vgl. Kirsch et al. (1973), S. 287 f.; Adam (1969), S. 631.
436 Vgl. Swenseth/Buffa (1990) S. 25.
437 Vgl. Tarn/Yen/Beaumont (2002), S. 27.
438 Vgl. Kirsch et al. (1973), S. 352; Hansen/Neumann (2001), S. 610.
439 Vgl. Ward/Zhou (2006), S. 178.
440 Vgl. Fleisch/Christ/Dierkes (2005), S. 7.

konsolidierten Datenbank vorgehalten werden. Der gemeinsame Zugriff auf einheitliche Daten ermöglicht die Reduktion von Auftragsdurchlaufzeiten, eine funktionsübergreifend (und damit geschäftsprozessorientiert) optimierte Ressourcenaufteilung und die Einsparung von Kosten.[441] In diesem Kapitel soll daher der Beitrag von zentralen Datenbanken für die Koordination der Wertschöpfung erörtert werden.

3.5.1.1 Entwicklung der betrieblichen Planungssysteme

Ausgehend von der Entwicklung des Material Requirement Planning (MRP I) für die Planung von auftragsabhängigen Beständen und Wiederbeschaffungsmengen in der Fertigung wurden in den 1960er Jahren Produktionsplanungs und –steuerungssysteme (PPS) entwickelt.[442] MRP I ist ein Instrument zur rechnergestützten Materialbedarfsplanung für ein gegebenes Produktionsprogramm durch Auflösung des Primärbedarfs (aus Stücklisten). Grunddaten in zentralen Materialwirtschaftssystemen sind vor allem Teilestammdaten, Arbeitsgänge, Erzeugnisstrukturen sowie Informationen zu Arbeitsplanung, Fertigungsstrukturen, Arbeitsplätzen und Betriebsmitteln.[443]

MRP II erweitert diese Systeme um weitere Funktionen zur Fertigungsprogrammplanung, Auftragsüberwachung und Kapazitätsplanung.[444] Sie sind eine Weiterentwicklung von MRP- Systemen aus den 1980ern Jahren, welche die isolierte Planung von Fertigungsressourcen aufgeben und beispielsweise Arbeitspläne einbeziehen.[445] Die technische Voraussetzung hierfür war auch die Entwicklung leistungsstärkerer Großrechneranlagen (Mainframes).[446] Entsprechend steht im MRP II-Konzept die Integration der Produktions-, Vertriebs- und Beschaffungspläne im Mittelpunkt, um für alle betroffenen Funktionsbereiche (wie Vertrieb, Produktion, Einkauf, Finanzen) abgestimmte Pläne computergestützt zu bestimmen. Dabei umfasst es die Ebenen der Geschäftsplanung (z. B. Fertigungsprogramm- sowie Absatzprogrammplanung für Sortimentsegmente sowie Erfolgsplanung), Programmplanung für Enderzeugnisse, eine mengenbezogene Planung sowie die Planung und Steuerung von Reihenfolgeplanungen, Terminen und Kapazitäten.[447] Ein MRP II-System kann als Informationssystem die Regelung logistischer Prozesse unterstützen. Es ist aber zur umfassenden Koordination aller Planungs- und Kontrollaktivitäten unter Kosten- und Erlösgesichtspunkten nur

---

441 Vgl. Helo/Szekely (2005), S. 7.

442 Vgl. Ho/Chang (2001), S. 175.

443 Vgl. Kurbel (2005), S. 57.

444 Vgl. Dangelmeier/Pape/Rüther (2004), S. 10; Kuhn/Hellingrath (2002), S. 128; Schneider/Buzacott/Rücker (2005), S. 2 f.

445 Vgl. Mabert/Soni/Venkataramanan (2001), S. 70; MRP II-Systeme werden auch weitgehend synonym als PPS-Systeme bezeichnet, vgl. Neumann (1996), S. 99.

446 Vgl. Jacobs/Weston (2007), S. 358.

447 Vgl. Dangelmeier/Pape/Rüther (2004), S. 12; Zäpfel/Piekarz (1998), S. 58.

bedingt geeignet, weil die Controllingaspekte nicht weitreichend genug integriert sind und die Abbildung der die monetären Wirkungen von Planungen unzureichend bleiben.[448]

Als problematisch bei PPS-Systemen wurde insbesondere angesehen, dass sie auf eine sukzessive Planung zurückgreifen. Die Mengen- und Terminplanung erfolgt zunächst unter Ausschluss von Engpasserwägungen, die nachträglich durch eine Ad-hoc-Umplanung korrigiert werden. Wechselwirkungen zwischen Planungsbereichen werden zumeist nicht berücksichtigt, was auf den Rückgriff der klassischen PPS-Systeme auf die leistungsschwache Informationstechnik der 1970er Jahre zurückzuführen ist.[449] Diese Nachteile bei der Planung von Fertigungsplänen und Beständen haben zur Entwicklung einer stärker integrierten Lösung hinsichtlich der Berücksichtigung von Finanz- und Personalkapazitäten sowie Vertriebsbedarfen geführt,[450] die über die historischen Betrachtungsschwerpunkte auf die Materialwirtschaft (MRP I) mit den Ergänzungen zur Fertigungsplanung (MRP II) hinausgehen, indem eine umfassende rechnerunterstützte Informationsdokumentation mit integriertem Berichtswesen mittels sogenannter Enterprise Resource Planning (ERP)-Systeme eingeführt wurde.[451] Viele MRP II basierte PPS-Systeme sind daher mit in ihrer Funktionalität Anfang der 1980er durch ERP-Systeme ersetzt worden als isolierte Funktionen stärker integriert werden mussten.[452] Diese konnten nun funktionsübergreifende Vorgänge mit verschiedenen Softwaremodulen abbilden.[453] Ein weiterer Aspekt, der die Einführung von ERP-Systemen in den 1990ern forcierte, war die Tatsache, dass über mehrere Jahre hinweg in Unternehmen eine Vielzahl historisch gewachsener und inkompatibler Systeme entstanden ist, die mehrfache Eingaben derselben Daten erforderten.[454]

Die Entwicklung von ERP-Systemen fällt mit einer stärkeren Betonung des Denkens in Geschäftsprozessen (statt in Abteilungen und Funktionen) in der Betriebswirtschaftslehre und der Entwicklung von leistungsstärkeren Datenbank-

---

448 Vgl. Zäpfel/Piekarz (1998), S. 58.

449 Vgl. Steven (2007), S. 275.

450 Vgl. Al-Mashari/Al-Mudimigh/Zairi (2003), S. 353; Steven (207), S. 275; Schneider/ Buzacott/Rücker (2005), S. 2 f.

451 Vgl. Schneider/Buzacott/Rücker (2005), S. 2 f.

452 Kurbel weist allerdings drauf hin, dass auch weiterhin parallel oder ergänzend elektronische Leitstände für die Feinplanung (einschließlich Fertigungssteuerung und laufende Überwachung von automatisierten Anlagen hinsichtlich Auftragsfreigabe, Belegerstellung, Verfügbarkeitsprüfung, Auftragsverwaltung) und die Berichtserstellung sowie der Informationsweiterleitung an ERP-Systeme eingesetzt werden, vgl. Kurbel (2005), S. 263.

453 Vgl. Quiescenti et al. (2006), S. 3798; Fleisch/Christ/Dierkes (2005), S. 7; Dangelmeier/ Pape/Rüther (2004), S. 11; Jacobs/Weston (2007), S. 357; Ranganathan/Brown (2006), S. 146.

454 Vgl. Mabert/Soni/Venkataramanan (2001), S. 70.

systemen zusammen.[455] Ein Datenbanksystem (DBS) kann als ein System zur Beschreibung, Speicherung und Ausgabe von umfangreichen Datenmengen definiert werden, auf die mehrere Anwender und Software-Anwendungen zugreifen können.[456]

So wurde Ende der 1980er Jahre für die integrierte automatisierte Planung unter Einbezug einer zentralen Datenbank der Begriff Computer Integrated Manufacturing (CIM) geprägt.[457] In Abkehr zu zentralen Mainframe-Architekturen kam 1992 die erste Client-Server-ERP-Anwendung mit SAP R/3 auf.[458]

3.5.1.2 Definition und Elemente von ERP-Systemen

ERP-Systeme können als ein betriebliche Planungs- und Steuerungssysteme für Prozesse und Ressourcen definiert werden. Sie kombinieren zentrale relationale Datenbanken[459] mit einer integrierten Geschäftsregelverarbeitung, die Geschäftsprozesse bereichsübergreifend teil- oder vollautomatisieren[460] und prozessorientiert Dispositions-, Administrations- und Führungsfunktion eines Unternehmens integrieren,[461] was idealer Weise die Verwaltung vieler historisch gewachsener Systeme überflüssig macht und dadurch den hohen Aufwand der funktionsübergreifenden Schnittstellenintegration vermindert.[462]

ERP-Systeme bestehen aus vernetzten Modulen und Subsystemen, wobei die Informationen aus einer gemeinsamen und vereinheitlichten Datenhaltung von Stammdaten bezogen werden. Stammdaten können in Identifikations- (z. B. Artikelnummern) und Ordnungsdaten (fassen Datensätze, z. B. Artikel zusammen und erlauben Auswertungen); Kalkulations-, Produktions- und Konstruktionsdaten, Absatz-, Beschaffungs- und Dispositionsdaten unterschieden werden.[463] Entsprechend sind ERP-Systeme konfigurierbare Informationssystempakete, die Informationen und informationsbasierte Prozesse innerhalb einer Abteilung und funktionsübergreifend in einer Organisation integrieren.[464] ERP-Systeme werden

---

455 So wurde SAP R/2 1978 herausgebracht, welches eine funktionale Integration von Geschäftsabläufen ermöglichte; 1979 brachte die Firma Oracle die erste relationale SQL-Datenbank heraus, vgl. Jacobs/Weston (2007), S. 358 f.

456 Vgl. Alpar et al. (2008), S. 389.

457 Vgl. Jacobs/Weston (2007), S. 360.

458 Vgl. ebd., S. 361.

459 Picot/Reichwald (1991) definieren eine Datenbank als „[...] eine Sammlung von inhaltlich zusammenhängenden Daten, die mit kontrollierter Redundanz abgespeichert werden, um für mehrere Anwendungen in bestmöglicher Weise verwendbar zu sein. [...] Für die Verwaltung einer Datenbank wird ein Datenbankmanagementsystem (DBMS) [...] eingesetzt.", ebd., S. 344.

460 Vgl. Kurbel (2005), S. 241.

461 Vgl. Martin (2004), S. 482; Pfohl (2004a), S. 97.

462 Vgl. Xu et al. (2002), S. 48.

463 Vgl. Martin (2004), S. 482.

464 Vgl. Tarn/Yen/Beaumont (2002), S. 26; Lea/Min (2003), S. 2880.

als kundenindividuell anpassbare Standardsoftware bezogen, welche Lösungen für Prozesse (z. B. Fertigung, Lagerwirtschaft) und Funktionen (z. B. Buchhaltung, Personalverwaltung) eines Unternehmens integrieren, um einen übergreifenden Datenüberblick mit einer IT-Architektur auf Basis einer einheitlichen Datenbank zu erlangen.[465] Typischerweise sind ERP-Systeme modular aufgebaut, die alle funktionalen Bereiche eines Unternehmens in einer einheitlichen und redundanzfreien Datenbank integrieren (z. B. Vertrieb, Buchhaltung, Materialwirtschaft etc.).[466] Da sie zunächst standardisierte Produkte sind, müssen sie erst an die spezifischen Geschäftsabläufe eines Unternehmens angepasst werden, so dass die einsetzenden Unternehmen nur einen Teil der verfügbaren Software-Komponenten implementieren.[467] Regelmäßig werden aber auch Geschäftsprozesse an die Vorgaben der ERP-Anwendungen angepasst (anstatt umgekehrt).[468] Dies ist nicht nur im Hinblick auf die Kosten der Umstellung problematisch, sondern auch, weil eine solche Standardisierung Vorteile gegenüber Wettbewerbern durch Prozessinnovationen beseitigen bzw. verhindern kann.[469]

Die dem ERP-System zu Grunde liegenden technischen Komponenten einer verteilten Datenbank stehen untereinander in Verbindung und erscheinen dem Benutzer wie eine zentralisierte Datenbank.[470] ERP-Systeme bestehen aus einer Datenhaltungsschicht (mit Datenbank und Zugriffsschutzmechanismen) und einer Anwendungsschicht (Überführung von Benutzeranfragen in Datenbankabfragen, Verarbeitung der Geschäftslogiken und weiterer Applikationen).[471] Neben der hierdurch erfolgten Datenintegration (logische Konsolidierung gleicher Daten), gibt es auch eine Funktionsintegration (z. B. Zusammenführung von der Informationen von Konstruktion und Kostenträgerrechnung), eine Vorgangs- und Prozessintegration (Bearbeiten eines Vorgangs löst automatisch einen nachgelagerten aus – „triggern“), eine Methodenintegration (z. B. vereinheitlichte Kalkulationsschemata) und eine Programmintegration (gemeinsames Ablaufen von Software).[472] ERP-Pakte bestehen daher aus einer Menge von standardisierten Geschäftsprozess-Hilfsprogrammen, integrierten Anwendungen für alle Daten und Prozesse eines Unternehmens und aus Analysewerkzeugen für Echtzeitreporte zu Kosten, Materialverbrauch, Qualitätsdaten und Rentabilität.[473]

---

465 Vgl. Al-Mashari/Al-Mudimigh/Zairi (2003), S. 353.
466 Vgl. Helo/Szekely (2005), S. 9; Steven (2007), S. 276 f.
467 Vgl. Kim (2009), S. 1923; Kurbel (2005), S. 246.
468 Vgl. Quiescenti et al. (2006), S. 3798.
469 Vgl. Bendoly/Citurs/Konsynski (2007), S. 440.
470 Vgl. Picot/Reichwald/Wigand (2003), S. 278.
471 Vgl. Kurbel (2005), S. 424.
472 Vgl. ebd., S. 243.
473 Vgl. Huin/Luong/Abhary (2002), S. 772.

Ziel der Datenintegration ist der gemeinsame Zugriff auf dieselben Daten durch verschiedene Systeme, so dass Datenabweichungen, redundante Datenspeicherung, Mehrfacherfassungen und lange Übergangszeiten wie Durchlaufzeiten entfallen. Dadurch sollen Prozesse automatisch und bereichsübergreifend miteinander verbunden werden.[474]

3.5.1.3 Betriebswirtschaftlicher Nutzen von ERP-Systemen

ERP-Systeme werden von Unternehmen eingesetzt, um Informationen aller Abteilungen zu koordinieren, so dass Prozesse standardisiert werden, Eingaben nur einmalig erfolgen müssen, eine höhere Informationstransparenz bei arbeitsteiligen Aufgaben gegeben ist und komplexere Zusammenhänge durch Zugriff auf unterschiedliche Datenarten besser analysiert werden können.[475] Durch einen effizienteren Zugang zu Informationen und deren automatisierte Verarbeitung sollen Kosten gesenkt und eine höhere Prozesseffizienz erzielt werden.[476] Der Zugriff auf eine gemeinsame Datenbasis hat das Ziel, Auftragsdurchlaufzeiten zu reduzieren, Ressourcen unternehmensübergreifend besser aufzuteilen und Kosten zu sparen.[477] ERP-Systeme können dafür eingesetzt werden, Informationen zu generieren und den Informationsintegration in einem Unternehmen zu fördern, um die Wertschöpfung zu optimieren.[478] Werden betriebsinterne IT-Systeme als inkompatible Insellösungen betrieben, schränkt dies die Funktionalität der Systeme ein.[479] Daher liegt der Vorteil von ERP-Systemen in einer integrierten Datenbasis mit durchgängigem Zugriff, Vermeidung von Mehrfacherfassung, Inkonsistenzen, kurzen Zugriffszeiten und besseren Auswertbarkeit.[480] Unternehmensweite ERP-Systeme integrieren zentral alle Informationen in einer allen Unternehmensangehörigen zugänglichen Datenbank und sollen prinzipiell Transparenz für alle Unternehmensobjekte schaffen.[481] Entsprechend werden Prozesse standardisiert, Eingaben müssen nur einmalig erfolgen (und werden damit eher redundanzfrei, fehlerfrei, konsistent und unter Einsatz von weniger Personal zur Erfassung und Pflege vorliegen), eine höhere Transparenz ist bei arbeitsteiligen Aufgaben gegeben und komplexere Zusammenhänge können durch Zugriff auf unterschiedliche Datenarten besser analysiert werden.[482] Der Zweck von ERP-Systemen liegt also darin, Informationen aller Bereiche für die Entscheidungsträger zugänglich zu machen. Dazu werden alle Funktionen und Aktivitäten eines

474 Vgl. Hartlieb (1997), S. 176.
475 Vgl. Helo/Szekely (2005), S. 11.
476 Vgl. Kim (2009), S. 1913.
477 Vgl. Helo/Szekely (2005), S. 7.
478 Vgl. Ward/Zhou (2006), S. 181.
479 Vgl. Porter/Millar (1985), S. 159.
480 Vgl. Kuhn/Hellingrath (2002), S. 128.
481 Vgl. Dechow/Mouritsen (2005), S. 692.
482 Vgl. Kim (2009), S. 1913; Helo/Szekely (2005), S. 11.

Unternehmens durch Softwaremodule integriert. Weiterhin können in ERP-Systemen Data-Mining-Anwendungen wie z. B. Expertensysteme enthalten sein.[483] Data-Mining ist der Prozess der Konvertierung von Daten zu Informationen mit einem Wert für den Nutzer, indem Geschäftsdaten identifiziert, beobachtet und aufbereitet werden, um Verhaltensmuster für Entscheider aufzudecken. So soll z. B. im Rahmen der Marktforschung das Kundenverhalten analysiert werden, um die Kundenakquise zu verbessern.[484] ERP-Systeme stellen nicht nur einfache Datenbanken dar, sondern sind auch zudem eingebettete Standard-Geschäftsprozesse, bilden ein wissensbasiertes Datenmanagement und ein integriertes Softwaresystem.[485] Vorkonfigurierte Module enthalten Standardprozesse und bilden häufig durch gesammelte Erfahrungen des Software-Anbieters ein Best-Practise der Erfahrung in anderen Unternehmen ab, wobei es häufig branchenspezifische Anpassungen gibt.[486] ERP-Systeme enthalten somit kodifizierte Prozesse zur Verwaltung und zum Zugriff auf Informationen zu allen Elementen einer Organisation. Hieraus erwächst die Chance, Erfahrungswissen der Entscheidungsträger mit operativen Prozessdaten zu kombinieren und dadurch neues Wissen zu entdecken.[487] Allerdings sollte ein Unternehmen abwägen, ob es eine weitere Standardisierung seiner Prozesse im Zuge einer ERP-Implementierung fördern will, da diese durch eine Angleichung an Wettbewerber auch von Nachteil sein kann.[488] So können unternehmensspezifische und im Vergleich zu Wettbewerbern effiziente Prozesse verloren gehen, weil sie nicht automatisiert werden können; dann müsste auf Grund der inflexiblen Software das Unternehmen seine Organisation der Software anpassen, anstatt umgekehrt.[489]

Schlüsselmotiv für die Einführung von ERP-Systemen ist die Möglichkeit des Ersatzes unterschiedlicher gewachsener IT-Systeme im Unternehmen und damit eine bessere IT-Integration sowie die Hoffnung auf Prozessoptimierung und -standardisierung.[490] Durch eine höhere Informationstransparenz sollen Kosten gesenkt und eine höhere Prozesseffizienz erzielt werden.[491] In der Literatur wird hinsichtlich der Vorteile einer Einführung von ERP-Systemen vor allem auf die höhere Informationstransparenz abgestellt, ohne diese näher zu spezifizieren. In einem anderen Zusammenhang weist Kummer (2006) auf Kosten- und

483 Vgl. Xu et al. (2002), S. 48; Jacobs/Weston (2007), S. 363.
484 Vgl. Shepard (2005), S. 116 f.
485 Vgl. Wang/Xu/Zhan (2006), S. 5107.
486 Vgl. Jacobs/Weston (2007), S. 363.
487 Vgl. Bendoly/Citurs/Konsynski (2007), S. 428.
488 Vgl. ebd., S. 440.
489 Vgl. Tarn/Yen/Beaumont (2002), S. 30.
490 Vgl. Al-Mashari/Al-Mudimigh/Zairi (2003), S. 354; Mabert/Soni/Venkataramanan (2001), S. 69.
491 Vgl. Kim (2009), S. 1913.

Wettbewerbsvorteile durch Erzielung einer höheren Informationsfähigkeit (als informationslogistischen Servicegrad) hin, die er wie folgt quantifiziert:[492]

$$\text{Informationsfähigkeit} = \frac{\text{Anzahl der präzisen Auskünfte}}{\text{Anzahl der Anfragen}} \tag{34}$$

Analog bezeichnen Tuma/Franke/Haasis (1999) die Fähigkeit, jederzeit über den jeweiligen Status der Bearbeitung aller Kundenaufträge Auskünfte geben zu können, als Informationsflexibilität.[493] Der Grad der Informationsfähigkeit wirkt sich auf den Informationsgrad[494] aus, der wiederum die Fähigkeit betrifft, effiziente Entscheidungen zwecks Koordination treffen zu können:

$$\text{Informationsgrad} = \frac{\text{Tatsächlich vorhandene Informationen}}{\text{Notwendige Informationen}} \tag{35}$$

Weiterhin ist nicht nur die Quantität, sondern auch die Qualität der Informationsfähigkeit (Fehlerfreiheit, Detaillierungsgrad der Informationen, zeitnahe Informationserhebung bei Abweichungen und deren kurzfristige Weitergabe) für Entscheidungsträger von Bedeutung. Analoge Anforderungen an Informationen durch Adressaten gelten für die Validität, Vollständigkeit, Konsistenz, Filterung und Verdichtung sowie der Geschwindigkeit des Informationsflusses (mit Rückwirkungen auf Servicezeit und Serviceniveau).[495] Probleme in der Effizienz logistischer Informationssysteme können beispielsweise durch Fehler in der Dateneingabe, verzögerter Aktualisierung, der lückenhaften Informationsverarbeitung und zu starker Verdichtung oder Filterung kommen.[496]

Zugleich sind Kosten und Nutzen der Informationsbereitstellung hinsichtlich folgender Kriterien abzuwägen:[497]

- Zielsetzung der Informationsnutzung
- Identifikation von Informationen (Beschreibung)
- Akquise (Maßnahmen zur Informationserlangung von internen und externen Partnern)
- Definition der Informationsspeicher

492 Vgl. Kummer (2006), S. 304; Richter (1997), S. 10.

493 Vgl. Tuma/Franke/Haasis (1999), S. 10.

494 Vgl. Kosiol (1969), S. 246 f. Auch bei Nutzung von IT-Systemen wird der Informationsgrad regelmäßig unter dem Maximalwert von 1 liegen, da sie in einem System vorhandene Informationen besser im gesamten System verbreitet oder die Ableitung von Informationen aus Daten erleichtert, aber nicht zwingend Zugang zu nur ausschließlich extern verfügbaren Informationen verschaffen können wird.

495 Vgl. Jehle/Müller/Michael (1994), S. 49 f.; Bertram (1995), S. 28; Xu et al. (2002), S. 47.

496 Vgl. Bertram (1995), S. 41.

497 Vgl. Schnetzler/Schönsleben (2007), S. 498 f.

- Informationsverarbeitung (Gewinnung neuer Informationen auf Grundlage von alten Informationen)
- Austausch (Weiterleitung von Informationen)
- Verwendung in Prozessen
- Evaluation (Controlling von Zielen und Ergebnissen)
- Verbesserung (Verbesserung der Informationsversorgung)

Diese Einschränkung des Informationsnutzens durch einen Adressatenbezug muss deswegen vorgenommen werden, weil Manager eher an einem Übermaß an unstrukturierten Informationen leiden als an einem Informationsmangel.[498]

Unter diesem Gesichtspunkt können ERP-Systeme dazu benutzt werden, Informationen zu generieren und den Informationsaustausch in einer Firma zu fördern, um die Wertschöpfung zu optimieren.[499] Kim (2009) führt mehrere Studien an, die die Verbesserung finanzieller Kennzahlen auf die Einführung von ERP-Systemen zurückführen.[500] Zu vergleichbaren Ergebnissen kamen Ranganathan/Brown (2006) hinsichtlich des positiven Einflusses der Einführung von ERP-Systemen auf die Marktkapitalisierung von Unternehmen.[501] Ebenso gab es Studien, die eine bessere Informationsverfügbarkeit und -qualität sowie eine höhere Produktivität, geringere Bestände und Durchlaufzeiten nach Einführung eines ERP-Systems nachweisen. So wird ein US-amerikanisches Unternehmen genannt, das seine Kosten durch den Einsatz eines ERP-Systems um 28% reduzieren konnte.[502] Der Grund hierfür ist in der Verfügbarkeit von Informationen in Echtzeit zu sehen, was Preisangaben und -anpassung ohne Verzögerungen ermöglicht, Fehlbestände verringert und genauere Prognosen ermöglicht. Hierdurch können auch kundenfreundlichere Prozesse gestaltet werden, die zu mehr Umsatz führen.[503] Als Einwand gegen den Einsatz von Datenbanken und unterstützender Systeme soll darauf verwiesen werden, dass hierdurch ein Informationsaustausch nicht kostenlos wird – der Nutzen der Informationstransparenz kann kleiner sein als die Kosten.[504]

3.5.1.4 Kosten und Grenzen der ERP-Systemintegration

ERP-Systeme fanden bis Ende der 1990er Jahre eine hohe Verbreitung und wurden bei der überwiegenden Zahl der Fortune 500 Unternehmen eingeführt. Dennoch gibt es hohe Hürden für die Implementierung durch die erheblichen Inves-

498 Vgl. Bertram (1995), S. 60.
499 Vgl. Ward/Zhou (2006), S. 181.
500 Vgl. Kim (2009), S. 1916.
501 Vgl. Ranganathan/Brown (2006), S. 156.
502 Vgl. Kim (2009), S. 1917.
503 Vgl. ebd., S. 1927.
504 Vgl. Huang/Lau/Mak (2003), S. 1499.

titionsbedarfe für Hard- und Software, eine lange Einführungsdauer, mangelnde Nutzerakzeptanz und Anpassungsprobleme bei dem Einsatz der verschiedenen Module. Umfragen unter ERP-Nutzern ergaben, dass die meisten Firmen eine über mehr als fünf Jahre andauernde Amortisationsdauer veranschlagen oder sie gar keine Amortisation ihrer Investitionen in ERP-Systeme erwarten.[505]

Studien verweisen zwar auf Potenziale zur Bestandssenkungen, Personaleinsparungen, schnellere finanzielle Rückflüsse, Produktivitätssteigerungen, besseres Umsatzmanagement und geringere Logistikkosten sowie ferner bessere Transparenz, höhere Flexibilität und besserer Kundenservice durch den Einsatz von ERP.[506] In der Literatur wird aber häufig von der Rentabilität von IT-Systemen als aggregierte Größe berichtet – nicht immer aber amortisieren sich IT-Investitionen. Es zeigt sich vielmehr, dass der Einsatz von IT nicht per se rentabel ist, sondern nur deren Nutzung.[507] Bertram (1995) drückt dies wie folgt aus: „Der wahre Wert verbesserter Informationssysteme liegt in den resultierenden Verbesserungen des operationalen Systems.“[508] Um mit ERP-Systemen einen größere unternehmensweite Transparenz bzw. Kontrolle über Informationen zu bekommen, sind allerdings hohe Investitionen notwendig.[509] In diesem Zusammenhang verweisen Tarn/Yen/Beaumont (2002) auf Studien, nach denen die Implementierung über den Lebenszyklus der ERP-Systeme hinweg zu negativen Kapitalwerten im siebenstelligen Dollerbereich führte.[510]

Die Ursache hierfür liegt darin, dass der zeitliche und finanzielle Aufwand einer ERP-Implementierung enorm hoch sein kann. So ist die Implementierung mehrerer Module, Datenstandardisierung, Adaption zu Grunde liegender Prozessmodelle und der Einbezug vieler Akteure hochkomplex. Regelmäßig gelingt die Prozessabbildung im ERP-System nicht und es müssen für die Inbetriebnahme des ERP-Systems erst etablierte Geschäftsprozesse an die ERP-Anwendungen angepasst werden (anstatt umgekehrt).[511] Daher dauert die durchschnittliche ERP-Implementierung 23 Monate. Ein erheblicher Teil bedarf sogar mehr als drei Jahre. Während dieser langen Zeit ändern sich Nutzer und Software, so dass Techniker konstant Adaptionen vornehmen müssen, um die Änderungen aufzufangen. Die Kosten eines ERP-Systems über dessen Lebenszyklus hinweg lagen zum Zeitpunkt der Studie von Tarn/Yen/Beaumont (2002) bei durchschnittlich 15 Mio. $.[512] Selbst unter idealen Bedingungen ist die Einführung von ERP-Systemen sehr teuer (sechs- bis siebenstellige Dollarbeträge) bedingt durch den Beartungs-, Weiterbildungs-

505 Vgl. Kim (2009), S. 1914.
506 Vgl. Al-Mashari/Al-Mudimigh/Zairi (2003), S. 355.
507 Vgl. Krcmar (2003), S. 1.
508 Bertram (1995), S. 50.
509 Vgl. Xu et al. (2002), S. 47.
510 Vgl. Tarn/Yen/Beaumont (2002), S. 27.
511 Vgl. Quiescenti et al. (2006), S. 3798.
512 Vgl. Tarn/Yen/Beaumont (2002), S. 29.

und Implementierungsaufwand, welche die Soft- und Hardwarekosten regelmäßig um das dreifache übersteigen.[513] Weitere Studien stützen die vorangegangenen Ergebnisse zu den hohen Kosten der Implementierung eines ERP-Systems: nach einer Studie von Mabert/Soni/Venkataramanan (2001) liegen die Kosten der Implementierung eines ERP-Systems bei 1,5% und 6% des Jahresumsatzes der Unternehmen, was auch für kleinere Unternehmen regelmäßig eine siebenstellige Ausgabe bedeutet. Die Implementierung bei den untersuchten Unternehmen dauert ein bis vier Jahre. Auch wurden Beispiele ermittelt, in denen Unternehmen durch die Last der Implementierung eines ERP-Systems insolvent geworden sind oder (wie Dell Computers) die Einführung abgebrochen haben.[514] Auch andere Studien belegen, dass Produkte wie SAP R/3 nur schwer und mit hohem finanziellen Aufwand konfigurierbar sind und eine hohe Inflexibilität bei der Anpassung an unternehmensspezifische Geschäftsprozesse zeigten.[515]

Diese empirischen Ergebnisse decken sich nicht mit den in der Literatur postulierten Vorteilen der Einführung eines ERP-Systems. Rabinovich/Evers (2002) konnten in ihren empirischen Untersuchungen allerdings feststellen, dass erfolgreiche Einführungen von ERP-Systemen öffentlich kommuniziert wurden, hingegen fehlgeschlagene und abgebrochene ERP-Implementierungsprojekte beinahe ausnahmslos verschwiegen werden. Dies gilt gleichermaßen für die ERP-Systemhersteller wie auch für die Käufer solcher Produkte.[516] Dieser Bias mag die geringe Aufmerksamkeit für Probleme der ERP-Implementierung in der Literatur begründen. Auf Grund dieser Diskrepanz zwischen den in Lehrbüchern verbreiteten Meinungen und den empirischen Studien sollen die Probleme der Implementierung eines ERP-Systems genauer untersucht werden und die beteiligten Kosten- und Zeittreiber benannt werden.

Die aufwändige Implementierung eines ERP-Systems verursacht neben den Investitionen für Hard- und Software auch hohe komplementäre Installationskosten und Kosten des Unterhalts (insbesondere hinsichtlich der Beschäftigung von IT-Spezialisten).[517] Die Integration von ERP-Systemen ist demnach mehre Millionen Dollar teuer und erfordert große Projektteams.[518] So verweist Kim (2009) darauf, dass die Kosten für die Einstellung spezialisierten Personals, die Weiterbildung der Belegschaft und für Beratungsdienstleistungen höher sind als die Investitionen in

513 Vgl. Al-Mashari/Al-Mudimigh/Zairi (2003), S. 355.

514 Vgl. Mabert/Soni/Venkataramanan (2001), S. 73 f.; Al-Mashari/Al-Mudimigh/Zairi (2003), S. 353.

515 Vgl. Xu et al. (2002), S. 52.

516 Vgl. Rabinovich/Evers (2002), S. 32.

517 Vgl. Mabert/Soni/Venkataramanan (2001), S. 72; Quiescenti et al. (2006), S. 3802 ; Ranganathan/Brown (2006), S. 145.

518 Vgl. Xu et al. (2002), S. 48.

Hard- und Software.[519] Ein ERP-System erfordert einen großen Pool an technischem Personal, der das System betreut; dennoch bedürfen solche Systeme lange Zeit zur Entwicklung und Implementierung. Obwohl ERP-Systeme eine aus Sicht des Anwenders logisch einheitliche Datenbank bildet, sind diese Systeme physisch tatsächlich verteilte Datenbanken. Verteilte Datenbanken zeichnen sich durch die Verteilung logisch zusammengehörender und gemeinsam verwalteter Daten auf mehrere physisch verteilte Server aus, die durch ein Netzwerk verbunden sind. Verteilte Datenbanken bedürfen komplizierter Lösungen zur Steuerung der Datenverteilung, der Transaktionssteuerung und Fehlerbehandlung. Ferner sind Wechselwirkungen bei den Dialog- und Antwortzeiten (hinsichtlich der Verarbeitungsleistung) zu beachten. Daraus resultiert, dass verteilte Datenbanken ungleich komplexer sind als zentrale Systeme, was den Administrationsaufwand massiv erhöht und die notwendige Integration von Altsystemen erschwert.[520] Entsprechend bedeuten diese einen erheblichen informationstechnischen Mehraufwand bei der Programmierung von Schnittstellen, der Einflechtung von verschiedenen Altsystemen in ein gemeinsames Netzwerk, der Konvertierung von inkompatiblen Altdaten sowie Installation und Pflege von Middleware-Systemen. Entsprechend sind solche Systeme erheblich komplexer und fehleranfälliger als ein physisch auf einem dezidierten Server basierendes Datenbanksystem.[521]

Der größte Kostenpunkt ist – trotz der hohen Softwarekosten (eine Einstiegsversion kostet einen sechs- bis siebenstelligen Euro-Betrag) – allerdings die Fortbildung der Mitarbeiter des Unternehmens, so dass die Softwarekosten nur 10% der Gesamtkosten ausmachen können. Daher werden die realen Kosten der Einführung eines ERP-Systems häufig unterschätzt,[522] weil die versteckten Kosten der Installation nicht transparent sind: so werden beispielsweise die Weiterbildungskosten der Belegschaft nicht erfasst, die für neue Prozesse und Software benötigt werden. Die Anpassungskostenkosten für Programme werden als zu gering veranschlagt und in den Testläufen werden häufig Add-ons (z. B. Middleware und Steuermodule) nicht in die Tests mit einbezogen, die Probleme verursachen. Die Kosten für externe Consulting-Leistungen werden selten veranschlagt, ebenso wenig wie die Datenkonversion aus Altsystemen.[523] Nach einer Studie von Rabinovich/Evers (2002) benötigten 89% der Unternehmen, die ERP eingeführt haben, später ein Upgrade oder Modul mit Zusatzfunktionalität.[524] All dies gibt Hinweise, warum nach empirischen Studien sich die Produktivität durch Einführung von ERP-Systemen nicht erhöhte, sondern zunächst sank. In den Untersuchungen wurde das darauf zurückgeführt, dass Prozesse komplexer waren

519 Vgl. Kim (2009), S. 1922.
520 Vgl. Haasis/Plöger (2007b), S. Hansen/Neumann (2001), S. 1082.
521 Vgl. Hansen/Neumann (2001), S. 102.
522 Vgl. Xu et al. (2002), S. 54.
523 Vgl. Tarn/Yen/Beaumont (2002), S. 29.
524 Vgl. Rabinovich/Evers (2002), S. 33.

als zuvor angenommen, die Kunden wenig Verständnis für Prozessstörungen hatten, die Benutzer nur ein inadäquates Training hatten, Systemtests nur in unzureichender Form durchgeführt wurden und Widerstände in der Belegschaft auf Grund schlechter Kommunikation über den Zweck des Systems aufkamen, so dass die verzeichneten Produktivitätseinbrüche zumeist für zwei Jahre nach der ERP-Einführung anhielten.[525]

Unterschätzt wird auch der Bedarf an ausführlichen Tests von ERP-Systemen vor der Inbetriebnahme – auch hinsichtlich der korrekten Repräsentation von Geschäftsabläufen.[526] Eine ERP-Einführung schafft einen erheblichen Reorganisationsaufwand und bedarf eines Business Prozess Reengineering.[527] Auch an diesem organisatorischen Wandel scheitert es gemäß empirischer Studien. Diese deckten vor allem menschliche Hürden bei der Implementierung auf, weil die Mitarbeiter an alten Systemen festhielten. Verschiedene Abteilungen nutzten zudem eine Vielzahl verschiedener Systeme, die nur schwer datentechnisch konsolidiert werden konnten. Dies hat dazu geführt, dass Systeme lange neben dem neuen ERP-System betrieben werden mussten, da die Umstellung langwierig war.[528] Die Datenintegration eine schwierige Aufgabe, da verschiedene Systeme und verschiedene Releasestände gleicher Softwareanwendungen mit Schnittstellen integriert werden müssen. Die Systeme sind abgeschottet und wenig standardisiert – das führt zu mangelnder Interoperationalität.[529] Konkret ergeben sich Probleme bei der Datenqualität in Datenbanken aufgrund von „Work-arounds". Hierbei werden Datenfelder von Mitarbeitern als Behelfsmaßnahme umgewidmet. Dies geschieht z. B., wenn nicht funktionierende Teile einer Software semantisch reinterpretiert oder anders benutzt werden als ursprünglich vorgesehen (z. B. Normangaben in Frachtbriefen werden für zweckfremde Kommentare benutzt). Ebenso werden domainfremde Datenverschlüsselungen vorgenommen (z. B. kryptische Abkürzungen, wenn ein Datenfeld eine vollständige Eingabe der Daten zeichenmäßig begrenzt). Dann werden bei einer Änderung und Vernetzung der Anwendungen komplexe Mechanismen notwendig, um mit den eigenmächtig geänderten Daten umzugehen, was die Anpassung massiv erschwert. Oder die Daten sind von vornherein verfälscht (Charaktere in numerischen Felder, falsche oder doppelte Entitäten, etc.). Ein weiteres Problem tritt auf, wenn ein System in mehreren Teilen eines Unternehmens oder in verschiedenen Ländern genutzt wird und es zu lokalen Änderungen kommt („Software-Mitose").[530] Entsprechend bedarf es zur Vermeidung semantischer Brüche neben technischen Maßnahmen der

525 Vgl. Rabinovich/Evers (2002), S. 19 f.

526 Vgl. Al-Mashari/Al-Mudimigh/Zairi (2003), S. 361.

527 Vgl. Quiescenti et al. (2006), S. 3802; Picot/Reichwald/Wigand (2003), S. 279; Al-Mashari/Al-Mudimigh/Zairi (2003), S. 355.

528 Vgl. Xu et al. (2002), S. 53.

529 Vgl. Wahl/Dörr/Wohlfarth (2006), S. 102 f.

530 Vgl. Masak (2006), S. 84 f.

Vereinbarung weiterer Standards, um unterschiedliche Interpretationen der gleichen Stammdaten zu vermeiden.[531]

Dies alles hat Auswirkungen auf die Datenintegrität der bei einer ERP-Einführung einzubindenen Alt-IT-Systeme. Die Datenintegrität bezieht sich allgemein auf Korrektheit und Unversehrtheit von Daten. In der Praxis haben Datenbanken eine dynamische Struktur, in der sich kurzfristig die enthaltenen Daten und langfristig auch die Datenbeziehungen und -kategorien (Meta-Ebene) ändern.[532] Der auch im deutschsprachigen Diskurs etablierte Begriff Legacy-Systeme für Altsysteme in der Datenverarbeitung lässt sich hier als Erbschaft und Altlast übersetzen. Kennzeichnend für diese IT-Systeme ist, dass sie unflexibel sind und ihre Wartung aufwändig ist. Allerdings stecken in ihnen große Investitionssummen. Monolithisch organisierte ERP-Systeme lassen sich schlecht dezentralisieren und modularisieren – besonders weil sie Legacy-Systeme sind. [533] Durch das Problem der Umstellung auf das Jahr 2000 wurden viele Legacy-Systeme durch ERP-Systeme ersetzt.[534] Dennoch bleiben sie in Firmen verbreitet, so dass Altdaten in hunderten Datenbanken verteilt liegen können. Eine der schwierigsten Fragen ist die modulübergreifende Integration. Allerdings gibt es nicht für alle ERP-Systeme die erforderliche Middleware.[535] Welche negativen Konsequenzen solche Barrieren und die resultierenden manuellen Nachabreiten haben, zeigt sich an einem von Themistocleous/Irani/Lover (2004) dokumentierten Fall eines multinationalen Konzerns, der weltweit 2000 Legacy-Systeme, 100 ERP-Anwendungen und 125 unternehmensübergreifende e-Business-Anwendungen vernetzen muss.[536] Alpar et al. (2008) nennen das Beispiel der Allianz SE, die bis ins Jahr 2004 500 verschiedene IT-Netzwerke betrieben hat und diese zukünftig in 50-60 selbstständige Netzwerke konsolidieren will.[537] Daher muss es als Normalzustand bezeichnet werden, dass ERP-Systeme mit Legacy-Systemen koexistieren. Dies bestätigt eine Studie, nach der 72% aller ein ERP-System einsetzenden Unternehmen erhebliche Schwierigkeiten bei der ERP-Implementierung und 82% dieser Unternehmen bei der unternehmensübergreifenden Integration haben.[538]

Wenn die Lebensdauer eines Softwaresystems von 30 Jahren und die durchschnittliche Beschäftigungsdauer der Mitarbeiter gegenüber gestellt werden, so fallen in den Lebenszyklus eines Legacy-Systems mehrere Programmierergenerationen. Wenn bedacht wird, dass das System in Teilen angepasst wurde, wird

---

531 Vgl. Strassner (2005), S. 38.

532 Vgl. Picot/Reichwald (1991), S. 345.

533 Vgl. Gillert/Hansen (2007), S. 112 f.

534 Vgl. Jacobs/Weston (2007), S. 362.

535 Vgl. Al-Mashari/Al-Mudimigh/Zairi (2003), S. 360.

536 Vgl. Themistocleous/Irani/Lover (2004), S. 399.

537 Zur Modernisierung der IT-Infrastruktur erwartet das Unternehmen Kosten in Höhe von 120 Millionen Euro, vgl. Alpar et al. (2008), S. 4.

538 Vgl. Themistocleous/Irani/Lover (2004), S. 396.

ein Unternehmen nur in Ausnahmefällen jemanden angestellt haben, der ein ganzes Legacy-System verstehen kann.[539] So liegt in der Logistik das Durchschnittsalter der meisten eingesetzten Softwaresysteme bei 10 bis 15 Jahren.[540]

Die Wartung und Integration dieser Altsysteme verursacht einen erheblichen personellen Aufwand.[541] Masak (2006) quantifiziert diese Anforderungen mittels eines Index. Er nennt eine in der Praxis geläufige durchschnittliche Änderungsrate für betriebswirtschaftliche Software von 3,5% pro Monat (Anteil der Änderung funktionaler Spezifikationen und Anforderungen eines Programms). Verursacht werden diese Anforderungen durch veränderte Geschäftsprozesse oder durch den Einsatz neuer IT-Technologien (zur Realisierung von Zusatzfunktionen, aber auch zum Ersatz für obsolete Hardware). Allerdings bedürfen neue Technologien mitunter bis zu fünf Jahre, bis sie in Hardware-Architekturen implementiert werden. Vorwiegend werden Änderungen an der Software nötig durch Anpassungen aus der Geschäftswelt.[542] Masak (2006) schätzt für diesen „Requirements Creep" eine Änderungsrate pro Jahr über die Funktionen $\xi^{12} = 1{,}035^{12} \approx 51\%$ für ERP-Systeme.[543] Dies ist gleichbedeutend mit permanenten Eingriffen in die IT-Systeme. Die Ausgaben für Software-Wartung (so wie Modifikationen nach der Auslieferung, um Fehler zu korrigieren, die Anwendungsleistung zu verbessern oder an die gewandelte Umgebung anzupassen) umfassen durchschnittlich 50-80% eines IT-Budgets. Da für das Unternehmen so bedeutsame Software (die entsprechend hohe Investitionen repräsentiert) eine zumeist jahrzehntelange Lebensdauer hat, sind die Wartungskosten über den Lebenszyklus erheblich. Zudem senkt die Softwarekomplexität die Wartungseffizienz, weil zumeist schlecht dokumentierte Programmcodes länger studiert werden müssen.[544] Ferner erfordert die Wartung der Integrationsmixe einen hohen Ressourceneinsatz. In Unternehmen werden 50-70% der Personalkapazitäten der EDV-Abteilungen für die Wartung von Softwaresystemen aufgewandt und nur 20-40% verbleiben für die Verbesserung bestehender Systeme.[545] So geben Unternehmen bis zu 50% ihres IT-Budgets nur für die Anwendungsintegration aus.[546] ERP-Systeme benötigen also eine fortdauernde Pflege.[547] Nach Studien im Auftrag der europäischen Kommission beträgt das durchschnittliche IT-Budget (einschließlich Aufwendungen für Hardware, Software, Services und Personal) 5% der jährlichen

---

539 Vgl. Masak (2006), S. 3.
540 Vgl. Krieger (1995), S. 179.
541 Vgl. Plöger et al. (2008), S. 369.
542 Vgl. Masak (2006), S. 49.
543 Vgl. ebd., S. 82.
544 Vgl. Banker/Davis/Slaughter (1998), S. 433 ff.
545 Vgl. Krieger (1995), S. 180.
546 Vgl. Al-Mashari/Al-Mudimigh/Zairi (2003), S. 360 f.
547 Vgl. Kim (2009), S. 1922.

Gesamtkosten von Unternehmen.[548] An dieser Darstellung werden die Ursachen deutlich, warum die Unterhaltskosten für Legacy-Systeme bei 65-75% des IT-Budgets liegen und diese mit der Zeit deutlich ansteigen.[549]

Neben diesen internen Wartungskosten für eigenes IT-Personal fallen auch mit dem Lizenzerwerb an den Softwarehersteller abzuführende Wartungskosten an. Diese übersteigen über den Lebenszyklus eines ERP-Systems die Anschaffungskosten um ein Vielfaches. So verlangt der Marktführer SAP[550] für den Wartungsvertrag eine Gebühr in Höhe von 22% des Lizenzpreises der Softwarelizenz pro Jahr.[551] Der konkurrierende Anbieter Oracel fordert 22% des Listenpreises als Wartungskosten, die Gebühren bei Microsoft liegen zwischen 22% und 25%.[552] Die Wartungsumsätze der ERP-System-Entwickler übersteigen daher deutlich deren Einnahmen aus Lizenzen.[553] Auch dies wird häufig bei der wirtschaftlichen Bewertung vor Anschaffung eines ERP-Systems nicht oder nur nachrangig beachtet. Die kumulierten Wartungsgebühren übersteigen entsprechend nach vier bis fünf Jahren Betriebsdauer die Anschaffungskosten.

Besonders logistische Subsysteme müssen informatorisch über Schnittstellen miteinander verknüpft sein. Hier stellen sich Probleme bei der intra-organisatorischen Ebene (z. B. Verknüpfung von historisch gewachsenen Insel-lösungen oder proprietären EDV-Systemen) als auch auf der interorganisatorischen Ebene (z. B. Verknüpfung unterschiedlicher Auftragssysteme mehrer Unternehmen). Wegen der sehr unterschiedlichen Ausprägung der verschiedenen Systeme ist die Schnittstellengestaltung zur Herstellung eines Datenverbunds sehr schwierig.[554] Dechow/Mouritsen (2005) dokumentieren einen prägnanten wie wohl auch in der Praxis durchaus verbreiteten Fall von Kompatibilitätsproblemen bei der Integration von betrieblichen IT-Systemen innerhalb eines realen Unternehmens mit mehreren Standorten: Weil trotz erheblicher Anstrengungen keine kompatible Schnittstelle zwischen mainframe-basiertem SAP R/2 und client-server-basiertem SAP R/3 entwickelt werden konnte, mussten Aufträge der Unternehmenszentrale (ausgestattet mit dem R/3-System) an Fabrikationsstandorte (ausgestattet mit dem R/2-System) als Behelfslösungen manuell übermittelt werden, was Mehrfacheingaben von Aufträgen notwendig machte. Die aus diesem Medienbruch resultierenden Inkonsistenzen mussten daher durch manuelle Datendurchsicht,

548 Vgl. Selhofer et al. (2007), S. 46.
549 Vgl. Masak (2006), S. 3; ebd. S. 80 ff.
550 Vgl. Mabert/Soni/Venkataramanan (2001), S. 69; Schießl (2007), S. 92 f.
551 Bis Februar 2008 lag die Gebühr für Altkunden bei nur 17% des Lizenzpreises, vgl. Bayer (2008), S. 5.
552 Vgl. Bayer (2008), S. 5.
553 Vgl. ebd., S. 5.
554 Vgl. Pfohl (2004a), S. 93 f.

Anrufen und Nachbesserungen durch Mitarbeiter behoben werden.[555] Diese Probleme konnten auch deshalb nicht gelöst werden, weil selbst ein Upgrade einer Software, wie von SAP R/2 zu R/3, sehr zeitaufwändig und teuer ist.[556] Zur Bewältigung von funktionsübergreifenden Informationsströmen müssen entsprechend erhebliche Schnittstellenprobleme bewältigt werden.[557] Diese entstehen eben nicht nur zwischen Unternehmen und unterschiedlichen Software-Systemen, sondern – wie gezeigt werden konnte – eben auch zwischen verschiedenen Release-Ständen einer Softwareanwendung und sogar bei gleichen Anwendungen mit einheitlichen Release-Ständen auf Grund von Work-arounds und Software-Mitose an verschiedenen Standorten eines Unternehmens. Dieses Problem kann mitunter durch die Einführung eines ERP-Systems noch verschärft werden. An Stelle einer höheren Datentransparenz kommt es in Einzelfällen zu einer Desintegration der Stammdaten, weil in einem großen ERP-System die Datendisziplin (hinsichtlich Eingabe und verzögerungsloser Pflege aller Daten durch Sachbearbeiter) eher abnahm, als dass eine bessere Informationsintegration erzielt werden konnte.[558] Weitere Argumente, dass selbst Produkte eines Software-Herstellers nur mit erheblichen Aufwand integriert werden können, liegen in der Tatsache, dass vermeintlich einheitliche Softwaresysteme zur Abwicklung desselben Geschäftsprozesses mehrere Formate verwenden (so können bei SAP R/3 externe Aufträge wahlweise per Idoc- oder BAPI-Schnittstelle erfasst werden)[559] oder ein Hersteller funktionsgleiche Anwendungen nach Produkt, Release und Upgrade fein differenziert und damit Nacharbeiten für die Vernetzung innerhalb eines Unternehmens schafft. So bietet Microsoft in der Produktgruppe Dynamics die ERP-Systeme AX, NAV und SL an, die jeweils unterschiedliche Entstehungshintergründe und Funktionen haben.

Die Verbreitung von SAP im Mittelstand ist nicht sehr groß, was an den Anschaffungskosten und der Softwareausrichtung auf große Unternehmen liegt.[560] Zudem schrecken kleine und mittlere Unternehmen (KMU) vor der Implementierung von ERP-Systemen zurück. Großunternehmen als wichtige Geschäftspartner üben viel mehr Druck auf Zulieferer aus, so dass sie ein ERP-System einführen. KMU verfehlen überwiegend die mit der Einführung von ERP-Systemen erhofften Optimierungsziele – häufig wegen einer schlechten Implementierung.[561] Durch das breitere Angebot an Funktionen werden die Systeme zunehmend teuerer, so dass die Anbieter dazu übergegangen sind, Module anzubieten. Diese Module

555 Vgl. Dechow/Mouritsen (2005), S. 710.
556 Vgl. Al-Mashari/Al-Mudimigh/Zairi (2003), S. 353.
557 Vgl. Xu et al. (2002), S. 54.
558 Vgl. Dechow/Mouritsen (2005), S. 713.
559 Vgl. Bullinger/Lebender/Otto/Weisbecker (2003), S. 66 f.
560 Vgl. Kurbel (2005), S. 247.
561 Vgl. Quiescenti et al. (2006), S. 3798 f.

sollen auch KMU die Vorteile von ERP-Systemen bieten.[562] Allerdings wurde bereits in den vorangegangenen Ausführungen erläutert, dass die Lizenzpreise für den Softwareerwerb nur eine nachrangige Auswirkung auf die Gesamtkosten der ERP-Einführung und des Unterhalts haben. Entsprechend haben nach einer von der Europäischen Kommission herausgegebenen Studie in einzelnen Branchen bis zu 71% der Großunternehmen[563] ein ERP-System implementiert. Demgegenüber fällt die Verbreitung von ERP-Systemen bei KMU drastisch kleiner aus. Als Beispiel kann die Speditions- und Transportbranche genannt werden, in der nur 41% der Großunternehmen mit mehr als 250 Mitarbeitern ein ERP-System implementiert haben. Die für den Logistikdienstleistungsbereich typischerweise kleinen Unternehmen weisen hingegen nur einen Implementierungsanteile von 8% (bei 10 bis 49 Mitarbeitern) oder sogar nur 6% (1 bis 9 Mitarbeitern) auf.[564]

Dies hat ganz erhebliche Implikationen für die in Lehrbüchern verbreiteten Utopien von informationstechnisch integrierten Supply chains ohne Medienbrüche, weil eine lückenlose Integration mit allen Gliedern der Wertschöpfungskette damit als ausgeschlossen bezeichnet werden muss. Über nicht integrierte Automatisierungsinseln hinweg kann es keinen durchgängigen Informationsfluss geben.[565] Solche Rahmenbedingungen der verfügbaren IT-Infrastruktur bei Zulieferern begrenzen die Informationsintegration in Supply chains, wenn Zulieferunternehmen gar nicht oder nur partiell mit Software zur Produktionsplanung und -steuerung ausgestattet sind.[566]

Ganz grundsätzlich sind PPS- und ERP-Systeme nur schlecht auf die Kommunikation mit Partnerunternehmen und deren Systeme sowie der Synchronisation von Plänen ausgerichtet.[567] ERP-Systeme haben ursprünglich die Zielsetzung der bereichsübergreifenden Informationsintegration, um Insellösungen und damit einhergehende mangelnde Transparenz zu vermeiden. Sie sind aber trotzdem überwiegend auf unternehmensinterne Anwendungen ausgelegt. ERP-Systeme sollen die interne Effizienz zwischen verschiedenen Teilen eines Unternehmens erhöhen, während SCM auf die externe Partnerschaft bezieht, für die Grenzen integriert werden müssen.[568] Dies ist in erster Linie im Zusammenhang mit der geringen Verbreitung von ERP-Systemen und dem Vorherrschen von überholten Altsystemen in vielen Unternehmen zu sehen. Diese Legacy-Systeme

562 Vgl. Tarn/Yen/Beaumont (2002), S. 27.

563 Nach 2003/361/EG-KMU-Definition der Europäischen Kommission sind dies Unternehmen mit mehr als 250 Mitarbeitern, mehr als 50 Mio. € Umsatz oder mit einer Bilanzsumme von mehr als 43 Mio. €.

564 Vgl. Selhofer et al. (2008), S. 27; Gillert/Hansen (2007), S. 18.

565 Vgl. Nurmilaakso/Kotinurmi (2004), S. 609.

566 Vgl. Gehr (2006a), S. 5.

567 Vgl. Kurbel (2005), S. 403.

568 Vgl. Tarn/Yen/Beaumont (2002), S. 30.

sind häufig nicht systematisch integriert, sondern organisch gewachsen (z. B. durch Unternehmensaufkäufe und -fusionen). Die unternehmensinterne Integration ist bereits eine Herausforderung, aber noch schwerer ist die unternehmensübergreifende Integration.[569] Typische Daten zum Informationsaustausch liegen bei Vertriebsdaten, Fertigungsplänen und Nachfrageprognosen vor. Die Integration solcher Daten kann in der Anpassung von heterogenen Schnittstellen mit hoher Komplexität münden. Zudem können Legacy-Systeme technisch nicht immer an das Internet angebunden werden. Selbst moderne ERP-Systeme müssen kundenindividuell angepasst werden, was zu Kompatibilitätsproblemen führen kann, weil ERP-Systeme unflexibel und nicht darauf ausgelegt sind, mit allen eigenständigen Systemen umzugehen. Die Integration von Partnern ist ein Hindernis, weil Geschäftspartner unabhängige und heterogene IT-Systeme haben, die nicht darauf ausgelegt sind, mit anderen Anwendungen zu kommunizieren.[570]

Eine unmittelbare Vernetzung von ERP-Systemen würde bedingen, dass alle Partner einer Supply chain das gleiche System benutzen. Neben dem bereits angesprochenen technischen Problem innerhalb von Unternehmen auf Grund unterschiedlicher Stammdaten und der lokalen Anpassung von Softwaresystemen, ist dies in einer weitläufigen Supply chain schon theoretisch nicht möglich. Denn entgegen der abstrahierenden Vorstellung von Supply chains als lineare Ketten sind die Mehrzahl der Unternehmen nicht-exklusive Hersteller und damit „Kreuzungen", durch die Lieferwege von mitunter konkurrierenden Vorlieferanten und Endproduktherstellern (OEM) verlaufen.[571] Hier kann eine – wie häufig in der Literatur implizit suggerierte – Vereinheitlichung von IT-Systemen retrograd vom OEM zu allen Zulieferern denknotwendig nicht funktionieren, weil diese dann ihr Unternehmen zeitgleich mit Datenbanken und Kommunikationsinfrastrukturen mehrer Hersteller nach Vorgabe durch verschiedene Abnehmer verwalten müssten.[572] Bei weltweit mehr als 100 verschiedenen ERP-Herstellern[573] ist diese vorgeschlagene Systemvereinheitlichung innerhalb einer Supply chain illusorisch, zumal eine vollkommene Datentransparenz zwischen den Supply chain-Akteuren (ebenfalls eine verbreitete Denkfigur im Diskurs zum Supply chain management) auch indirekt den Zugriff auf auftragsbezogene Daten von Konkurrenten zulassen

569 Vgl. Gillert/Hansen (2007), S. 18 f.

570 Vgl. Themistocleous/Irani/Lover (2004), S. 394 f.

571 Vgl. Bretzke (2006), S. 8; Haasis/Plöger (2007b), S. 7; Ruppert (1997) weist auf die Notwendigkeit doppelter Infrastrukturen und damit einhergehender Investitions- und Wartungskosten hin; vgl. ebd., S. 69.

572 Vgl. Panichi (1996), S. 41.

573 Vgl. Mabert/Soni/Venkataramanan (2001), S. 69. Der Marktführer SAP hat dabei einen Marktanteil von 25% weltweit, vgl. Mabert/Soni/Venkataramanan (2001), S. 69; Schießl (2007), S. 92 f. Für einen Überblick über in Deutschland tätige ERP-Anbieter vgl. www.erp-logistics.com.

würde.[574] Schon ohne eine informationstechnische Totalintegration gibt es in unternehmensübergreifend integrierten Datensystemen große Probleme mit dem Schutz der eigenen Daten vor Manipulation und unberechtigtem Zugriff sowie den großen Datenmengen, die zu verwalten sind.[575]

Ein anderer Ansatz ist die Zwischenschaltung von Middleware zwischen den Systemen verschiedener Unternehmen, die als Schnittstelle für Daten fungieren und in für das nachgelagerte IT-System verarbeitbare Datenformate konvertieren. Dieser Ansatz hat in der Praxis eine große Verbreitung, ist aber sehr teuer, da Programmierer jede Schnittstelle zwischen verschiedenen Systemen einzeln anpassen müssen (so z. B. bei der Vernetzung von Baan- zu SAP- zu Oracel-Systemen in jeweils verschiedenen Releases). Dies ist ein nur schlecht formalisierbarer Trial & Error-Prozess, der zumeist technisch nicht sehr zuverlässig ist. Daher gab es in der Vergangenheit immer Probleme bei der Interaktion mit externen Geschäftspartnern.[576] Das Kernproblem der Supply chain-Integration ist, dass die Geschäftspartner ihre Dokumente und Prozesse unterschiedlich bearbeiten. Unterschiedliche Begriffsfassungen in verschiedenen Branchen und abweichende Interpretationen gleicher Sachverhalte durch unterschiedliche Unternehmen führen zu Fehlern.[577] Denn eine Informationsabstimmung umfasst nicht nur die Anbindung zum Austausch von Informationen, sondern auch eine Anpassung der darauf Bezug nehmenden Stammdaten.[578] So verweisen Gillert/Hansen (2007) auf Studien, nach denen die Probleme bei der Datenübertragung und -verarbeitung in Unternehmen als Hemmnis der ERP-Inbetriebnahme (40% der Nennungen) noch vor den Implementierungskosten stehen.[579]

Die schon für die unternehmensinterne Informationsintegration angesprochenen Probleme treten daher in schärferer Form auch in der unternehmensübergreifenden Anbindung von IT-Systemen auf: Eine lange Koexistenz von Legacy-System und Geschäftsprozessen hat im Zeitablauf häufig zu einer gegenseitigen Anpassung zwischen Geschäftsabläufen der Organisation und den IT-Systemen geführt, die jenseits der Dokumentation und Wahrnehmung liegt – in der Geschäftsprozesse als gewachsene Strukturen die Stärken eines Systems nutzen und die Schwächen umgehen.[580] Entsprechend ist es schwierig, Legacy-Systeme in

574 So könnte ein OEM ermitteln, welcher Konkurrent ebenfalls vom Zulieferer beliefert wird und aus der Kapazitätsbelegung des Zulieferers indirekt Rückschlüsse auf das Absatzvolumen oder geplante Modellwechsel des Konkurrenten ziehen.

575 Vgl. Xu et al. (2002), S. 55; Wahl/Dörr/Wohlfarth (2006), S. 102 f.

576 Vgl. Tarn/Yen/Beaumont (2002), S. 31.

577 Vgl. Nurmilaakso/Kotinurmi (2004), S. 609.

578 Vgl. Ballnus (2000), S. 302.

579 Vgl. Gillert/Hansen (2007), S. 18.

580 Vgl. Masak (2006), S. 3.

einem Schritt komplett durch neue Systeme zu ersetzen. Aber auch die Integration von gewachsenen Insellösungen aus Legacy Systemen ist ein schwerwiegendes Unterfangen. Zur Gesamtintegration werden Integrationsplattformen wie Common Object Request Broker Architecture (CORBA) benötigt. Häufig bedarf es als Vorarbeit der Erstellung einer Nachdokumentation der Altsysteme, weil Unterlagen fehlen. Der Aufwand zur Integration von Legacy-Systemen ist vielfach deutlich höher als die Neuentwicklung.[581] Proprietäre Software läst sich am besten mit Enterprise Application Integration Middleware (EAI) und Wrappern integrieren. Dort, wo Datenbanken einen Zugriff zulassen, können auch zweckmäßig ODBC-Treiber eingesetzt werden, die einen direkten Zugriff auf die Datensätze der Datenbanken ermöglichen.[582] Enterprise Application Integration Middleware – wie CORBA-Architekturen – werden auch Broker-Dienste genannt. Sie ermöglichen Anwendungen auf Schicht sieben der OSI-Systematik, um benötigte Dienste vom Anwendungssystem über das Netzwerk anzufordern, was die Anwendungssoftware von den Integrationserfordernissen befreien soll. Eine solche Middleware wird immer wichtiger, wenn eine unternehmensübergreifende Informationsintegration erfolgen soll (Enterprise Application Integration EAI, z. B. Netweaver von SAP).[583] Beispielsweise bietet CORBA die Funktion, dass ein Objekt eine Verbindung zu einem anderen Objekt im Netzwerk über einen Remote procedure call (RPC) aufrufen kann. Die Systeme basieren auf verschiedenen Standards, Programmiersprachen und Betriebssystemen oder sind proprietär und daher inkompatibel. Um diese zu integrieren, können Enterprise Application Integration-Systeme (EAI) benutzt werden, welche die Funktionalität verteilter Systeme integrieren. Technologien sind Message Broker, Adapter und ebXML. Dies zielt auf die Zerlegung homogen-zentraler IT-Architekturen mit einem System zu einem Service-Orientated Architecture (SOA) ab.[584] ERP-Systeme sollen dabei von monolithischen Blöcken in Module zerlegt werden, die über Service-Interfaces in Kontakt treten. Das Gesamtsystem wäre dadurch skalierbar (keine nutzlosen Kapazitäten vorhalten) und flexibel zusammensetzbar (keine nutzlosen Investitionen). Zudem wird die Wiederverwendung erleichtert, die Module sind besser wartbar und können besser verteilt werden.[585] Dennoch gibt es keine einzelne Integrationstechnologie, die alle verschiedenen Integrationsebenen (z. B. Daten, Nachrichten, Objekte, Schnittstellen oder Prozesse) integriert. Zudem überlappen sich verschiedene EAI in ihrer Funktionalität und schwanken in der Qualität (z. B. unter dem Gesichtspunkt der Portabilität, Flexibilität, Skalierbarkeit und Effizienz).[586] Grundsätzliche Integrationskonzepte hinsichtlich von Altsystemen

---

581 Vgl. Kurbel (2005), S. 244 ff.

582 Vgl. Themistocleous/Irani/Lover (2004), S. 403.

583 Vgl. Kurbel (2005), S. 245; Gillert/Hansen (2007), S. 113.

584 Vgl. Gillert/Hansen (2007), S. 114.

585 Vgl. ebd., S. 116 f.

586 Vgl. Themistocleous/Irani/Lover (2004), S. 394.

sind Refronting (neue Schnittstelle oder Benutzeroberfläche unter Beibehalt der Hintergrundanwendungen) oder Wrapping (Einkapseln, im vollständigen Fall der Abschirmung als Black box) von Altsystemen (ggf. mit Quasi-Online-Schnittstelle, z. B. wird ein HTML-Dokument dynamisch ausgelesen).[587] Weitgehender ist das Rehosting (Übertragung einer Legacy-Software in eine neue Umgebung ohne Veränderung der Funktionalität) und kann entweder über die Übertragung der Datenbank, aber auch durch eine aufwändigere Recompilation oder Emulation (unter Beibehalt des Original-Quellcodes) erfolgen.[588]

Eine weitere Hürde zur Informationsintegration liegt darin, dass ERP-Systeme häufig auf zyklischer Basis (Stapelverarbeitung) arbeiten, anstatt in Echtzeit. Der Grund liegt in der Informationsüberlastung einzelner Komponenten. So sind kurzfristige Datenanalysen nicht verfügbar, weil der Echtzeit-Zugriff auf dynamische Prozessdaten eingeschränkt ist. Dies ist eine Hürde für die Synchronisation verteilter Datenbestände,[589] was zu inkonsistenten oder lückenhaften Datenbeständen führt.[590] Auch ältere Legacy-Systeme auf Basis von Mainframe-Rechnern greifen vielfach zum Informationsaustausch und zur Informationsverarbeitung auf eine Stapelverarbeitung zurück (Batch-Verarbeitung).[591] Hierbei liegt ein sukzessives, schubweises Abarbeiten mehrerer vollständig gestellter Aufgaben vor. Hierzu gibt es eine Abarbeitung mit oder ohne Prioritäten.[592] Der Grund liegt darin, dass ein diskreter Abgleich per Batchverfahren technisch leichter zu realisieren ist als ein Austausch per unmittelbarer Direktkoppelung im Dialogbetrieb.[593] Für den Informationsaustausch kann eine Unterscheidung von Programm-zu-Programm-Verbindung und einer Verbindung über Dateien vorgenommen werden. Die loseste Form bildet der Dateitransfer, die auch bei der Koppelung heterogener System mit unterschiedlichen Formaten einfach und unkompliziert zu realisieren ist (hier werden Dateien konvertiert). Allerdings ist die wechselseitige Aktualität beschränkt, vor allem, wenn fixe Zugriffszeit-Perioden definiert werden, die Verzögerungen verursachen.[594] Schneller geht dies bei einem gemeinsamen Zugriff auf ein zentrales Datensystem.

Bei der Programm-Programm-Verbindung kann eine Software-Applikation bei einer anderen Anwendung Aktionen veranlassen (wie im Fall der Remote Method

587 Vgl. Masak (2006), S. 97 ff.

588 Vgl. Masak (2006), S. 101.

589 Vgl. Chawathe et al. (2004), 1192; Tarn/Yen/Beaumont (2002), S. 29.

590 Vgl. Haasis/Plöger (2007b), S. 7.

591 Vgl. Masak (2006), S. 103; Helo/Szekely (2005), S. 13.

592 Vgl. Dworatschek (1989), S. 387.

593 Vgl. Knüpffer/Mautner (2005), S. 43.

594 Vgl. Ruppert (1997), S. 63.

Invocation und den Remote procedure calls bzw. einer Abfolge solcher Fernaufrufe, die als Remote stored procedures bezeichnet werden).[595]

Gegenüber Dialog-Systemen haben Batch-Verarbeitungsprozesse in Informationssystemen eine längere Durchlaufzeit bei der Erfassung, Verarbeitung und Weiterleitung von Informationen.[596] Entsprechend treten bei einer Batch-Verarbeitung lange Antwort- und Dialogzeiten auf, die die Durchlaufzeit von Prozessen verlängern, parallele Prozesse auf Grund von Totzeiten behindern und insgesamt die Berechenbarkeit von zeitabhängigen Prozessen mindern.[597] So sind auch in der Logistik Bestell- und Versandabläufe häufig geprägt von zyklischen Vorgängen – bedingt durch Stapelverarbeitung. Über die gesamte Supply chain kumuliert sich der Zeitversatz und führt zu einer Verkürzung des Planungshorizonts. Bei einer achtteiligen Lieferkette für Lederwaren werden in der Praxis aus diesem Grund Mindestbestellvorlaufzeiten von bis zu einem Monat berichtet.[598] Mit zunehmender Entfernung vom Bedarfsverursacher reagieren die Zulieferer mit immer stärkerer Verzögerung und unverhältnismäßig.[599] Zeitverzögerungen in der Informationsweiterleitung bestimmen den Grad der Unsicherheit von Entscheidungen, der in logistischen Aktivitäten mit Pufferbeständen und -kapazitäten begegnet werden muss.[600] Wiederum besteht in der Logistik eine Substitutionsbeziehung von Beständen einerseits und schnellen und korrekten Informationen andererseits.[601]

3.5.2 Unternehmensübergreifende Informationsintegration

Die Informationsintegration ist von hoher Bedeutung, weil nicht informationstechnisch integrierte Schnittstellen die Transferierbarkeit von Informationen unterbinden, eine Mehrfacherfassung notwendig machen, zu Verzögerungen und Informationsverlust sowie inkonsistenten Daten führen.[602] Während diese Probleme in einer heterogenen Systemlandschaft innerhalb eines Unternehmens schon zu Integrationsdefiziten führen,[603] verursachen Medienbrüche in Konstellationen von komplexen Supply chains eine Vervielfachung der Koordinationsprobleme. Daher sollen in diesem Kapitel unternehmensübergreifende Integrationsprobleme aufgezeigt werden.

---

595 Vgl. Kurbel (2005), S. 289.
596 Vgl. Helo/Szekely (2005), S. 7; Bertram (1995), S. 70.
597 Vgl. Gudehus (2005), S. 62.
598 Vgl. Frey/Kimmich/Stommel (2006), S. 52 f.
599 Vgl. ebd., S. 60.
600 Vgl. Bertram (1995), S. 60.
601 Zum Substitutionsverhältnis zwischen Beständen und Informationen siehe Kapitel 3.4.1.
602 Vgl. Strassner (2005), S. 35.
603 Vgl. ebd., S. 88.

3.5.2.1 Advanced planning-Systeme

ERP-Systeme besitzen nicht die Funktionalität und Flexibilität, um standortübergreifende Optimierungen vorzunehmen (z. B. weil sie keine Kapazitätsengpasserkennung in Supply chains ermöglichen). Zudem planen sie nicht, sondern katalogisieren in erster Linie nur Informationen[604] bzw. sind nur auf die Abbildung von Geschäftsprozessen eines Unternehmens ausgerichtet. Wenn sich ERP-Systeme per EDI vernetzten lassen, so ist dies auf den Informationsaustausch in festgelegten Richtungen beschränkt, was einer übergreifenden Planung einer Supply chain enge Grenze setzt.[605] APS setzen auf ERP-Systemen auf, sind aber von ihnen entkoppelt. Sie geben die Beschränkung auf einzelne Unternehmen auf und setzen Optimierungsmethoden für Entscheidungen über die gesamte Lieferkette ein.[606] APS erweitern nochmals die transaktions- und dokumentationsorientierten ERP-Systeme um Entscheidungsinstrumente und Optimierungsmethoden zur Planung.[607] APS werden in erster Linie als Add-ons in ERP-Systeme integriert, da diese für aktuelle SCM-Lösungen die Infrastruktur stellen und Daten bereithalten. APS führen Daten aus mehreren dezentralen MRP-Systemen (unterschiedlicher Standorte wie auch Unternehmen) zusammen, um sowohl lokale wie auch globale Restriktionen bei einer Simultanplanung zu erfüllen.[608]

Die Funktion von APS in Supply chains liegt darin, den Informationsaustausch entlang der gesamten Supply chain zu ermöglichen und die Synchronisation der Supply chain zu fördern. Das meint nicht nur den Informationsfluss innerhalb von Unternehmensgrenzen, sondern zwecks Integration der Geschäftspartner auch darüber hinaus. Es gibt Interdependenzen der eigenen Effizienz mit der Effizienz der Geschäftspartner.[609] Advanced planning-Systeme enthalten typischerweise – neben langfristig orientierten Standortplanungsmodellen – Planungsmodule, unterstützende Module und kollaborative Module. Planungsmodule decken die kurzfristige Ressourcenplanung, Transportplanung und aggregierte Programmplanung über mehrere Unternehmen hinweg ab. Unterstützende Module sind beispielsweise Prognoseinstrumente hinsichtlich von Kundennachfragen und disponiblen Beständen. Kollaborative Module dienen der Abstimmung von Geschäftspartnern in einer Supply chain (mit Anwendungen zu Collaborative Forecasting, Collaborative Replenishment und Vendor-Managed-Inventory).[610] Eine unternehmensübergreifend integrierte IT-Infrastruktur erhöht den Nutzen von ERP-Systemen sowie die zeitliche Effizienz der Supply chain. Sie bietet die Möglichkeit

604 Vgl. Kuhn/Hellingrath (2002), S. 130 f.

605 Vgl. Steven (2007), S. 279.

606 Vgl. Pawellek (2007), S. 103; Dangelmeier/Pape/Rüther (2004), S. 15.

607 Vgl. Schultmann/Fröhling/Rentz (2002), S. 563; Kuhn/Hellingrath (2002), S. 129.

608 Vgl. Dangelmeier/Pape/Rüther (2004), S. 16.

609 Vgl. Tarn/Yen/Beaumont (2002), S. 28.

610 Vgl. Tempelmeier (2006b), S. 375 f.; Günther/Tempelmeier (2005), S. 330 f.; Steven (2007), S. 280.

über Upstream-Informationsflüsse in Echtzeit eine Rückmeldung über den Verlauf von Materialflüssen downstream zu geben.[611] So wurde in einer Studie durch Viswanathan/Widiarta/Piplani (2007) aufgezeigt, dass durch die überbetriebliche ERP-Abstimmung mittel APS durch Austausch von End-Bedarfsdaten (gegenüber dem ausschließlichen Einsatz von Prognosen anhand von historischen Daten) die Bestandshöhe in mehrstufigen Supply chains um 29,41% gesenkt werden konnte.[612]

An APS-Systemen wird kritisiert, dass sie in ihrer gesamten Funktionalität nur bei Wertschöpfungsverbünden zum Tragen kommen können, wenn ein Unternehmen mit seiner Marktmacht die anderen Akteure der Supply chain weitgehend dominiert. Nur in solchen Konstellationen können unternehmensübergreifende Gesamtoptimierungen durchgesetzt werden, bei denen einzelne Unternehmen Nachteile in Kauf nehmen müssen.[613] APS-Systeme zeigen einen Weg auf, wie eine weitreichende IT-Infrastruktur den Nutzen von ERP-Systemen erhöht sowie die zeitliche Effizienz der Supply chain und die Möglichkeit von Upstream-Informationsflüssen in Echtzeit eine Rückmeldung zu geben wie der Materialfluss downstream verläuft.[614]

Durch eine Integration der unternehmensübergreifenden Informationsflüsse mit Hilfe von Kommunikationstechnologien kann der manuelle Aufwand zur Bearbeitung von Korrespondenz reduziert werden. Nach Wildemann (2001) belaufen sich die daraus resultierenden Einsparungen im administrativen Aufwand auf durchschnittlich 37%.[615]

3.5.2.2 Anwendungsfelder für Electronic Data Interchange (EDI)

Wie im Zusammenhang mit dem Bullwhip-Effekt bereits aufgezeigt wurde, gilt ein schneller und fehlerfreier Austausch von Bestellungen oder Bedarfsmeldungen, die entgegengesetzt dem Materialfluss gerichtet sind, als unerlässlich, um Kosten in Bezug auf unzureichende Planung, fehlerhafte Abstimmung und die übergreifende Bestandskontrolle zu vermeiden.[616] Um Material- und Informationsfluss zu integrieren, müssen Rechner zwecks lokaler Kommunikation verknüpft werden.[617] Für den zwischenbetrieblichen Austausch bedingt dies den Datenaustausch über die Verknüpfung von Datenbanken zwischen unterschiedlichen Betriebsstätten und Unternehmen. Hierzu bedarf es einer Datenfernübertragung[618] (Electronic Data

---

611 Vgl. White/Johnson/Wilson (2008), S. 94.
612 Vgl. Viswanathan/Widiarta/Piplani (2007), S. 5071.
613 Vgl. Dangelmeier/Pape/Rüther (2004), S. 17.
614 Vgl. White/Johnson/Wilson (2008), S. 94.
615 Vgl. Wildemann (2001), S. 184.
616 Vgl. Childerhouse et al. (2003), S. 492; Schützdeller (1990), S. 133.
617 Vgl. Arnold/Furmans (2009), S. 7.
618 Vgl. Sheombar (1992), S. 13.

Interchange, kurz EDI).[619] Die Infrastruktur zur Datenübertragung besteht aus mindestens zwei Datenstationen, die zwecks Datenaustauschs miteinander verbunden sind,[620] so dass der Stand der vorgehaltenen Daten bei Kunde und Lieferant identisch sind.[621] EDI dient – im Gegensatz zu herkömmlichen Kommunikationsmedien wie Telefax oder Telefon – der medienbruchlosen Weiterarbeitung übermittelter Daten für interne Anwendungen der IT-Systeme.[622] Die unmittelbare Weiterverarbeitbarkeit durch Standardisierung rationalisiert interne und externe Kommunikationswege. Eine solche Anbindung an interne Anwendungssysteme fördert auch die Automatisierung innerbetrieblicher Prozesse.[623] Zudem kann EDI, neben Einsatzzwecken für eine reine Automatisierung von Informationsprozessen mit dem Ziel der Rationalisierung, auch für innovative Einsatzfelder zur Schaffung neuer Prozesse verwendet werden.[624]

EDI wurde bereits Ende der 1960er Jahre benutzt, fand seine bedeutende Verbreitung aber erst in den 1980ern.[625] Den ersten dokumentierten Einsatz von EDI gab es bei der Chrysler Corporation 1969, als ein proprietärer Standard implementiert wurde. Bei Einführung des Standards ANSI X.12 wurden alle Zulieferer verpflichtet, innerhalb eines Jahres ihre Systeme diesem Standard anzupassen. Zulieferer, die sich nicht bei Chrysler integriert hatten, mussten auf die manuellen Vorab-Bedarfsmeldungen und Abrufe per Brief reagieren, was längere Informationslaufzeiten und damit kürzere Lieferzeitfenster bedeutete. Hieraus erwuchsen zusätzliche Unsicherheiten für die Abnehmer, was deren Wettbewerbsposition gegenüber Konkurrenten schwächte.[626]

3.5.2.3 Definition und Elemente von EDI-Systemen

EDI wird in der Literatur durchgängig definiert als die papierlose Kommunikation auf Basis von strukturierten Formaten (Syntax) und standardisierten Protokollen zwischen zwei Computern von Geschäftspartnern über eine elektronische Datenverbindung, ohne dass es eines menschlichen Eingriffs bedarf und die Nachrichten automatisch weiterverarbeitet werden können.[627] Dadurch ist es dem Empfänger

619 Auch in der deutschsprachigen Fachliteratur hat sich mittlerweile die englische Bezeichnung EDI durchgesetzt. In älteren Veröffentlichungen wird hingegen auch die synonyme Bezeichnung Datenfernübertragung (DFÜ) verwendet.

620 Vgl. Krieger (1995), S. 66.

621 Vgl. Dreher/Scherer (2001), S. 220.

622 Vgl. Haasis (2008), S. 237; Schützdeller (1990), S. 130; Neuburger (1994), S. 1.

623 Vgl. Neuburger (1994), S. 6 ff.

624 Vgl. ebd., S. 29.

625 Vgl. Walton/Gupta (1999), S. 373.

626 Vgl. Srinivasan/Kekre/Mukhopadhyay (1994), S. 1294.

627 Vgl. Stefansson (2002), S. 136; Lyons et al. (2005), S. 4291; Lim/Palvia (2001), S. 194; Hansen/Neumann (2001), S. 602; Stölzle/Heusler/Karrer (2004), S. 140; Henkel (1996), S.

möglich, die eingehenden Daten direkt in seinen Anwendungsprogrammen zu verwenden (Durchgängigkeit der Daten).[628] Dies schließt als Kommunikationskanäle den Austausch per Brief, Telefon, Telefax oder Übergabe von Datenträgern aus.[629] EDI-Systeme sind betriebsübergreifende Systeme, die die Kommunikation und Informationsversorgung zwischen zwei oder mehr Organisationen erleichtern, indem sie eine hocheffiziente und fehlerfreie elektronische Datenverbindung etablieren.[630] Der Einsatz von zwischenbetrieblichen Informationssystemen etabliert eine enge Integration im Sinne von Informationsverbünden.[631] Der Datenaustausch zwischen Datenbanken innerhalb eines Betriebes wird nicht als EDI bezeichnet.[632] Per EDI werden Lieferscheine, Rechnungen, Eingangsbestätigungen und andere Dokumente zwischen Handelspartnern übertragen.[633]

Der Begriff EDI wird für alle Formen der Datenfernübertragung benutzt. Die verbreitesten Standards sind dabei EDIFACT sowie im angelsächsischen Bereich AISN X.12.[634] UN/EDIFACT ist ein international verabschiedetes Regelwerk (Norm) zum elektronischen Austausch von Geschäftsdokumenten.[635] EDIFACT (Electronic Data Interchange for Administration, Commerce and Transport) ist ein seit 1987 als DIN ISO-Norm (9735) festgelegter Format-Standard, der derzeit 220 Nachrichtentypen semantisch festlegt. Wegen der sehr komplexen Nachrichtenstruktur und für den Anwender vielfach überladenen Gestaltungsparameter ist er allerdings nur mit hohem Aufwand implementierbar. Daher gibt es verschiedene Unter-Standards (Subsets) für spezifische Anwendungen.[636] Während der Existenz der EDIFACT-Norm gab es zudem branchenspezifische oder nationale Standards (so wies noch 1995 der VDA-Standard als Übertragungsformat des Verbands der Automobilindustrie die größte Verbreitung in Deutschland auf, ferner gibt es als branchenspezifische Standards Odette oder RosettaNet)[637] und Subsetentwicklungen für anwendungsspezifische Lösungen auf Basis von Normen und Standards[638] (z. B. CEFIC für die chemische Industrie, EDITEX für die Textilwirtschaft

43; Kekre/Mukhopadhyay/Srinivasan (2003), S. 361; Wang/Seidmann (1995), S. 402; Krieger (1995), S. 31; Scheer/Grieble/Zhang (2003), S. 52 f.

628 Vgl. Hansen/Neumann (2001), S. 602; Neuburger (1994), S. 1.

629 Vgl. Weid (1995), S. 11 f.

630 Vgl. Nicolaou (2002), S. 39.

631 Vgl. Siestrup (1999), S. 93.

632 Vgl. Sheombar (1992), S. 11.

633 Vgl. Gillert/Hansen (2007), S. 11.

634 Vgl. Lyons et al. (2005), S. 4291.

635 Vgl. Brehm (1997), S. 37.

636 Vgl. Hansen/Neumann (2001), S. 636; Bode/Preuß (2004), S. 187 f.

637 Vgl. Henkel (1996), S. 133.

638 Der Unterschied zwischen technischen Standards und Normen ist darin zu sehen, dass ein Standard eine präzise Spezifikation der Inhalte enthält und einen nicht unerheblichen Verbreitungsgrad aufweist, während eine Norm nach DIN EN 45020 gekennzeichnet ist durch ein „Dokument, das mit Konsens erstellt und von einer anerkannten Institution

oder EDIFICE für die Computer- und Elektroindustrie).[639] Subsets besitzen eine hohe Bedeutung für die Umsetzung des EDIFACT-Standards in der betrieblichen Praxis (Muss-, Kann- und Soll-Felder und Felder-Auswahl).[640] ASC X.12 in den USA und EDIFACT außerhalb Nordamerikas haben die Verbreitung von EDI forciert.[641] Der Grund hierfür liegt darin, dass diese Normen im Gegensatz zu proprietären Standards entwicklungsflexibel und für verschiedene Anforderungen anpassbar gestaltet sind. Daher können sie eher einen Investitionsschutz bei der Schnittstellenentwicklung gewährleisten. Zudem verringern sie die organisatorische Komplexität.[642] Mangelnde Standardisierung hingegen hemmt die Verbreitung von EDI-Standards.[643]

Es gibt auch einen Informationsaustausch per EDI mit Banken. Hierbei herrscht in der Literatur keine klare Begriffsabgrenzung. Gelegentlich wird dies Electronic Funds Transfer (EFT) genannt. Im wissenschaftlichen Diskurs bleibt offen, ob Online-Banking eine Form von EDI ist.[644]

Die häufigsten Dokumente, die mit EDI verschickt werden, sind Bestellungen, Bestätigungen, Frachtbriefe und Statusreporte.[645] Weitere austauschbare Daten wären aber auch Arbeitspläne, Stücklisten, Kapazitäts- und Ressourcengruppen und die Abbildung der Belegung pro Sachnummer sowie Bestandsführung und -verwaltung. Weiter gibt es Bewegungs- und Verwaltungsdaten wie Kapazitäten, Bedarfe, Bestände, Transportabrufe, Statusmeldungen, Wareneingangsquittierungen, Lieferscheine, Fortschrittszahlen und Werkkalender. EDI-Message-Kategorien sind: Order, Report, Request, Confirmation, Plan, Status Message, Enquiry und Reply. Manche davon werden in einer engen Partnerschaft nicht benutzt, weil sie vorher abgestimmt sind (so vor allem Request, Enquiry, Confirmation und Reply).[646]

Im Fall von Frachtbriefen werden die Informationen zum Warenausgang (Lieferavis, im englischen als Advanced shipping notes bezeichnet) von Stückgütern einer eindeutigen Nummer der Versandeinheit (NVE) zugeordnet, um vorauseilenden ASN später beim Abnehmer eingehende Transporteinheiten zuordnen zu können. Dazu bedarf es einer betriebsübergreifend eindeutigen (kollisionsfreien) Kennzeichnung des Daten- und Warenverkehrs mit der NVE als Referenznummer.[647] Zu diesem Zweck kann eine Kennzeichnung des Transport-

---

angenommen wurde sowie das für die allgemeine und wiederkehrende Anwendung Regeln, Leitlinien oder Merkmale für Tätigkeiten oder deren Ergebnisse festlegt (…)."

639 Vgl. Neuburger (1994), S. 21.

640 Vgl. Henkel (1996), S. 126.

641 Vgl. Nurmilaakso/Kotinurmi (2004), S. 608.

642 Vgl. Henkel (1996), S. 137.

643 Vgl. ebd., S. 11.

644 Vgl. Neuburger (1994), S. 7; Walton/Gupta (1999), S. 373 f.

645 Vgl. Hansen/Neumann (2001), S. 636.

646 Vgl. Sheombar (1992), S. 12.

647 Vgl. Füßler (2001), S. 89 f.

gebindes in Klarschrift oder mittels eines automatischen Identifikationssystems als Informationsträger erfolgen.[648] Hierbei haben sich Transportetiketten mit Barcodes nach dem EAN 128-Standard in Deutschland als Standard zur Kennzeichnung von Ladeeinheiten durchgesetzt. Je nach Bedarf des Versenders werden dazu unterschiedliche Nachrichtenformate verwendet (im Fall von EDIFACT wäre dies bei Artikelstammdaten SINFOS/PRICAT oder bei Lieferavisdaten DESADV). Artikeldaten, die elektronisch zur Verfügung gestellt werden, sind die Nummer der Versandeinheit, EAN der Handelseinheit, EAN der enthaltenen Einheit, Menge, Mindesthaltbarkeitsdatum, Chargennummer, Bruttogewicht, die Bestellnummer des Warenempfängers, Adressdaten des Endempfängers (für Cross Docking-Prozesse) sowie bilaterale Zusatzinformationen (z. B. zur Anwendung der Ladung).[649] Werden solche Informationen nicht elektronisch zur Verfügung gestellt, entsteht beim Wareneingang ein erheblicher Aufwand, da alle Transporteinheiten separat geprüft und im Warenwirtschaftssystem gebucht werden müssen. Bei nichtartikelreinen Paletten ist dieser Aufwand nicht vertretbar. Können die Informationen über SINFOS (EDI) übertragen werden, so entfällt dieses administrativen Arbeiten weitgehend, da Artikelstammdaten dadurch vorliegen. Werden Artikelstammdaten und Lieferavisdaten vorab dem Adressaten bereitgestellt,650 können vor dem Eintreffen von Lieferungen vorliegende Entlade- und Sortierlisten die zeitliche Verweildauern an Entladerampen des Wareneingangs reduzieren. Hier verwirklicht sich der Ansatz des Baton passing als Ansatz der aufwandsarmen Objektübergabe an Prozessschnittstellen. Henkel (1996) konnte auf Grund von empirischen Daten ermitteln, dass vorauseilende Informationen die Mindestdurchlaufzeit von Bestellungen in seiner Studie um vier Stunden reduzierten.[651]

Hieraus wird ersichtlich, dass EDI als Technologie eine wichtige Voraussetzung für den reibungslosen Austausch in Lieferverbünden in Supply chains darstellen kann, weil es den Prozess der Informationserfassung, -verarbeitung und -weiterleitung beschleunigt.[652] Allerdings macht der Einsatz von EDI auch eine Anpassung dieser Prozesse erforderlich.[653]

3.5.2.4 Positive Effekte von EDI

Wie bereits bei der Definition von EDI dargestellt, dienen Datenfernübertragungsmittel zur Übertragung von erfassten Daten, für die es standardisierte Protokolle gibt (z. B. Odette, RosettaNet oder EDIFACT). Hierüber wird auch der Austausch vollständiger Artikel- und Auftragsstammdaten möglich, ebenso wie die

648 Vgl. Vahrenkamp (2007), S. 62.
649 Vgl. Bode/Preuß (2004), S. 100.
650 Vgl. ebd., S. 100 f.
651 Vgl. Henkel (1996), S. 188 f.
652 Vgl. Stölzle/Heusler/Karrer (2004), S. 140.
653 Vgl. Neuburger (1994), S. 24.

verzögerungslose Avisierung von Aufträgen und die Rechnungsstellung. Hierdurch wird eine Mehrfacherfassung an Vereinnahmungspunkten in inner- und überbetrieblichen Wertschöpfungsketten vermieden, was Personalaufwand, Fehler und Zeitverluste minimiert sowie die Rückverfolgung von Aufträgen erleichtert und Informationen ohne Verzögerung verfügbar macht.[654] EDI automatisiert die durch manuelle Doppelarbeiten charakterisierten Schnittstellen zwischen Unternehmen,[655] indem es routinemäßige manuelle Prozesse der Datenübergabe, -vereinnahmung und -verarbeitung in eine automatisierte Übertragung per EDI überführt.[656] Neuburger (1994) schätzt den Anteil der in den 1990ern Jahren per Briefpost abgewickelten zwischenbetrieblichen Kommunikation auf 40%.[657] Auch Stefansson (2002) konnte in einer aktuelleren Studie nachweisen, dass KMU deutlich überwiegend noch auf Brief, Fax und Telefon als überbetriebliche Kommunikationsmedien zurückgreifen.[658] Buxmann/König (2000) verweisen auf eine Studie, nach der 70 bis 95% aller Daten wiederholt beim empfangenden Unternehmen erfasst werden müssen, obwohl sie beim Absender schon digital vorliegen.[659] Gemäß Neuburger (1994) erlaubt der Einsatz von EDI die Verringerung des Papierhandlings im Bestellwesen von 5 bis 10 Stunden auf 0,5 Stunden.[660] Srinivasan/Kekre/Mukhopadhyay (1994) konnten in einer empirischen Studie bei Werken der Firma Chrysler nachweisen, dass bei Bestellungen für eine Just-in-time-Versorgung über EDI die Lieferabweichungen (nach Art und Menge) um zehn Prozentpunkte niedriger lagen als bei Bestellungen über konventionelle Kanäle.[661] Nach empirischen Studien von Truman (2000) führte eine intensivere überbetriebliche Informationsintegration zu signifikant weniger Personalbedarf in indirekten Verwaltungsbereichen (-23%) und zu Rationalisierungspotenzialen im direkten Bereich der Fertigung, wo 12% weniger Personal benötigt wird.[662] Eine andere empirische Studie von Mackay/Rosier (1996) in der australischen Automobilindustrie zeigte, dass die Zahl der Arbeitsstunden, die von Sachbearbeitern durchschnittlich für die Bearbeitung von Bestellung-Dokumenten aufgewandt wurden, in den betrachteten Unternehmen durch die Einführung von EDI um durchschnittlich 44,2% verringert werden konnte. Eine weitere multivariate Auswertung der Daten zeigte zudem, dass eine signifikant positive Korrelation von EDI-Implementierung und Produktivitätszuwächsen, Personalkosteneinsparungen, fehlerfreierer Datenerfassung, schnellerer Reaktion auf Kundenanfragen und

654 Vgl. Schnetzler/Schönsleben (2007), S. 499; Gudehus (2005), S. 60.
655 Vgl. Haasis (2008), S. 237; Bertram (1995), S. 69.
656 Vgl. Malhotra/Gosain/El Sawy (2007), S. 267; Brehm (1997), S. 99.
657 Vgl. Neuburger (1994), S. 4.
658 Vgl. Stefansson (2002), S. 139.
659 Vgl. Buxmann/König (2000), S. 77 f.
660 Vgl. Neuburger (1994), S. 34.
661 Vgl. Srinivasan/Kekre/Mukhopadhyay (1994), S. 1297.
662 Vgl. Truman (2000), S. 232.

verringerten Verwaltungskosten messbar ist.[663] Weitere Studien von Kekre/Mukhopadhyay/Srinivasan (2003) und Banerjee/Golhar (1993) konnten signifikante Effekte durch den Einsatz von EDI in Form von besserem Kundenservice, höherer Datenkontrolle, weniger Datenübertragungs- und –eingabefehler, weniger Bestandskosten, Wettbewerbsvorteile durch intensivere Anbindung als Konkurrenten (durch eine höhere Kundenloyalität), schnellere Datenübertragung, bessere Sendungsverfolgung, schnellere Rechnungsstellung, geringere Verwaltungsaufwand in indirekten Bereichen sowie weniger Bedarf an teuren Sonderprozessen zur Fehlerkorrektur (insbesondere Eillieferungen) belegen.[664] Bei einer empirischen Studie von Lim/Palvia (2001) konnten ebenfalls Verbesserungen des Kundenservice und auch eine signifikant höhere Bestandsverfügbarkeit sowie ebenso kürzere Bestellauftragsdurchlaufzeiten (einschließlich höherer Flexibilität bei nachträglichen Bestelländerungen) bei Zunahme der EDI-Integration zwischen Unternehmen gemessen werden.[665] Auch Bhatt (2001) konnte ähnlich positive, empirisch signifikante Effekte messen.[666] Einschränkend muss aber auch bemerkt werden, dass eine Konkretisierung der Einspareffekte durch den Einsatz von EDI jenseits dieser empirisch genau erfassten Ergebnisse in der Praxis schwierig ist, weil anfallende Erfassungskosten nur mit großem Aufwand messbar sind und daher zumeist Schätzwerte zugrunde gelegt werden.[667] Die konkreten Gründe für diese empirischen Ergebnisse liegen vor allem darin, dass EDI durch eine Automatisierung zu fehlerlosen Übertragungen, effizienteren Prozessen und zur Beschleunigung der Kommunikation durch synchrone Bearbeitung von Informationen führt.[668]

Der Einsatz von EDI hilft bei der Beschaffungskoordination von Ressourcen und der Auslieferung von gefertigten Produkten mit betriebsinternen Prozessen. Zusätzlich können Kontrollangelegenheiten, die sich auf Kostenrechung, Effizienz und Überwachung der Produktqualität beziehen, leichter abgewickelt werden.[669] Konkrete Vorteile von EDI gegenüber Fax, Telefon und Brief ergeben sich aus der Geschwindigkeit der Datenübertragung, einer einfacheren Datenstrukturierung und -verschlüsselung, der hohen Zuverlässigkeit (hinsichtlich der Datenqualität) bzw. geringen Fehleranfälligkeit sowie niedrigen Kosten pro digitaler Übertragung und die entfallenden Erfassungskosten. Zudem erlaubt die informationstechnische Integration, dass ein Bedarfsabruf bei Zulieferern automatisch ausgelöst wird und

663 Vgl. Mackay/Rosier (1996), S. 73 f.

664 Vgl. Banerjee/Golhar (1993), S. 25; Kekre/Mukhopadhyay/Srinivasan (2003), S. 368; ebd. S. 376; Schützdeller (1990), S. 112.

665 Vgl. Lim/Palvia (2001), S. 205 ff.

666 Vgl. Bhatt (2001), S. 67.

667 Vgl. Henkel (1996), S. 198.

668 Vgl. Schnetzler/Schönsleben (2007), S. 499; Nurmilaakso/Kotinurmi (2004), S. 608; Henkel (1995), S. 45.

669 Vgl. Nicolaou (2002), S. 50.

dieser ebenfalls per EDI zeitnah eine Auftragsbestätigung sowie Liefertermin übermitteln kann.[670] Der Aufbau einer integrierten IT-Infrastruktur kann daher benutzt werden, um Fertigungsdaten auszutauschen, was eine besonders hohe Bedeutung für eine fehlerfreie Übertragung von großen Datenmengen bei kundenindividueller Massenfertigung (Mass customization) hat.[671] Analog ermöglichen automatisierte Bestellungen auf elektronischem Wege eine schnellere Rechnungsprüfung, die Überwachung des Zahlungseingangs mit EDI sowie automatisierte Fakturierungs- und Buchungsvorgänge.[672] Diruf (1997) verweist in diesem Zusammenhang auch auf die Vermeidung fehlerhafter Lieferbriefdaten, welche durch eine nachträglich manuelle Korrektur beim Warenausgang auftreten können.[673]

Dies hat auch positive Auswirkungen auf die Finanzflüsse in der Supply chain, weil durch eine Verringerung der Durchlaufzeiten die Rechnungsstellung und die Zahlungseingänge schneller erfolgen und sich ein kürzerer Cash-to-cash-Zyklus (Zeit zwischen Auszahlungen für Vorleistungen und den Zahlungseingang für eigene Lieferungen und Leistungen) positiv auf die Liquidität und Rentabilität auswirkt.[674]

Der Einsatz von EDI in Fertigungsverbünden kann Bestellprozesse vereinfachen und erleichtert die Überwachung der (termingerechten) Liefertreue und der Lieferqualität hinsichtlich Art, Menge und Qualität.[675] EDI ist daher die Grundlage zur Synchronisation von Fertigungsverbünden und zur Verringerung von Prozessunsicherheiten,[676] so dass der Einsatz von EDI auch eine wichtige technische Voraussetzung bildet, um eine Just-in-time-Versorgung in Fertigungsverbünden zu optimieren.[677]

Weiterhin können Einsparungen durch Prozessintegration mittels EDI durch Verringerung des Personalaufwands und durch Verringerung der Kosten für Porto-, Papier- und Kopierkosten sowie der Dokumentenerstellung und -verwaltung erzielt werden.[678] EDI beschleunigt Datentransfer und erleichtert Datenerfassung, da Medienbrüche an Schnittstellen überbrückt werden, wodurch Kosten eingespart werden und das Volumen auszutauschender Daten wirtschaftlich erhöht werden kann.[679] Dies erleichtert die höhere Transparenz der Logistikprozesse und ermöglicht Echtzeit-Kontrolle und Durchlaufzeitverkürzungen. Daher können mit

---

670 Vgl. Krieger (1995), S. 66; Brehm (1997), S. 82.
671 Vgl. Tan/Shaw/Fulkerson (2000), S. 46.
672 Vgl. Neuburger (1994), S. 32 f.
673 Vgl. Diruf (1997), S. 73.
674 Vgl. Schröder (2004), S. 252; Stölzle/Heusler/Karrer (2004), S. 144.
675 Vgl. Jayram/Vickery/Droge (2000), S. 315.
676 Vgl. Wang/Seidmann (1995), S. 402.
677 Vgl. Kapitel 4.2.1; Lyons et al. (2005), S. 4291.
678 Vgl. Buxmann/König (2000), S. 78; Brehm (1997), S. 81; Henkel (1995), S. 60.
679 Vgl. Sheombar (1992), S. 8.

EDI Durchlaufzeitreduzierungen von 50% erzielt werden.[680] Diese resultieren aus der Reduzierung von Postlaufzeiten, verkürzten Übermittlungszeiten und der medienbruchlosen Weiterverarbeitung der Daten.[681] Ohne EDI bedarf es hingegen Aktivitäten zum manuellen Papierhandling (einschließlich Datenkonvertierung, Datenverschlüsselung, Umsetzung von Papierbelegen in elektronische Daten).[682] Da die per EDI eingegangenen Daten in elektronischer Form vorliegen, lassen sie sich verzögerungslos unternehmensintern an die richtige Entscheidungsinstanz weiterleiten, um schnell Entscheidungen treffen zu können. So wird durch Einsatz von EDI der externe Informationsfluss ähnlich schnell wie der innerbetriebliche. Entsprechend führt EDI zur informationstechnischen Integration räumlich verteilter Betriebsstätten und rechtlich selbstständiger Unternehmen.[683] Die unmittelbare Weiterverarbeitbarkeit durch Standardisierung rationalisiert interne und externe Kommunikationswege. Eine solche Anbindung an interne IT-Systeme fördert auch die Automatisierung innerbetrieblicher Prozesse.[684]

Auch in einem anderen Zusammenhang hat die Schaffung durchgängiger Material- und Informationsflüsse entlang der Supply chain Vorteile, indem sie eine schnellere Auftragsbearbeitung und eine Beschleunigung des Auftragsflusses ermöglicht.[685] Vor allem spielt die rechtzeitige Verfügbarkeit von Informationen eine große Rolle.[686] Wie im Kapitel 3.4.1 bereits angesprochen wurde, sind Verzögerungen in der Übermittlung von Bedarfen und Auftragseingängen maßgeblich verantwortlich für das Aufschaukeln von Beständen entlang der Supply chain. Der Einsatz von EDI leistet daher einen erheblichen Beitrag zur Reduzierung des Bullwhip-Effekts und damit zur Verringerung der Bestandshaltung in Supply chains,[687] indem der Austausch von Informationen eine Verbesserung der Entscheidungsgrundlagen für Bestellungen, Kapazitätsallokationen und die Fertigungsplanung ermöglicht.[688] So konnte in einer Studie von Viswanathan/Widiarta/Piplani (2007) durch den Austausch von tatsächlichen Daten über die Endkundennachfrage gegenüber dem Einsatz von Prognosemodellen auf Basis historischer Daten die Bestandshöhe in mehrstufigen Supply chains um 29,41% gesenkt werden.[689] Andere Studien ermitteln Bestandskostensenkungspotenziale durch unternehmensübergreifende Transparenz von 40-70% sowie höhere Servicegrade und weniger entgangene Umsätze durch höhere Warenverfügbarkeit.[690]

680 Vgl. ebd., S. 13.
681 Vgl. Neuburger (1994), S. 31.
682 Vgl. Krieger (1995), S. 160.
683 Vgl. Neuburger (1994), S. 52 f.
684 Vgl. ebd., S. 6 ff.
685 Vgl. Wildemann (2001), S. 15.
686 Vgl. Schnetzler/Schönsleben (2007), S. 499.
687 Vgl. Wang/Seidmann (1995), S. 402; Huang/Lau/Mak (2003), S. 1484.
688 Vgl. Huang/Lau/Mak (2003), S. 1484.
689 Vgl. Viswanathan/Widiarta/Piplani (2007), S. 5071.
690 Vgl. Delen/Hardgrave/Sharda (2007), S. 614.

Auch Lyons et al. (2005) konnten in einer empirischen Studie in einem Fertigungsverbund mit flexibler Fertigung nachweisen, dass der Bullwhip-Effekt durch Informationsaustausch reduziert werden konnte.[691]

Durch den Einsatz von EDI ergibt sich die Möglichkeit, Material- und Informationsfluss zu entkoppeln. Auf diese Weise kann zunächst die Informationsdurchlaufzeit und dann dadurch die Materialflussdurchlaufzeit reduziert werden. Umgekehrt führt eine unzureichende Informationsintegration zu Verzögerungen und Verzerrungen bei Entscheidungen.[692] So kann bei Abgabe eines Lieferavis ein Abnehmer frühzeitige Vorbereitungen zur Warenvereinnahmung treffen.[693] EDI ist dabei ein Instrument zur Synchronisation von Material- und Informationsfluss.[694] Insgesamt gilt, dass die Schaffung durchgängiger Material- und Informationsflüsse entlang der Wertschöpfungskette zu einer schnelleren Auftragsbearbeitung sowie zu einer Beschleunigung des Auftragsflusses führt.[695]

Empirische Studien von Jayram/Vickery/Droge (2000) belegen, dass EDI-Systeme, automatische Identifikationssysteme und automatisierte Warenhandlingssysteme Prozesse statistisch signifikant fehlerfreier machen und beschleunigen, so dass sie entsprechend die Vereinnahmung von Versandeinheiten reduzieren.[696] Durch EDI kann die Wareneingangsabwicklung beschleunigt werden, woraus kürzere LKW-Wartezeiten[697] resultieren und eine schnellere Warenvereinnahmung (mit anschließender Warenverfügbarkeit) ermöglicht wird. Insbesondere die Integration von EDI und automatischen Identifikationssystemen (zur Zuordnung der NVE) beschleunigt den Warenumschlag.[698] So können vor dem Eintreffen von Lieferungen vorliegende Entlade- und Sortierlisten den zeitlichen Aufwand an Entladerampen reduzieren.[699] Auch hinsichtlich der Beschleunigung der Durchlaufzeiten von Materialflüssen mit Hilfe von IT-Systemen liegt der Kernvorteil bei EDI in einer Zeitreduzierung:[700] durch verbesserte Kommunikation können notwendige Dispositionen früher getroffen werden.[701] Gemäß einer empirischen Studie schätzen 80% der befragten Unternehmen, dass im Informationsfluss

691 Vgl. Lyons et al. (2005), S. 4304 f.

692 Vgl. Ward/Zhou (2006), S. 183.

693 Vgl. Brehm (1997), S. 107.

694 Vgl. Kekre/Mukhopadhyay/Srinivasan (2003), S. 363.

695 Vgl. Wildemann (2001), S. 15.

696 Vgl. Jayram/Vickery/Droge (2000), S. 322 f.

697 Lieferungen Just-in-sequence werden ausschließlich per Straßenverkehr abgewickelt, weil ein intermodaler Transport mit zu großen Lieferverzögerungen und schwankenden Prozessdurchlaufzeiten einhergeht. Zur Diskussion des Modal splits im Güterverkehr vgl. Zachcial (2010), S. 176 ff.

698 Vgl. Henkel (1995), S. 84.

699 Vgl. ebd., S. 188.

700 Vgl. Kim (1994), S. 46.

701 Vgl. Alpar et al. (2008), S. 49.

liegende Durchlaufzeitsenkungspotenziale für den Materialfluss als hoch oder sehr hoch ein. Die Bearbeitung von Informationen beansprucht ca. 5 bis 10% der Materialfluss-Durchlaufzeiten.[702] Eine kurze Prozessdurchlaufzeit schafft Wettbewerbsvorteile gegenüber Konkurrenten: Verringerungen der externen Prozessdurchlaufzeit können einen Differenzierungsvorteil bilden (schnellere Reaktion auf Kundenwünsche und damit kürzere Servicezeiten) oder intern zu einem Kostenvorteil führen.[703] Eine isolierte Beschleunigung von Abläufen, die keine Auswirkungen auf die externe oder interne Gesamtdurchlaufzeit von Material- und Informationsflüssen haben, zeigen hingegen keine Wettbewerbswirkung.[704] Allerdings wenden Jayram/Vickery/Droge (2000) ein, dass die Einflussfaktoren auf die Durchlaufzeit in einer Supply chain häufig wechselseitig miteinander verbunden sind, so dass sie nicht unabhängig voneinander betrachtet werden können.[705] Aus der Beschleunigung des Informationsflusses können demnach nicht zwingend Rückschlüsse auf die Reduzierung des Materialflusses gezogen werden. Ferner müssen nicht grundsätzlich alle Vorteile einer Einführung von EDI direkt aus dem EDI-System selbst resultieren, sondern können auch teilweise die Folge der dafür notwendigen Anpassungen und Standardisierungen von Prozessen sein.[706]

Die aufgeführten Beispiele zeigen exemplarisch, dass es zwei Ausprägungen des Einsatzes von EDI-Systemen gibt: ein substitutiver Einsatz zielt eher auf Kostenvorteile ab, indem er IT-Systeme ohne organisatorische oder funktionale Veränderungen von Prozessen integriert. Ein innovativer EDI-Ansatz bezieht sich eher auf die Integration von zwischenbetrieblichen Informationen in innerbetrieblichen Prozessen. Dieser stellt eher auf die Erlangung von Wettbewerbsvorteilen, neuen Innovationen und der Abwandlung konventioneller Funktionsbereiche ab. Eine solches innovatives Vorgehen wäre beispielsweise die unternehmensübergreifende Übermittlung von Messvorgaben und -werten für eine Soll-Ist-Abstimmung in der Qualitätssicherung.[707]

Neben den genannten Vorteilen des Einsatzes von EDI für die Geschäftsabwicklung sind folgende Nachteile von Bedeutung: technische und rechtliche Herausforderungen liegen insbesondere in der Sicherung von Beweismitteln bei der Geschäftsabwicklung (rechtliche Wirksamkeit eines Willens oder Dokumente ohne Unterschrift) wie auch hinsichtlich des Zoll- und Steuerrechts.[708] Angebotsanfragen und Angebotsabgaben bei einer individuellen Leistungserstellung sind nur bedingt

702 Vgl. Wildemann (2000a), S. 400 f.
703 Auf die Kostenwirkung von schnelleren Durchlaufzeiten des Materialflusses wird in Kapitel 2.4.3 eingegangen.
704 Vgl. Henkel (1995), S. 53.
705 Vgl. Jayram/Vickery/Droge (2000), S. 319.
706 Vgl. Walton/Gupta (1999), S. 377; Neuburger (1994), S. 24.
707 Vgl. Henkel (1996), S. 53 ff.
708 Vgl. Hansen/Neumann (2001), S. 604.

strukturierbar und daher nicht gut geeignet für EDI.[709] Entsprechend kann die Geschäftsabwicklung bei Sonderprozessen mehr Informationen benötigen als mittels standardisierter EDI-Formate übertragbar sind.[710] Weitere technische Probleme ergeben sich, wenn Zulieferer aus Entwicklungsländern per EDI angebunden werden sollen, weil hier vielfach eine nur rudimentäre Infrastruktur an IT-Systemen und Kommunikationskanälen vorliegt.[711]

3.5.2.5 Probleme und Grenzen der Informationsintegration mit EDI in mehrstufigen Supply chains

Die Erwartungen an die Verbreitung von EDI haben sich bisher nicht erfüllt, weil sich der wesentliche Teil der Investitionen nicht aus den Listenpreisen der Soft- und Hardware ergibt, sondern der überwiegende Anteil der Kosten aus den hohen Implementierungskosten und Servicegebühren resultiert.[712] So mag der Informationsaustausch für einzelne Partner in einer Supply chain auf Grund der prohibitv hohen Kosten der Implementierung von Informationssystemen nicht von Vorteil sein.[713] Ein Anhaltspunkt hierzu geben Buxmann/König (2000), die auf Schätzungen verweisen, nach denen die Implementierungskosten für EDI bei durchschnittlich 50.000 $ lagen.[714] Ein vollständiger Ersatz von manueller Erfassungs- und Korrekturaufgaben kann aber nur bei lückenlos durchgängiger EDI-Integration erfolgen,[715] weil nicht integrierte Automatisierungsinseln einen durchgängigen Informationsfluss wegen der auftretenden Medienbrüche verhindern.[716]

Die Integration von unternehmensübergreifenden IT-Systemen lässt sich anhand des Automatisierungsgrades in drei Kategorien unterscheiden: manuell, semi-automatisch und vollautomatisch. Während die vollständig manuelle Form des Informationsaustauschs in der Form von Briefen, Telefonaten oder Faxen die größte Verbreitung aufweist, ist der andere Grenzfall der vollständig automatischen Informationsintegration dadurch geprägt, dass eine Übertragung von standardisierten Geschäftsdokumenten in einem standardisierten Format von einer Computer-Anwendung eines Geschäftspartners zur Anwendung eines anderen Geschäftspartners (Application-to-application unter Ausschluss nichtstandardisierter Formate wie Faxe) erfolgt. Dazwischen liegt der Fall der semi-automatisierten Anbindungen, bei denen per EDI empfangene Daten ausgedruckt und manuell in ein

709 Vgl. Henkel (1995), S. 51.
710 Vgl. Nurmilaakso/Kotinurmi (2004), S. 615.
711 Vgl. Schniederjans/Olson (1999), S. 80.
712 Vgl. Moyaux, T./Chaib-draa, B./D´Amours, S. (2006), S. 15; Stefansson (2002), S. 141; Buxmann/König (2000), S. 78.
713 Vgl. Huang/Lau/Mak (2003), S. 1484.
714 Vgl. Buxmann/König (2000), S. 77.
715 Vgl. Henkel (1995), S. 59.
716 Vgl. Nurmilaakso/Kotinurmi (2004), S. 609.

internes System eingegeben werden.[717] Bei dieser auch als Stand alone-EDI bezeichneten Konstellation werden ein- und ausgehende Dokumente wie normale Schriftdokumente behandelt und nicht in interne IT-Systeme automatisch übernommen bzw. generiert.[718] Ein solches „Rip and read“-Konzept ist im Prinzip nichts anderes als ein teures Faxgerät. Lauer (2000) berichtet von Studien, bei denen semi-automatisierte EDI-Systeme zu einer Verringerung der Fehlerrate bei Bestellungen zwischen 9 und 13% bzw. zwischen 3 und 13% bei vollintegrierten Systemen.[719]

Dennoch fördert der Einsatz solcher semi-automatisierter Schnittstellen die Tendenz zum Erhalt von Insellösungen bei etablierten Kommunikationsstandards, was eine durchgängige Informationsintegration verhindert.[720] Problematisch ist dabei, dass Dokumente elektronisch erstellt, gespeichert und verarbeitet werden, der Austausch dieser elektronischen Daten zwischen Unternehmen dann aber durch Ausdruck auf Papier erfolgt (entweder beim OEM oder nach dem Empfang beim Zulieferer). Dieser Medienbruch führt zu Verzögerungen, Diskrepanzen zwischen den Daten der beteiligten Unternehmen durch Erfassungsfehler, Datenredundanzen und höhere Erfassungskosten.[721] Eine mangelnde Integration in betriebliche Inhouse-Software hemmt den Einsatz von EDI und verringert dessen Nutzwert für die beteiligten Unternehmen.[722]

Noch drastischer wirkt sich – vor dem Hintergrund einer informationslogistischen Koordination in Supply chains – aus, dass bei solchen semi-automatischen Stand alone EDI-Systemen ein Medienbruch etabliert wird, der eine durchgängig automatisierte IT-Integration über mehrere Stufen einer Supply chain verhindert. Dies hat eine wichtige theoretische Implikation, die im Diskurs bisher keine Beachtung gefunden hat. So wurde bereits bei der Erörterung des Bullwhip-Effekts darauf hingewiesen, dass das Aufschaukeln von Beständen entlang der Supply chain dadurch verhindert werden kann, dass eine Informationsintegration über mehre Stufen hinweg etabliert wird, damit die tatsächlichen marktseitigen Bedarfsschwankungen wahrgenommen werden und nicht nur die des unmittelbar nachgelagerten Akteurs einer Wertschöpfungskette. Somit wird in der Theorie implizit angenommen, dass ein Durchgriff auf Bestandsdaten über mehrere Stufen möglich ist. Entsprechend wären dann auch die Zulieferer und sonstige Logistikdienstleister einzubinden.[723] Eine manuelle Übertragung per Brief oder Telefon kommt hierbei zumeist nicht in Frage, da die Postlaufzeiten einem Austausch

717 Vgl. Walton/Gupta (1999), S. 373 f.; EDI in diesem Sinne sind auch automatisierte Finanzbuchungen und Überweisungen (Electronic Funds Transfer EFT).

718 Vgl. Brehm (1997), S. 67.

719 Vgl. Lauer (2000), S. 369 f.

720 Vgl. Stefansson (2002), S. 139; Henkel (1996), S. 144.

721 Vgl. Ballnus (2000), S. 55.

722 Vgl. Srinivasan/Kekre/Mukhopadhyay (1994), S. 1303; Henkel (1995), S. 16.

723 Vgl. Ruppert (1997), S. 103.

aktueller Daten entgegen stehen (im Kontext bilateral per EDI angebundener Akteure würde ein Brief erst Tage nach Eingang einer Bestellung eintreffen) und der personelle Aufwand einer telefonischen Abstimmung auf Grund der Vielzahl der auszutauschenden Bestands- und Auftragsdaten zu möglichen Produktpositionen prohibitiv hoch wäre.[724] Halten einige Firmen Informationen dezentral in ihren unternehmensinternen Datenbanken oder Akten vor, weil eine Integration zu aufwändig erscheint, kann die Informationsrechereche für ein Produkt im ungünstigsten Fall Stunden dauern, wobei verschiedene Mitarbeiter gebunden sind.[725] Ein Austausch per semi-automatischer EDI-Anbindung wird daher zwingend bilateraler Natur bleiben und ein Durchgriff auf Daten von nicht unmittelbar vor- oder nachgelagerten Partnern ist somit ausgeschlossen. Nachteile eines bilateralen Datenaustausches sind unabgestimmte Daten mit Fehlern und Redundanzen.[726] Dies ist ein systematischer Integrationsdefekt für Supply chains mit mehr als zwei Wertschöpfungsstufen, der auch zukünftig nicht durch technische Innovationen behoben werden kann. Dieses Dilemma der Informationslogistik führt nicht nur zu Behinderungen im Zusammenhang mit dem Bullwhip-Effekt, sondern auch bei einer produktionssynchronen Versorgung, bei der die Just-in-time angebundenen Zulieferer wiederum selber ihre Vorprodukte Just-in-time beziehen und dafür auf eine elektronische Anbindung per EDI angewiesen sind.[727]

Ein weiterer schwerwiegender Integrationsdefekt in Supply chains sind asynchrone Dialogformen in Form von Stapelverarbeitungsprozessen, die zu Verzögerungen in der elektronischen Weitergabe und Verarbeitung von Daten führen. Im Gegensatz zu einer Online-Verbindung mit verzögerungslosem Datenaustausch[728] erfolgt bei der Stapelverarbeitung ein sukzessives, schubweises Abarbeiten mehrerer vollständig gestellter Aufgaben.[729] Das bedeutet, dass nur zu bestimmten Zeitpunkten Daten verarbeitet und übertragen werden. Dies bedingt eine asynchrone Dialogform zwischen den IT-Systemen der Akteure der Supply chain, bei der durch Zwischenspeicherung eine zeitliche und räumliche Entkoppelung der Kommunikationspartner stattfindet.[730] Hieraus resultiert eine Totzeit zwischen Anfall und Erfassung von Daten. Sofern die Synchronisation verteilter Datensysteme in zyklischen Stapelverarbeitungsprozessen erfolgt, ist der Zugriff auf Daten in Echtzeit nicht möglich und damit die Verwendung aktueller

---

724 Vgl. Haasis/Plöger (2007b), S. 9; Kärkkäinen/Ala-Risku/Främling (2004), S. 552.

725 Vgl. Kärkkäinen/Ala-Risku/Främling (2003), S. 148.

726 Vgl. Vahrenkamp (2007), S. 61 f.

727 So ist für den Sitzhersteller Keipper Recaro dokumentiert, dass er von seinen 2nd-tier Zulieferern ebenfalls eine Lieferung Just-in-time verlangt, vgl. Neuburger (1994), S. 53.

728 Vgl. Kim (1994), S. 29.

729 Vgl. Dworatschek (1989), S. 387.

730 Vgl. Picot/Reichwald (1991), S. 261.

Prozessinformationen eingeschränkt.[731] Bei IT-Systemen in den 60er und 70er Jahren waren Batchläufe in der Nacht üblich, so dass die Rechnerkapazitäten am Tag voll zur Verfügung standen. Ein verbreitetes Beispiel hierfür sind IBM-Mainframes, deren Betrieb und Verarbeitung typischerweise bis in die 1980er Jahre hinein auf Stapelverarbeitungsprozessen basierte. Diese Systeme hatten zu der Zeit einen Marktanteil von nahezu 65%.[732] Auf Grund der langen Nutzungsdauer dieser Großrechenanlagen können diese Systeme noch heute als Legacy in Unternehmen Verwendung finden.[733] Analog gilt dies auch für moderne Großrechenanlagen, die ebenfalls auf Batchprozesse in verteilten Systemen basieren, um einen hohen Datendurchsatz zwischen verteilten Systemen und die Gefahr inkonsistenter Daten zu vermeiden.

Weitere gleichartige (wenn auch in ihrer Wirkung weniger deutlich) verzögernde Effekte können auftreten, wenn statt einer Punkt-zu-Punkt-Verbindung die EDI-Schnittstellen über Clearingstellen oder Mailboxen realisiert werden, die nur in periodischen Abständen abgerufen bzw. überprüft werden.[734] Diese Verzögerungen können sich zu nicht mehr vernachlässigbar langen Dialog- und Antwortzeiten kumulieren, die zeitkritische Prozesse (wie Lieferabrufe in einem produktionssynchronen Fertigungsverbund mit einem nur wenige Stunden langen Zeitfenster von dem Abrufimpuls bis zur Lieferung) spürbar stören.

Aus Sicht der Informationslogistik in mehrstufigen Supply chains kann zusammengefasst werden, dass eine durchgängige Informationsintegration nur mit synchroner EDI-Verbindung möglich ist, während eine asynchrone Informationsintegration auf Grund von Medienbrüchen oder Verzögerungen der Datenweiterleitung bzw. -verarbeitung zu Automatisierungsinseln führt, so dass die Informationsintegration auf den bilateralen Datenaustausch beschränkt bleibt.

Ein Integrationsdefekt, der stärker vollautomatisch integrierte EDI-Systeme betrifft, liegt in dem Ansatz einer durchgängigen n:m-Kommunikation in Wertschöpfungsnetzwerken. Hier muss die Interaktion über verschiedene Transport- und Kommunikationsprotokolle in komplexen logistischen Systemen stattfinden.[735] Schnittstellenprobleme entstehen dadurch, dass Handelspartner wie ihre Austauschparameter heterogen sind.[736] Hierzu muss eine Interoperabilität der vernetzten Systeme gewährleistet werden, um Informationen zwischen Komponenten mehrerer IT-Systeme austauschen zu können – unabhängig von den ver-

731 Vgl. Haasis/Plöger (2007b), S. 7; Chawathe et al. (2004), S. 1192; Tarn et al. (2002), S. 29.

732 Vgl. Jacobs/Weston (2007), S. 360.

733 Vgl. hierzu auch die Erörterungen zur Nutzungsdauer von Legacy-Systemen in Kapitel 3.5.1.4.

734 Vgl. Pfohl (2004a), S. 94.

735 Vgl. Hans/Hribernik/Thoben (2008), S. 384; Fleisch/Christ/Dierkes (2005), S. 7.

736 Vgl. Lyons et al. (2005), S. 4291.

wendeten Plattformtypen (sowohl hinsichtlich Hard- wie auch Software).[737] Die Datenintegration in komplexen logistischen Prozessen ist durch die Vielzahl verschiedener Anwendungen, Datenquellen, Austauschformaten und Transportprotokollen eine große Herausforderung. Hier bedarf es eines hohen Maßes an Flexibilität und Skalierbarkeit.[738] Da EDI eine direkte Verbindung von Rechnern oder Anwendungen bildet, bedarf es zur Sicherstellung der Interoperabilität des Einsatzes von Konvertierungssoftware, die die jeweils spezifischen In-House-Formate in unternehmensübergreifend verwendbare Formate umwandelt.[739] Anstelle von EDI als Punkt-zu-Punkt-Verbindung zwischen Anwendungen werden also vermittelnde Middleware-Anwendungen (Enterprise Integration Application – EIA) zwischengeschaltet.[740] Ggf. können hier Datenbanken zur Zwischenspeicherung eingehender Nachrichten eingesetzt werden, wenn eine direkte Integration Application-to-Application technisch nicht realisierbar ist (asynchroner Betrieb).[741] Hier würde das komplexe Netzwerk noch um Drittanbieter als Mehrwertdienstleister (Value Added Network Services) erweitert, die Nachrichten prüfen, konvertieren und verschlüsseln. Dies kann aber die Kommunikation zusätzlich verzögern und die Kommunikationskosten erhöhen.[742]

Der Integrationsdefekt der Schnittstellenheterogenität liegt also bei überbetrieblichen Systemen darin, dass die Zahl der zu integrierenden Schnittstellen s bei n Teilnehmern in einer Supply chain im Grenzfall bei

$$s(n) = \frac{n(n-1)}{2} \tag{36}$$

liegt,[743] so dass die Zahl der zu implementierenden und zu pflegenden EDI-Konverter in einer Supply chain erheblich ansteigt. Dies bedeutet eine nicht mehr beherrschbare Informationsschnittstellenvielfalt. Neben der Vielzahl verfügbarerer Austauschformate (z. B. EDIFACT, Odette, RosettaNet oder VDA) müssen auch branchenspezifische Varianten (wie Subsets) und unternehmensspezifische Anpassungen (proprietäre Standards) einbezogen werden. Selbst wenn die Zeichensätze in den Formaten syntaktisch einheitlich sind, können dennoch semantische Abweichungen zwischen (oder auch innerhalb von)[744] Unternehmen auftreten, weil

737 Vgl. Alpar et al. (2008), S. 385; Kim (1994), S. 27.
738 Vgl. Hans/Hribernik/Thoben (2008), S. 385.
739 Vgl. Brehm (1997), S. 27; Kim (1994), S. 27.
740 Vgl. Scheer/Grieble/Zhang (2003), S. 52 f.
741 Vgl. Neuburger (1994), S. 23.
742 Vgl. Brehm (1997), S. 31 ff.
743 Vgl. Rapp (1999), S. 32.
744 Siehe die Probleme der Datenintegration in ERP-Systemen in Kapitel 3.5.1.4.

Zeichensätze unterschiedlich interpretiert und mit abweichenden Inhalten belegt werden.[745]

In diesem Integrationsdefekt der Schnittstellenheterogenität liegt der wesentliche Grund für die hohen Kosten der Implementierung und Pflege einer EDI-Infrastruktur und damit der Grund, warum EDI nicht die erwartete flächendeckende Verbreitung gefunden hat.[746] An dieser Stelle sei auf den in Kapitel 3.5.1.4 erörterten Requirement-Creep verwiesen, bei dem analog eine monatliche Änderungsrate der Schnittstellen von nur 3,4% rechnerisch zu einer Änderung von 51% der Schnittstellen innerhalb eines Jahres führt. Daraus folgt, dass die Verflechtung mit einer Vielzahl von Zulieferern zu komplexen n:m-Netzwerken führt. Somit ist deren Integrationskomplexität ein wichtiger Grund dafür, dass EDI nicht die erwartete flächendeckende Verbreitung gefunden hat.[747] EDI führt zu erheblichen laufenden Aufwendungen, insbesondere durch die Pflege instabiler und in einer Supply chain wechselnder Datenaustauschvereinbarungen (so durch Neuverhandlung, Updates oder IT-Systemaustausch bei Mitgliedern einer Supply chain sowie deren Fluktuation durch Ein- oder Austritt in die Supply chain). Im Resultat bindet der Wartungsaufwand für die EDI-Infrastruktur einen unvertretbaren Anteil knapper EDV-Personalkapazität. Zudem werden wegen der hohen Implementierungskomplexität mitunter nicht mit dem internen System integrierte Verbindungen geschaffen, um Kundenwünsche zu erfüllen – mit den einhergehenden hohen Kosten manuellen Betriebs durch Medienbrüche.[748] Die informationslogistische Anforderung für eine praxistaugliche und zuverlässige Informationsintegration in Unternehmenskooperationen wäre hingegen, dass bestehende Informations- und Kommunikationsinfrastrukturen eines Unternehmens von häufigen Eingriffen durch Schnittstellenanpassungen – verursacht durch Änderungen des Ablaufs von Geschäftsprozessen oder den Ein- sowie Austritt von Geschäftspartnern – auszunehmen.[749]

Neben der Belastung von Rentabilität und Liquidität der sich integrierenden Unternehmen hat dies aus ökonomischer Sicht einen erheblichen Nachteil: Schnittstellenanpassungen machen spezifische Investitionen notwendig, die aus durchgängigen Standardisierungsdefiziten resultieren und in Hinsicht auf Partnerwechsel irreversiblen Investitionen (Sunk costs) bilden. Diese hochspezifischen

---

745 Vgl. Schneider/Buzacott/Rücker (2005), S. 126. In der Semiotik als Lehre der Zeichen wird mit der Semantik die Unterscheidung möglicher inhaltlicher Bedeutungen von Zeichen unterschieden, während die Syntaktik die Beziehungen zwischen den Zeichen eines Sprachsystems definiert, vgl. Krcmar (2003), S. 16; Picot/Reichwald (1991), S. 251 f.; Dworatschek (1989), S. 156.

746 Vgl. Fleisch/Christ/Dierkes (2005), S. 7; Wahl/Dörr/Wohlfarth (2006), S. 102 f.

747 Vgl. Fleisch/Christ/Dierkes (2005), S. 7.

748 Vgl. Diruf (1997), S. 73.

749 Vgl. Cingil/Dogac (2001), S. 61; Haasis/Plöger (2007b), S. 7.

Anfangsinvestitionen für technische Systeme stellen eine erhebliche Markteintrittsbarriere für kleine und mittlere Unternehmen dar und bedürfen einer längerfristigen Geschäftsbeziehung, um sie zu amortisieren. Wenn bei einem dynamischen Wettbewerb die Gefahr der Beendigung der Geschäftsbeziehung besteht, werden KMU vor irreversiblen Investitionen zurückschrecken.[750] Für die Abnehmerseite bedeutet dies, dass bei Neuaushandlung von Zulieferverträgen Alternativen nur mit hohen Kosten erschlossen werden können, was zu erheblichen Nachteilen bei Preisverhandlungen führt.[751]

Ein anderer Nachteil von EDI ist, dass aus Sicht von OEM mit einer etablierten EDI-Infrastruktur die Anbindung neuer Geschäftspartner per EDI wegen ihrer Eigenschaft einer spezifischen und Sunk-costs eine unerwünschte Marktaustrittsbarriere für leistungsschwache Zulieferer darstellt.[752] Das rührt daher, dass bei einer Neuausschreibung von Aufträgen potenzielle Neubewerber in ihrem Angebot die Kosten einer EDI-Integration einrechnen müssen, während die bisherigen Geschäftspartner keine Neuinvestitionen in die IT-Systeme zu tätigen haben. Dadurch brauchen nicht mehr wettbewerbsfähige Zulieferer bei ihrer Preisgestaltung die Abgeltung solche Investitionen nicht mehr berücksichtigen und können bei Abgabe ihres Angebotes durch den so gewonnenen Spielraum Ineffizienzen verschleiern. In temporären Logistiknetzwerken ist somit eine komplette Schnittstellenintegration (IT-System zu IT-System) für vollkommene Datentransparenz nicht zu realisieren, da in Netzwerken mit kurzfristiger Bindung sich die Investitionen nicht amortisieren würden und auch für langfristig engagierte Partner der zeitliche und finanzielle Aufwand prohibitiv hoch ist.[753]

Zugleich wird eine begrenzte Loyalität hinsichtlich der Fortführung von Geschäftsbeziehungen in Supply chains (zu Recht) die Weitergabe sensibler Informationen an Geschäftspartner begrenzen.[754] Die hohen Kosten der EDI-Integration bilden damit eine Hemmschwelle für interessierte Unternehmen, ebenfalls ein EDI-System einzuführen, weil die Investition mit Unsicherheiten behaftet ist und die Gefahr besteht, dass ein Unternehmen sich dem opportunistischem Verhalten anderer Mitglieder der Supply chain aussetzt, die bei verstärkten Informationsintegration Machtasymmetrien ausnutzen, um z. B. die Weitergabe von Information zur Verfügbarkeit von Kapazitäten weiterzugeben, die bei nachfolgenden Preisverhandlungen gegen den Zulieferer eingesetzt werden.[755] Daher ergeben sich Probleme der Informationsintegration auch daraus, dass eine

750 Vgl. Richter (1997), S. 73; Schützdeller (1990), S. 12.

751 Vgl. Panichi (1996), S. 35.

752 Vgl. Porter/Millar (1985), S. 155.

753 Vgl. Kärkkäinen/Ala-Risku/Främling (2004), S. 552.

754 Vgl. Bretzke (2006), S. 10; Kärkkäinen/Ala-Risku/Främling (2003), S. 148.

755 Vgl. Bartkowiak et al. (2009), S. 254 ff.

Schnittstellenanbindung zum Schutz von Betriebsgeheimnissen vor Geschäftspartnern willentlich verhindert wird.[756]

Mit EDI wurden in einigen Bereichen Erfolge bei der unternehmensübergreifenden Informationsintegration erzielt, aber es konnte sich auf Grund des hohen Implementierungsaufwands nicht flächendeckend durchsetzen. Es ist in Anschaffung und Betrieb vielfach unwirtschaftlich; die komplexe Software erschwert eine Implementierung über mehrere Akteure einer Supply chain hinweg.

3.5.2.6 Besondere Herausforderungen für KMU bei der EDI-Implementierung

Branchenübergreifende EDI-Standards wie EDIFACT und der stärker im US-amerikanischen Bereich verbreitete ANSI X.12 sind sehr komplex und im Betrieb und Unterhalt sehr aufwendig, so dass KMU von der Implementierung absehen.[757] Auf Grund der hohen Kosten sind es eher größere Firmen, die dazu tendieren EDI-Systeme einzuführen, was auch statistisch in einer empirischen Studie zur EDI-Nutzung unter Verladern und Spediteuren bestätigt wurde.[758] Die Kosten der Installation und des Unterhalts solcher Netzwerke überfordern allerdings KMU. So hatten im Jahr 1998 96% der Fortune 1000 Unternehmen eine EDI-Anbindung, während von den anderen Unternehmen 98% keine hatten. Kleineren Unternehmen mangelt es häufig an Ressourcen und Basis-IT, um EDI-Module zu implementieren.[759] Für die Europäische Union wurde dieses Bild in einer aktuellen Erhebungen der europäischen Kommission bestätigt, nach der nur 30% der großen sowie 10% der mittleren Unternehmen und weniger 5% der kleinen Unternehmen EDI einsetzen.[760] Diese empirischen Ergebnisse bestätigen die Feststellung von Germain/Dröge (1995), dass die tatsächliche Verbreitung von EDI deutlich niedriger ist als die Literatur sie darstellt.[761]

Eine wesentliche Ursache, dass die Verbreitung in kleinen und mittleren Unternehmen deutlich geringer ausfällt liegt daran, dass KMU Kapitalrestriktionen durch knappes Eigenkapital, einen beschränkten Zugang zum Kapitalmarkt und

---

756 Vgl. Strassner (2005), S. 90 f.; Stefansson (2002), S. 145.

757 Vgl. Lyons et al. (2005), S. 4291; Wang/Seidmann (1995), S. 408; Quiescenti et al. (2006), S. 3798; Stefansson (2002), S. 136; Hansen/Neumann (2001), S. 605; Brehm (1997), S. 183.

758 Vgl. Murphy/Daley/Hall (1998), S. 95 ff.

759 Vgl. Stefansson (2002), S. 136; vgl. auch Kapitel 3.5.2.6.

760 Vgl. Selhofer et al. (2007), S. 47. In dieser Studie bezieht sich die Größeneinteilung auf die Mitarbeiterzahl: klein meint Unternehmen in der Größe von 1-9 Mitarbeitern, mittel bezieht sich auf 10-49 Mitarbeiter und groß auf eine Mitarbeiterzahl größer als 50; vgl. auch Gillert/Hansen (2007), S. 17.

761 Vgl. Germain/Dröge (1995), S. 18.

ebenso einen begrenzten Zugriff auf Know-how von Spezialisten haben.[762] Empirische Studien identifizieren die Ausübung von Zwang durch wirtschaftlich starke Geschäftspartner (wie OEM als wichtige Großabnehmer) als wichtigsten Treiber für die Einführung von EDI bei KMU.[763] Solche Abnehmer wälzen die Kosten der Anbindung auf Zulieferer ab. Diese müssen diesen Forderungen nachkommen, um im Wettbewerb Kunden halten oder akquirieren zu können.[764] Nur vereinzelt werden kleineren Zulieferern Beratung und Unterstützung bei der Implementierung angeboten, die Probleme mit der EDI-Anbindung haben.[765] Exemplarisch sei auf die Studie von Premkumar/Ramamurthy/Crum (1997) verwiesen, die dies für die Speditionsbranche (mit zumeist kleinen Unternehmen) belegt.[766] Als nachrangiger Treiber wird in der Literatur ferner die Verbreitung von Just-in-time Konzepten genannt. Allerdings wird auch hier darauf verwiesen, dass in der Praxis die Adaption von EDI in der Speditionsbranche eher langsam erfolgt. Zudem ist eine kritische Masse an Partnern notwendig, damit die Einbindung in eine EDI-Infrastruktur rentabel ist.[767] Die teure und komplexe Implementierung von EDI sowie die geringe Flexibilität hat sich als Implementierungshürde für KMU erwiesen.[768] Tatsächlich wird auf Grund des für KMU hohen technischen und finanziellen Aufwands aber der Datenaustausch per EDI auf wenige Transaktionspartner begrenzt, während die Mehrzahl der Geschäftsvorfälle weiterhin über konventionelle Kommunikationskanäle abgewickelt wird.[769] Auch eine empirische Studie von Stefansson (2002) kommt zu diesem Ergebnis und weist dabei nach, dass die meisten KMU in seiner Studie vorwiegend auf Telefon, Fax und Email zurückgreifen und EDI nur für wenige, standardisierte Einzeltransaktionen einsetzen.[770] Eine weitere Akzeptanzhürde für KMU liegt darin, dass die Transaktionsmengen zu klein sind, um die Implementierung von EDI zu rechtfertigen – die den Investitionskosten gegenüberstehenden Einsparungen auf Grund der Automatisierung der Bestellkorrespondenz fallen bei wenigen Bestellvorgängen relativ klein aus.[771] Nach Untersuchungen von Loebbecke/Powell (1998) benutzen nur durchschnittlich 5% der Kunden von Speditionen EDI zur Auftragserteilung.[772]

---

762 Vgl. Premkumar/Ramamurthy/Crum (1997), S. 117; Grohmann (2007), S. 32; ebd. S. 36.

763 Vgl. Nurmilaakso/Kotinurmi (2004), S. 609; Brehm (1997), S. 148; Stefansson (2002), S. 141; Kim (1994), S. 56.

764 Vgl. Walton/Gupta (1999), S. 375; Kim (1994), S. 58.

765 Vgl. Stefansson (2002), S. 141.

766 Vgl. Premkumar/Ramamurthy/Crum (1997), S. 109.

767 Vgl. ebd., S. 107.

768 Vgl. Nurmilaakso/Kotinurmi (2004), S. 608.

769 Vgl. Stefansson (2002), S. 139; Nurmilaakso/Kotinurmi (2004), S. 609.

770 Vgl. Bandow (2006), S. 86; Stefansson (2002), S. 139.

771 Vgl. Stefansson (2002), S. 141.

772 Vgl. Loebbecke/Powell (1998), S. 18.

EDI ist mit erheblichen Kosten verbunden, die dazu geführt haben, dass es nicht so verbreitet ist, wie es in der Literatur suggeriert wird. Gerade KMU schrecken vor einer EDI-Implementierung zurück oder führen es nur auf Grund von Druck wichtiger Großabnehmer ein. Als Lösung wird in neuerer Zeit der Einsatz von Extensible Markup Language (XML) gesehen, da hier geringe Einstiegskosten entstehen.[773] Nach Studien der europäischen Kommission erfahren XML-Standards eine zunehmende Verbreitung beim Einsatz von EDI,[774] auch wenn bisher noch der Anteil von XML beim unternehmensübergreifenden Datenaustausch deutlich unter dem von konventionellen EDI-Standards (vor allem EDIFACT) liegt.[775]

3.5.2.7 Informationsintegration per XML und WebEDI

XML wird zur Schaffung selbstbeschreibender Dokumente eingesetzt und nutzt einen wiederverwendbaren Standard.[776] Es wurde entwickelt, um die Funktionalität des Internets durch eine flexible Informationsstrukturierung zu erweitern und stellt eine Vereinfachung der Standard Generalized Markup Language (SGML) dar. Dabei stellt XML eine formale Syntax zur Beschreibung von Abhängigkeiten von Objekten, Elementen und Attributen zur Verfügung.[777] XML ist eine standardisierte Beschreibungssprache für Dokumenten-Formate. Die inhaltliche Ausgestaltung kann aber zwischen Standards und auch zwischen Unternehmen, die den gleichen Standard nutzen, abweichen.[778] XML dient der Beschreibung von Dokumenten und erleichtert die maschinelle Weiterverarbeitung. Der Vorteil liegt in der einfachen Verarbeitbarkeit und Verständlichkeit des Standards.[779] Bei der konzeptionellen Abgrenzung ist entscheidend, dass XML nicht Standards zu Nachrichteninhalten wie Odette, RosettaNet oder EDIFACT ersetzt, sondern deren Semantik verwendet. Der Unterschied liegt darin, dass XML-Dokumente eine generische Definition erlauben, die mit einer einheitlichen Meta-Semantik, z. B. mit Bezugnahme auf die Common Business Libary (CBL) oder anderer Branchenstandards (wie EDIFACT) als Datei ausgestaltet werden kann, um eine semantische Kompatibilität in ad-hoc-Netzwerken zu bekommen.[780] Technisch anders konzeptioniert, aber als funktionsähnliche Alternative einsetzbar wäre auch noch die Common Object Request Broker Architecture (Corba).[781] XML ist technisch darauf ausgelegt, eine gemeinsame Syntax zu bieten, aus der ein Konverter-Programm an Schnittstellen

773 Vgl. Picot/Reichwald/Wigand (2003), S.187; Wang/Seidmann (1995), S. 408.
774 Vgl. Selhofer et al. (2007), S. 47; vgl. auch Gillert/Hansen (2007), S. 17.
775 Vgl. Selhofer et al. (2008), S. 61.
776 Vgl. Cingil/Dogac (2001), S. 60.
777 Vgl. Nurmilaakso/Kotinurmi (2004), S. 609 f. Ergänzende Standards wie die XML Schema Definition Language (XSDL) beschreiben zulässige Dokumentspezifikationen, vgl. ebd.
778 Vgl. Scheer/Grieble/Zhang (2003), S. 52 f.
779 Vgl. Hansen/Neumann (2001), S. 606 f.
780 Vgl. Cingil/Dogac (2001), S. 60.
781 Vgl. Huang/Lau/Mak (2003), S. 1484.

den Inhalt extrahieren kann. Dazu übersetzt ein Parser das Dokument in eine Baumstruktur (Document Object Model DOM).[782]

Daher schließen sich der Einsatz von XML und EDIFACT nicht gegenseitig aus, sondern sie können sich ergänzen. Der Unterschied zwischen den ursprünglichen EDI-Lösungen und XML-basiertem EDI liegt darin, dass konventionelle EDI-Übertragungsprotokolle zumeist in älteren Sprachen (z. B. COBOL) geschrieben sind und häufig noch proprietäre Einzelverbindungskanäle (wie eine dezidierte Standleitung per Glasfaserleitung)[783] verwenden, während XML mit JAVA verarbeitet und mittlerweile häufig (asynchron) über das Internet abgewickelt wird.[784] Bei einer unmittelbaren Übertragung per Internet[785] werden konkret die mit XML strukturierten Dokumente über das Hypertext Transfer Protocol (HTTP) bzw. HTTPS (als verschlüsseltes Dokument), das File Transfer Protocol (FTP) oder das Simple Mail Transfer Protocol (SMTP) in Dateiform versand.[786]

Eine aktuellere Entwicklung ist, das Internet in EDI-Infrastrukturen einzubinden, weil es eine (im Vergleich zu proprietären EDI-Lösungen) günstige Anbindung von Geschäftspartnern ermöglicht. Das Internet bietet dabei einen zuverlässigen, weitläufig verfügbaren und ausgereiften Ersatz für Standleitungen.[787] Schätzungen veranschlagen Einsparungen bei den Kosten und hinsichtlich des zeitlichen Aufwands der Integration (Einführung und Wartung) von Geschäftspartnern per WebEDI auf 20%.[788] Weil per Word Wide Web übertragene XML-Dateien den Transfer vieler Datensemantiken ermöglichen und diese leichter anpassbar sind als konventionelle Meta-Formate, bietet es eine kostengünstige und leistungsstarke Alternative zu konventionellen EDI-Lösungen mit separater Leitungs- und Softwareinfrastruktur, so dass sich WebEDI als primäre EDI-Ausprägung in Supply chains durchsetzen wird.[789] Empirische Studien weisen dabei um 50-90% geringere Übertragungskosten über das Internet

782 Vgl. Tan/Shaw/Fulkerson (2000), S. 46.

783 Vgl. Lyons et al. (2005), S. 4295; so realisert beispielsweise die ENX-Vereinigung (European Network Exchange) der europäischen Automobilindustrie den Austausch von Produktionssteuerungs- und Entwicklungsdaten weiterhin über eine dezidierte Standleitung (Festverbindung).

784 Vgl. Nurmilaakso/Kotinurmi (2004), S. 619.

785 Präziser kann beim Internet in diesem Zusammenhang vom World Wide Web des W3-Konsortiums auf Basis des Transmission Control Protocol/Internet Protocol (TCP/IP) gesprochen werden.

786 Vgl. Bullinger/Lebender/Otto/Weisbecker (2003), S. 72; Stefansson (2002), S. 146; Vgl. Lyons et al. (2005), S. 4292.

787 Vgl. Helo/Szekely (2005), S. 14; Stefansson (2002), S. 143; Lyons et al. (2005), S. 4289.

788 Vgl. Smith/Offodile (2002), S. 109; Schulte (2004), S. 113; Buxmann/König (2000), S. 95; Lyons et al. (2005), S. 4289.

789 Vgl. Fedorowicz (2002), S. 64; Helo/Szekely (2005), S. 13; Stefansson (2002), S. 136; Brehm (1997), S. 50; Stölzle/Heusler/Karrer (2004), S. 140; Krcmar (2003), S. 404.

als über Standleitungen nach.[790] Die inhaltliche Beschreibung gleicher Inhalte von XML-Dokumenten kann daher aber leichter von Unternehmen zu Unternehmen abweichen, so dass die Zahl verschiedener Nachrichtenformate tendenziell einen schnelleren Zuwachs als bei konventionellen EDI-Lösungen aufweisen kann.[791] Die Einführung von XML kann bei einem fehlenden Konsens über die Anwendung von Format-Standards ebenfalls problematisch sein.[792]

Dennoch gibt es mit der Logistik einen starken Treiber für solche internetbasierten Anwendungen per WebEDI, weil deren Netzwerke den Bedarf schaffen, flexible IT-Systeme für die externe Informationsintegration zu etablieren, ohne eine Integration mit den internen IT-Anwendungen vornehmen zu müssen. Dies ist eine aufwandsarme Möglichkeit, KMU leicht so zu vernetzten, dass sie Systeme schnell neukonfigurieren können[793] – auch weil die Infrastruktur für WebEDI von einem Drittanbieter unterhalten werden kann.[794]

Wie bereits erörtert stehen KMU einem Geschäftsdatenaustausch wegen der hohen Einstiegsinvestitionen und laufenden Kosten häufig sehr skeptisch gegenüber, geben dann aber doch den Wünschen von Großkunden nach, um eine Geschäftsbeziehung aufrecht zu erhalten.[795] Die Implementierung eines auf XML basierenden EDI soll die Informationsintegration auch für KMU erschwinglich machen.[796] Dies soll auch die Problematik der Sunk cost durch eine niedrigere Markteintrittsschwelle auf Grund geringerer Implementierungskosten relativieren.[797]

Eine preisgünstige Gestaltungsvariante von WebEDI ist die Anbindung über WebEDI-Portale, wo Zulieferer Daten in einem XML-Datenformat über einen Internetbrowser zur Verfügung stellen. Mittels WebEDI werden die Daten den Geschäftspartnern beispielsweise auf einem Server zur Verfügung gestellt, die dieser über Eingabemasken auslesen und ggf. selber Informationen eingeben kann. Dieses Vorgehen ist besonders geeignet für Unternehmen, die bereits Daten per regulärem EDI zur Verfügung stellen und ihren Zulieferern eine Anbindung ohne großen Installationsaufwand für eine fixe EDI-Infrastruktur ermöglichen wollen.[798]

Eingaben und eine Informationserfassung (z. B. die Aufnahme von Bestellungen) erfolgen dann manuell durch einen Sacharbeiter. Dies ermöglicht eine pragmatische Integration von Unternehmen, die eine Anbindung ihrer internen IT-

790 Vgl. Lyons et al. (2005), S. 4292.
791 Vgl. Scheer/Grieble/Zhang (2003), S. 52 f.
792 Vgl. Bode/Preuß (2004), S. 200.
793 Vgl. Helo/Szekely (2005), S. 14 ff.
794 Vgl. Stefansson (2002), S. 145.
795 Vgl. Dangelmeier/Pape/Rüther (2004), S. 62.
796 Vgl. Hansen/Neumann (2001), S. 606 f.
797 Vgl. Cingil/Dogac (2001), S. 60.
798 Vgl. Bode/Preuß (2004), S. 197; Dangelmeier/Pape/Rüther (2004), S. 62.

Systeme per EDI an Geschäftspartner nicht realisieren können oder wollen.[799] Dabei werden über Browser und EDI-Konverter auch Mischsysteme (ein Unternehmen verwendet eine konventionelle EDI-Infrastruktur, ein anderes ein WebEDI-Portal) realisiert. WebEDI-Portale bieten weitere Möglichkeiten der Informationsweitergabe wie z. B. Kontaktdaten, Prozeduren und Grundsatzerläuterungen, die nicht in EDI integriert werden können. Unternehmen können zugleich weitere Services wie Zolldokumentformulare, Adressbücher, Verfolgung und Statusberichte von Warenlieferungen (Tracking & Tracing) in Webseiten integrieren.[800]

Bei einer Vielzahl von Transaktionen wird der manuelle Aufwand aber wesentlich höher als bei konventioneller Datenanbindung per EDI sein.[801] Problematisch dabei ist, dass eine direkte Verarbeitung in internen ERP-Systemen oder auch die Weitergabe der Daten an nachgelagerte Zulieferer meist nicht ohne erneute manuelle Dateneingabe möglich ist.[802] Ein solches WebEDI-Portal erleichtert die Anbindung von KMU, da diese über standardisierte Eingabemasken per Internet angebunden werden können. Dies erhöht die Akzeptanz der Informationsintegration, ist aber wegen dem manuellen Aufwand der Datenübertragung gegenüber der automatisierten Abwicklung per konventionellem EDI nur bei geringem Datenvolumen von Vorteil.[803] Die WebEDI-Portale sind dann ein Kommunikationskanal für technisch weniger gut ausgestattete Geschäftspartner, die von großen Unternehmen unterhalten werden.[804]

Hier sei nochmals auf den Integrationsdefekt des Medienbruchs verwiesen: WebEDI-Portale sind nichts anderes als eine dem „Rip and read"-Konzept folgende Stand alone-EDI-Infrastruktur. Der Informationslogistik zur Koordination in einer mehrstufigen Supply chain steht auch hier wieder entgegen, dass ein Medienbruch geschaffen wird, der die automatisierte (interne) Verarbeitung und (externe) Weitergabe unterbindet. Denn statt einer bilateralen Verknüpfung ist eine Informationsintegration über mehrere Stufen der Supply chain hinweg zu fordern, die nicht von Automatisierungsinseln unterbrochen wird. Um die Tragweite einer semi-automatisierten Schnittstelle in mehrstufigen Netzwerken zu erfassen, bedarf es der Betrachtung der Bearbeitung von Geschäftsdokumenten in diesem Kontext: Sachbearbeiter verschaffen sich über ein WebEDI-Portal per Internet-Browser Zugang zu Daten des Geschäftspartners. Diese manuelle Erfassung bedingt eine Informationstransformation (z. B. wenn Sachnummern eines OEM von der Sachnummerzuordnung des Empfängers abweicht), in jedem Fall eine Translation

799 Vgl. Stefansson (2002), S. 145.
800 Vgl. Lyons et al. (2005), S. 4292; Stefansson (2002), S. 145.
801 Vgl. Bode/Preuß (2004), S. 197.
802 Vgl. Dangelmeier/Pape/Rüther (2004), S. 62.
803 Vgl. Füßler (2001), S. 92.
804 Vgl. Stefansson (2002), S. 144.

(Überführung der Informationen von dem Web-Format in die Eingabefelder der eigenen internen Anwendungen) und weitere Recherchearbeiten für die Transmission (an welche Stellen bzw. Mitarbeiter oder IT-Systeme die Informationen weiterzugeben sind). Wenn eine solche semi-automatisierte Schnittstelle zwischen einem indirekten Informationsaustausch von vor- und nachgelagerten Geschäftspartnern etabliert wird, so müssen Kommunikationsströme zwischen externen Partnern ebenfalls manuell von den Sachbearbeitern erfasst, verarbeitet und weitergeleitet werden. Über mehrere Stufen einer Supply chain kumulieren sich solche Prozesse nicht nur zu erheblichem personellen Aufwand, sondern führen auch zu einer hohen Fehleranfälligkeit und unkalkulierbaren Antwortzeiten. Dies wird im wissenschaftlichen wie praktischen Diskurs nicht berücksichtigt, wenn von Informationsaustausch und Transparenz entlang einer Supply chain gesprochen wird. Im Kapitel 3.5.2.9 wird zudem noch ein Vorschlag erörtert, bei dem für Zwecke der Chargenrückverfolgung ein Ansatz propagiert wird, nach dem ein Partner eine Anfrage über seinen unmittelbaren Zulieferer an dessen vorgelagerte Zulieferer weiterleitet (gegebenenfalls über mehrere Stufen hinweg), wenn er den Urheber seiner relevanten Daten nicht kennt – diese indirekte Adressierung von Datenspeichern wird von EPCglobal als Follow the chain bezeichnet.[805] Ein Follow the chain-Ansatz ist bei Verwendung von manuellen und semi-automatischen Schnittstellen (wie WebEDI und andere Stand alone Systeme) jenseits von sporadischen Behelfslösung für Sonderprozesse nicht praktikabel.[806] Zur Veranschaulichung des Aufwands einer manuellen Bearbeitung kann eine Fallstudie von Srinivasan/Kekre/Mukhopadhyay (1994) bei Chrysler in den Vereinigten Staaten herangezogen werden, in der die Autoren jährlich mehrere hunderttausend Bestellungen für über 10.000 Teilesachnummern von 1600 Zulieferern dokumentiert haben, die per EDI abgewickelt wurden.[807]

WebEDI-Systeme bieten nur die Möglichkeit der lokalen Optimierung von Prozessen in Teilbereichen der Supply chain. Zudem entstehen Informationsasymmetrien bei kleineren Akteuren wie Zulieferern und Dienstleistern.[808] Diese resultieren auch daraus, dass bei Stand alone-Lösungen (wie WebEDI) ein automatisierter elektronischer Austausch von Daten zumeist nur in einer Richtung möglich ist: während typischer Weise der OEM Daten wie Bestellungen über ein Web-Portal zur Verfügung stellt, bedingt zumeist ein Informationsfluss vom Zulieferer zum OEM einer manuellen Eingabe oder anderer Sonderprozesse.

805 Vgl. Armenio et al. (2009), S. 37.

806 Beispiele dafür, dass dieses Vorgehen beim Vorliegen von manuellen Schnittstellen zu keinen befriedigenden Resultaten führt, liefert schon das bekannte Kinderspiel „Stille Post“, das die Effekte von Medienbrüchen spielerisch aufgreift.

807 Vgl. Srinivasan/Kekre/Mukhopadhyay (1994), S. 1293.

808 Vgl. Dangelmeier/Pape/Rüther (2004), S. 62 f.

Mit den Ausführungen zu den Problemen und Grenzen der EDI-Einführung bei KMU sowie zu den neueren Lösungsmöglichkeiten mittels XML-basierter WebEDI-Portale über das Internet soll aber nicht nur der Integrationsdefekt des Medienbruchs nochmals veranschaulicht werden. Vielmehr soll zugleich auch geschlussfolgert werden, dass neuere technische Innovationen nicht nur keinen Beitrag zur Behebung des Problems leisten, sondern sogar den Integrationsdefekt des Medienbruchs verstärken. Es ist nach den in der Literatur zu findenden Studien und der vorangegangen Analyse zu erwarten, dass immer mehr KMU per WebEDI-Portale auf XML-Basis informationslogistisch in Supply chains integriert werden und die dadurch geschaffenen Medienbrüche und Automatisierungsinseln langfristig festgeschrieben werden. Denn durch einen Wechsel von XML-Standards entstehen hohe technische Anpassungskosten und ein solcher erzeugt Unsicherheit hinsichtlich der Bereitschaft, an anderer Stelle irreversible Investitionen in eine Schnittstellenintegration vorzunehmen. Es müssen mehrere semantisch verschiedene Format-Versionen parallel unterstützt werden, was schwierig ist, wenn eine vollständige Transformation zwischen verschiedenen Formatkategorien nur eingeschränkt möglich ist.[809] Zudem sind viele XML-Standards bisher nur wenig getestet (insbesondere hinsichtlich Parsing und Konvertionsfunktionen), so dass durch den Einsatz nicht ausgereifte Technologien zusätzliche Fehlerquellen bei der Informationsintegration entstehen.[810] Weitere Kritikpunkte beziehen sich auf Bedenken hinsichtlicht des zusätzlichen manuellen Aufwands der Datenerfassung bei WebEDI-Portalen der Datensicherheit und Authentifizierung der Benutzer, der Probleme bei einer nachträglichen Nachrichtenverfolgung sowie Auditprobleme.[811]

Im Resultat ist zu erwarten, dass der Integrationsdefekt des Medienbruchs in Zukunft nicht durch den technischen Fortschritt beseitigt wird, sondern mit zunehmender Integration von KMU per WebEDI-Portale auf XML-Basis eine größere Verbreitung finden wird.

3.5.2.8 Tracking & Tracing und Supply chain event management

Die Schwächen der zuvor beschriebenen Planungswerkzeuge der APS liegen darin, dass eine immer genauere Abbildung von Planungsproblemen und deren kurzzykligere Aktualisierung möglich werden, aber das Auftreten von Planabweichungen nach wie vor wenig Berücksichtigung findet. Daher müssen weiterhin Material- und Zeitpuffer vorgehalten werden, die Verschwendung darstellen oder es sind Störungen verursacht durch Planabweichungen (wie Pro-

809 Siehe hierzu auch die Ausführungen zum Wrapping in Kapitel 3.5.1.4.

810 Vgl. Nurmilaakso/Kotinurmi (2004), S. 619.

811 Vgl. Stefansson (2002), S. 143.

duktionsstillstände auf Grund einer Bestandsunterdeckung) in einem komplexen Planungsgeflecht in Kauf zu nehmen.[812]

Zur durchgängigen informationsgestützten Prozessüberwachung – innerbetrieblich und unternehmensübergreifend in Wertschöpfungsnetzen – gibt es Ansätze, die unter der Bezeichnung Tracking & Tracing zusammengefasst werden.[813] Als Erweiterung wurden verschiedene Anwendungen für ein Supply chain event management (SCEM) entwickelt, um Planabweichungen schnell erkennen und berücksichtigen zu können. Supply chain event management wird durch Nissen definiert als „[...] Anwendung, mit der Ereignisse innerhalb eines Unternehmens und zwischen Unternehmen erfasst, überwacht und bewertet werden."[814] Damit ist Supply chain event management also ein Regelungskonzept, dass die kurzfristige Plananpassung bei Störungseinfluss unterstützt. Es dient der Identifikation von Planabweichungen anhand von Soll-Ist-Vergleichen und deren Weiterleitung an eine Entscheidungsinstanz, um eine zeitnahe Intervention zu ermöglichen. Entscheidungsträgern wird also ein räumlich und zeitlich besserer Zugang zu Informationen ermöglicht. Denn bei räumlicher Trennung oder zeitlich verzögertem Zugang zu Informationen wird die Informationsfähigkeit und -transparenz beeinträchtigt.[815] Schnellere Durchlaufzeiten verknappen die Reaktionszeiten und SCEM ermöglicht daher eine optimierte operative Steuerung durch eine bessere Transparenz bei der Sendungsverfolgung (Total asset visibility).[816]

Dem SCEM liegt technisch eine Tracking & Tracing-Infrastruktur zu Grunde, mit der Störungen und kritische Abweichungen jenseits eines zuvor festgelegten Schwellenwerts (Events) erfasst werden.[817] Events können beispielsweise Anlagenstillstände, Lieferverspätungen oder Frachtbeschädigungen sein. Nicht als Events in diesem Sinne zu verstehen sind ordnungsgemäße Ereignisse, wie plankonforme Vollzugsmeldungen (z. B. eine termingerechte Wareneingangsquittierung). Ein Disponent oder anderer Entscheidungsträger kann daher genau den Punkt in einer Lieferkette identifizieren, an dem eine Sendung verloren ging und daher die Problemauffindung erleichtern.[818] Kern einer Tracking & Tracing-Infrastruktur sind regelmäßig automatische Identifikationssysteme (wie RFID-Transponder oder sehr selten GPS-Systeme), Lesegeräte bzw. Empfangsstationen und Rechner zu Störsignalverarbeitung und -weiterleitung.[819]

812 Vgl. Schmidt (2006), S. 21 f.

813 Vgl. Kärkkäinen/Ala-Risku/Främling (2004), S. 546; Die Autoren weisen darauf hin, dass es in der Literatur keine konsistente Definition von Tracking & Tracing gibt, vgl. ebd.

814 Nissen (2002), S. 431.

815 Vgl. Otto (2003), S. 4 f.

816 Vgl. Stölzle (2004), S. 506.

817 Vgl. Stölzle (2004), S. 504; Strassner (2005), S. 90 f.

818 Vgl. Ngai et al. (2007), S. 566.

819 Vgl. Kärkkäinen/Ala-Risku/Främling (2004), S. 547; Stefansson/Tilanus (2000), S. 270; Ranky (2007), S. 20; Schnetzler/Schönsleben (2007), S. 505.

Den verschiedenen Begriffsfassungen von Tracking & Tracing liegt die Annahme zu Grunde, dass Werkstücke, Produkte oder Lose während der Fertigung, Lagerung oder des Transports zeitweise oder durchgängig über ein eindeutiges Identifikationsmerkmal verfolgt werden. Dabei sind zweierlei Anwendungen zu unterscheiden: einerseits das Bestimmen der jeweils aktuellen Position und andererseits das Dokumentieren und Archivieren der zurückgelegten Prozessetappen:[820] Tracking ist die fortlaufende Sendungsverfolgung eines logistischen Objekts und dessen aktueller Status. Tracing ist die Dokumentation und Archivierung der Objektherkunft sowie der Prozessetappen (Checkpoints), die ein logistisches Objekt für Zwecke der Rückverfolgung durchlaufen hat. Tracking ist mehr auf Ausnahmenhandling ausgerichtet, während Produktwert oder -risiken für die Etablierung eines Tracing-Systems konstituierend sind. Statusinformationen können Bearbeitungsinstanzen, Komponenten, Losnummer, enthaltene Rohstoffe, Zulieferer, Alarme, Nacharbeit oder Produktabweichungen sein. In Hinsicht auf Einzelteile können zudem Qualitätsvariationen eines Loses erfasst werden.[821]

Ein Tracking & Tracing-System überwacht den Status eines Produkts über mehrere Prozessetappen wie Verlade-, Bereitstellungs-, Transportakitvitäten, Wareneingang und weitere Bearbeitungsstationen hinweg und erlaubt das zeitnahe Entdecken von Störungen, zugleich aber auch eine systematische Qualitätssicherung und Prozessoptimierung auf Grundlage historischer Daten sowie die detaillierte Zuordnung von Fehlern.[822] Somit ermöglicht es eine leichtere Zuordnung und Abwicklung von Schadens- und Verlustfällen durch Rückverfolgbarkeit.[823] Neben einem Upstream-Tracing (zur Zuordnung von Qualitätsproblemen zu Zulieferern und der Eingrenzung betroffener Sendungseinheiten) ist auch Downstream-Tracing für einen Hersteller wichtig, um zu erfassen, wo Waren gelagert und verarbeitet wurden und um gezielte Rückrufaktionen vornehmen zu können.[824] Die wichtigsten Treiber für eine Chargenrückverfolgung sind der Vermeidungswunsch von Fehlerfolgekosten und Regresszahlungen sowie gesetzliche Vorgaben, die übergreifende Produkthaftungsverpflichtungen regeln.[825] Kunden

---

820 Vgl. Jansen-Vullers/van Dorp/Beulens (2003), S. 401; Kärkkäinen/Ala-Risku/Främling (2004), S. 546.

821 Vgl. van Dorp (2002), S. 25; Schmidt (2006), S. 22; Teuteberg (2006), S. 24; Schnetzler/Schönsleben (2007), S. 505; Gudehus (2005), S. 61; Stefansson/Tilanus (2000) weisen darauf hin, dass die Definition von Tracking & Tracing in der Literatur uneinheitlich dargestellt wird; vgl. ebd., S. 255.

822 Vgl. Jansen-Vullers/van Dorp/Beulens (2003), S. 404; Stefansson/Tilanus (2000), S. 259; Gudehus (2005), S. 61; Gehr (2006b), S. 25; van Dorp (2002), S. 24 ff.

823 Vgl. Bode/Preuß (2004), S. 178. Rückverfolgung wird gemäß DIN EN ISO 8402:1995-08 definiert als Möglichkeit, den „[...] Werdegang, Verwendung oder den Ort einer Einheit anhand aufgezeichneter Kennzeichnungen verfolgen zu können."

824 Vgl. Schnetzler/Schönsleben (2007), S. 505; Böse/Uckelmann (2006), S. 134.

825 Vgl. Böse/Uckelmann (2006), S. 135; van Dorp (2002), S. 27.

werden Produkte reklamieren, wenn sie nicht den Spezifikationen entsprechen und die Losqualität von Lieferungen (Vorprodukten) hat einen erheblichen Einfluss auf die Qualität nachfolgender Produktionsprozesse.[826] Ein Los oder eine Charge[827] umfasst eine Menge zusammen erstellter physischer Objekte, die gemeinsame Merkmale teilen. Diese Lose können in späteren Herstellungsschritten mit Teilen anderer Lose durchmischt werden. Auch wenn Teilmengen eines Loses aufgeteilt werden, ist eine separate Verfolgung der unterschiedlichen Behandlung der Teilmengen ggf. erforderlich. Dennoch kann ein Bedarf an genauer Zuordnung der Komponentenherkunft für Zwecke der Qualitätssicherung und Abrechnung nötig sein. Die enorme wirtschaftliche Bedeutung einer präzisen Teileverfolgung wird daran deutlich, dass im Jahr 2000 in den USA 22,8 Mio. Fahrzeuge zurückgerufen werden mussten – bei einer Neuzulassungszahl von 17,4 Mio. Fahrzeugen in demselben Jahr.[828] Eine genaue Eingrenzung fehlerhafter Chargen – und damit rückzurufender Fahrzeuge – kann hierbei Kosten in Millionenhöhe vermeiden. In der Luft- und Raumfahrtindustrie ist die Gewährleistung einer lückenlosen Rückverfolgbarkeit sicherheitsrelevanter Teile zwingende Voraussetzung zur Gewährung der Zulassungen durch die internationalen Aufsichtsbehörden.

Entsprechend sind nicht die geplanten, sondern nur die tatsächlich durchgeführten Behandlungsschritte und sonstiger Einflüsse (z. B. Beschädigung durch Feuchtigkeit) zu erfassen. Um die Zusammensetzung eines Loses korrekt zu bestimmen, bedarf es der Dokumentation jeder Vermischung mit anderen Teilen oder einer Dokumentation, welche Losteile in Folgekomponenten eingegangen sind. Um die Bestandteile eines Loses zurückverfolgen zu können, ist zudem eine Dokumentation der eingegangenen Vorprodukte sowie deren Daten notwendig.[829]

Daher erfordert eine durchgängige Sendungsverfolgung eine lückenlose Informationsintegration, z. B. durch die Anbindung aller Akteure einer Supply chain per EDI.[830] Analog bedarf es zur Umsetzung von SCEM dem Austausch von Daten zwischen Zulieferern, OEM und Logistikdienstleistern.[831]Allerdings sind die meisten Tracking & Tracing-Systeme nur innerbetrieblich als Insellösung implementiert – was die Vernetzung der IT-Systeme und Identifikationscodierungen angeht.[832] Denn die Ansätze zum Tracking & Tracing und zum SCEM sind durch die zuvor für EDI aufgezeigten Defekte der Informationsintegration in mehr-

826 Vgl. van Dorp (2002), S. 31.

827 Ein Los oder Charge bezeichnet eine Menge zugleich erstellter Produkte, die die gleichen Spezifikationen sowie Kosten gemein haben, vgl. van Dorp (2002), S. 29; eine Charge zeichnet gegenüber dem Los aus, dass qualitative Unterschiede zwischen unterschiedlichen Losen unvermeintlich sind; vgl. Bloech et al. (2004), S. 259.

828 Vgl. Fischer (2006), S. 177.

829 Vgl. Jansen-Vullers/van Dorp/Beulens (2003), S. 402 ff.

830 Vgl. Henkel (1995), S. 88.

831 Vgl. Bodendorf/Zimmermann (2005), S. 63.

832 Vgl. Kärkkäinen/Ala-Risku/Främling (2004), S. 549; Abramovici/Bellalouna/Flohr (2008), S. 122.

stufigen und verzweigten Netzwerken analog betroffen, weil die Prozesse ihrem Wesen nach funktionsübergreifend sind. Daher sind die Anforderungen an die Durchgängigkeit von Informationssystemen über organisatorische Grenzen hinweg hoch.[833] Henkel (1996) betont, dass die Erfassung und Weiterleitung von Steuer- und Kontrollnachrichten auf Grund von Medienbrüchen überproportional häufig halbautomatisch durchgeführt wird.[834] Dies wirkt sich insbesondere dann negativ aus, wenn für Tracing-Vorgänge die Herkunft eines Teiles zunächst (upstream) recherchiert werden muss (z. B. weil die Lose einer Sachnummer von verschiedenen Herstellern zugeliefert werden, die sich dabei nicht auf der unmittelbar vorgelagerten Zulieferstufe befinden müssen) oder die Adressaten von Tracking-Informationen (downstream) zunächst nicht zu bestimmen sind, weil unklar ist, wer von den Prozessunterbrechungen betroffen ist. Die in Kapitel 3.5.2.3 identifizierten Defekte der Informationsintegration wirken sich auch hier uneingeschränkt aus. Hier zeigt sich, dass die Integrationsansätze lange Zeit als theoretisch einfache Konzepte betrachtet wurden, sich aber nur sehr schwer in der Praxis implementieren lassen.[835] Zusätzlich wirkt ein Motivationseffekt: Häufig hat eine überwiegende Zahl der Unternehmen keine Verwendung für spezifische Informationen oder kann sie nicht verarbeiten. Dennoch müsste das Unternehmen die Informationen aber empfangen und weiterleiten, damit der unternehmensübergreifende Informationsfluss nicht unterbrochen wird. Hier müssten Unternehmen mit großer Marktmacht eine Informationsintegration per Weisung oder durch Gewährung (finanzieller) Anreize durchsetzen – was in mehrstufigen und weitverzweigten Supply chains nicht möglich ist, weil die Unternehmen keine enge Verbindung miteinander haben und die Abstimmung zu aufwändig wäre.[836]

SCEM kann auch interpretiert werden als Erweiterung einer reinen Informationssammlungs- und Verarbeitungstechnologie um das Führungskonzept eines Management by exceptions mit dem Ziel der Entlastung von Führungsebenen. Hierzu handeln untergeordnete Instanzen bis zur Übertretung von vorgegebenen Toleranzgrenzen selbstständig – Meldungen werden erst bei Abweichungen von Soll-Vorgaben abgegeben.[837] Konzeptionelle Bestandteile von SCEM sind:[838]

833 Vgl. Stölzle (2004), S. 505.

834 Vgl. Henkel (1996), S. 189.

835 Vgl. Kärkkäinen/Ala-Risku/Främling (2004), S. 561.

836 Vgl. Främling et al. (2006), S. 73; in letzter Konsequenz würde dies bedeuten, dass selbst urerzeugungsnahe Zulieferer von einem OEM Anweisungen oder finanzielle Zuweisungen empfangen müssten. Abseits von gesetzlich geregelten Vorschriften im Lebensmittelbereich wird ein solches Vorgehen auf ausgewählte Zulieferer beschränkt bleiben.

837 Vgl. Straube/Vogler/Bensel (2007), S. 158 f.; Liu/Kumar/van der Aalst (2007), S. 761; Strassner (2005), S. 90 f.

838 Vgl. Teuteberg (2006), S. 17; Schmidt (2006), S. 23.

1) Überwachen und Erfassen (Monitoring & Reporting): Diese Funktionen erfordern eine kontinuierliche Datenerfassung, was auf Grund des Aufwands zumeist mittels automatischer Idenfikationssysteme realisiert wird
2) Identifizieren (Identification): Die Identifikation von Störereignissen und Abweichungen
3) Melden (Notification): Unverzügliches Benachrichtigen von Entscheidungsträgern bzw. Events verarbeitende IT-Systeme
4) Planen und Simulieren (Planning & Simulation): Simulation von Handlungsalternativen und verschiedenen Konstellationen
5) Ausführen und Koordinieren (Execution & Coordination): Planung und Durchsetzung von Interventionsmaßnahmen zur Störungsbehebung
6) Messen und Bewerten (Measuring & Controlling): Messen von logistischen Kennzahlen; Untersuchen der Ursachen für Störungen; Analyse der Auswirkungen auf vor- und nachgelagerte Stufen im Logistiknetzwerk und Prognoseerstellung für Folgewirkungen

So kann ein Event-Handling-System automatisch Kennzahlen generieren (z. B. durch Auswertung der Versandstatus-Historie) oder eine permanente Inventur unterstützen. Entsprechend könnte hinsichtlich Produktion und Logistik die Erfassung und Überwachung der Liefertreue als Management by exceptions eingesetzt werden, um einen Materialdisponenten einerseits eine laufende Überwachung zu ermöglichen und anderseits zu verhindern, dass dessen Aufmerksamkeit allein durch diese Aufgabe gebunden ist (und er dadurch andere Tätigkeiten parallel ausführen kann) bzw. er mehr Aufgaben gegenüber Aufmerksamkeit haben müsste als er bewältigen kann. SCEM dient der Überwachung und Verfolgung von logistischen Objekten, um die Reaktionsgeschwindigkeit auf Abweichungen zu erhöhen.[839] SCEM zielt dabei auf die Verkürzung der Verzögerung (Totzeit) zwischen dem Auftreten und der Identifikation eines Ereignisses ab. Zudem wird der Detaillierungsgrad verfügbarer Informationen bei gleichzeitiger Senkung der Erfassungskosten erhöht.[840] Eine wichtige Rolle von SCEM-Systemen ist die Datenverdichtung, um die knappe Informationsaufnahme und -verarbeitungskapazität von Entscheidungsinstanzen nicht überstrapazieren zu müssen. Zudem sollten Informationen mit der Zielsetzung der Ursachenidentifikation präsentiert werden (Unterstützung bei der Kausalitätsanalyse).[841] Durch eine längere Prozessüberwachung mit SCEM wird eine Erfahrungsbasis aufgebaut, die Prozessoptimierungen durch Lerneffekte ermöglicht und die Transparenz in Supply chains erhöht.[842]

839 Vgl. Dangelmeier/Pape/Rüther (2004), S. 18.
840 Vgl. Straube/Vogler/Bensel (2007), S. 160.
841 Vgl. Liu/Kumar/van der Aalst (2007), S. 769 f.
842 Vgl. Stölzle (2004), S. 506; Straube/Vogler/Bensel (2007), S. 158.

Somit ist der Kern von Tracking & Tracing die Datengenerierung und Speicherung hinsichtlich der Aufenthaltsdaten eines per ID-Nummer identifizierten Produkts mit Raum- und Zeitbezug, während SCEM auf dieser Grundlage Abweichungsanalysen vornimmt. Die technische Seite des Konzepts hat eine passive (Dokumentation und Informationsbereitstellung) und eine aktive (Identifikation von Abweichungen und Intervention) Komponente. Aktive Systeme setzen dabei eine vorangegangene Definition von Prozessstandards und die Delegation an Entscheidungsinstanzen zur schnellen Reaktion voraus.[843]

Die bisher wissenschaftlich untersuchten Ansätze sind rein regelbasierte Auswertungen (so legen Liu/Kumar/van der Aalst (2007) einen Ansatz mit Petri-Netzen unter Zeitrestriktionen vor, um ein regelbasiertes SCEM zu realisieren),[844] Auswertungen mittels statistischer Methoden[845] und der Einsatz von Softwareagenten zur dezentralen Entscheidungsfindung.[846] Zudem bieten SCEM-Anwendungen Simulationsmöglichkeiten zum Auftreten und den Folgen von Störungen in Prozessketten,[847] wie auch zur Ermittlung von Logistikkennzahlen. Dennoch kann auch festgehalten werden, dass eine ausnahmslose Überwachung aller Geschäftsprozesse eines Unternehmens (und darüber hinaus) unwirtschaftlich wäre. Je nachdem, ob Prozesse eine kritische Bedeutung haben (d. h. Störungen direkt kostenträchtig sind oder indirekt ebensolche Prozesse betreffen), werden sie genauer oder weniger genau überwacht.[848]

In diesem Zusammenhang kann insbesondere darauf hingewiesen werden, dass SCEM einen Beitrag liefert, Bestände zu vermeiden, weil Probleme schneller erkannt und ihr Auftreten enger eingegrenzt werden kann – je schneller die Informationen über Abweichungen zur Verfügung stehen, desto länger ist das Zeitfenster der möglichen Reaktionen.[849] Somit können durch den Einsatz von SCEM Unsicherheiten reduziert und damit Bestände durch Informationen substituieren werden.[850]

Mit einer Tracking & Tracing-gestützten Chargenverfolgung wird die Zielsetzung der Kostenreduktion von für Rückrufaktionen verfolgt, ebenso wie die Erfüllung gesetzlicher Vorgaben und die Einhaltung von Dokumentationsanforderungen von Kunden.[851] Eine besonders große Herausforderung stellt dabei die Rückverfolgung von während des Erstellungsprozesses geteilter Lose dar.[852]

843 Vgl. Stefansson/Tilanus (2000), S. 261; Stölzle (2004), S. 504.
844 Vgl. Liu/Kumar/van der Aalst (2007), S. 761.
845 Vgl. Straube/Vogler/Bensel (2007), S. 159.
846 Vgl. Bodendorf/Zimmermann (2005), S. 62; Teuteberg (2006), S. 17.
847 Vgl. Liu/Kumar/van der Aalst (2007), S. 774.
848 Vgl. ebd., S. 762.
849 Vgl. Stölzle (2004), S. 506.
850 Vgl. Liu/Kumar/van der Aalst (2007), S. 761.
851 Vgl. Hozak/Collier (2008), S. 861; Schmidt (2006), S. 118.
852 Vgl. ebd., S. 861.

Zudem soll durch eine höhere Transparenz über Bestände und Lieferungen im Transit eine Verringerung der Frachtzahlen und eine Erhöhung des Frachtvolumens pro Transport ermöglicht werden, weil Teillieferungen leichter konsolidiert transportiert werden können. Ebenso soll die höhere Transparenz einen zeitlich längeren Interventionsspielraum schaffen, so dass eher auf Notmaßnahmen wie teure Eilsendungen verzichtet werden kann.[853] Die Vermeidung von Fehlbeständen auf Grund dieser Transparenz soll zudem die Kundenzufriedenheit erhöhen und Produktplagiate erschweren.[854] Zudem ermögglicht Tracking & Tracing die Dokumentation des Gefahrenübergangs und damit die Zuordnung von Transportschäden.[855] Tracking & Tracing unterstützt zudem die Warensicherung vor Schwund (Diebstahl) und Verderb. Ebenso kann die erwähnte Funktion der Chargenrückverfolgung neben der Qualitätssicherung auch zum Schutz vor Plagiaten verwendet werden: Durch lückenlose Dokumentation der Produktherkunft kann das Einschleusen von gefälschten Produkten und der Handel mit Diebstahlware (Hehlerei) verhindert werden. Der Schaden durch Produktpiraterie liegt bei 300 bis 600 Mrd. Euro jährlich, was 5 bis 9% des Welthandels ausmacht. Nach Schätzungen des Verbands Deutscher Maschinen- und Anlagenbau e. V. (VDMA) sind zwei Drittel der Unternehmen der Investitionsgüterindustrie von Produktpiraterie betroffen. Schäden entstehen dabei nicht nur durch entgangene Umsätze auf Grund des Verkaufs von Plagiaten (einschließlich der verdeckten Herstellung nicht lizenzierter Zusatzvolumina durch Subunternehmer), sondern zudem durch Kosten für Produkthaftung auf Grund von Schäden durch gefälschte Produkte und Ersatzteile sowie für Service und Entsorgung von Plagiaten.[856] Ferner kann durch Tracking & Tracing nachgewiesen werden, ob Produkte nach Ablauf eines Mindesthaltbarkeitsdatums verwendet werden und es dann zu Fällen von Produkthaftung kommt – entsprechend unterstützt es die Verfolgung und Verifikation von Produkten.

Weitere Vorteile von Tracking & Tracing liegt in den verringerten Fehlerfolgekosten durch bereits erörterte verkürzte Reaktionszeiten, die Zuordnung von Transportschäden bzw. die Abwehr von Regressforderungen, reduzierte Wartezeiten an Wareneingängen, höhere Mitarbeiterproduktivität bei der Prozessüberwachung und -dokumentation, Prozessautomatisierung, Reduzierung von Sicherheitsbeständen und Qualitätskontrolle des LDL. Ferner ermöglicht es auch eine höhere Kundenbindung, Vermeidung von Versandfehlern und Erhöhung der Termintreue sowie Informationsanalyse zur Prozessoptimierung.[857] Innovative Anwendungen von Tracking & Tracing können zudem in Mietmodellen für das zwischenbetriebliche Behältermanagement mit nutzungszeitabhängigen Entgelten

853 Vgl. Schmidt (2006), S. 118.
854 Vgl. Mullen/Moore (2006), S. 10 ff.; Schmidt (2006), S. 119.
855 Vgl. McFarlane/Sheffi (2003), S. 9.
856 Vgl. Günthner/Meißner (2006), S. 2.
857 Vgl. Strassner (2005), S. 92.

sein, um den Behälterdurchsatz zu beschleunigen und den Behälterschwund zu reduzieren.[858] Eine durchgängige Transparenz würde zudem im Transportwesen die Verringerung von Standgeldern wie Gebühren für Lade- und Löschzeiten (Demurrage) und das Vorhalten von Ladungsträgern (Detention) bei Third-Party-Assets ermöglichen.[859]

Allerdings erfolgt Tracking & Tracing zumeist in diskreten Abständen an diskreten Orten, sofern nicht eine aufwändige fortdauernde Erfassung (z. B. durch aktive Transponder in einem LKW und Global Positioning System) vorliegt.[860] Je größer die Lücken der Überwachung, desto geringer ist die Funktionalität des Systems sowohl hinsichtlich des Tracking (Überwachungsabstände) als auch hinsichtlich des Tracing (Auffindung der Ursache von Störungsereignissen). Daraus folgend schränken Überwachungslücken auch die Wirksamkeit eines SCEM ein, dass auf Tracking & Tracing aufbaut. So sind nach einer Befragung von Strassner (2005) bei Logistikdienstleistern 30% der gespeicherten Tracking & Tracing-Daten fehlerhaft.[861] Ob eine lückenlose Objekt- und Prozessüberwachung wirtschaftlich ist, hängt von der Kritizität der überwachten Objekte unter dem Gesichtspunkt der Sicherheitsrelevanz des Objekts, dem jeweiligen Wert, der Wiederbeschaffungszeit, der Schwundquote und dem Zeitwertverfall (bei Waren mit kurzem Lebenszyklus, insbesondere bei verderblichen Gütern) ab.[862] Dennoch ist vielfach bei Einbezug kleiner Unternehmen (wie Speditionen) keine durchgängige Sendungsverfolgung technisch etablierbar, weil die IT-Infrastruktur für eine medienbruchlose Integration fehlt.[863]

3.5.2.9 Der Ansatz des Internets der Dinge

Ein herausragendes Ziel der Informationsintegration ist die Vermeidung von Medienbrüchen, um eine stärkere Automatisierung zu erlangen. Eine konsequente Ausgestaltung in der Logistik bedingt die Integration zwischen IT-Systemen und realer Welt, um die Effizienz der Interaktion von Abläufen in der realen Welt und in IT-Systemen optimieren zu können (Mensch-Mensch-Schnittstelle, Mensch-Maschine-Schnittstelle und Maschine-Maschine-Schnittstelle über Sensoren und Aktoren). Eine Computeranwendung ist idealer Weise in der Lage, erforderliche Informationen aus der realen Umwelt ohne manuelle Eingabe zu erfassen.[864] Ein aktueller Ansatz, der diese Forderung aufgreifen will, ist das sogenannte Internet der Dinge. Das dahinter steckende Konzept ist in der Literatur bisher vorwiegend

---

858 Vgl. ebd., S. 193.
859 Vgl. Schmidt (2006), S. 118.
860 Vgl. Stefansson/Tilanus (2000), S. 259, ebd. S. 266.
861 Vgl. Strassner (2005), S. 91.
862 Vgl. ebd., S. 125.
863 Vgl. Bandow (2006), S. 86.
864 Vgl. Strassner (2005), S. 25.

unscharf umrissen. Folgendes Zitat von Fleisch/Mattern (2005) soll dies veranschaulichen: „Allen Begriffen gemeinsam ist die Vision einer Welt smarter Alltagsgegenstände, welche mit digitaler Logik, Sensorik und der Möglichkeit zur Vernetzung ausgestattet ein „Internet der Dinge“ bilden, in dem der Computer als eigenständiges Gerät verschwindet und in den Objekten der physischen Welt aufgeht.“[865] Auch bei den verwandten Konzepten des Ubiquitous Computing (auch als Pervasive Computing bezeichnet) bleiben die Definitionen unscharf.[866] Zur Abgrenzung kann ergänzt werden, dass für eine Ubiquitous Computing-Infrastruktur dezentrale Sensornetzwerke hinzutreten müssen,[867] damit eine direkte Interaktion von Objekten ohne menschlichen Eingriff erfolgen kann, während dies für Anwendungen eines Internets der Dinge nicht zwingend erforderlich ist.

Die gemeinsame Leitidee liegt in einer Vision, dass durch eine zunehmende Miniaturisierung von Computern diese in Alltagsgegenständen allgegenwärtig werden und diese somit zu intelligenten Objekten machen.[868] Dadurch haben diese Technologien das Potenzial, Medienbrüche zwischen physischen Prozessen und deren Informationsverarbeitung zu überbrücken. Dies würde eine vollautomatisierte Maschine-Maschine-Beziehung zwischen realen Objekten und deren Repräsentation in IT-Systemen ermöglichen, indem sie den physischen Gütern einen Minicomputer hinzufügen.[869] Insofern reduzieren sie die Kosten der Abbildung von Objektstatusveränderungen, weil Daten physischer Objekte ohne manuelle Eingabe in virtuellen Welten abgebildet werden können. Zudem können dadurch physische Objekte über deren Repräsentation in IT-Systemen miteinander kommunizieren.[870] Eine manuelle Datenerfassung ist für eine Menge von Eingabefehlern verantwortlich, die durch automatische Erfassung wegfallen. Studien zeigten, dass die Fehlerrate bei 1:300 Zeichen liegt. Vielfach wird durch eine manuelle Eingabe eine Erfassung in Echtzeit verhindert, da die erhobenen Daten (z. B. Bögen) erst zwischengelagert und dann mit Verzögerung bearbeitet werden. Daher kann eine automatische Objektidentifikation per Radio Frequency Identification (RFID) die Datenerfassung verbessern (Fehlerquote 1:3.000.000)[871] und einen schnelleren Informationsfluss ermöglichen.[872]

Das Internet der Dinge – als bisher konkretisiertester Anwendungsfall – geht davon aus, dass die Anbindung der virtuellen Repräsentation von physischen Objekten in Softwareanwendungen zunehmend automatisiert wird. Treiber hierfür

865 Vgl. Fleisch/Mattern (2005), S. V.

866 Vgl. Gillert/Hansen (2007), S. 31.

867 Vgl. Teuteberg (2006), S. 19.

868 Hier ist intelligent nicht im Sinne menschlicher Intelligenz aufzufassen, sondern dass Objekte kontextbezogen zu regelbasiertem Handeln in einer dynamischen Umwelt fähig sind.

869 Vgl. Fleisch/Christ/Dierkes (2005), S. 7.

870 Vgl. Mullen/Moore (2006), S. 7; Fleisch/Christ/Dierkes (2005), S. 7; Schmidt (2006), S. 41.

871 Vgl. Porter/Millar (1985), S. 152; Furness (2000), S. 30.

872 Vgl. Lindau/Lumsden (1999), S. 160.

ist die Automatisierung der Objekterfassung, so dass eine manuelle Erfassung – insbesondere die papiergebundene Dokumentation mit anschließender Eingabe – verringert wird. Barcodes verringern den Zeitaufwand zur Erfassung, erfordern aber weiterhin eine persönliche Handhabung des gekennzeichneten Objekts oder des Lesegeräts zum Herstellen einer Sichtlinie zwischen Barcode und Lesegerät.[873] Daher hat im wissenschaftlichen Diskurs wie in praktisch orientierten Beiträgen der Einsatz von berührungslos auslesbaren Transpondern (RFID) eine sehr starke Beachtung erfahren. Auf diesen kann eine eindeutige Produktnummer abgelegt werden, wie der Electronic Product Code (EPC). Dieser EPC ist eine Weiterentwicklung des amerikanischen Universal Product Code (UPC) und der Europäischen Artikelnummer (EAN). Zentral verwaltet wird der eindeutige EPC-Code von der EPCglobal-Infrastruktur der GS1 Incoporated.[874] Ein EPC benötigt nur 96 Bit, um Objekte mit einer weltweit einmaligen Seriennummer zu kennzeichnen. EPCs enthalten nur die Informationen, die benötigt werden, um das mit ihnen gekennzeichnete Produkt eindeutig identifizieren zu können. Weitere dem Objekt zugeordnete Daten müssen hingegen in einem zentralen Speicher hinterlegt werden.[875] Daher wird eine zusätzliche Infrastruktur benötigt, um Daten in unternehmensübergreifenden Netzwerken durch einen standardisierten Zugriff zu erfassen.

Die Wahl der Bezeichnung Internet der Dinge ist eine Analogie, die sich auf das World Wide Web bezieht, in dem Daten auf lokalen Servern vorgehalten werden und deren IP-Adressen über ein zentrales Verzeichnis des Domain Name Systems (DNS) referenziert sind. Als Gegenstück soll es im Internet der Dinge ein Object Name Server (ONS) als zentralen Dienst geben (Zuordnung einer EPC zur IP-Adresse von PML-Servern, in denen zugehörige Informationen abgelegt sind), über den statische Informationen zu einem Objekt (vor allem von Unternehmen der das Gut herstellenden Supply chain) gefunden werden können (so z. B. Produktbeschreibungen, Verfallsdaten oder Herkunftsangaben). Im ONS werden entsprechend die verschiedenen primären Datenschlüssel eines Produkts zwecks Rückverfolgung des Geschäftsablaufs vom Hersteller hinterlegt.[876] Der Zugriff auf besagte Objektinformationen wird bei EPCglobal über einen Dialekt von XML realisiert, die Physical Markup Language (PML).[877] Hier werden also statische Daten in

873 Vgl. Gillert/Hansen (2007), S. 89 f.

874 Grundsätzlich könnte ein Internet der Dinge auch mit anderen Standards realisiert werden. Da ein Internet der Dinge seiner Natur nach einem konsistenten Standard folgen muss, um beliebigen Organisationen einen offenen Zugang zu gewähren, ist es zweckmäßig, das EPCglobal Architecture Framework bei einer Standardisierung zu verwenden; vgl. auch Gaukler/Seifert (2007), S. 32.

875 Vgl. Armenio et al. (2009), S. 16; neben einer weltweit einmaligen EPC sind noch Hinweise zu Objektklassenfilter, EPC-Verwalter und Headerinformationen hinterlegt, die das Format der hinterlegten Seriennummer spezifizieren.

876 Vgl. o. V. (2007b), S. 12.

877 Vgl. Angeles (2005), S. 55 f.

einem standardisierten Format hinterlegt und zentral gepflegt. Das bedeutet zugleich aber, dass die entsprechenden Daten redundant vorgehalten werden müssen (lokal bei den für die einzelnen Prozessetappen zuständigen Unternehmen und auf einem zentralen Server). Dies ist weitgehend auf statische Daten beschränkt, die über den Lebenszyklus eines EPC-Objekt stabil bleiben. Dynamische Daten sind so nicht zugänglich, da auf Grund der hohen Datenmenge ein redundantes Vorhalten mit hohem technischem und finanziellem Aufwand verbunden ist und der Zugriff auf einen zentralen PML-Server durch mehrere Akteure gleichzeitig technisch ebenfalls problembehaftet ist. Zudem treten bei der Synchronisation aller internen Daten mit einem zentralen Datenbestand letztendlich dieselben Integrationsprobleme auf wie bei einer internen Vernetzung der Daten der beteiligten Unternehmen direkt über Schnittstellen. Dies steht auch damit im Zusammenhang, dass durch ein lokales Vorhalten von Daten die Unternehmen in einer Supply chain nur berechtigten Partnern nach einer Authentifizierung Zugang zu ihren Daten erlauben wollen, um Betriebsgeheimnisse zu schützen und den Zugang zu Daten beschränken zu können. Denn die EPC-Nummern auf RFID-Tags selbst sind bezogen auf den Datenschutz hochsensitive Informationen, besonders wenn sie leicht gesammelt und über Data-Mining-Verfahren ausgewertet werden können. Denn über sie können Bezüge zwischen Objekten und Unternehmen wie auch Personen gezogen werden.[878]

ONS hat also nicht die Funktion des Auffindens von Daten, die im Lebenszyklus eines mit EPC-gekennzeichneten Objekts entstanden sind, sondern bietet nur bei bereits bekannter IP-Adresse des zentralen PML-Servers einen Verzeichnisdienst, der den Namenraum von EPC verwaltet und eine (bekannte) ONS-Adresse in einem HTML-Link, eine Datenbank-Adresse oder einen Verweis auf einen EPCIS-Dienst auflöst. Die Suche nach dynamischen Daten bei unbekannten Akteuren, die zuvor ein EPC-Objekt vereinnahmt hatten und dazu Daten gespeichert haben könnten (sowie die anschließende gegenseitige Authentifizierung und Etablierung eines sicheren Datenaustauschs), soll durch den EPCIS Discovery-Service erfüllt werden, so dass ONS und EPCIS Discovery verschiedene Funktionen innerhalb der EPCglobal-Infrastruktur erfüllen.[879]

EPCIS ist nach seiner prinzipiellen Gestaltung eine Form einer Enterprise Application Integration Software (EAI) im Sinne eines ontologiebasierten Moderators, die Daten zwischen unterschiedlichen (ggf. unternehmensübergreifenden) Applikationen austauscht. Es hat das Ziel eines gemeinsamen Datenzugriffs und besteht aus folgenden grundlegenden Komponenten:[880]

---

878 Vgl. Fabian et al. (2007), S. 186.

879 Vgl. Armenio et al. (2009), S. 59.

880 Vgl. Helo/Szekely (2005), S. 12.

- Datenaustauschformat
- Serverarchitektur
- Transaktionsmonitor
- Nachrichtenaustauschsystem
- Zielorientierte Methoden

Ein EPCIS soll weiterhin Datenschutz- und Referenzierungsfunktionen (Data Mapping) erfüllen, um Daten zu vernetzen und auffindbar machen zu können. Der Vorteil solcher Systeme würde in der höheren Transparenz aller einem übergreifenden Prozess zugehörigen Daten liegen, ohne redundante lokale Datensätze schaffen zu müssen.[881]

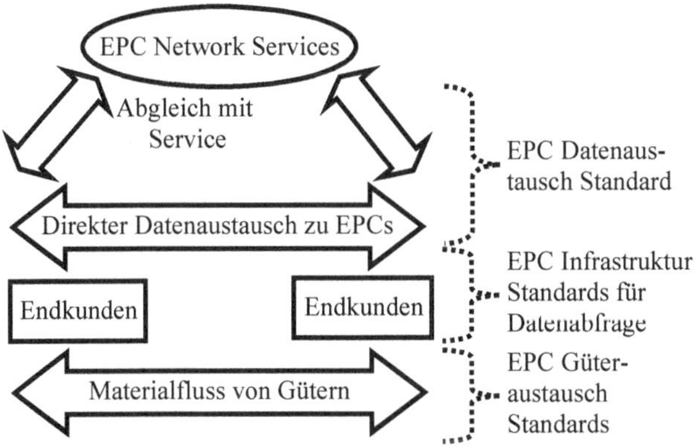

Abb. 11: Funktion des EPCglobal Architecture Framework[882]

Während von den Fürsprechern des Internets der Dinge herausgestellt wird, dass über die Erfassung der EPC fortlaufend aktuelle Daten zum Lebenszyklus eines konkreten Produkts wie auf einer Homepage im Internet abgerufen werden können, muss konzeptionell ein ganz wesentlicher Unterschied zwischen dem Internet der Dinge für mit EPC versehene Objekte und dem weltweiten TCP/IP-Netzwerk herausgestellt werden: während die Daten im TCP/IP-Netzwerk in die für die verbreiteten Anwendungen (z. B. HTTP-Browser) üblichen Datenformate auf den Servern im Internet abgelegt werden, sollen im Internet der Dinge ausdrücklich dynamische Daten in lokalen Datenbanken von Unternehmen und anderen Organisationen abrufbar sein – und zwar ohne diese in einem gemeinsamen Datenformat doppelt (und damit inkonsistent) vorzuhalten. Vielmehr sollen die lokalen Daten in den jeweils vorhandenen Formaten der bestehenden Datenbankapplikationen zugänglich sein, ohne dass es einer Konvertierung bedarf.

---

881 Vgl. ebd., S. 12 f.

882 Vgl. Armenio et al. (2009), S. 9.

Hier treten im selben Maß, wie bereits für heterogene EDI-Netzwerke herausgestellt, Defekte der Daten- und Schnittstellenintegration auf. Das Auffinden und der Zugriff auf diese Daten sind gemäß der technischen Spezifikationen des EPCglobal-Frameworks über einen Service namens EPC Information Services (EPCIS) Discovery geplant.[883] Die EPC-Spezifikationen nennen vier mögliche Formen des Austauschs von Daten zu EPC-ID-Nummer:[884]

- In Geschäftsbeziehungen zwischen nur zwei Partnern können Zugänge zu Datenbanken bilateral auf Basis einer vertraglichen Vereinbarung eingerichtet werden. Hier gibt es nur eine mögliche Datenquelle. Durch treffen einer Vereinbarung ist diese auch vorab bekannt, so dass eine eindeutige Quellenzuordnung möglich ist.
- In Supply chains (verstanden als mehrstufige Netzwerke) mit mehreren Partnern ist eine eindeutige Zuordnung nicht mehr möglich, weil Geschäftsbeziehungen nur mittelbar über andere Partner bestehen und andere Akteure der Supply chain (z. B. als Urerzeuger eines EPC-codierten Produkts) möglicherweise nicht bekannt sind. Dort, wo der Speicherort bekannt ist, kann er unzugänglich sein (entweder weil der Zugang aus Gründen des Schutzes von Geschäftsgeheimnissen bewusst verschlossen oder auf Grund von Integrationsdefekten ein Zugang nicht praktikabel ist). Hier wird eine indirekte Referenzierung von Datenquellen vorgeschlagen, bei der Anfragen an Zulieferer geschickt werden, die diese wiederum an ihre Zulieferer weiterleiten. Dieser indirekte Ansatz wird von der EPC als „Follow the chain" gekennzeichnet. Auch hier wird auf bilaterale Verknüpfungen zwischen Partnern zurückgegriffen. Zu bedenken ist hier, dass eine Anfrage zunächst upstream weitergereicht werden muss und dann anschließend die benötigten Informationen auf dem gleichen Weg downstream wieder zurück übermittelt werden müssen – ggf. mit weiterem Transformations- und Translationsaufwand an den Schnittstellen.
- In Fällen, in denen eine indirekte Referenzierung über Follow the chain nicht praktikabel oder möglich ist, schlägt EPC eine Referenzierung über einen Object Name Server (ONS) vor, um auf einen Datenbereitstellungsservice eines anderen Akteurs zuzugreifen. Hier handelt es sich um eine direkte Referenzierung, die allerdings zwei Voraussetzungen hat: Sowohl der vorhaltende Akteur als auch die gesuchten Datensätze sind bekannt. Zudem müssen sie online verfügbar und ihre Adresse beim ONS hinterlegt sein. Problematisch hierbei ist, dass in mehrstufigen Netzwerken regelmäßig nicht bekannt ist, wer über den Lebenszyklus eines Objektes hinweg Zugriff auf dieses hatte. Zudem können Daten lokal vorliegen, die nicht über eine Onlineverbindung abrufbar sind (Stand alone-Anlagen haben aus technischen oder sicherheitsbezogenen Gründen keine Verbindung zum World Wide Web).

883 Vgl. o. V. (2007b), S. 9; Armenio et al. (2009), S. 58 f.

884 Vgl. ebd., S. 37.

- Als Erweiterung zum ONS-Ansatz beabsichtigt EPC, dass über einen Service namens EPCIS Discovery Datenquellen in Supply chains gefunden und referenziert werden sollen. In der Literatur wird die Architektur überwiegend so dargestellt, als ob es EPCIS Dicovery schon gäbe, während die EPC ausdrücklich erklärt, dass der Discovery Service nur ein Platzhalter ist und noch nicht entwickelt wird.[885]

EPCglobal weist darauf hin, dass EPCIS Discovery eine unabdingbare Kernfunktion zur Realisation des Internets der Dinge in einer Supply chain mit mehren Mitgliedsunternehmen hat.[886] In den Diagrammen zum Internet der Dinge wird daher auch grundsätzlich ein Platzhalter für EPCIS Discovery eingefügt, so dass in Veröffentlichungen zum Internet der Dinge dieser Service als gegeben angenommen wird bzw. unerwähnt bleibt. Keine Nennung findet hingegen die in den technischen Spezifikationen von EPCglobal mehrfach betonte Tatsache, dass EPCIS Discovery einen wichtigen Bestandteil des EPCglobal Architecture Framework darstellt („Coreservice"), aber bisher nicht existiert und auch in der vierten Version des EPCglobal Architecture Framework seit der Erstveröffentlichung der Version 1.0 am 01. Juli 2005 weiterhin aussteht. Zusammengefasst kann daher festgestellt werden, dass ein Austausch von Stammdaten, die einmalig zu Beginn des Lebenszyklus eines EPC-codierten Produkts festgelegt werden, innerhalb eines Internets der Dinge durchaus möglich ist – der Ur-Hersteller erstellt eine Art Homepage mit statischen Daten zu einer dezidierten EPC-Nummer (wie Stammdaten zur Warenkategorie etc.), auf die über einen zentralen Server zugegriffen werden kann. Demgegenüber werden sich im Lebenszyklus ändernde Prozessdaten, die dezentral in verschiedenen Unternehmen vorliegen, nur in bilateralen Geschäftsbeziehungen, nicht aber in mehrstufigen Supply chains durchgängig austauschen lassen (hier sei im Zusammenhang mit Follow the chain auf die bereits thematisierte Problematik von Automatisierungsinseln hingewiesen).

Insofern fallen der Konsens im wissenschaftlichen Diskurs zur impliziten Annahme der Realisierbarkeit eines Internets der Dinge für dynamische Daten und der tatsächliche Stand der Technik bisher vollkommen auseinander. Einzig Böse/Uckelmann (2006) äußern sich kritisch zur Referenzierung von EPC-Daten über das Internet der Dinge, dass sie für technisch schwer realisierbar halten und empfehlen daher eine Erweiterung der Speicherkapazität am RFID-Transponder, um weitere Daten (wie Chargennummern und Haltbarkeitsdaten) zum Objekt dezentral zu hinterlegen.[887]

---

885 Der Status von EPCIS Discovery ist derzeit TBD, was bedeutet, dass die interne Entwicklungsphase noch nicht begonnen hat und sich bisher mögliche Konzepte in der Abstimmung zwischen den Gremien befinden; vgl. Armenio et al. (2009), S. 37.

886 Vgl. ebd., S. 37.

887 Vgl. Böse/Uckelmann (2006), S. 139 f.

Die Hürde bei der technischen Realisierung von EPCIS Discovery kann in verschiedenen Defekten bei mehrstufigen Supply chains gesehen werden. So müsste ein EPCIS Discovery-Service Zugriff auf alle Daten aller Softwaresysteme auf verschiedenen Ebenen der Anwendungen bei allen Akteuren der Supply chain haben.[888] Dazu bedürfte es einer mehrere Unternehmen überspannende Datenintegration, so dass alle informationslogistischen Hürden und Probleme der Informationsintegration per ERP- oder EDI-Systeme einer solchen Totalintegration voll zum Tragen kommen. Exemplarisch sei hier nochmals auf die Unmöglichkeit der automatischen Datenintegration über Medienbrüche (Automatisierungsinseln) hinweg hingewiesen, die durch die Notwendigkeit zur manuellen Datenweiterverarbeitung und -pflege an semi-automatischen Schnittstellen verursacht werden. Weitere Probleme liegen in der Datensicherheit in Netzwerken. Zudem fehlen für ein globales Internet der Dinge internationale Frequenzstandards.[889]

Auch wenn von der Analogie eines (offenen) Internets der Dinge abgerückt wird, bleiben Probleme bei der Informationsintegration. Andere Möglichkeiten des Informationsaustauschs in einer EPC-Infrastruktur sehen vor, dass im Vorfeld lückenlos bekannt ist, wo genau Daten hinterlegt sind. Dies ist zumeist auf bilaterale Konstellationen beschränkt, in denen nicht mehr als zwei Geschäftspartner Daten austauschen.

Eine andere Möglichkeit ist der Abruf statischer Daten, die sich über den Lebenszyklus eines EPC-Objekts nicht ändern (z. B. Produktname, Produktkategorie oder Gefahrenstoffklasse). Im Gegensatz dazu verändern sich dynamische Daten, während ein Objekt von mehreren Herstellern in einer Supply chain bearbeitet oder vom Endkunden benutzt wird.[890] Da die Ergänzung bzw. Änderung dieser Datensätze bei dynamischen Daten durch zwischenzeitlich beteiligte Akteure zunächst nicht mit dem Augenschein ermittelt werden kann, ist eine zentrale Verwaltung von Datensätzen nur bei statischen Daten möglich (wie beispielsweise der Ersterzeuger oder letzte Verwender (OEM) einer Supply chain), sofern von einer zentralen Datenvorhaltung von Kopien aller Datensätze aller Akteure einer Supply chain in einem einheitlichen Format abgesehen wird. In bilateralen Austauschverhältnissen können – analog zu WebEDI-Portalen – auch Automatisierungsinseln und inkompatible Datenformate über einen Browser im Internet zugänglich gemacht werden; allerdings auch hier nur unter Inkaufnahme eines zusätzlichen manuellen Aufwands. Aus Sicht der Informationslogistik in Supply chains mit mehr als zwei Akteuren hingegen ist dieser Ansatz für eine Informationsintegration untauglich, da Kaufteile regelmäßig von verschiedenen Zulieferern bezogen und Eigenteile von unterschiedlichen Akteuren bearbeitet werden können. Zudem scheiden Mitglieder der Supply chain aus oder kommen hinzu, so dass in großen Netzwerken eine fortlaufende Fluktuation anzunehmen ist.

888 Vgl. o. V. (2007b), S. 10.

889 Vgl. Ngai et al. (2008), S. 513.

890 Vgl. Armenio et al. (2009), S. 32.

Eine aus dem bilateralen Ansatz erwachsene Behelfslösung ist das bereits kurz genannte Konzepts des Follow the chain.[891] Dabei haben in einer mehrstufigen Supply chain nachgelagerte Akteure nur Kenntnis vom unmittelbar vorgelagerten Akteur, durch dessen Hand das EPC-Objekt gegangen ist. Um die Daten von diesem Akteur vorgelagerte Geschäftspartner zu bekommen, wird eine Anfrage gestellt, die über bilaterale Verbindungen an dessen vorgelagerte Partner weitergeleitet wird. Hier zeigen sich die besonderen Probleme der asynchronen Informationsintegration, da semi-automatisierte Schnittstellen und Batchprozesse eine Barriere bilden, die die Informationskette unterbricht. Auch heterogene Schnittstellen und Datenformate wirken als informationslogistische Hürde, da sie eine mehrere Akteure überspannende Informationsintegration in einer Supply chain verhindern.[892] Ebengleiches gilt, wenn ein Konsens gefunden wurde, dass alle Akteure einer Supply chain automatisierte Schnittstellen (also durch Integration der internen IT-Systeme ohne Medienbruch) beabsichtigen, die Umsetzung aber nur schrittweise erfolgt oder – analog zum Requirement Creep – fortlaufende Schnittstellenanpassungen erforderlich sind und daher temporäre Automatisierungsinseln in der Supply chain bleiben.[893]

Sofern also asynchrone Informationsschnittstellen in einem Netzwerk existieren, ist damit eine Integration über bilaterale Verbindungen hinaus nicht mehr möglich – auch nicht über ein Follow the chain-Konzept. Dieses Problem verhindert eine Totalintegration von Informationen über das Internet der Dinge in einer weit verzweigten Supply chain. Darin sind die Gründe zu sehen, warum EPCIS Discovery nicht nur aus mangelndem Willen oder kleineren technischen Problemen nicht entwickelt wird, sondern dem Konzept ganz grundsätzliche Probleme der Informationsintegration in Netzwerken entgegenstehen.

Insgesamt liegt dem Forschungsdiskurs zum Internet der Dinge – wie schon dem Tracking & Tracing bzw. SCEM-Ansatz – die vordergründig Diskussion zu Grunde, wie durch eine automatisierte Erfassung von Objekten die Verzögerung zwischen dem Anfall eines Ereignisses und die Wahrnehmung durch einen Entscheidungsträger verkleinert werden kann bzw. welchen betrieblichen Nutzen dadurch der Einsatz eines Internet der Dinge schafft.[894] Dem liegt wiederum implizit das kybernetische Regelungsparadigma zu Grunde. Konkret läuft alles auf die Fragestellung hinaus, inwieweit die Totzeit zwischen Störungsanfall und der Reaktion des Reglers verringert werden kann. Somit treten nicht-kybernetische Funktionen dieser IT-Systeme wieder in den Hintergrund des Diskurses und finden überwiegend keine oder nur eine beiläufige Behandlung.

---

891 Vgl. Armenio et al. (2009), S. 37.

892 An dieser Stelle sei darauf hingewiesen, dass der Austausch von produktbezogenen Daten von EPCIS überwiegend per XML oder andere Formen von EDI abgewickelt wird; vgl. Hans/Hribernik/Thoben (2008), S. 384.

893 Vgl. Haasis/Plöger (2007b), S. 7.

894 Vgl. Fleisch/Christ/Dierkes (2005), S. 12 f.

3.5.3 Gesamtschau der Ansätze funktions- und unternehmensübergreifender Informationsintegration

Die in der Literatur dominierenden Ansätze zur Anwendung von EDI, Tracking & Tracing, SCEM und das Internet der Dinge folgen implizit dem Regelungsparadigma der Kybernetik und richten sich damit in erster Linie an der Optimierung der Informationsströme upstream aus. Zudem wurde in diesem Kapitel die Funktion und Bedeutung der vielfach ignorierten Informationsströme downstream näher betrachtet. Die besondere Aufmerksamkeit lag dabei auf Integrationsproblemen bei der informationslogistischen Koordination. Neben den generellen Problemen und Schwächen bei der Datenhaltung und -verarbeitung mit IT-Systemen wurde vorrangig auf Probleme eingegangen, deren negative Wirkungen sich in Netzwerkkonstellationen verstärken (wie bei der Interoperabilität von Anwendungssystemen zwischen Abteilungen und Geschäftsbereichen eines Unternehmens aufgezeigt wurde) oder erst jenseits eines bilateralen Austauschs in mehrstufigen und weitverzweigten Netzwerken auftreten (Emergenzeffekt).[895] Diese Probleme wurden als informationslogistische Integrationsdefekte gekennzeichnet, die den Austausch von Daten und Informationen behindern und damit eine Koordination erschweren. Die Abbildungen 12 bis 15 fassen die identifizierten Defekte zusammen und stellen deren Ausprägung jeweils in bilateralen und Netzwerken mit mehr als zwei Akteuren gegenüber. Als erstes Zwischenergebnis kann an dieser Stelle festgehalten werden, dass es außerordentlich problematisch und mit einem ganz erheblichen Aufwand verbunden ist, die unternehmensintern heterogenen IT-Systeme in mehrstufigen und weitverzweigten Netzwerken zu integrieren.

Hier soll nochmals eine klare Abgrenzung der Integration zwischen bilateralen Geschäftsbeziehungen und der Integration in Supply chains getroffen werden, die nach Cooper et al. (1997) aus drei oder mehr abgegrenzten Akteuren bestehen müssen.[896] Hierin unterschieden sich Fertigungsverbünde und Supply chains. Entsprechend zeigen sich hier im Zusammenhang mit der Informationsintegration in Supply chains Integrationsdefekte als emergente Phänomene, die keine oder nur eine nachrangige Bedeutung in bilateralen Verbindungen haben (und dort durch manuelle Maßnahmen bewältigt werden können), aber in weitverzweigten und mehrstufigen Supply chains eine Informationsintegration verhindern.

Insbesondere der behelfsmäßige Rückgriff auf manuelle Datenpflege und persönliche Kontakte zwischen Mitarbeitern zur Informationsrecherche ist auf Grund der hohen Datentransaktionsmengen und nur noch bedingt nachvollziehbarer Adressaten- und Absenderbezüge für einzelne Informationen nicht mehr jenseits von bilateralem Informationsaustausch praktikabel. Zudem ist er in Supply chains mit einem prohibitiv hohen Aufwand verbunden. Es wurde zudem aufgezeigt, dass eine zunehmende Verbreitung manueller und semi-automatischer

895 Zum Begriff der Emergenz vgl. Hartlieb (1997), S. 11.

896 Vgl. Cooper/Ellram/Gardner/Hanks (1997), S. 67.

Integrationsmethoden absehbar ist, um den hohe Aufwand einer Schnittstellenintegration zu vermeiden,[897] dies aber zur Festschreibung von Automatisierungsinseln führt.

Integrationsdefekte führen zu einem Anhalten der Fragmentierung von Datenbeständen trotz des Technologieeinsatzes zur Informationsintegration. Entsprechend bieten diese informationslogistischen Defekte einen Erklärungsansatz, warum die in der Literatur vielfach vorhergesagte totale Informationsintegration (bzw. Informationstransparenz) sich empirisch nicht feststellen lässt. Dabei ist es, wie der Bullwhip-Effekt veranschaulicht, problematisch, dass Informationen überwiegend nur mit unmittelbar vor- und nachgelagerten Partnern in einer Supply chain ausgetauscht werden.[898] Lyons et al. (2005) zeigen an einer Feldstudie in der Automobilindustrie auf, dass der Informationsaustausch nur bilateral etabliert ist und Informationen des OEM nur dessen direktem Zulieferer (1-tier) zugänglich gemacht werden. Dessen Informationen werden ebenfalls nur dem unmittelbar vorgelagerten Zulieferer zugänglich gemacht. Dieses Muster zieht sich durch die gesamte Supply chain. Anhand ihrer Daten konnten sie nachweisen, dass es durch den ausschließlich bilateral ausgelegten Austausch zu Verzögerungen beim Zugang zu Informationen upstream kommt, was zum Aufschaukeln von Beständen entlang der Supply chain führt.[899]

Dabei zeigen die Integrationsdefekte auch, dass die in der Praxis festzustellende mangelnde Informationsintegration keineswegs auf einen mangelnden Willen der Akteure oder kleinerer technischer Unzulänglichkeiten zurückzuführen ist, die durch besseres Marketing der IT-Hersteller und technische Innovationen behoben werden können. Vielmehr ist festzustellen, dass die Integrationsdefekte grundsätzlicher Natur sind und durch technische Standardisierung und Entwicklungsmaßnahmen keineswegs in absehbarer Zeit behoben werden können.

Hier sei auch daran erinnert, dass Microsoft sein Angebot an unterschiedlichen ERP-Systemen nicht vereinheitlicht, sondern im Gegenteil sein ERP-Sortiment in mittlerweile drei verschiedene Softwareprodukte differenziert hat und sich mit WebEDI-Portalen auf XML-Basis eine technische Innovation zunehmend etabliert, die auch den Integrationsdefekt des Medienbruchs gegenüber bisher verwendeten EDI-Systemen noch ausweiten.

---

897 Vgl. Kärkkäinen/Ala-Risku/Främling (2004), S. 552.

898 Vgl. Huang/Lau/Mak (2003), S. 1510.

899 Vgl. Lyons et al. (2005), S. 4296.

Defekte der Informationsintegration	Bewältigung in bilateralen Konstellationen	Ausprägung in Supply chains
Integrationsdefekt der Interoperabilität	Informationsgewinnung über personellen Kontakt zu Ansprechpartnern	Die Datenintegrität wird durch Einsatz verschiedener Softwareanwendungen, abweichender Releases und Versionen, mitarbeiterspezifischer Workarounds bzw. betriebsstättenspezifische Lokalisierung (Softwaremitose) sowie auf Grund unterschiedlicher semantischer Interpretation abweichende Stammdaten untergraben. Ferner finden innerhalb einer Geschäftseinheit oder gar Anwendung für gleichartige Geschäftsprozesse unterschiedliche Dokumentformate, branchenspezifische Subsets und technische Standards für Austauschformate Anwendung.
Integrationsdefekt der Schnittstellenheterogenität	Gestaltung einer oder weniger Schnittstellen mit individueller Auslegung.	Eine mit mit $n(n\text{-}1)/2$ zunehmende Zahl der Schnittstellen bei einer Notwendigkeit der Standardisierung und Integration heterogener Schnittstellenformate sowie kumulativem Requirement Creep. Auch wenn alle Akteure sich um eine Informationsintegration bemühen, werden in Supply chains permanent Partner in Systemänderungen involviert sein oder neue Partner in die Supply chain eintreten, die sich nur schrittweise integrieren und damit einen fortlaufenden Änderungsbedarf induzieren.
Integrationsdefekt des Medienbruchs	Daten können in Stand alone-Systemen (wie Web-Portalen) bereitgestellt werden, so dass durch manuelle Nachpflege von Daten eine Integration in hauseigene IT-Systeme vermieden werden kann.	Der Datenfluss wird durch Medienbrüche und Automatisierungsinseln unterbrochen, so dass über mehrere Glieder einer Supply chain hinweg keine automatisierte Informationsintegration (wie bei Follow the chain) realisiert werden kann.

Abb. 12: Informationslogistische Integrationsdefekte jenseits von bilateralem Informationsaustausch a

Die Fragmentierung der Datenhaltung auf Grund von Integrationsdefekten führt zu einer Einschränkung der Informationslogistik und daraus folgend zur Behinderung der Koordination arbeitsteiliger Wertschöpfungsprozesse über Schnittstellen hinweg.

Defekte der Informationsintegration	Bewältigung in bilateralen Konstellationen	Ausprägung in Supply chains
Integrationsdefekt der Referenzierung	Für erforderliche Daten ist klar, dass sie der jeweilige Austauschpartner haben muss und erforderliche Daten sind über eine persistenente Zugriffsstelle verfügbar.	Jenseits der unmittelbar vor- und nachgelagerten Wertschöpfungstufen sind die Akteure unbekannt. Ebenso ist in lose gekoppelten Netzwerken unbekannt, ob und welche Daten zu Objekten und Prozessen von welchen Akteuren gespeichert wurden, in welchem Format die Daten vorliegen, wie die Schnittstellen gestaltet sind oder ob ein Zugang zu den Daten gewährt wird, sofern ein Informationsbedarf formuliert und die Quelle recherchiert wurde.
Integrationsdefekt der Asynchronität	Stapelverarbeitungsprozesse können durch manuelle Datenabfrage bzw. persönliche Anfrage um manuelle Datenweiterleitung beim Geschäftspartner umgangen werden.	Eine periodische Datenverarbeitung durch Stapelverarbeitungsprozesse kumuliert sich über mehrere Stufen einer Supply Chain zu erheblichen Verzögerungen und verhindert Zugriff auf aktuelle Daten bzw. führt zu verzögerter Informationsweitergabe. Eine periodische Synchronisation verteilter Datensysteme führt zu inkonsitenten und lückenhaften Datenbeständen.
Integrationsdefekt der Latenzzeit	Verzögerte Antwort- und Dialogzeiten beim Zugriff auf zentrale IT-Systeme bei der Verarbeitung und beim Datenzugriff werden durch lokale Feinplanung (z. B. Leitstände) kompensiert.	Verzögerte Antwort- und Dialogzeiten beim Zugriff auf zentrale IT-Systeme bei der Verarbeitung und beim Daten-zugriff unterliegen unvorhersehbaren Schwankungen und Legacy-Systeme müssen Abfrageanforderungen erfül-len, auf die sie ursprünglich nicht ausgelegt waren. Es drohen unvorhergesehene Staueffekte, die Prozesse ausbremsen. Zudem bedarf die Koexistenz jahr(-zehnte) alter Altsysteme und neuer Anwendungen eines aufwändigen Wrapping oder Rehosting von Legacy-Anwendungen, um Systeme in Netzwerke zu integrieren, die während ihrer Entwicklung als Stand alone-Lösung ausgelegt wurden.

Abb. 13: Informationslogistische Integrationsdefekte jenseits von bilateralem Informationsaustausch b

Aus Sicht der informationslogistischen Schnittstellengestaltung wird daher vielfach das Ziel einer Prozessoptimierung (Beschleunigung, kostengünstigere Abwicklung und Erzielung einer größeren Fehlerfreiheit aufgrund der Vermeidung manueller Transmissions-, Translations- und Transformationsprozesse) durch eine Automatisierung der Informationsflüsse mittels Einsatz von IT-Systemen verfehlt.

Defekte der Informationsintegration	**Bewältigung in bilateralen Konstellationen**	**Ausprägung in Supply chains**
Integrationsdefekt der Referenzierung	Für erforderliche Daten ist klar, dass sie der jeweilige Austauschpartner haben muss und erforderliche Daten sind über eine persistenente Zugriffsstelle verfügbar.	Jenseits der unmittelbar vor- und nachgelagerten Wertschöpfungstufen sind die Akteure unbekannt. Ebenso ist in lose gekoppelten Netzwerken unbekannt, ob und welche Daten zu Objekten und Prozessen von welchen Akteuren gespeichert wurden, in welchem Format die Daten vorliegen, wie die Schnittstellen gestaltet sind oder ob ein Zugang zu den Daten gewährt wird, sofern ein Informationsbedarf formuliert und die Quelle recherchiert wurde.
Integrationsdefekt der Asynchronität	Stapelverarbeitungsprozesse können durch manuelle Datenabfrage bzw. persönliche Anfrage um manuelle Datenweiterleitung beim Geschäftspartner umgangen werden.	Eine periodische Datenverarbeitung durch Stapelverarbeitungsprozesse kumuliert sich über mehrere Stufen einer Supply Chain zu erheblichen Verzögerungen und verhindert Zugriff auf aktuelle Daten bzw. führt zu verzögerter Informationsweitergabe. Eine periodische Synchronisation verteilter Datensysteme führt zu inkonsistenten und lückenhaften Datenbeständen.
Integrationsdefekt der Selektion	Anstelle der Einsicht von Berichten in IT-Systemen, werden Informationen direkt bei den erstellenden Abteilungen angefragt.	Das Volumen verfügbarer Informationen führt zu unüberschaubaren Datenhalden, in denen die Identifikation und das Auffindung von Einzeldaten unmöglich ist. Mangels Bewußtsein über das Vorhandensein des Wissens oder mangelnder Zugänglichkeit mit vertretbarem Aufwand entzieht sich der Datenbestand einer zweckorientierten Nutzung.

Abb. 14: *Informationslogistische Integrationsdefekte jenseits von bilateralem Informationsaustausch c*

Eine Behebung der Integrationsdefekte ermöglicht hingegen Gestaltungsoptionen für eine bessere Effizienz und Qualität von Prozessen sowie die Generierung neuer Wertschöpfungskonzepte.

Defekte der Informationsintegration	Bewältigung in bilateralen Konstellationen	Ausprägung in Supply chains
Integrationsdefekt des Geschäftsgeheimnisses	Dokumente und Gechäftsinformationen werden nur in begründeten Fällen nach indidvidueller Prüfung an Geschäftspartner weitergegeben.	Durch systematischen Datenabruf und Einsatz von systematischen Analysen einschließlich Data Mining können Betriebsgeheimnisse wie Absatzentwicklung und geplante Modellwechsel ausspioniert werden. Daher wird eine Schnittstellenintegration willentlich unterlassen bzw. ist in einer Supply chain mit unabhängigen Partnern nicht durchsetzbar.
Integrationsdefekt der Rentabilität	Bilateraler Informationsaustausch mit unstandardisierten Prozessen und proprietären Systemen, deren Unzulänglichkeiten durch manuelle Nacharbeit (z. B. telefonische Rückrufe von Sachbearbeitern) kompensiert werden.	Implementierung und Pflege von IT-Systemen verursachen Kosten, die im Vorfeld nur lückenhaft kalkuliert werden oder eine Implementierung für wirtschaftlich schwache Akteure gänzlich unwirtschaftlich machen und daher nicht integrierte Partner mit einerhergehenden Medienbrüchen und Automatisierungsinseln innerhalb einer Supply chains schaffen.
Integrationsdefekt der mangelnden Anreize	Ein Partner ohne Informationsintegration wird durch Beigabe von schriftlichem oder anderweitig manuell abgewickelten Kommunikationskanälen überbrückt.	Partner, die Informationen nicht verwenden oder verarbeiten können, sollen diese aber empfangen und weiterleiten. Dies ist als Spezialfall des Integrationsdefekts der Rentabilität anzusehen.
Integrationsdefekt der irreversiblen Investitionen	Vor umfangreichen Investitionen in spezifische Schnittstellen wird die Dauer der Geschäftsbeziehung mit dem Partner genau bewertet und vertragliche Vereinbarungen getroffen, die den langfristigen Einsatz der Technologie und deren Amortisation gewährleiste	Eine Abschätzung der Dauer und Intensität der Geschäftsbeziehung mit einzelnen bzw. allen Akteuren in einem volatilen Netzwerk ist nicht möglich und kleine Unternehmen müssen befürchten, dass sich Sunk costs nicht amortisieren, weil sie oder wichtige Geschäftspartner kurzfristig aus der Supply chain ausscheiden.

Abb. 15: Informationslogistische Integrationsdefekte jenseits von bilateralem Informationsaustausch d

Wie wenig entwickelt der Diskurs zur Informationslogistik hinsichtlich der Problememergenz der Informationsintegration in Supply chains ist, zeigt sich auch in der mangelnden Unterscheidung zwischen den Problemen der bilateralen Informationsintegration und einer Koppelung in mehrstufigen und weitverzweigten Konstellationen (also mit mehr als zwei Akteuren).

Daher ist als zweites Zwischenresultat festzuhalten, dass bisher aus dem kybernetischen Regelungsparadigma heraus die propagierte Trennung von Material- und Informationsflüssen nicht uneingeschränkt erstrebenswert ist. Vielmehr kann aus der Perspektive der Informationslogistik für die Zielsetzung einer bereichsübergreifenden Koordination differenziert werden. Einerseits zwischen entkoppelten Haupt-Informationsströmen upstream (zwecks beschleunigter Informationsweitergabe in Regelkreisen), den Haupt-Informationsströmen downstream zur Prozessvorbereitung. Und andererseits den seit der Antike in Form von Begleitdokumenten bekannten Neben-Informationsströmen downstream zur Zuordnung von Informationshauptflüssen und Materialflüssen einerseits (durch Koppelung der beiden Stromkategorien über Informationsträger am Frachtgut) und zur schnittstellenübergreifenden Bereitstellung von vereinnahmungs- und verwendungsbezogener Daten zur Schnittstellenoptimierung – insbesondere beim Vorliegen von Integrationsdefekten, die einen Austausch der Geschäftsdaten über unmittelbare Informationsströme verhindern.

Vor diesem Hintergrund soll als Ausweg aus den Dilemma der Integrationsdefekte untersucht werden, welchen Beitrag die Koppelung von schnittstellenübergreifenden Material- und Informationsflüssen für eine durchgängige Informationsintegration liefern kann. Ein Großteil der Literatur zur Informationsintegration bezieht sich auf technische Spezifikationen, nur wenige gehen auf Prozessmanagementaspekte ein.[900] Dies hat eine Identifikation der Integrationsdefekte bisher behindert. Nach der Herleitung der Integrationsdefekte sollen daher im Folgenden Ansätze zu deren Bewältigung oder Umgehung aufgezeigt werden. So wurde zum Internet der Dinge gezeigt, dass nur statische Daten, die sich über den Lebenszyklus eines EPC-Objekts nicht ändern, auf PML-Servern hinterlegt werden können, während dynamische Daten auf Grund eines Informationsintegrationsdefekts nicht über bilaterale Verbindungen hinaus in einer Supply chain integriert werden können. Wenn dem so ist, so wäre es sinnvoller, diese Daten direkt am Objekt zu speichern, um einen Zugriff auf die Produkthistorie zu erhalten – unter Inkaufnahme eines Verzichts auf Tracking-Anwendungen jenseits bilateraler Informationsverbindungen.

Ein physischer Materialfluss kann nur durch einen korrespondierenden Informationsfluss zielgerichtet gesteuert werden. Dieser ist wesentlich schwerer zu beherrschen als der Materialfluss. Die Anforderungen an den Informationsfluss

900 Vgl. Stefansson (2002), S. 137.

können anhand der Informationsdurchlaufzeit, -verfügbarkeit und -qualität zusammengefasst werden.[901]

3.6 Die Koppelung von Material- und Informationsflüssen

Im vorangegangenen Kapitel wurden die Koordinationsbarrieren durch Integrationsdefekte von Informationsflüssen aufgezeigt. Ziel dieses Kapitels ist es nun, zu untersuchen, welchen Beitrag zur Koordination downstream an den Materialfluss gekoppelte Informationsflüsse leisten können. Es sollen hierzu Ansätze vorgestellt werden, die unter dem Gesichtspunkt der Koppelung von Material- und Informationsflüssen eine Koordination unter Umgehung der zuvor aufgezeigten Integrationsdefekte ermöglichen. Insbesondere der Informationsintensitätsansatz von Porter/Millar (1985) diskutiert werden, der im Widerspruch zur von Kirsch et al. (1973) postulierte These steht, Material- und Informationsflüsse sollen in der Logistik getrennt werden.[902]

3.6.1 Informationsintegration über automatische Identifikationssysteme

Sofern Informationssysteme auch dynamische Daten verarbeiten sollen, besteht das Problem der Datenerfassung. Eine manuelle Datenerfassung unterbricht Arbeitsabläufe. Dabei erfordert z. B. das manuelle Ablesen von Informationen eine hohe Konzentration beim Mitarbeiter und geht mit einer schnellen Ermüdung einher, was die Fehlerrate der Datenerfassung erhöht. Maschinenlesbare Systeme haben diesen Nachteil nicht, sind aber mitunter nicht ohne Hilfsmittel auslesbar. So liegt die Fehlerrate mit Eingabe per Tastatur bei durchschnittlich 1:300, bei Barcode-Scanning bei 1:1.000.000.[903]

Automatische Identifikationssysteme lassen sich nach Arnold/Furmans (2009) vier Kategorien zuordnen:[904] mechanische und elektromechanische Identikationssysteme (mechanische Bauteile wie Stifte oder Nocken dienen Abtastgeräten – vor allem Lichtschranken – als Signalgeber), magnetische Identifikationssysteme (Magneten oder magnetisierbare Felder werden von Magnetköpfen berührungslos ausgelesen), optoelektronische Identifikationssysteme (Umrisse oder Markierungen ermöglichen die Identifikation), elektronische und elektromagnetische Identifikationssysteme (berührungsloses Auslesen von Speichermedien mittels elektro-

901 Vgl. Schützdeller (1990), S. 242 f.

902 Vgl. Kirsch et al. (1973), S. 356.

903 Vgl. Schulte (2004), S. 97.

904 Vgl. Arnold/Furmans (2009), S. 338.

magnetischer Wellen). Finkenzeller (2008) zählt in einer weiteren Auslegung eine automatische Spracherkennung hinzu.[905]

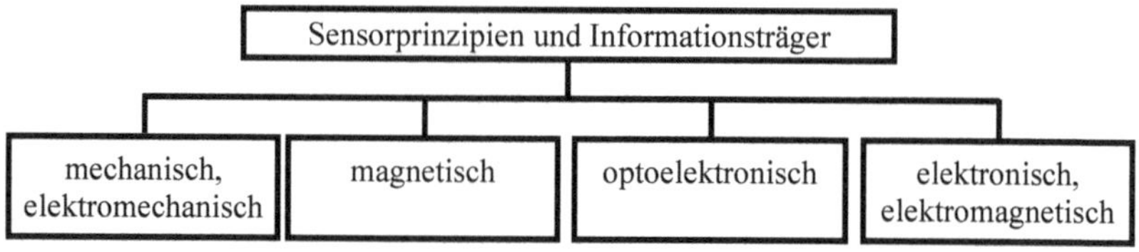

Abb. 16: Klassifizierung automatischer Identifikationssysteme[906]

Neben den heute üblichen Kategorien an automatischen Identifikationssystemen und maschinenlesbaren Belegen gibt es weitere Lösungen, die aber angesichts des technischen Fortschritts nur noch historische Bedeutung haben:[907]

- Lochkarten und Lochstreifenkarten
- Magnetkartenbelege
- Infrarotausweise
- Wiegand-Ausweise (Datenspeicher über in einer Legierung eingebettete Drahtstücke, deren Anordnung und Magnetisierung eine Codierung ergibt)
- Magnetisch-densitometrische Ausweise

Während mechanische und elektromechanische Identikationssysteme sowie magnetische Identifikationssysteme nur bei wenigen, spezialisierten Anwendungen verwendet werden, haben optoelektronische Identifikationssysteme als Strich-Code Datenträger (Barcodes) eine hohe und vielfältige Verbreitung gefunden. Bei Barcodes werden Daten nach einer Codiervorschrift durch eine Sequenz von parallelen dunklen Strichen unterschiedlicher Breite auf einem hellem Hintergrund dargestellt. Das Auslesen der Daten erfolgt über die Abtastung mit einem Lichtstrahl, der reflektiert wird.[908] Dabei gibt es über 225 verschiedene Barcode-Formate.[909] Eine eng verwandte Technologie ist Optical Character Recognition (OCR): diese beschreibt alle Methoden, die Lichtquellen und Detektoren einbeziehen, um Muster zu erkennen.[910]

Die Vorteile von Barcode-Systemen liegen in der einfachen und kostengünstigen Codierung bzw. Datenspeicherung und der geringen Fehlerrate bei der Datenerfassung. Nachteilig sind der relativ hohe Platzbedarf, die hohe Schmutz-, Kratz- und Wärmeempfindlichkeit von Barcode-Aufklebern sowie die Notwendig-

905 Vgl. Finkenzeller (2008), S. 4 ff.
906 Vgl. Arnold/Furmans (2009), S. 338.
907 Vgl. Virnich/Posten (1986), S. 13.
908 Vgl. Arnold/Furmans (2009), S. 339; Virnich/Posten (1986), S. 13.
909 Vgl. Raj (2001), S. 34.
910 Vgl. ebd., S. 46.

keit einer glatten Oberfläche.[911] Für Zwecke der Logistik besonders nachteilig wird vor allem das Erfordernis der Sichtlinie mit dem Lesegerät bewertet, da hierdurch ein manueller Handlingaufwand entsteht, der in der Summe nicht vernachlässigbar ist.[912] Als Lösungsansatz wurde vorgeschlagen, eine Codeerfassung mit zwei Lesegeräten in 90° (orthogonaler) Anordnung vorzunehmen. Eine andere Lösung ist der omnidirektionale Scanner, der in verschiedenen Ausrichtungen Codes lesen kann oder die Anbringung zweier identischer Barcodes in orthogonaler T-Anordnung, so dass die Wahrscheinlichkeit steigt, dass das Gut ausgelesen werden kann.[913] Für eine automatisierte Erfassung von Waren in Ladungsträgern oder Warenpulks bieten solche Ansätze hingegen keine Lösung.

Daher wird seit Ende der 1990er Jahre ein stärkeres Augenmerk auf die Verwendung von elektronischen und elektromagnetischen Systemen gelegt. Die auch unter dem Begriff Radio Frequency Identifikation (RFID) bekannten Identifikationssysteme wurden erstmals von Stockmann (1948)[914] wissenschaftlich beschrieben. Dabei wurde ein Transmitter nur mit der Energie der Radioübertragung betrieben. Den vielfältigen RFID-Systemen ist gemein, dass eine Datenübertragung berührungslos mittels magnetischer oder elektromagnetischer Felder erfolgt. RFID-Systeme bestehen aus den Transpondern mit Speichereinheit und Antenne sowie Lesegeräte mit Anbindung an IT-Systeme zur Datenverarbeitung, die die Speicher der RFID-Chips auslesen und ggf. neu beschreiben. Durch einen einmaligen elektronischen Produktcode (EPC) ist ein mit RFID-Chip ausgestattetes Produkt eindeutig identifizierbar.[915] Diese Grundstruktur wird ergänzt durch ein Savant-System (Middleware). Diese dienen als Filter gegen doppelte Produkterfassungen bei überlappenden Antennen und zur Antennenkoordination. Zudem verringert es die hohen Informationsmengen bei der RFID-Erfassung, da ERP-Systeme nur begrenzte Transaktionen verarbeiten können.[916] Eine detaillierte Übersicht über technische Anforderungen und Standards würde den Rahmen dieser Arbeit sprengen, so dass auf die einschlägige technische Literatur verwiesen wird.[917] Als zwei für logistische Anwendungen wichtige Unterscheidungsmerkmale an Transponderarten sollen herausgehoben werden: einerseits Transponder mit beschreibbaren Datenspeichern oder Transponder, die nur ausgelesen werden können und andererseits eine Vielzahl von passiven RFID-Systemen (die Chips habe keine eigene Energieversorgung, so dass neben der Datenübertragung zugleich auch die Energieversorgung über die Antennenfelder

911 Vgl. Virnich/Posten (1986), S. 79.
912 Vgl. McFarlane/Sheffi (2003), S. 4.
913 Vgl. Virnich/Posten (1986), S. 78.
914 Vgl. Stockmann (1948).
915 Vgl. White/Johnson/Wilson (2008), S. 89.
916 Vgl. Angeles (2005), S. 55.
917 Vgl. u. a. Finkenzeller (2008); Kern (2007).

erfolgen), die ergänzt werden durch aktive Transponder (mit eigener Batterie für einen aktiven Signalsender und ggf. die Prozessorversorgung oder nur als Stützbatterie für die Versorgung von Datenspeichern).

Erste Anwendungen sind für die US-Armee zur Identifikation von Behältern mit Kernwaffenmaterial in den 1960er Jahren dokumentiert.[918] Eine nennenswerte Verbreitung von RFID für logistische Anwendungen wird vielfach irrtümlich auf die Zeit ab dem Jahr 2000 datiert. Hier sei betont, dass sich bereits 1984 ein breites Marktangebot an berührungslos programmierbaren Transpondern und ausgereifte Praxis-Anwendungen der Produktionssteuerung von Karosserien und Computerkomponenten nachweisen lassen,[919] die in dem wissenschaftlichen Diskurs zu Produktion und Logistik bis Ende der 1990er Jahren weitgehend ignoriert wurden. Der Grund, warum die damals noch gegenüber Barcodes unhandlichen und teuren RFID-Systeme in der Logistik Verwendung fanden, ist auf folgende Vorteile zurückzuführen:

- RFID-Systeme sind robust gegenüber Beschädigung durch Zerkratzen, Hitzeeinwirkung und Schmutz
- RFID-Systeme bedürfen keiner direkten Sichtlinie wie Barcodes, können also bei Abdeckung (z. B. durch Verpackung, Ladungsträger oder Warenpulk) ausgelesen werden und verursachen zugleich weniger Handlingaufwand, weil Waren nicht für die Datenauslesung ausgerichtet werden müssen
- Spezialisierte RFID-Systeme bieten eine erheblich größere Datenspeichermenge als Barcodes und können nicht nur ausgelesen, sondern auch berührungslos beschrieben werden

Als nachteilig gegenüber Barcodes werden hingegen in der Literatur betrachtet:

- Im Einzelfall Störungsanfälligkeit der Datenerfassung bei Gegenwart von ferromagnetischen Objekten, Wasser oder Hintergrundrauschen (verursacht durch Förderbänder oder Motoren)
- Höherer Investitionsbedarf für die Infrastruktur (die Anschaffung von Antennen und Informationsverarbeitungssystemen einschließlich Software) sowie für die

918 Vgl. Mullen/Moore (2006), S. 5.

919 Exemplarisch seien das Microton-Codiersystem der Dürrkopp Werke (Preis damals umgerechnet 125 bis 250 Euro pro Stück bei einer Speicherkapazität von 12 Bit), das Programmable Remote Identification (PREMID)-System von Philips Elektronik mit 8 KB Speicherfähigkeit (einschließlich Isolierung gegen Schmutz, Öl, Farben und chemische Bäder und Hitze bis 250° Celsius für den Anwendungsfall der Lackierung von PKW-Karosserien), das Rexroth Safecard-System mit 1 KB EEPROM sowie das Siemens System Moby-M mit 2 KB Speicherplatz genannt. Vgl. hierzu auch den Marktüberblick von Roschmann (1984), S. 239 und Virnich/Posten (1986), S. 277 ff. sowie den Beitrag von Balcezak (1984), S. 47 f. zur Steuerung der Fertigung von Motherboards in den Vereinigten Staaten.

Transponder (insbesondere bei aktiven und beschreibbaren Systemen mit hoher Speicherkapazität)

Neuere technische Entwicklungen überwinden die genannten Nachteile und erlauben eine präzise Datenerfassung von RFID-Transpondern auch unter Einfluss von Störgrößen. Andere Entwicklungen sind passive Transponder in gedruckter Form auf Polymerbasis[920] für kostengünstige Massenanwendungen oder auch aktive und beschreibbare Transponder mit hoher Speicherkapazität zu Preisen konventioneller passiver Chips wie das RuBee-System (IEEE P1902.1).[921] Das ist zur Bewertung des Einsatzes von RFID-Systemen von Bedeutung, denn im Gegensatz zu anderen IT-Systemen kann der Einsatz von RFID mit erheblichen Investitionen durch die Anschaffung von Transpondern einhergehen.[922] Die genannten technischen Entwicklungen lassen diesen investitionsbezogenen Einwand hinsichtlich der Anschaffung von Transpondern, ebenso wie auch die genannten technisch bedingten Restriktionen beim Einsatz von RFID, in den Hintergrund rücken. Dennoch bleibt die aufwändige Implementierung einer ergänzenden Infrastruktur weiter relevant. Heese (2007) fasst hierzu die Auffassung mehrerer Autoren zusammen, dass der überwiegende Teil der Schätzungen von Kosten und Nutzen von RFID keine nachvollziehbare Grundlage hat, daher die Erwartungen an die RFID-Implementierung regelmäßig zu optimistisch sind und vielmehr eine erhebliche Glaubwürdigkeitslücke besteht.[923] So beziffern Schätzungen der Unternehmensberatung A. T. Kearney die Kosten der RFID-Implementierung bei einem großen Einzelhandelsunternehmen auf 400.000 $ pro Verteilzentrum und 100.00 $ pro Verkaufsfiliale zuzüglich 35-40 Mio. $ zur Integration der IT-Systeme in dem gesamten Unternehmen.[924] Somit werden regelmäßig auch die betriebsübergreifenden Integrationskosten unterschätzt. Empirisch gesicherte Daten bietet bisher vor allem eine Studie von Ngai et al. (2007). Diese zeigt, dass die Integration von RFID-Daten in Datenbanken sehr problematisch ist, weil viele Legacy-Systeme angepasst werden müssen. Sie wichen auf ein Web-Interface aus (Wrapping). Dennoch war es im Untersuchungszeitraum trotz erheblicher Bemühungen nicht möglich, die RFID-Daten für das interne IT-System zugänglich zu machen.[925] Trotz der genannten Herausforderungen bei der Infrastruktur-

920 Hier können beispielhaft die Produkte der PolyIC GmbH & Co. KG genannt warden, einem Joint Venture der Unternehmen Siemens und Leonhard Kurz.

921 RuBee wurde von einem Konsortium u. a. mit Hewlett-Packard, Intel, IBM, Sony, Panasonic, Motorola und Metro entwickelt. Es arbeitet mit einer 131 kHz-Frequenz und hat dadurch eine lange Batterielebensdauer, eine klar definierbare Reichweite und ist zugleich weniger anfällig für Störfaktoren wie Wasser oder Abschirmungen. Das IEEE hat RuBee im Jahr 2006 in der Norm P1902.1 anerkannt.

922 Vgl. Whitaker/Mithas/Krishnan (2007), S. 601.

923 Vgl. Heese (2007), S. 544.

924 Vgl. o. V. (2003), S. 2.

925 Vgl. Ngai et al. (2007), S. 567.

integration wird RFID für eine zunehmende Zahl an Unternehmen relevant werden, da externe Faktoren den Einsatz erforderlich machen: so zwingen der Einzelhandelskonzern Wal Mart und die US-Armee ihre Zulieferer zum Einsatz von RFID.[926]

Für Zwecke dieser Arbeit soll der Beitrag von automatischen Identifikationssystemen zur Koordination von produktionssynchronen Logistikkonzepten überprüft werden. Um dazu eine Koppelung von Material- und Informationsfluss zu gewährleisten, sind mobile Datenträger von besonderem Interesse. Neben Anwendungen von Barcode-Systemen sind RFID-Systeme von vorrangiger Bedeutung, da sie Handlingaufwand reduzieren (was für die Effizienz von Logistikprozessen von Bedeutung ist) und die Möglichkeit eröffnen, dynamische Daten über beschreibbare Transponder an den Materialfluss zu koppeln. Die theoretische und praktische Bedeutung soll in den folgenden Kapiteln eingehender beschrieben werden.

3.6.2 Der Informationsintensitätsansatz nach Porter/Millar (1985)

Ein von Porter/Millar (1985) veröffentlichter Beitrag befasst sich mit der Funktion von Informationen in räumlich und organisatorisch verteilten Wertschöpfungsketten. Die darin formulierten Thesen fanden aber weitgehend nur unter dem Gesichtspunkt der Rechtfertigung von strategischen IT-Investitionen oder als Industriestrukturansatz für Wettbewerbsstrategien Beachtung.[927]

Tatsächlich ist der Beitrag aber inhaltlich überwiegend operativ ausgerichtet und stellt insbesondere die Informationsversorgung der Wertschöpfung in den Mittelpunkt. Nach diesem Prozessparadigma dienen automatische Identifikationssysteme der Optimierung von Übergabeprozessen an Schnittstellen von verteilten Wertschöpfungsprozessen und koppeln Informationsströme mit dem Objektfluss.[928] Dieses Prozessparadigma bietet damit eine Komplementärthese zum Regelungsparadigma der Kybernetik und eine theoretische Fundierung für die Funktion von Informationsflüssen downstream, die im Regelungsparadigma nur eine nachrangige Rolle spielen. Wie in Kapitel 3.1 erörtert, besteht die Funktion von Informationen neben der Steuerung oder Regelung in der Koordination arbeitsteiliger Wertschöpfungskonzepte Arbeitsteilung mit dem Zweck der vereinnahmungsgerechten Abstimmung an Schnittstellen durch Prozesssynchronisation.

Porter/Millar (1985) stellen heraus, dass jede Wertschöpfungsaktivität eine physische und eine informationsbezogene Komponente hat. Die physische Komponente umfasst dabei alle Tätigkeiten, um eine Aktivität auszuführen. Die infor-

926 Vgl. Whitaker/Mithas/Krishnan (2007), S. 602.
927 Vgl. Truman (2000), S. 212; Kim (1994), S. 159.
928 Vgl. Porter/Millar (1985), S. 154 f.; Bendoly/Citurs/Konsynski (2007), S. 425; Haasis/Plöger (2007b), S. 8 f.

mationsbezogene Komponente beinhaltet die Schritte zur Erfassung, Verarbeitung und Weiterleitung aller für die Aktivität notwendigen Daten. Jeder Prozess generiert und nutzt dabei Daten unterschiedlicher Ausprägungen, um seine Aktivitäten mit anderen Prozessen abzustimmen. So bedingt die industrielle Montage eines Produktes die Generierung eines Fertigungsplans sowie den Zugriff auf Stücklisten und Auftragsdaten. Je nach Prozess kann das Bündel aus physischen und informationsbezogenen Anteilen der Wertschöpfung unterschiedlich ausfallen – einfache Prozesse haben nur einen geringen Informationsgehalt, bei komplexen Wertschöpfungsprozessen hingegen fällt der Informationsbedarf höher aus.[929]

Wenn Material- und Informationsfluss gekoppelt sind, besteht ein geringerer Bedarf, Informationssysteme unternehmensübergreifend Application-to-application zu integrieren.[930] Dies erleichtert auch die Informationsintegration in Kurzzeit-Geschäftsbeziehungen. Dabei wird die Effizienz der Vereinnahmungs- und Handlingprozesse an Schnittstellen durch automatisierte Identifikation und Informationsauslesung auf der Produktebene (wie es vereinnahmt werden muss oder wohin es gebracht werden soll) erhöht. Zugleich können manuelle Übergaben von Papierdokumenten eingespart werden (Verringerung des Transmissionsaufwands).[931]

Konkret umfasst der Koordinationsbeitrag von Informationen in Wertschöpfungsketten, dass bei Übergabe von Objekten an Schnittstellen der Empfänger alle Informationen erhält, die er zur Vereinnahmung und Verwendung benötigt. Das bedeutet, dass ein Produkt Informationen enthält, wie es zu benutzen und zu unterhalten (z. B. Anweisungen zur Pflege, Wartung oder Reparatur) ist.[932] Aus logistischer Perspektive sind also funktions- bzw. schnittstellenüberwindende Produkte nicht nur physisch produktions- und verwendungsgerecht zu gestalten, sondern auch die begleitenden Informationen sind vereinnahmungs- und verwendungsorientiert auszulegen. Hier sei auch auf Kapitel 3.4.2.2 verwiesen, in dem die Bedeutung einer transformations-, translations- und transmissionseffizienten Informationsgestaltung für Prozesse an organisatorischen Schnittstellen erörtert wurde. Generell liegt demnach aus einer prozessorientierten Perspektive die Funktion von Informationen in der Förderung eines gleitenden, ineinandergreifenden Übergangs zwischen aufeinanderfolgenden Aktivitäten (Baton passing) zur Erhöhung der Kontinuität von Flüssen zwischen organisatorischen Bereichen.[933] Das Koordinationsziel der Informationslogistik verwirklicht sich dabei in der informationsorientierten Prozessgestaltung nach dem Grundsatz des Baton passing.

929 Vgl. Porter/Millar (1985), S. 152.

930 Zu den Problemen dieser Integrationsform vgl. Kapitel 2.2.4.

931 Vgl. Kärkkäinen/Holmström (2002), S. 244.

932 Vgl. Porter/Millar (1985), S. 154.

933 Vgl. Klaus (2002), S. 99.

Die Ansprüche an die Informationsbereitstellung steigen, je stärker die Arbeitsteilung ausgeprägt ist und je unstrukturierter, komplexer oder veränderlicher die Tätigkeiten sind.[934] Eine besondere Bedeutung haben Informationsflüsse downstream bei Bedarf nach einer hohen Reihenfolge-, Verwechselungs- und Prozessicherheit,[935] wie im Fall von Just-in-sequence-Logistik.[936] Eine arbeitsteilige Wertschöpfung bedingt daher einen Informationsaustausch, um Entscheidungsprozesse zwecks gemeinsamer Ausrichtung von räumlich und zeitlich verteilten Tätigkeiten auf gemeinsame Gesamtziele abstimmen zu können (Koordination).[937] Durch IT-Systeme und ein besseres Informationsflussmanagement lässt sich eine bessere Integration und Abstimmung (Synchronisation) von verketteten vor- und nachgelagerten Teilaktivitäten (Prozesse) erzielen.[938] Informationstechnologien erleichtern gegenüber einer manuellen Bearbeitung die Informationserfassung und -analyse von größeren Datenmengen. Zudem werden Informationen zugänglich, die vorher nicht verfügbar waren. Dies intensiviert den Austausch von Informationen zwischen Unternehmen über Schnittstellen und erleichtert die unternehmensübergreifende Koordination.[939]

Obwohl der Einsatz von RFID-Transpondern bei der Fertigungssteuerung in der Automobilindustrie schon für das Jahr 1984 nachgewiesen werden kann,[940] beziehen sich Porter/Millar (1985) in ihren Ausführungen nur auf den Einsatz von Barcodes als Form automatischer Identifikationssysteme.[941] Wie noch mit Bezug auf den Ansatz von Johnston/Yap (1998) ausgeführt werden wird, bedingt dies entweder den Verzicht auf eine dynamische Anpassung der auf dem Barcode gespeicherten Informationen nach dem Ausdruck des Barcodes oder jeweils ein Neuausdruck eines aktualisierten Barcodes. Diese Nachteile können durch den Einsatz von berührungslos beschreibbaren RFID-Transpondern vermieden werden; über Barcodes hinaus kann der Ansatz von Porter/Millar (1985) durch die Berücksichtigung der dezentralen Ablage von dynamischen Informationen, die sich im Prozessverlauf ändern oder hinzukommen, weiterentwickelt werden.

3.6.2.1 Die Informationsintensitäts-Matrix

Die Informationsdurchsetzung der Unternehmen steigt stetig an. Ursache dafür sind breitere Leistungsprogramme, Wettbewerbszunahme und einer zunehmend schnellerer technologischer Wandel. Diese Umstände stellen ebenso steigende Anforderungen an die quantitative und qualitative Informationsverarbeitungs-

934 Vgl. Picot/Reichwald (1991), S. 246.
935 Vgl. Wildemann/Faust (2004), S. 158.
936 Vgl. Kapitel 2.4.4.
937 Vgl. Picot/Reichwald (1991), S. 260.
938 Vgl. ebd., S. 266.
939 Vgl. Porter/Millar (1985), S. 152.
940 Vgl. Virnich/Posten (1986), S. 277 ff.; Balcezak (1984), S. 47 f.
941 Vgl. Porter/Millar (1985), S. 152.

fähigkeit. Hierdurch lässt sich auch Einfluss auf die Position des Unternehmens im Wettbewerb nehmen.[942] Besonders die Produktion und die Logistik sind durch ein dynamisches und informationsintensives Umfeld geprägt.[943]

Automatische Identifikationssysteme erlauben nicht nur das dezentrale Distributieren von produktbezogenen Daten über mehrere Stufen einer Supply chain, sondern es können zwischenzeitig generierte Prozessdaten mit Hilfe beschreibbarer Transpondersysteme zum Informationsfluss hinzugefügt werden. Sofern sie ebenfalls am Produkt gespeichert werden, erhöhen sie den Detaillierungsgrad der im Objekt eingebetteten Informationen.[944] Dieser Detaillierungsgrad wird von Porter/Millar (1985) als Informationsintensität definiert. Die Informationsintensität lässt sich nach Haasis/Plöger (2007b) genauer definieren als „[...] Detaillierungsgrad der vereinnahmungs- und verwendungsbezogenen Daten eines Bündels aus physischem Produkt und eingebetteten Informationen. Diese Daten dienen der Optimierung der Übergangsprozesse an Schnittstellen von verteilten Wertschöpfungsprozessen und koppeln Informationsströme mit dem Objektfluss."[945] Während dies zunächst intuitiv nachvollziehbar ist, ist eine quantifizierte Messung sehr schwer: hierzu bedürfte es einer Abgrenzung der Wertschöpfung durch Informationen und eine Messung des Anteils dieser an den Produkten und Prozessen. Apte/Mason (1995) schlagen daher als einfacher zu ermittelnde Kenngröße vor, die Informationsintensität als zeitlichen Anteil des Umgangs mit Informationen innerhalb einer Aktivität im Verhältnis zur gesamten Aktivitätsdauer zu messen.[946]

Porter/Millar (1985) unterscheiden die Informationsintensität von Produkten und Prozessen und stellen diese in einer Matrix gegenüber. Obwohl Informationen immateriell sind, bedarf es für den Zweck der menschlichen oder maschinellen Zugänglichkeit der Bindung an materielle Trägermedien.[947] Eine Information kann im Verbund mit dem Hauptgut als Hauptprodukt auftreten (wie bei einem digitalen Wörterbuch auf einem Datenträger), als Nebenprodukt (Beipackzettel) oder mit gleichgewichteter Bedeutung (Mobiltelefon mit Software).[948] So gibt es Informationsgüter sui generis (z. B. Softwareanwendungen) und reine Informationsdienstleistungen (z. B. Wirtschaftsprüfung) mit einer Informationsintensität der Leistung von nahezu 100%.[949]

Porter/Millar (1985) unterscheiden die Informationsintensität der Wertkette sowie die Informationsintensität in materiellen Produkten und Dienstleistungen.

942 Vgl. Picot/Reichwald (1991), S. 265.

943 Vgl. Haasis (2001), S. 145; Porter/Millar (1985), S. 155.

944 Vgl. Haasis/Plöger (2007b), S. 8.

945 Haasis/Plöger (2007b), S. 8.

946 Vgl. Apte/Mason (1995), S. 1255.

947 Vgl. Bode (1993), S. 37; im weiteren Sinne sind auch Informationen im Transit durch Netzwerke an die physischen Voraussetzungen gebunden, die durch deren Leitungen geschaffen werden.

948 Vgl. Bode (1993), S. 65.

949 Vgl. ebd., S. 74.

Die Gegenüberstellung der Informationsintensität von Produkten (Objektbezug) und Wertschöpfungskette (Prozessbezug) in einem Portfolio erlaubt die Identifikation von Geschäftsfeldern, die informationsintensiv sind, da hier durch ein gezieltes Informationsmanagement ein Wettbewerbsvorteil erzielt werden kann.[950] Dabei lautet die These von Porter/Millar (1985), dass die Erhöhung der Informationsintensität durch Einbettung von mehr Informationen in Produkte und Prozesse gleichermaßen einerseits die Effizienz der Wertschöpfung erhöht (mit einhergehenden Produktivitätserhöhungen und Kostenersparnissen) und andererseits durch zusätzliche Informationsflüsse Differenzierungspotenziale schafft, um neue Produkte, Prozesse oder Kunden zu erschließen.[951] Durch eine Erhöhung des Detaillierungsgrads von verfügbaren Prozessinformationen werden Potenziale zur Prozessverbesserung geschaffen.[952]

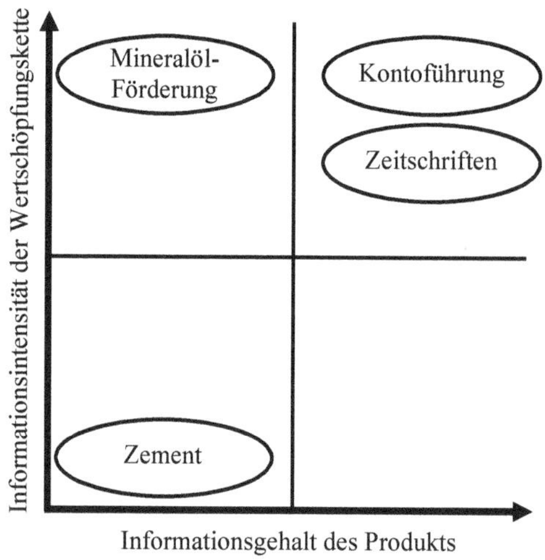

Abb. 17: Die Informationsintensitätsmatrix[953]

In der Vergangenheit haben Firmen den Informationsgehalt ihrer Prozesse reduziert, um kosteneffizient zu sein. Heute kann durch Informationstechnologie das Gegenteil erzielt werden: durch einen höheren Informationsgehalt von Produkten und Prozessen kann kosteneffizient ein individuelles Produkt erstellt werden (z. B. einen Internet-Konfigurator oder flexible Fertigungssysteme).[954] Eine tenden-

950 Vgl. Porter/Millar (1985), S. 157; Picot/Reichwald (1991), S. 273.
951 Vgl. Porter/Millar (1985), S. 157.
952 Vgl. Strassner (2005), S. 5.
953 Vgl. Porter/Millar (1985), S. 153.
954 Vgl. Piller (2004), S. 318.

ziell hohe Informationsintensität in der Wertschöpfungskette ist zu erwarten, wenn folgende Bedingungen vorliegen:

- Eine große Zahl von Zulieferern oder Kunden (mit denen das Unternehmen direkt interagiert)
- Produkte, welche einer großen Menge an Informationen zur Erstellung bedürfen
- Fertigungsprozesse, die aus vielen Phasen und Komponenten bestehen, besonders in Verbindung mit einer Vielzahl von Produktvarianten, Prozessen und langen Durchlaufzeiten
- Die Verwendbarkeit des Produkts setzt dessen vorherige Erklärung voraus

Eine potenziell hohe Informationsintensität des Produkts ist in folgenden Konstellationen zu erwarten:

- Ein Produkt wird erstellt, das in erster Linie aus Informationen besteht oder diese erzeugt
- Das Produkt bedarf bei der Erstellung einer umfangreichen Informationsverarbeitung
- Der Erwerb des Produkts setzt umfangreiche Informationen voraus
- Die Ausbildung zur Nutzung des Produkts benötigt ein teures Training
- Das Produkt hat viele Verwendungsmöglichkeiten
- Der Nutzer kauft das Produkt, um damit Informationen zu verarbeiten oder das Produkt hat Werkzeugcharakter
- Der Verwender des Produkts ist in einem informationsintensiven Geschäftsumfeld tätig[955]

Insofern muss davon ausgegangen werden, dass eine Erhöhung der Informationsintensität eines Produkts Rückwirkungen auf die Informationsintensität der zur Erstellung beteiligten Wertschöpfungsprozesse hat und vice versa.

Die These des Informationsintensitätsansatzes ist, dass mit einer Erhöhung der Informationsintensität Kosten- und Differenzierungsvorteile generiert werden können. Dies gilt insbesondere dann, wenn Produktvariabilität und Komplexität der Wertschöpfung sehr hoch sind (da hier zur Vereinnahmung und nachfolgenden Bearbeitung verschiedener Erzeugnisse jeweils eine Vielzahl erläuternder Informationen nötig sind).[956] Eine höhere Informationsintensität schafft Kostenvorteile durch eine Effizienzsteigerung, d. h. durch einen geringeren Faktoreinsatz (Input) bei gegebener Ausbringungsmenge (Output) oder einer erhöhten Ausbringungsmenge bei gegebenem Faktoreinsatz. Differenzierungsvorteile entstehen durch eine Ausweitung des Leistungsangebots. Dies gilt sowohl für ein größeres Sortiment an (physischen) Realgütern wie auch an Dienstleitungen. Neben der Hauptleistung

---

955 Vgl. Porter/Millar (1985), S. 158; Krcmar (2003), S. 243.

956 Vgl. Porter/Millar (1985), S. 157 f.

können auch weitere Serviceverbesserungen für den Kunden zu einer Leistungsdifferenzierung beitragen.[957] Dem Kundenservice liegt das Verhältnis zwischen Kundenerwartung an die Leistungserfüllung und die vom Kunden wahrgenommene erbrachte Leistung zu Grunde. Nach der These von Porter/Millar (1985) kann eine höhere Informationsintensität die Prozessqualität und damit den Kundenservice erhöhen.[958] Ein höherer Kundennutzen kann wiederum zu einer höheren Preisbereitschaft führen, die durch Preissteigerungen vom Unternehmen abgeschöpft werden können oder zu höheren Umsätzen auf Grund von Neukundenakquisen führen.[959] Für den Unternehmenserfolg ausschlaggebend ist, dass sich die Leistung von Konkurrenzprodukten abhebt und für den Kunden einen Mehrwert schafft.[960] Automatische Identifikationssysteme können hierzu einen Beitrag leisten.[961] So schlagen Harrison/van Hoek (2005) vor, eine Leistungsdifferenzierung so vorzunehmen, dass Informations- und Serviceanteil eines Produktbündels kundenindividuell angepasst werden, während der physische Anteil gleich bleibt.[962] Konkrete Ausgestaltungskonzepte für solche ergänzenden Informationsdienstleistungen stehen allerdings bisher noch aus.

Weiterhin ist die Forschungshypothese dieser Arbeit, dass eine Erhöhung der Informationsintensität dort, wo verteilte und inkompatible Informationssysteme eine Informationsintegration über zentrale Datenverarbeitungssysteme verhindern, zu einer verbesserten informationslogistischen Koordination von schnittstellenübergreifenden Prozessen beitragen kann.[963] Durch eine höhere Informationsintensität von Produkten und Prozessen bieten sich für Unternehmen zusätzliche Gelegenheiten, Informationen zu generieren und zu verkaufen, die ein Nebenprodukt ihrer Prozesse sind. So unterstützen beispielsweise automatische Identifikationssysteme an Verkaufskassen im Einzelhandel einen weitergehenden Einsatz von Marktforschungsmethoden zur Kaufverhaltensforschung. Um solche innovativen Differenzierungsvorteile auszuschöpfen, können Unternehmen versuchen, mehr Informationen in einem physischen Produkt zu bündeln oder Informationstechnologien in das Produkt einzubetten, zusätzliche Informationen zu generierten, um diese zu verkaufen. Ebenso können sie vorhandene Informationsverarbeitungskapazitäten mobilisieren, um neue Produktvarianten oder ganz neue Geschäftsfelder an den Markt zu bringen.[964] Darüber hinaus kann eine höhere Informationsintensität von Prozessen auch neue Schnittstellen mit einhergehenden

957 Zur Kategorisierung verschiedener Leistungs- und Güterarten vgl. Nieschlag/Dichtl/Hörschgen (2002), S. 579; Haasis (20008), S. 84.
958 Vgl. White/Johnson/Wilson (2008), S. 91.
959 Vgl. ebd., S. 92.
960 Vgl. Haasis (2008), S. 14.
961 Vgl. Kärkkäinen/Holmström (2002), S. 242.
962 Vgl. Harrison/van Hoek (2005), S. 208.
963 Vgl. Haasis/Plöger (2007b), S. 9.
964 Vgl. Porter/Millar (1985), S. 158 f.

Informationsflüssen zwischen getrennten Prozessen etablieren.[965] Porter/Millar (1985) argumentieren, dass die Verwendung der Informationstechnologie eine relevante Auswirkung sowohl auf die Beziehungen der Wertschöpfungspartner als auch auf die jeweiligen internen Wertschöpfungsprozesse hat – und damit auf die Erzeugung von Wettbewerbsvorteilen. IT sollte nicht nur Infrastruktur unterstützen und Materialflüsse automatisieren (und daurch optimieren), sondern die Struktur und die unternehmensübergreifenden Schnittstellen einer Wertschöpfungskette verbessern.[966] Basierend auf dem Konzept der Wertschöpfungskette können folgende Aussagen gemacht werden:

1. Die Wettbewerbsfähigkeit rührt von der Wertschöpfung für den Kunden her
2. die wertschöpfenden Prozesse sind nicht unabhängig, sondern interdependent analog zur Wertschöpfungskette
3. Unternehmen können Wertschöpfungsprozesse durch Informationstechnologie integrieren oder optimieren
4. Die Einbindung von Informationstechnologie erzeugt eine neue Wertschöpfungskette. Porter/Millar (1985) schlußfolgern, dass der richtige Einsatz von Informationstechnologe die Kosten minimiert und den Nutzen maximiert, was Prozesse optimiert und einen Wettbewerbsvorteil sichert.[967] Informationstechnologie – auch EDI – unterstützt den Wandel von der unabhängigen Wertschöpfung zur externen Integration verschiedener Aktivitäten einer Supply chain.

Der Informationsintensitätsansatz wird dafür kritisiert, dass sich der Anteil des Informationsgehalts als Größe nur schwer objektiv messen lässt und ggf. nur über die Kosten der Erzeugung indirekt ermittelt werden. Auch wird auf die Qualität der Informationen dabei noch nicht eingegangen und die Eigenschaften von Produkten und Prozessen werden nur statisch betrachtet.[968] Unklar bleibt auch, ob generell eine maximale Informationsintensität anzustreben ist oder es auch andere optimale Niveaus der Informationsintensität gibt und wie sich diese situationsabhängig ermitteln lassen.

3.6.2.2 Bewertung der Implikationen des Informationsintensitätsansatzes für die Just-in-sequence-Logistik

Die These von Porter/Millar (1985) lautet also, dass Prozesse durch eine Erhöhung der Informationsintensität verbessert werden können und dadurch u. a. Kosten- und Differenzierungsvorteile erzielt werden. So können Wettbewerbsvorteile durch die Erhöhung der informationsbezogenen Wertschöpfungstiefe erzielt werden. Die

965 Vgl. ebd., S. 152.

966 Vgl. Kim/Narasimhan (2002), S. 4587.

967 Vgl. ebd., S. 4587 ff.

968 Vgl. Krcmar (2003), S. 243.

Wertschöpfungstiefe am Objektfaktor Information kann folgende Ausprägungen haben: keine Veränderung der Informationsgehalts, des Zeichenträgers oder des Zeichens; Veränderung der Zeichen (ggf. in Verbindung mit dem Zeichenträger); geringe Veränderung des Informationsinhalts (z. B. Informationsbroker); wesentliche Veränderung des Informationsinhalts (z. B. Softwareprogrammierung).[969] Produkte werden auch durch zusätzliche Informationsdienstleistungen modifiziert und angereichert.[970]

Diese Arbeit greift diesen Ansatz auf und analysiert die Optimierungsmöglichkeiten durch die Implementierung des Informationsintensitätsansatzes. Neben der zum Zeitpunkt der Veröffentlichung von Porter/Millar (1985) verbreiteten Barcode-Technologie soll aber bei der Untersuchung vor allem auf mobile und kontaktlos beschreib- bzw. auslesbare Speicher,[971] sogenannte Radio Frequency Identification-Transponder (RFID), abgestellt werden. Diese können neben dem Vorhalten einer Identifikationsnummer zusätzlich das dezentrale Ablegen von Informationen in beschreibbaren Speichern erlauben, so dass ohne Rückgriff auf eine zentrale Datenbank Informationen weitergegeben bzw. fortlaufend hinzugefügt werden können. Durch RFID können Material- und Informationsfluss zu selbststeuernden Objekten gebündelt werden.[972]

Dabei wird die Betrachtung der Untersuchung auf die Verbundfertigung bei produktionssynchroner Lieferung eingegrenzt, da hier Produkt- und Prozessaspekte auf höchstmögliche Weise integriert sind und somit die Implikationen einer erhöhten Informationsintensität von Produkten wie auch der Erhöhung der Informationsintensität von Prozessen gleichermaßen untersucht werden kann. Vor dem Hintergrund der Aussage von Porter/Millar (1985), dass produkt- und prozessbezogenen Informationen eine Koordinationsfunktion an Schnittstellen zukommt, werden konkret die schnittstellenübergreifenden Aspekte der produktionssynchronen Fertigung in Lieferverbünden genauer betrachtet. Das meint neben den unternehmensinternen Schnittstellen von Wertschöpfungsprozessen vor allem die wesentlich komplexere Koordination von unternehmensübergreifenden Schnittstellen des Produktionsverbunds.

In dem Zusammenhang wird auch die Hypothese geprüft, ob für die Logistik Potenziale für Produktivitätsfortschritte und Effizienzsteigerungen bestehen, durch die Bestandsreduzierungen, Durchlaufzeitverringerungen und besseren Service für Kunden erzielt werden können.[973]

969 Vgl. Bode (1993), S. 35.
970 Vgl. Ballnus (2000), S. 54.
971 Vgl. Finkenzeller (2008), S. 6.
972 Vgl. White/Johnson/Wilson (2008), S. 89.
973 Vgl. Bertram (1995), S. 9.

3.7 Zwischenfazit

3.7.1 Kritische Würdigung

Der akademische Diskurs zur Informationsintegration bzw. Informationslogistik ist implizit durch das kybernetische Regelungsparadigma dominiert und stellt daher in seiner Betrachtung die Informationsflüsse upstream heraus. Obwohl deren Potenzial zur betriebsübergreifenden Optimierung von Supply chains erkannt wurde, wird die praktische Bedeutung von übergreifender Informationsintegration systematisch überschätzt. Im Rahmen des Kapitels 3.5.1 konnten erhebliche Mängel der innerbetrieblichen Informationsintegration aufgezeigt werden, die ursächlich für ein erhebliches Gefälle von tatsächlich vorhandenen Informationen zu notwendigen Informationen – als Informationsgrad im Sinne Kosiols (1969) – sind. Darüber hinaus wurden in Kapitel 3.5.2 weitere elf Informationsintegrationsdefekte identifiziert, die einer unternehmensübergreifenden Informationsintegration entgegenstehen. Somit wird eine enge organisatorische Kooperation und schnittstellenübergreifenden Prozessintegration im Sinne der Etablierung eines Fertigungsverbunds vielfach auf bilaterale Beziehungen beschränkt bleiben – die Informationsintegrationsdefekte behindern eine effiziente Koordination über mehr als eine Schnittstelle hinweg. Diese Emergenz von Informationsintegrationsdefekten setzen daher eine Grenze zur Überführung einer auf lose Vertragsbeziehungen basierenden Supply chain in einen unter Prozessgesichtspunkten hochgradig integrierten und synchronisierten Fertigungsverbund.

Die Erkenntnisse dieses Kapitels stehen in erheblichem Widerspruch zu der in der Literatur vorwiegenden Meinung, jedwede Informationsintegration sei uneingeschränkt realisierbar. Es werden überwiegend technische Lösungen in der Theorie kolportiert, die abseits von Laborbedingungen nicht praxistauglich zur Verfügung stehen. Hierauf aufbauende Prozesskonzepte bleiben entsprechend realitätsfremd. In dem Zusammenhang wurde am Beispiel von WebEDI aufgezeigt, dass technische Innovationen diese Integrationsdefekte noch weiter verfestigen, anstatt sie zu beseitigen. Daher wurde in Kapitel 3.6 die Koppelung von Material- und Informationsfluss aufgegriffen, um – komplementär zu den Informationsflüssen upstream – die Prozesssynchronisation mittels Informationsnebenflüssen downstream zu unterstützen. Eine für die Charakterisierung der Informationsflüsse downstream gut geeignete theoretische Fundierung bieten Porter/Millar (1985) mit dem Informationsintensitätsansatz.[974] Als Ergebnis dieses Kapitels kann festgehalten werden, dass die These von Kirsch et al. (1973) – Material- und Informationsfluss seien in der Logistik zu trennen – nicht uneingeschränkt zutrifft. Stattdessen bringt die Koppelung von Material- und Informationsflüssen (insbesondere durch den Einsatz berührungslos auslesbarer und beschreibbarer Transponder)

974 Vgl. Porter/Millar (1985), S. 153.

einen erheblichen Beitrag zur Prozesoptimierung an Schnittstellen und kann Informationsintegrationsdefekte mittels Etablierung von Neben-Informationsflüsse downstream beheben. Neben der Generierung und Distribution von Kosten- und Qualitätsdaten (insbesondere zur Chargenrückverfolgung) kann hierdurch auch die Leistungserstellung für den Kunden differenziert werden, z. B. indem sie informationsgetrieben individualisiert werden. Die Erwägungen zur Anwendung von Informationsströmen upstream zeigen hingegen aber auch, dass der Einsatz von automatischen Identifikationssystemen zur Koordination über Informationsnebenflüsse die Funktionen von EDI nicht vollständig ersetzten kann.[975] Auf die Übertragung der notwendigen vorauslaufenden Planungsinformationen und der nachlaufenden Rechnungsdaten per EDI u. a. wird nicht verzichtet werden können. Allerdings führt die Verlagerung von Informationsströmen auf mobile Transponder zur Verringerung von Engpässen und vereinfacht Prozesse – besonders dort, wo der Onlinezugriff auf zentrale Datenbanken nicht möglich ist.[976] Andernfalls sind die bereits häufig etablierten bilateralen Austauschkanäle weiter anwendbar, ohne dass es einer lückenlosen IT-Integration und der damit einhergehenden Adaption der verschiedenen Softwareschnittstellen aller Akteure der Supply chain bedarf.[977]

Für die Just-in-sequence-Logistik spielt die Betrachtung von Informationsflüssen downstream eine besondere Rolle, um eine verzögerungslose Vereinnahmung zu gewährleisten: Einerseits sind kundenindividuelle Produkte sequenzgerecht bereitzustellen, was zu einem erhöhten Informationsbedarf für die korrekte Vereinnahmung führt. Andererseits haben Verzögerungen und Probleme bei der Vereinnahmung an Engpässen besonders schwerwiegende Folgen. Daher soll in Kapitel vier die Analyse einer vereinnahmungsgerechten Informationsintegration und der Informationsflüsse downstream eine hervorgehobene Rolle spielen.

3.7.2 Zwischenfazit in sechs Schlussfolgerungen

- Aus der prozessorientierten Perspektive ist eine funktionale Trennung zwischen Produktion und Logistik weder möglich noch sinnvoll. Vielmehr bedarf es einer simultanen Betrachtung zur funktionsübergreifenden Integration zwecks Prozesssynchronisation.
- In eng integrierten Fertigungsverbünden sowie weitläufig gespannten Supply chains können Informationssysteme einen Beitrag liefern, eine mangelhafte Koordination auf Grund von Wechsel- und Fernwirkungen (Interdependenzen) zu verhindern. Die Kybernetik und der Diskurs zum System dynamics haben die

975 Vgl. Johnston/Yap (1998), S. 98.
976 Vgl. Pflaum (2001), S. 218.
977 Vgl. Haasis/Plöger (2007b), S. 10.

Informationsströme upstream des Regelungsparadigmas in den Mittelpunkt gestellt, um Verwerfungen zu verhindern.

- Nach dem Prozessparadigma haben Informationen nicht nur die Funktion der Steuerung oder Regelung. Vielmehr sind sie aus wirtschaftlicher Sicht erforderlich für die Synthese von Aktivitäten, die zuvor zwecks Erlangung von Spezialisierungsvorteilen arbeitsteilig zerlegt wurden. Die für Vereinnahmungsprozesse bei Schnittstellenüberwindung zwingend notwendigen Informationsflüsse downstream blieben im Regelungsparadigma hingegen weitgehend unbeachtet. Neben dem Informationsgrad nach Kosiol (1969) sind weitere Kennzahlen hinsichtlich der Bewertung der Informationsintegration arbeitsteiliger Prozesse von hoher Bedeutung, wie die Zahl der Systemschnittstellen, der Schnittstellenformate, die Zahl der Geschäftsdokumente pro Zeiteinheit, der Automatisierungsgrad, die Zahl der Medienbrüche, Prozessdurchlaufzeiten und Fehlerraten. Hieraus lässt sich auch die Bedeutung von automatischen Identifikationssystemen für logistische Prozesse ableiten.
- Bei der Konzeption von Ansätzen zur Informationsintegration wird vorwiegend die Annahme getroffen, dass durch technische Lösungen eine uneingeschränkte funktions- und betriebsübergreifende Informationsverfügbarkeit realisiert werden kann. Die Analysen des Kapitels 3.5 lassen hingegen nur die Schlussfolgerung zu, dass diese Annahme unrealistisch und überzeichnet ist. Vielmehr wird regelmäßig ein umfassender Zugriff auf Informationen unternehmensintern und -übergreifend nicht realisierbar sein. Vielmehr stehen einem Informationsaustausch elf Integrationsdefekte entgegen, so dass eine Informationsintegration erheblichen Restriktionen unterworfen ist. Integrationsansätze wurden lange Zeit als theoretisch einfache Konzepte betrachtet, lassen sich aber nur sehr schwer in der Praxis implementieren.
- Neben den in Kapitel zwei aufgeführten theoretischen Grenzen einer produktionssynchronen Logistik (Beweise von Kistner (1994), Collier-Theorem, Indifferenzpunkt-Gleichungen und Luhmer-Ungleichung) wurden mit den Informationsintegrationsdefekten eine weitere theoretische Fundierung dafür entwickelt, dass eine produktionssychrone Logistik von der Urerzeugung bis zur Montage des Endprodukts über die Supply chain hinweg theoretisch nicht zweckmäßig ist. Somit kann immer nur ein Ausschnitt einer Supply (als mehrstufiges, mehrpfadiges Beschaffungsnetzwerk) in eine enge organisatorische Kooperation und Prozessintegration wie bei einem Fertigungsverbund überführt werden. Ein solcher wird daher vorrangig durch bilaterale Beziehungen gestaltet, weil bei einer mehrstufigen Koordination über mehr als eine Schnittstelle hinweg es zur Emergenz von Informationsintegrationsdefekten kommt, die bei einem bilateralen Informationsaustausch nicht zum Tragen kommen.
- Als ergänzende Lösung wurde daher der Einsatz von Nebeninformationsflüssen downstream vorgeschlagen, die auf einer Koppelung von Material- und Informationsfluss basieren. Der zu Grunde liegende Informationsintensitätsansatz

von Porter/Millar (1985) ist komplementär zum kybernetischen Regelungsparadigma und zeigt weitere Potenziale zur Synchronisation schnittstellenübergreifender Prozesse in der produktionssynchronen Logistik auf. Unter dem Gesichtspunkt haben Informationen auch die Funktion der Förderung eines gleitenden, ineinandergreifenden Übergangs zwischen aufeinanderfolgenden Aktivitäten (Baton passing). Entsprechend ist eine vom kybernetischen Regelungsparadigma propagierte Trennung von Material- und Informationsflüssen in arbeitsteiligen Prozessen nicht uneingeschränkt erstrebenswert.

4 Optimierung der produktionssynchronen Logistik mit Informationssystemen

4.1 Zielsetzung des Kapitels

Wie in Abbildung 8 veranschaulicht,[978] besteht ein Beschaffungsvorgang bei produktionssynchroner Logistik aus folgenden Schritten:

- Bestellung
- Verpackung
- Versand bzw. Transport
- Vereinnahmung und Wareneingangskontrolle
- Kommissionierung mit Zwischenlagerung (entfällt bei sequenzgerechter Lieferung in Perlenkette)
- Modulverbau

Im mittelbaren Zusammenhang hierzu stehen unter Qualitätsgesichtspunkten noch die Qualitätssicherung, die Chargenrückverfolgung, die Nachkalkulation von Kosten sowie die Lagerhaltung von Teilen beim Zulieferer zur servicegradgerechten Erfüllung von Bestellungen. In Anlehnung an das SCOR-Modell wird die Beschreibung der einzelnen Arbeitsabläufe in fünf Kategorien eingeteilt, um Prozessschritte strukturiert zu beschreiben:

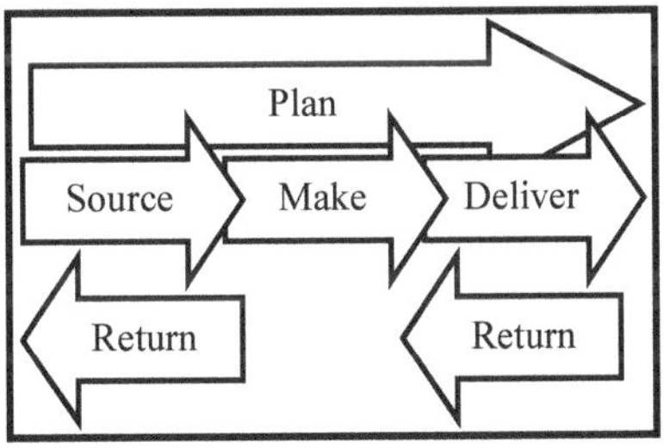

Abb. 18: Das SCOR-Modell[979]

Besonders ein Abruf Just-in-sequence bedarf es einer fehlerlosen und zeitlich engen Synchronisation, um eine verzögerungslose und korrekte Lieferung an das Band zu ermöglichen. Dies bedingt wiederum eine reibungslose Abstimmung des Schnittstellenübergangs. Ohno (1988) bezeichnet diese Anforderung als Baton passing und kennzeichnet sie als wesentlichen Bestandteil seines Toyota production

978 Siehe Kapitel 2.4.4, S. 38.
979 O. V. (2001), S. 5.

systems.[980] Bemerkenswerter Weise wurde dieses Element später nicht mehr explizit im akademischen Diskurs zu produktionssynchronen Logistik aufgegriffen, wie aus der Übersicht der Meta-Studien von Golhar/Stamm (1991) und Ramarapu/ Mehra/Frolick (1995) ersichtlich wird (Abbildung 1 und 2). Implizit lässt es sich in Maßnahmen zur besseren Kommunikation mit Zulieferern und auch im Kanban-Konzept wiederfinden. Letzteres kann als Informationsinstrument interpretiert werden, das aufeinanderfolgende Funktionen sehr eng koppelt. Hier sorgen Informationen im Sinne eines Baton passings dafür, einen gleitenden, ineinandergreifenden Übergang zu nachfolgenden Prozessschritten zu ermöglichen und somit Materialflüsse zu verstetigen. Hierin ist eine Kernfunktion von vereinnahmungsbezogenen Informationen downstream zu sehen, die bisher im kybernetisch dominierten Diskurs keine oder nur eine Untergeordnete Rolle gespielt haben.

In Kapitel 2.2 wurde auf die Studien von Golhar/Stamm (1991) und Ramarapu/Mehra/Frolick (1995) mit 34 bzw. 28 identifizierten Instrumenten des Lean managements verwiesen, die einer funktionsübergreifenden Kontrolle von Kosten, Qualität und Variabilität zwecks kontinuierlicher Verbesserung dienen. Eine gleichgewichtete Analyse dieser Instrumente würde den Rahmen dieser Arbeit sprengen. Daher ist es das Ziel dieses Kapitels, für ausgewählte Abläufe neue Anwendungsfelder von Informationssystemen zu untersuchen. Hierbei richtet sich der Blick nicht nur auf die Informationsströme upstream (wie sie für Bestellvorgänge eine intensive Untersuchung fanden), sondern auch auf Informationsströme downstream, um eine schnittstellenübergreifende Koordination zu verbessern. Im Hinblick auf die Erwägungen zu Informationsintegrationsdefekten in Kapitel vier liegt ein Schwerpunkt auf der Verwirklichung des Informationsintensitätsansatzes nach Porter/Millar (1985).

4.2 Source: Bestellabruf

4.2.1 EDI-Einsatz in produktionssynchronen Fertigungsverbünden

Der produktionssynchrone Abruf von Lieferungen führt zu einer engen Bindung zwischen Zulieferer und Abnehmer. Produktionssynchrone Fertigungsverbünde benötigen nicht nur lokale Informationen interner IT-Systeme (wie ERP- und MRP-Systemen), sondern auch externe Informationen von Geschäftspartnern. Eine produktionssynchrone Versorgung bedarf einer präzisen Terminabstimmung, um einen kontinuierlichen und unterbrechungsfreien Materialfluss zu gewährleisten.[981] Aufgrund der hohen Abruffrequenz und den sehr großen Datenvolumina werden

980 Vgl. Ohno (1988), S. 25.
981 Vgl. Adam (2001), S. 87.

produktionssynchrone Lieferungen ohne Informationssysteme zumeist auf einer Wertschöpfungsstufe innerhalb der Supply chain umgesetzt, weil die Durchlaufzeiten durch die Dauer des Informationsflusses zu lang ausfallen.[982] Mit interner und externer Informationsintegration können Pull Systeme dagegen Auftragsinformationen kurzfristig durch die ganze Supply chain transferieren und dadurch die Auftragsdurchlaufzeiten reduzieren.[983] Eine Ausnahme hierzu stellt allerdings Toyota selber dar, die unternehmensübergreifende Kanban-Systeme für Lieferabrufe etabliert haben.[984]

Durch die Einführung von Just-in-time oder Just-in-sequence Konzepten sind hochfrequente und zuverlässige Lieferungen in kleinen Mengen erforderlich. Das erhöht das Informationsvolumen, das zwischen den Geschäftspartnern ausgetauscht werden muss.[985] Idealerweise hat in einer solchen Konstellation ein Zulieferer einen Echtzeitzugriff auf Informationen der Fertigung, um Probleme mit Bezug auf Timing, Qualität und Liefermenge zu vermeiden.[986] Der Austausch von Plandaten und auftrags- wie produktionsnummerbezogener Daten bedarf einer engen informatorischen Integration, weil einerseits die Abruffenster zwischen Auslösung der Bestellung und dem durch den Verbau als spätestmöglichster Zeitpunkt determinierte Lieferendtermin nur wenige Stunden beträgt und andererseits Prozessfehler zu hohen Kosten der Nacharbeit (durch die notwendigen Änderungen der Fertigungspläne, das Ausschleusen eines Teils aus der Perlenkette und den nachträglichen Verbau als Sonderprozess) oder gar Produktionsstillständen führen. Um keine Produktionsunterbrechungen zu riskieren ist ein schneller und zuverlässiger Informationsaustausch mit Zulieferern und Spediteuren über systemübergreifende IT-Systeme von hoher Bedeutung.[987] Eine schnelle Informationsweitergabe kann aber nur durch eine Informationsintegration mit automatisierten Systemen erfolgen, die einen Informationsaustausch in Echtzeit ermöglichen. Direkte Verbindungen zwischen Informationssystemen machen die wiederholte Dateneingabe überflüssig und sparen dadurch Zeit. Dazu braucht es eines EDI-Austausches über Kommunikationsnetzwerke, wobei standardisierte Datenprotokolle oder Konverter verwendet werden sollten, um die Daten automatisch in die internen Computersysteme überspielen zu können, damit keine Verzögerungen bei der Weiterverarbeitung auftreten.[988] Erst der Einsatz von EDI in Verbindung mit

---

982 Vgl. Lim/Palvia (2001), S. 209; Ruppert (1997), S. 60.

983 Vgl. Ward/Zhou (2006), S. 181; Thun/Drüke/Silveira-Camargos (2007), S. 24; Schützdeller (1990), S. 96; Harihan/Zipkin (1995), S. 1599.

984 Vgl. Spear (2002), S. 760; die Informationsintegration per Kanban gelingt dort vor allem auf Grund von Milkruns, die mehrmals pro Stunde die Fertigungswerke frequentieren, wodurch die Kanbans mehrmals pro Schicht zwischen Zulieferer und OEM zirkulieren können.

985 Vgl. Wildemann (2001), S. 30.

986 Vgl. Wafa/Yasin/Swinehart (1996), S. 24.

987 Vgl. Haasis/Wildebrand/Plöger (2009), S. 24.

988 Vgl. Banerjee/Golhar (1993), S. 22; Henkel (1995), S. 47; Lyons et al. (2005), S. 4291.

der unmittelbaren Nähe von Zuliefern in Zulieferparks erlaubt die Verkürzung des Bestellhorizonts.[989] Diese schaffen zudem Rationalisierungspotenziale, weil sowohl Bestellprozesse als auch der Abgleich der Lieferungen einschließlich der Qualitätsüberwachung vereinfacht werden.[990] Wafa/Yasin/Swinehart (1996) konnten empirisch eine signifikante Verbesserung verschiedener Produktivitäts- und Leistungsindikatoren sowie der Liefertreue durch eine informationstechnische Integration gegenüber einem rein manuellen Informationsaustausch nachweisen.[991] Zu analogen empirischen Ergebnissen zum Nutzen von EDI kamen Srinivasan/Kekre/Mukhopadhyay (1994) – insbesondere für Unternehmen, die eingehende Bestellungen direkt in die Produktionssteuerung integrieren konnten.[992] Diese Studien stützen daher mit ihren empirischen Ergebnissen die obige Argumentation.

Die konkrete Ausgestaltung der Kommunikationsabwicklung liegt in der Gestaltungsfreiheit der Partner. In Anlehnung an Graf/Hartmann (2008) ist in Abbildung 21 exemplarisch ein elektronischer Lieferabruf unter Verwendung von VDA-Dokumenten dargestellt.[993] Bei einer produktionssynchronen Versorgung geht dem eigentlichen Abrufimpuls, der die Fertigung und Lieferung auslöst (mit Daten zu Art, Menge und Reihenfolge sowie Liefertermin der benötigten Komponenten), die Übertragung der rollierenden Planung von Komponentenbestellungen für langfristige und mittelfristige Bedarfe (in stärker aggregierter Form über die verbleibenden Perioden hinweg) voraus.[994] Dabei gibt es typischerweise eine Vorausschau für 10 bis 14 Tage (Feinplanung) sowie eine Grobplanung für mehrere Monate.[995] Zudem werden auch Versand- und Empfangsinformationen (Lieferavis und Wareneingangsquittierung) direkt durch Verbindung von Abnehmer- und Zuliefer-Anwendungen ausgetauscht.[996] Um Verzögerungen und Fehler zu vermeiden, sollten diese übertragenen Daten direkt in ein MRP- oder ERP-System des Adressaten übertragen werden.[997] Mit Frachtversand beim Zulieferer

---

989 Vgl. Bogaschewsky/Rollberg (2002), S. 287; Neuburger (1994), S. 51 f.

990 Vgl. Siestrup (1999), S. 95; Lyons et al. (2005), S. 4291; Henkel (1995), S. 47.

991 Vgl. Wafa/Yasin/Swinehart (1996), S. 32.

992 Vgl. Srinivasan/Kekre/Mukhopadhyay (1994), S. 1303.

993 Trotz der zunehmenden Verbreitung von EDIFACT wählen Graf/Hartmann (2008) für ein Beispiel aus der Automobilindustrie die dort sehr verbreiteten VDA-Standards des Verbands der Automobilindustrie, vgl. Graf/Hartmann (2008), S. 130; vgl. auch Schützdeller (1990), S. 109.

994 Vgl. Fisher/Ittner (1999), S. 774; Thun/Drüke/Silveira-Camargos (2007), S. 24; Wildemann/Faust (2004), S. 59.

995 Vgl. Shingo (1992), S. 167; Lyons et al. (2005), S. 4297; Panichi (1996), S. 21; Ruppert (1997), S. 56.

996 Vgl. Srinivasan/Kekre/Mukhopadhyay (1994), S. 1293; Wafa/Yasin/Swinehart (1996), S. 24.

997 Vgl. Lyons et al. (2005), S. 4294.

wird zudem ein Lieferavis (ASN) an den Adressaten weitergeleitet, die den Warenausgang quittiert.[998]

Lieferant	Informationsfluss per EDI	OEM
	←	
Fertigung von Vorprodukten (sortenrein)	Kapazitätsreservierung Tägliche, sachnummerbezogene Bestellvorausschau (VDA 4905)	Absatz-Vorausschau
	←	
Fertigung von Vorprodukten (sortenrein)	Planvorausschau pro Kundenauftrag. Tägliche, produktbezogene Bestellvorausschau (VDA 4916) (regelmäßig inklusive Stückliste)	Fertigungs-Planung
	←	
Endmontage (sequenzgerecht)	Ist-Abruf eines konkreten Produkts untertägiger, produktnummerbezogener Bestellabruf (VDA 4913)	Abruf-Impuls aus der Fertigung
	→	
Warenausgang	Lieferavis und Lieferscheindaten Sachnummerbezogen mit Produktionsnummer (VDA 4913)	Kapazitätsplanung im Wareneingang
	→	
Debitorenbuchhaltung	Rechnung mit Bezug auf Lieferscheindaten (VDA4906)	Kreditorenbuchhaltung

Abb. 19: VDA-Abruf bei Just-in-sequence-Lieferungen[999]

Für Unternehmen mit produktionssynchroner Versorgung ist der Nutzen durch den Einsatz von EDI größer als bei konventionell beschaffenden Unternehmen. Ein schneller und akkurater Informationsaustausch zwischen Firmen ist für Just-in-sequence-Zulieferer auf Grund der außerordentlich hohen Prozessintegration und der kleinen Zeitfenster zwischen Bestellabruf und Lieferung von kritischer Bedeutung.[1000] Die Integration von Unternehmen durch den Einsatz von EDI liefert einen wichtigen Beitrag zum Austausch von fehlerfreien und detailreichen Infor-

998 Vgl. Thun/Drüke/Silveira-Camargos (2007), S. 25.
999 Vgl. Graf/Hartmann (2008), S. 130.
1000 Vgl. Banerjee/Golhar (1993), S. 29.

mationen über Materialbedarfspläne, so dass Zulieferer schnell auf die Bedarfe ihrer Kunden reagieren können. Für Just-in-sequence-Prozesse ist dies von besonderer Bedeutung, da sequenzabhängige Bestellungen, Lieferungen und Montagearbeiten eine Zunahme der Komplexität von Informationsströmen hinsichtlich des Einsatzes von Auftrags-, Handels- und Transportdokumenten implizieren.[1001] Diesem wurde in der Unternehmenspraxis dadurch Rechnung getragen, dass für Just-in-sequence verschiedene Abrufprotokolle erstellt wurden, die sich von den Formaten für den Just-in-time Abruf abgrenzen: z. B. VDA 4916, Odette Synchro und Edifact DELJIT/SYNCRO. Die Informationssynchronisation per EDI liefert daher einen wichtigen Beitrag für die Synchronisation von Materialflüssen.

Srinivasan/Kekre/Mukhopadhyay (1994) kommen auf Grund einer empirischen Studie zu dem Schluss, dass der Bedarf für den Einsatz von EDI bei produktionssynchroner Lieferung dort besonders hoch ist, wo ein Zulieferer eine Vielzahl von Teilevarianten liefert oder eine Vielzahl von Kunden bedient, da hier die Fehllieferrate sehr hoch ist. Diese Ergebnisse wurden von Kekre/Mukhopadhyay/Srinivasan (2003) hinsichtlich der Auswirkungen der Materialflusskomplexität auf die Liefertreue (bezogen auf Pünktlichkeit und Fehlteil-Lieferungen) nochmals bestätigt.[1002] Im Gegensatz dazu haben Zulieferer, die EDI direkt in ihre internen Systeme eingebunden haben, eine deutlich niedrigere Fehlerrate. Daher hat eine horizontale Informationsintegration eine sehr positive Auswirkung auf das Koordinationsvermögen in Supply chains.[1003]

Die vorliegenden empirischen Studien zu der Fragestellung, ob IT-Systeme direkt die Auftragsdurchlaufzeiten in Fertigungsverbünden reduzieren, sind allerdings ambivalent. Ward/Zhou (2006) folgern aus ihrer Studie, dass erhebliche Durchlaufzeitreduzierungen nur durch die kombinierte Implementierung von produktionssynchronen Konzepten und eine IT-Unterstützung erzielt werden können.[1004] Dabei hat sowohl die interne als auch die externe Informationsintegration einen positiven Effekt auf die Durchlaufzeit. Je stärker eine solche schon vorliegt, desto eher werden auch produktionssynchrone Versorgungskonzepte implementiert. Zudem schließen die Autoren anhand ihrer Ergebnisse aus der Studie, dass eine IT-Integration besonders wichtig bei einer variantenreichen Produktion ist.[1005] Einschränkend muss aber bemerkt werden, dass, wenn ein Produktionssystem nicht flexibel auf Auftragseingänge reagieren kann, Investitionen in EDI keinen positiven Effekt haben können, weil kurzfristige Informationen keine Berücksichtigung finden.[1006] Der Diskurs zum Einsatz von EDI in der produktionssynchronen Logistik ist im besonderen Maße durch die Beschreibung von

1001 Vgl. Pfohl (2004a), S. 192.
1002 Vgl. Kekre/Mukhopadhyay/Srinivasan (2003), S. 370.
1003 Vgl. Srinivasan/Kekre/Mukhopadhyay (1994), S. 1292.
1004 Vgl. Ward/Zhou (2006), S. 191.
1005 Vgl. ebd., S. 192.
1006 Vgl. Srinivasan/Kekre/Mukhopadhyay (1994), S. 1295.

Informationsflüssen upstream geprägt – Beachtung findet vorrangig die Beschreibung der Rolle des Informationsflusses vom OEM zum Zulieferer. Wie Abbildung 21 veranschaulicht, gibt es aber auch einen institutionalisierten Informationsfluss downstream: das Lieferavis. Sie dient der Erstellung und elektronische Übertragung von Anlieferzeitplänen, um die Vorbereitung der Bereitstellung von vereinnahmungsbezogenen Ressourcen (wie Hebezeugen und Personal) zu ermöglichen. Hierin ist eine Maßnahme zur Durchlaufzeitverringerung bei Prozessen der Warenvereinnahmung zu sehen.

Der maßgebliche Nachteil von EDI ist in der erheblichen Anfälligkeit für Informationsintegrationsdefekte zu sehen. Hinsichtlich der Formate zur Datenübertragung greift der Informationsintegrationsdefekt der Interoperationalität, der Referenzierung, der Latenzzeit, der Rentabilität, der mangelnden Anreize und der irreversiblen Investition. Besonders schwer wiegt der Informationsintegrationsdefekt des Medienbruchs, wofür EDI in der Ausprägung einer Stand alone Lösung (WebEDI) das Musterbeispiel bietet. Da es bisher kein ausgeprägtes Problemverständnis für Informationsintegrationsdefekte gibt, sind auch alternative Lösungsansätze weitgehend unbeachtet geblieben. Wie schon in Kapitel 4.1 angedeutet, wird in Einzelfällen bei Toyota auf eine Bestellabwicklung per EDI verzichtet und stattdessen hochfrequente Lieferungen nach dem Milkrun-Konzept zur Bestellweitergabe per Kanban genutzt. Neben diesem Informationsfluss upstream soll die Möglichkeit der Informationsintegration downstream per Barcode-EDI untersucht werden. Diese Interpretationsform von EDI im weiteren Sinne wurde von Johnston/Yap (1998) vorgeschlagen und soll – als Ausprägung eines Informationsintensitätsansatzes – im folgenden Abschnitt näher erörtert werden.

4.2.2 Informationsintegration mit automatischen Identifikationssystemen nach Johnston/Yap (1998)

Der Austausch von Frachtinformationen vom Zulieferer an den Abnehmer in elektronischer Form erfolgt gewöhnlich über ein Lieferavis (ASN) per EDI unter Verweis auf eine NVE. Wie in Kapitel 2.2.2 erörtert, findet eine Zuordnung von Lieferavis und NVE regelmäßig über ein automatisches Identifikationssystem statt. In Deutschland weist ein Barcode auf Basis des EAN 128-Standards die größte Verbreitung auf. Informationen nach EAN 128 umfassen beispielsweise die Nummer der Versandeinheit, EAN der Handelseinheit, Los-/Chargennummer, Hersteldatum, Mindesthaltbarkeitsdatum, Stückmenge, Nettogewicht, Bruttovolumen u. a.[1007] Dies dient der Referenzierung von Adressaten oder vereinnahmungs-

1007 Die verwaltende Organisation hat im Jahr 2009 einen Terminologiewechsel unter Verwendung der englischen Bezeichnungen für die bisherigen Standards, wie GS1-128 Bar Code Symbol anstelle von EAN 128 oder SSCC anstelle von NVE vollzogen. Auf Grund bezogener Informationen einschließlich Maßeinheiten des Transportgutes, abweichender Adressdaten und Handlinganweisungen. Ein Rationalisierungspotenzial durch NVE kann geschaffen werden, wenn per EDI ein Lieferavis zugesandt wird, das erläuternde Informationen zur Lieferung enthält (enthaltene Artikel, Ankunftszeit und -ort). Mittels Barcode-Scan können elektronische Lieferpapiere und Avisinformationen zugeordnet werden.[1008] Zudem wäre eine automatische Verbuchung im Warenwirtschaftssystem beim Einlaufen in den Wareneingang möglich, ohne dass es einer manuellen Erfassung durch das Personal im Wareneingang bedürfte.

Dieses Vorgehen hat allerdings zwei Nachteile: Die EDI-Informationen müssen einem physischen Objekt zugeordnet werden und Verzögerungen in der Informationsübermittlung verlängern die Durchlaufzeit der Frachtvereinnahmung. So ist bei einer asynchronen EDI-Anbindung der Eingang des Lieferavis vor Ankunft des Frachtguts im Wareneingang nicht immer gesichert. Batch-orientierte EDI-Systeme erschweren die Synchronisation von eingegangenen Waren und den passenden Informationen – besonders bei kleinen und häufigen Transportgrößen (wie sie für Just-in-sequence-Lieferungen typisch sind).[1009] Dies ist speziell bei produktionssynchroner Beschaffung ein großes Problem für die Prozesssicherheit. Zudem hängt die Sicherheit des Prozesses von der Netzwerksicherheit ab. Das bedeutendste Problem ist allerdings die Zuordnung eines Lieferavis zu der Fracht.[1010] Insofern kann eine Hinterlegung von Frachtdaten an dem Objekt selbst eine Back-up-Funktion übernehmen – bei sensiblen Prozessen der produktionssynchronen Versorgung mit außerordentlich hohen Fehlerfolgekosten kann die Ergänzung um einen Neben-Informationsfluss downstream mittels eines maschinenlesbaren Informationsträgers wirtschaftlich sinnvoll sein, um bei Prozessen eine Fehlerquote im Millionstelbereich sicherstellen zu können.[1011]

Johnston/Yap (1998) setzen sich daher mit der Frage auseinander, was eine elektronische Datenfernübertragung auszeichnen muss, um der Definition von EDI als betriebsübergreifender Austausch von Geschäftsdokumenten in einer strukturierten, maschinenlesbaren Form gerecht zu werden. In der Literatur wird unter EDI vielfach verstanden, dass eine Nachricht mit einem Geschäftsdokument konsistent sein muss, die Übertragung von einer Software zur nächsten Software zu erfolgen hat, die Datenstruktur eines standardisierten Formats bedarf, das Format ebenfalls standardisiert sein muss und das Übertragungsmedium digital zu sein hat, damit es elektronisch ist. Johnson/Yap (1998) sehen diese Bedingungen für

---

der geringen Verbreitung dieser Begriffe und zwecks einer besseren Lesbarkeit der Ausführungen wird noch auf die etablierten Bezeichnungen zurückgegriffen.

1008 Vgl. Glaser/Kursawe (1998), S. 123 f.

1009 Vgl. Kärkkäinen/Ala-Risku/Främling (2003), S. 156.

1010 Vgl. Johnston/Yap (1998), S. 86 ff.

1011 Vgl. Kapitel 2.4.1.3.

Barcodes erfüllt. Dem steht auch nicht der Einwand entgegen, dass Barcodes aus Papier bestehen, da ein Netzwerk aus dieser Perspektive aus Kabeln bestehen würde. Relevant ist die Maschinenlesbarkeit der Daten eines Barcodes.[1012]

Daher interpretieren Johnston/Yap (1998) Identträger als eine mögliche Ausprägung von EDI. Dazu schlagen sie die Nutzung von zweidimensionalen Barcodes vor. Zweidimensionale Barcodes weisen eine geringere Informationsbegrenzung als einfache Barcodes auf (ca. 30 Zeichen) und können daher besser der dezentralen Datenhaltung off-line dienen. Die Codierung auf einem Barcode ist dann nützlich, wenn Daten zugänglich sein sollen, ohne dass eine Verbindung zu einer zentralen Datenbank notwendig ist und wenn die Daten statisch bleiben ohne sich im Prozessverlauf zu ändern. Zudem ist die Speicherfähigkeit begrenzt: beispielsweise hat das geläufige Barcode-Datenformat PDF417 eine Speicherkapazität von 2.725 Byte.[1013]

Ein solches Barcode-EDI ist zunächst als begrenzte Lösung für Konstellationen tauglich, in denen ein Informationsfluss gleichgerichtet und zeitgleich mit dem Materialfluss downstream realisiert werden kann. Johnston/Yap (1998) widerlegen allerdings diese Annahme mit Verweis auf den Abruf von Teilen beim Zulieferer mit Kanban-Karten.[1014] Konkret nennen sie die Toyota Motor Company Australia Ltd. Melbourne, die bewusst kein EDI für Lieferabrufe an seine benachbarten Zulieferer benutzt, sondern Kanban-Regelkreise mit Pendelcontainern realisiert. Hier wird mit dem Auslesen der Daten auf einem Barcode ein Auftrag bzw. Liefersignal für die vermerkten Teile an den ebenfalls hinterlegten Adressaten ausgelöst. Da so keine maschinenlesbaren Daten übertragen werden, kommt es hierbei allerdings immer wieder zu Diskrepanzen bei der Rechnungsstellung. Allerdings veranschaulicht dieses Beispiel einen Fall, in dem mit Informationsträgern am Materialfluss Informationsflüsse upstream generiert werden können, indem bilaterale Regelkreise etabliert werden. Dieses Kanban-Prinzip ohne Einsatz von EDI findet weltweit in der innerbetrieblichen Versorgung Anwendung – dass in Japan dies auch unternehmensübergreifend Anwendung findet, ist hingegen im europäischen und angelsächsischen Raum eher unbeachtet geblieben, obwohl Sugimori et al. (1977) dies in der ersten (und heute meistzitierten) wissenschaftlichen Veröffentlichung zum Kanban-Konzept bereits erwähnt haben.[1015]

Dennoch kann davon ausgegangen werden, dass ein Barcode-EDI ein konventionelles EDI-System (insbesondere bei produktionssynchroner Versorgung) nicht vollständig ersetzen kann, weil die elektronische Übertragung über Leitungen schneller als per Kartenversand ist. Zudem ist der Versand von vorauseilenden oder nacheilenden Informationen (wie bei Lieferavis) über an den Materialfluss gekoppelten Informationsträgern nicht möglich. Dennoch kann über ein Barcode-

1012 Vgl. Johnston/Yap (1998), S. 90.

1013 Vgl. ebd., S. 88 f.

1014 Vgl. ebd., S. 91.

1015 Vgl. Sugimori et al. (1977), S. 561.

EDI-System ein Neben-Informationsfluss etabliert werden, welcher die schnittstellenübergreifende Koordination beim Gütertransfer und der Warenvereinnahmung unterstützt. Hierbei liegt der Wert von Barcode-EDI vor allem darin, die Vereinnahmung von Frachten durch zeitgleiche Verfügbarkeit der Informationen zu verbessern. Hierdurch wird insbesondere das Handling beim Abnehmer durch aufwändige Zuordnungsarbeiten und Informationstransformation, -translation und -transmission verringert, weil die nötigen maschinenlesbaren Informationen des Materialflusses bereits mit diesem gekoppelt sind.

Von Nachteil ist allerdings, dass ein Barcode nicht direkt geändert werden kann, sondern es eines Neuausdrucks bei Datenänderung bedarf, so dass entweder ein hoher Handlingaufwand bei der Datenaktualisierung entsteht oder auf eine dynamische Aktualisierung der Daten verzichtet werden muss (Speicherung von rein statischen Daten). Keine Datenabgleichsprobleme hinsichtlich der Sychronisation treten auf, wenn Daten statisch vorgehalten werden, ohne eine zwischenzeitige Modifikation vorzunehmen. Für dynamische Daten kann dieses Problem – ebenso wie die begrenzte Speicherkapazität – nur wieder durch Anbindung an eine zentrale Datenbank umgangenen werden,[1016] wie es konzeptionell schon beim Internet der Dinge aufgezeigt wurde, mit all den dort aufgeführten Vor- und Nachteilen. Ein verwandter Ansatz ist der Informationsintensitätsansatz nach Porter/Millar (1985), der sich allgemeiner fasst.

4.3 Make: Variantenfertigung

4.3.1 Der Leitteileansatz

4.3.1.1 Robuste dezentrale Prozesssteuerung mit dem Leitteileansatz

Da Prozesse der Vereinnahmung und des Verbaus bei produktionssynchroner Versorgung eng ineinander greifen, dürfen Prozessstabilisierungen nicht nur isoliert am Wareneingang betrachtet werden. Vielmehr können Probleme beim Verbau ebenfalls zu Rückstauungen in vorgelagerten Bereichen führen. Auch hier leistet eine gezielte Automatisierung von Prozessen mit Hilfe von automatischen Identifikationssystemen einen Beitrag zur Stabilisierung von Just-in-sequence-Prozessen. Etwa können auf beschreibbaren Transpondern Informationen wie z. B. Herkunfts- und Zieldaten oder Kommissionierlisten gespeichert werden, welche die dezentrale Steuerung automatischer Kommissionier- und Förderanlagen ermöglichen, ohne dass es einer übergelagerten Entscheidungsinstanz bedarf. Zudem können lokal weitere Instruktionen für die Montage und Handhabung bereitgestellt werden.[1017] In weiteren Ausbaustufen besteht beispielsweise die Möglichkeit, dass bei flexiblen

1016 Vgl. Johnston/Yap (1998), S. 87.

1017 Vgl. ten Hompel (2006), S. 271; Lindau/Lumsden (1999), S. 164 f.

Fertigungssystemen Rüst- und Bearbeitungsvorgänge in Echtzeit durch die Informationen auf dem Transponder erfolgen.[1018]

Wildemann (2001) kennzeichnet eine solche Steuerung, bei der die Auslösung von Steuerungsimpulsen für Anlagen und die Zuführung benötigter Teile durch eine dezentrale Auslösung erfolgt, als Leitteileansatz.[1019] Als Leitteile definiert er Teile eines Endproduktes, die den gesamten Fertigungs- und Montageprozess durchlaufen. Problematisch ist die Auswahl und Festlegung eines solchen Leitteils (wie z. B. eine Produktplattform, an die weitere Komponenten montiert werden) allerdings bei konvergenten und divergenten Güterströmen (wie z. B. bei der Kuppelproduktion) sowie bei Fließ- und Schüttgut. Pokrandt (1993) definiert Leitteile als Komponenten und Halbzeuge, die den gesamten Produktionsprozess durchlaufen und einen möglichst hohen Verbrauchswert aufweisen. In der Folge finden weniger verzweigte, aber vielstufigere Stücklisten Anwendung, die dem Disponenten leicht eine programmgesteuerte Disposition ermöglichen. Durch den Einbezug von Leitteilen in die Stücklistenverwaltung ist eine leichtere Kontrolle des Fertigungsfortschritts möglich, da die Betriebsdatenerfassung mit einbezogen werden kann.[1020]

Erste Industrie-Anwendungen mit RFID-Transpondern sind schon im Jahr 1984 dokumentiert.[1021] Lindau/Lumsden (1999) konnten durch die Umstellung einer Fertigungsstraße auf eine vollautomatische Steuerung mit Hilfe von Barcodes exemplarisch eine Erhöhung der Auslastung um 11% gegenüber der manuellen Einlastung nachweisen und – als zusätzlicher Nutzen – wurde zudem eine genauere Kostenerfassung und -zuordnung in Produktionsprozessen möglich.[1022]

Solche Optimierungsansätze machen den Einsatz von automatischen Informationssystemen interessant. Für eine produktionssynchrone Logistik von noch größerer Bedeutung ist die Möglichkeit, Prozesse robuster zu gestalten. Vor Einführung einer produktionssynchronen Logistik bedarf es der Gewährleistung robuster Prozesse, d. h. eine geringe Unempfindlichkeit gegenüber Störgrößen ist erforderlich. In der produktionssynchronen Logistik ist eine getrennte Betrachtung der Zuverlässigkeit von Produktion und Logistik nicht sinnvoll, weil sie in hohem Maße integriert sind.[1023]

Dabei wird die Störanfälligkeit von Prozessen auch durch IT-Systeme bestimmt. Um eine mehrfache Datenpflege und doppelte Datenhaltung zu vermeiden, wird bei der Auslegung von IT-Systemen zur Prozessteuerung der Zugriff auf eine zentrale Datenbank bevorzugt. Ein grundsätzliches Problem – sowohl in der Theorie als auch bei praktischen Lösungen – liegt darin, dass dabei Verzöge-

1018 Vgl. Furness (2000), S. 29; Wildemann (2001), S. 148; Marsh/Finch (1998), S. 25.

1019 Vgl. Wildemann (2001), S. 86.

1020 Vgl. Pokrandt (1993), S. 42.

1021 Vgl. Balcezak (1984), S. 47; Virnich/Posten (1986), S. 277 ff.

1022 Vgl. Lindau/Lumsden (1999), S. 165.

1023 Vgl. Walter (1996), S. 48 f.

rungen durch Antwort und Verarbeitungszeiten nicht hinreichend berücksichtigt werden. Dies führt in den Rechnersystemen bei hohen Auslastungsgraden zu progressiv steigenden Wartezeiten,[1024] mit der Folge, dass Datenabrufe in Spitzenzeiten von wenigen Sekundenbruchteilen auf mehrere Sekunden ansteigen. Für zeitkritische logistische Prozesse mit Zykluszeiten im Bereich von Sekundenbruchteilen (z. B. Sortierprozesse) ist dies dann nicht mehr hinreichend, so dass die Durchlaufzeiten von Materialflüssen durch stockende Informationsflüsse limitiert werden. Solche zentralisierten IT-Architekturen erweisen sich dann erst nach der Realisierung als ineffiziente Prozesssteuerung.[1025] Zentrale Prozessrechner sind regelmäßig die Ursache unzuverlässiger Prozesse bei technischen und organisatorischen Problemen, weil die hohe Konzentration von Funktionen solch monolithische Anlagen empfindlich gegenüber lokalen Störungen macht. Daraus resultierende Fehler führen für gewöhnlich zum globalen Ausfall des Systems. Die vollständige Abhängigkeit aller Betriebsabläufe von einem zentralen System erfordert umfangreiche und redundante Back-up-Systeme, die unwirtschaftlich sind. Ebenso führt die hohe Komplexität und schwierige Handhabung solcher Anlagen zu einer mangelnden Akzeptanz bei den Mitarbeitern vor Ort, so dass regelmäßig die Planvorgaben dieser Systeme zu Gunsten einer manuellen Prozessplanung umgangen werden.[1026] Dezentral organisierte Systeme hingegen reagieren robuster auf lokale Fehler, so dass lokale Probleme nicht unmittelbar zu globalen Ausfällen führen. Zugleich können über RFID ggf. auch Daten zur dezentralen Steuerung von Produktions- und Verarbeitungsprozessen vorgehalten werden, um eine Fertigungssteuerung unabhängig von zentralen Prozessrechnern zu ermöglichen.[1027] Je mehr Informationsströme über zentralisierte Systeme abgewickelt werden, desto näher geraten diese an die Grenzen ihrer Verarbeitungskapazität. In der Fertigungsautomatisierung wird zunehmend auf die Dezentralisierung von Datenbanken und Steuerungsaufgaben abgestellt.[1028] Entsprechend ist es im Rahmen eines Informationsintensitätsansatzes durch die dezentrale Weitergabe von Informationen über Informations-Nebenflüsse (gebildet aus an den Objekten gekoppelten Transpondern) nicht mehr notwendig, die gesamten Prozessdaten über ERP-Systeme zu transferieren.[1029] Dadurch verringert sich gleichzeitig die Belastung der zentralen IT-Ressourcen. Dies ist von zunehmendem Interesse, da eine Erfassung von Prozessdaten auf Teileebene durch die ganz erheblichen Datenmengen die Verarbeitungskapazität von aktuellen IT-Systemen schnell

1024 Vgl. hierzu das Kapitel 2.4.4 zu Staueffekten.
1025 Vgl. Gudehus (2005), S. 57.
1026 Vgl. Hahn/Laßmann (1989), S. 408.
1027 Vgl. Haasis/Plöger (2007b), S. 11; Pflaum (2001), S. 166; Finkenzeller (2008), S. 400.
1028 Vgl. Pflaum (2001), S. 218.
1029 Vgl. Haasis/Plöger (2007b), S. 12.

überlastet[1030] und bestenfalls durch Reduzierung des Detaillierungsgrades der Prozessdaten mit einem Data-on-net-Ansatz vollständig zu bewältigen ist. Denn beim Einsatz einer großen Zahl an zu verfolgenden Komponenten kann es auf Grund des erheblichen Datenaufkommens der Verfolgungsdaten von RFID-Chips zu Staueffekten und verlorenen Daten im Netzwerk führen, da diese 10-100 mal soviel Daten wie Barcode-Infrastrukturen erzeugen.[1031] Entsprechend werden bei zentralisierter Datenhaltung hohe Investitionsbedarfe für die Beschaffung von Soft- und Hardware anfallen, um eine so große Informationsmengen speichern und verarbeiten zu können. Die Verarbeitung und Speicherung von mehreren Terrabytes an Daten in kurzer Zeit ist auch für aktuelle IT-Systeme eine große Herausforderung.[1032] So kalkuliert Schmidt (2006) ein Beispiel für den Zigarettenherstellers Philip Morris, nach dem für den nordamerikanischen Markt 110 Terrabyte an Daten pro Jahr anfallen würden, wenn jede Zigarettenschachtel des Unternehmens mit einem RFID-Chip ausgestattet und entlang der Logistikkette überwacht werden würde.[1033]

Exemplarisch sollen im folgenden Abschnitt mögliche Quellen für Prozessprobleme auf Grund von Verzögerungen in dem Abruf und der Übertragung von Daten anhand eines Beispiels aus der Fördertechnik dargestellt werden: dort sind automatische Identifikationssysteme generell funktional obligatorische Bestandteile von Sortern (RFID, Barcode oder OCR),[1034] denn diese Systeme stellen außerordentlich hohe Anforderungen an Zuverlässigkeit und Durchsatzkapazität.

4.3.1.2 Dezentrale Informationsdistribution bei Echtzeitkriterien

Auf Sortern erfolgt eine Ein- und Ausschleusung auf einem Förderband mit einer Geschwindigkeit von bis zu vier Metern pro Sekunde,[1035] sofern bei solchen Hochgeschwindigkeiten große Datenmengen vom automatischen Identifikationssystem ausgelesen werden können oder Adressdaten in einer Datenbank abgerufen werden und ein Aktuator (an einer Schleuseeinrichtung) angesprochen werden können. Bei zentralisierten Datenbanken kann eine erforderlich kurze Antwortzeit nicht immer im Millisekundenbereich gewährleistet werden. Denn diese besteht hier aus dem Auslesen der Daten aus dem Transponder, der Weiterleitung an ein Backend-System, die Verarbeitung der Daten für eine Antwort und die Rücksendung der

1030 Vgl. Chawathe et al. (2004), S. 1190; McFarlane/Sheffi (2003), S. 15; Kaplan/Anderson (2004), S. 132; Pflaum (2001), S. 218; Corsten (2007), S. 502.

1031 Vgl. Attaran (2007), S. 255.

1032 Vgl. Saygin/Sarangapani/Grasman (2007), S. 11.

1033 Vgl. Schmidt (2006), S. 42.

1034 Vgl. VDI-Richtlinie 3619, S. 2; Hirschmüller (2004), S. 30; Jodin (2005), S. 538.

1035 Vgl. Jodin (2005), S. 538. Der Vergleichswert für eine manuelle Einschleusung per Hand liegt bei 1,5 Metern pro Sekunde; vgl. Hirschmüller (2004), S. 37.

Daten sowie ggf. die Zeit zum Beschreiben des Tag-Speichers. Hier sind die limitierenden Faktoren die Backup-Connection (Bandbreite) und die Auslastung der Datenbank (hinsichtlich der Verarbeitungskapazität relativ zur Anzahl der Anfragen in einer Warteschlange). Während bei dezentraler Datenspeicherung nur die Datenmenge (lokal aus lesbar) zu beachten ist, ist bei zentralen Lösungen der gesamte Datenverkehr im Netzwerk hinsichtlich schwankender Auslastung und Staueffekte zu berücksichtigen – die wesentlichste Ursache für den hier vorliegenden Integrationsdefekt der Latenzzeit.[1036] Daher kann eine dezentrale Informationsspeicherung (durch Mitführung eines Transponders) am Objekt bei solchen Präzisionsanwendungen Prozesse beschleunigen und die Prozessvariabilität senken, wenn der Zugriff auf entfernte Datenbanken zur Auslesung im Millisekundentakt nicht möglich ist (Echtzeitanforderung).[1037]

Ein System weist nur dann ein Echtzeitcharakteristikum auf, wenn die mittlere Systemzeit (Durchlaufzeit der Informationsverarbeitung $\bar{\tau}_d$) kleiner ist als die der mittleren Ankunftsintervalle der Informationen $\bar{\tau}_a$ der Ereignisse E_i (weiche Echtzeitbedingung, bei der vorübergehende Wartezeiten durch Überlastung legitim sind).

Die weiche Echtzeitbedingung entspricht dann folgendem Zusammenhang:

$$\bar{\tau}_d < \bar{\tau}_a \qquad (37)$$

Eine restriktivere Bedingung ist die harte Echtzeitbedingung, nach der die Verarbeitung (Systemtaktzeit für Informationen τ_d) jedes Ereignistyps E_i abgeschlossen sein muss, bevor das nächste Ereignis eingeht.

Für die harte Echtzeitbedingung gilt folgender Zusammenhang:

$$\tau_d\,(e_{i,n}) < \tau_d\,(E_{i,n+1}) - \tau_d\,(E_{i,n}) \qquad (38)$$

Hier ist eine Warteschlange zulässig, die aber im Mittel abgebaut werden muss. Die mittlere Systemtaktzeit für Informationen $\bar{\tau}_d$ setzt sich aus der mittleren Wartezeit $\bar{\tau}_W$ der Informationen und der mittleren Servicetaktzeit zur Informationsverarbeitung $\bar{\tau}_S$ zusammen:[1038]

$$\bar{\tau}_d = \bar{\tau}_W + \bar{\tau}_S \qquad (39)$$

1036 Siehe hierzu auch Kapitel 3.5.
1037 Vgl. Elbert (2006), S. 68.
1038 Vgl. Kiencke (2006), S. 11.

Hier ist die Lokalität zu beachten, so dass in logisch zentralen, physisch verteilten Systemen noch die mittlere Botschaftszeit (Übertragung großer Datenmengen $\bar{t}_m$) und die mittlere Ausbreitungszeit $\bar{t}_p$ einer Nachricht auf einem Übertragungsmedium beachtet werden müssen. Damit verteilte Datenbanken in Echtzeit arbeiten können, muss das Lokalitätsmaß $L > 1$ sein:[1039]

$$L = \frac{\bar{\tau}_d}{\bar{t}_m + \bar{t}_p} \tag{40}$$

Entsprechend ist dann eine Informationsdistribution in der Fertigungs- und Fördertechnik für eine dezentrale Datenhaltung zur Prozesssteuerung gerechtfertigt, weil Antwort- und Wartezeiten im Bereich von wenigen Millisekunden bei Spitzenauslastung aufgrund von Staueffekten in nicht mehr tolerierbare Länge auswachsen würden. Daher fordert Gudehus (2005), dass zeitkritische Prozesse mit harter Echtzeitbedingung von der Steuereinheit entkoppelt und stattdessen dezentral abgewickelt werden.[1040] Perspektivisch wird hierzu auch eine mögliche dezentrale Materialflusssteuerung durch autonome Selbststeuerung mittels softwarebasierter Multiagentensysteme vorgeschlagen.[1041] Auch hybride Systeme werden diskutiert: der Einsatz funktionsbegrenzter PPS-Systeme zur Grobplanung mit ergänzender Feinplanung auf Ebene der Leitteile, welche in abgegrenzten dezentralen Einheiten erfolgt.[1042] Hier kann konzeptionell die Dezentralität der Informations-Regelkreise von Kanbansystemen aufgegriffen werden. So auch, um im Rahmen einer Selbststeuerung ein lokales Heijunka zu etablieren, indem alle in einer Werkhalle zu bearbeitenden Teile per RFID erfasst werden und dann eine nivellierende Fertigungsplanung vorgenommen wird, um Bedarfsmengenschwankungen und höheren Verschleiß durch höhere Bearbeitungsgeschwindigkeiten in Spitzenzeiten zu senken. Aus Sicht der Just-in-sequence Logistik mit einer Vielzahl von Variantenteilen mit dem Bedarf einer sequenzgerechten Fertigung und Anlieferung wäre letzterer Ansatz vielfach nicht anwendbar. Dafür sind dort gerade eine Vielzahl produktindividueller Daten für ebensolche Fertigungs- und Handlingabläufe vorzuhalten, so dass hier eine Unterstützung durch eine dezentrale Steuerung vielversprechend zur Optimierung für reihenfolgesensitive und kundenindividuell geprägte Prozesse sein kann. Eine mögliche Ausprägung ist das dezentrale Vorhalten von Arbeitsplänen für kundenindividuell zu bearbeitende Komponenten. Arbeitspläne enthalten Arbeitsanweisungen als Vorschriften, nach denen Teile hergestellt werden. Diese Pläne enthalten neben Angaben mit Kopfdaten wie Arbeitsplannummer, Ursprungsangaben, Gültigkeitsbereiche, einbezogene Teile, Arbeitsplankategorie (Reparatur-, Anlauf- und Serienarbeitsplan)

1039 Vgl. ebd., S. 11.

1040 Vgl. Gudehus (2005), S. 57.

1041 Vgl. Hofmeister/Baier/Gärtner (2010), S. 124.

1042 Vgl. Pawellek (2007), S. 105.

auch Daten zur Nummer des Arbeitsgangs, den Arbeitsgangtext (ggf. mit Verweis auf weitere Beschreibungen), Daten zum Bearbeitungspersonal, Betriebsmittel- und Arbeitsplatzangaben, Bearbeitungszeiten pro Mengeneinheit, Rüstzeiten, durchschnittliche Wartezeiten vor und nach der Bearbeitung, Informationen mit Bezug zur Durchlaufzeitverkürzung (Übergangszeiten mit Splittungs- und Überlappungsfaktoren), der durchschnittliche Rüstausschuss, Gültigkeitsdaten für Arbeitsgangsatz, das Datum der Erstellung und der letzten Änderung sowie der zuständiger Sachbearbeiter.[1043] Ein praktisches Beispiel ist die Motorenproduktion im Ford Werk in Ontario, in dem eine zweistellige Zahl an Motorvarianten hergestellt wird. Die Leitteile sind jeweils einzeln mit RFID-Transpondern versehen und jedes Mal, wenn ein Modul im Motor verbaut wird, erfolgt eine Dokumentation im beschreibbaren Transponder, was die Bestandserfassung und Fertigungssteuerung einfacher macht.[1044] Ein vergleichbares Verfahren wendet das Unternehmen Seagate in der Festplattenproduktion an.[1045]

Solche auf dem Informationsintensitätsansatz basierenden Konzepte der Prozessoptimierung verwirklichen die These von Porter/Millar (1985), dass arbeitsteilige Prozesse durch Einbettung von Informationen in den Materialfluss optimiert werden können. Entsprechend ihres Ansatzes gilt dies besonders dort, wo komplexe Produkte oder Prozesse einen hohen Informationsbedarf induzieren.[1046] Bei Just-in-sequence treffen eine komplexe Prozessführung und komplexe kundenindividuelle Produkte aufeinander, so dass bei Just-in-sequence der Informationsbedarf zwecks Koordination besonders hoch ist. Mit Blick auf die historische Entwicklung der industriellen Fertigung kann hier ein neues Potenzial für weitreichende Optimierungsansätze gefunden werden: von der handwerklichen Unikatherstellung über die Massenfertigung mittels Austauschbaus standardisierter Normeile hin zu einer kundenindividuellen Produktion zu Großserienkosten (Mass customization)[1047] ist eine Dezentralisierung der Datenhaltung durch die Koppelung von Material- und Informationsfluss ein vielversprechender Ansatz für einen weitreichenden Produktivitätssprung hinsichtlich der Koordination arbeitsteiliger Prozesse und der Beschleunigung von Vereinnahmungsabläufen. Denn jedwede produktionssynchrone Logistik bedarf robuster Prozesse in der Fertigungs- und Fördertechnik. Schnittstellenprobleme – wie unerfüllte Echtzeitanforderungen – hingegen behindern den Informationsfluss und daraus folgend den Materialfluss.[1048]

1043 Vgl. Kurbel (2005), S. 83.
1044 Vgl. Ferguson (2002), S. 140.
1045 Vgl. ebd., S. 139.
1046 Vgl. Porter/Millar (1985), S. 152. Siehe auch Kapitel 3.6.2.
1047 Vgl. Haasis (2008), S. 102.
1048 Vgl. Walter (1996), S. 56.

4.3.2 Qualitätssicherung in der produktionssynchronen Logistik

4.3.2.1 Fehlervermeidungsmaßnahmen

In der Logistik besteht ein enger Zusammenhang zwischen der Qualität einerseits und den Faktoren Kosten und Variabilität andererseits: Bei fehlerhaften Teilen in der Produktion kann es zu Verzögerungen kommen, wenn der Prozess angepasst und Ersatzmaterialien bereitgestellt werden müssen. Bei voller Auslastung einer Anlage führt Ausschuss zur Verzögerung nachfolgender Aufträge,[1049] sofern der Ausfall nicht mit Pufferbeständen aufgefangen werden kann. Prozessschwankungen und -fehler führen daraus folgend zu einem Bedarf an Pufferbeständen.[1050] Bei produktionssnychroner Logistik mit eng synchronisierten Prozessen ohne Pufferbestände hat ein solcher Ausfall daher schwere Folgewirkungen. Entsprechend ist hier der Einsatz üblicher Qualitätsmanagementtechniken (wie Fehlermöglichkeits- und Einflussanalyse, FMEA; Quality Function Deployment, QFD; Statistische Prozesskontrolle, SPC und die Tageuchi-Verlustfunktionen)[1051] allein für produktionssynchrone Prozesse nicht hinreichend.[1052] Deutlich wird dies an einer wichtigen Kennzahl der Prozessqualität: die Qualitätsausbeute beim ersten Durchlauf (First-pass yield, FPY). Sie wird durch die multiplikative Verknüpfung der Teilprozesse ermittelt, woraus sich die erzielte Gesamtqualität ergibt. Aus diesem Zusammenhang folgen bei mehrstufigen Wertschöpfungsprozessen erhebliche Auswirkungen auf die Prozessqualität wie auch -variabilität, so dass eine vielfach in Betrieben akzeptierte Qualitätsausbeute von 85% FPY bei mehrstufigen Fertigungsprozessen zu gering ist.[1053] Um eine Prozessunterbrechung zu vermeiden, sind daher Maschinen vorausschauend zu warten, um einem Ausfall vorzubeugen.[1054] Für die produktionssnychrone Logistik wie auch das Lean management allgemein ist das allerdings nicht hinreichend, um eine Prozessqualität auf Six sigma-Niveau zu erhalten. Für jeden Prozess gilt dort das Ziel, dass schon beim ersten Mal der Ablauf fehlerlos durchgeführt wird und dass das Prozessergebnis fehlerfrei an die nachgelagerte Prozessstufe zu übergeben ist. Bei nicht stabilen Prozessen sind die Durchlaufzeiten fortlaufend zu messen.[1055] Daher sind hierfür weitere Einrichtungen zur prozessbegleitenden Qualitätssicherung zu

1049 Vgl. Koufteros/Vonderembse/Doll (1998), S. 25.

1050 Vgl. Boyd/Kronk/Skinner (2002), S. 154.

1051 Vgl. Günther/Fischer (2000), S. 272 f.

1052 Vgl. Görgens (1994), S. 37.

1053 Vgl. Wildemann (2000a), S. 412. Bei nur fünf Fertigungsstufen bedeutet ein FPY von 85% bei Unabhängigkeit der Ereignisse rechnerisch ein Gesamt-FPY von 44,37%. Ein multiplikativer Zusammenhang führt entsprechend zu inakzeptabel hohen Ausschussquoten in der Fertigung.

1054 Vgl. Thonemann (2005), S. 339 f.

1055 Vgl. Wildemann (2000a), S. 412.

installieren. Solche Fehlervermeidungsmaßnahmen umfassen neben der vorbeugenden Wartung auch Poka yoke, Jidoka, Empowerment und Visualisierung.

Fehlhandlungssichere Vorrichtungen und Maßnahmen bilden Poka yoke.[1056] Dabei werden technische Einrichtungen verwendet, um durch Restriktionen die fehlerhafte Handhabung von Teilen in der Fertigung zu unterbinden.[1057] Es verhindert, dass Fehlhandlungen von Mitarbeitern zu Fehlern in der Herstellung führen.[1058] Menschliche Fehler sind in erster Linie auf Vergesslichkeit, Fehlinterpretation, fehlerhafte Wahrnehmung, Umgehung von Formregeln, Unaufmerksamkeit und Überraschung, Verzögerungen und Sabotage zurückzuführen.[1059] Poka yoke kennt drei grundsätzliche Konzepte zur Prüfung einer korrekten Teileeinlastung: die Kontaktmethode (sichtbar werdende Farbmarkierungen bei falscher Zuführung, Schablonen oder Formschlussfixierungen unter Ausnutzung einer geometrischen Form oder der Justierung zu einer Soll-Richtung), die Festwertmethode (Einhaltung einer vorgegebenen Anzahl von Abläufen) und die Bewegungsschrittmethode (Einhaltung einer definierten Reihenfolge).[1060] Ausprägungen hiervon können Führungszapfen, Sensoren mit Alarmgebern, Kontaktschalter, Zähleinrichtungen und Checklisten sein.[1061] Hierdurch werden Fehler durch menschliches Handeln vermieden. Dabei kann die Produktionslinie bei gravierenden Fehlern ganz gestoppt werden. Dies schützt vor Ausschuss in nachfolgenden Fertigungsbereichen und schafft einen Anreiz, Probleme langfristig zu lösen. Es werden also Kosten des Maschinenstillstands in Kauf genommen, um im Gegenzug die Kosten intensiver Nacharbeiten zu vermeiden (was zugleich die Prozessvariabilität und -durchlaufzeit reduziert).[1062] Poka yoke macht Produktmodifikationen oder Änderungen an Fertigungsanlagen notwendig.[1063] Entsprechend sollen diese Einrichtungen kostengünstig realisiert werden, um leicht eine hohe Dichte an Sicherungseinrichtungen zu erzielen. So hatte Toyota im Jahr 1992 durchschnittlich zwölf Poka yoke-Vorrichtungen an jeder Produktionsmaschine.[1064] Nach Studien von Tsou/Chen (2005) in der Automobilindustrie ist auch ein solch intensiver Einsatz von Poka yoke rentabel und wirtschaftlich zu rechtfertigen.[1065]

1056 Poka meint „Versehen“ oder einen unbeabsichtigten Fehler, Yoke meint vermeiden oder vermindern. Poka yoke ist daher eine Fehlervermeidungsstrategie zur Beseitigung kleiner Fehlerquellen, Dickmann (2009), S. 46.

1057 Vgl. Hallihan/Sackett/Williams (1997), S. 902; Hiroyuki (1988), S. 31; Boyd/Kronk/Skinner (2002), S. 154; Wildemann (2003), S. 85.

1058 Vgl. Shingo (1992), S. 15; Wildemann (2003), S. 84; Adam (2001), S. 179; Fisher (1999), S. 265; Syska (2006), S. 102 f.

1059 Vgl. Hiroyuki (1988), S. 11.

1060 Vgl. Shingo (1992), S. 212; Adam (2001), S. 150; Görgens (1994), S. 37 f.

1061 Vgl. Dickmann (2009), S. 49 f.; Hiroyuki (1988), S. 15.

1062 Vgl. Günther/Fischer (2000), S. 283; Walter (1996), S. 80 f.

1063 Vgl. Yagyu (2007), S. 72; Pokrandt (1993), S. 77.

1064 Vgl. Dickmann (2009), S. 49 f.

1065 Vgl. Tsou/Chen (2005), S. 802.

Jidoka[1066] meint eine automatisierte Prozessüberwachung und 100%-Qualitätsprüfung aller Teile während der Produktion, um Ausschuss und einhergehende Folgeprobleme sowie eine Beschädigung von Fertigungsanlagen zu vermeiden.[1067] In Abgrenzung zu Poka yoke (präventive Maßnahmen, die eine Fehlproduktion nicht erlauben) bezieht sich Jidoka auf reaktive Ansätze (Prozessstilllegung, wenn ein Fehler eingetreten ist) – also auch bei technischen Fehlern, die nicht auf menschliches Versagen zurückzuführen sind.[1068] Hierbei sind primäre technische Fehler ausgelassene Arbeitsschritte, Montagefehler, fehlende und falsche Teile. Sekundäre Defekte sind Einstellfehler, Fehlfunktionen, falsches Ansetzen des Werkzeugs, Einsatz eines falschen Werkzeugs, Einstellfehler am Werkzeug sowie sonstige Fehler.[1069] Diese werden im Sinne einer Selbstkontrolle durch weitere eingebettete Fehlererkennungsmechanismen (insbesondere Sensoren zur Qualitätssicherung) durch die bearbeitende Maschine erkannt[1070] und dem Bediener angezeigt (schwaches Jidoka Prinzip) oder automatisch verhindert, indem es Produktionsprozesse selbsttätig bei Abweichungen von denn Soll-Parametern unterbricht (starkes Jidoka Prinzip).[1071] Ein Anwendungsbeispiel ist die Qualitätskontrolle bei dem Unternehmen Seagate, wo auf beschreibbaren RFID-Transpondern der Fertigungsverlauf dokumentiert wird. Zudem ist ein Sollablauf für 20 Produktions- und Testschritte hinterlegt (analog zur Bewegungsschrittmethode), die garantieren, dass der Fertigungsdurchlauf vollständig und in der richtigen Reihenfolge erfolgt. Durch den Einsatz berührungslos auslesbarer Transponder werden auch Produktionsprobleme aufgedeckt, die zuvor nicht durch Barcodes erfasst werden konnten, weil die Erfassung dabei jeweils eines Stopps bedurfte.[1072] Maschinenbediener sollen hierdurch vorrangig nur zur Störungbehebung und Instandhaltung tätig werden müssen – entsprechend sinkt auch die erforderliche Zahl an Mitarbeitern in der Fertigung, weil eine Mehrfachmaschinenbedienung möglich wird.[1073] Für die erforderlichen Detektionsmechanismen müssen Abweichungstoleranzen festgelegt werden, was mitunter arbeitsaufwändig sein kann.[1074] Allerdings stehen den vergleichsweise geringen Investitionen zur 100%-Prüfung und Vorabsicherstellung einer Null-Fehler-Qualität für gewöhnlich enorm unterschätzte Nacharbeitungskosten gegenüber. So hat Motorola USA 1997 5 bis

1066 Seltener kann auch Autonomation [sic!] als wörtliche Übersetzung des japanischen Schriftzeichens in der Literatur gefunden werden.

1067 Vgl. Shingo (1992), S. 91; Yagyu (2007), S. 50; Tsou/Chen (2005), S. 799; Schulte (2004), S. 313.

1068 Vgl. John et al. (2006), S. 192 f.

1069 Vgl. Hiroyuki (1988), S. 12.

1070 Vgl. ebd., S. 17; Walter (1996), S. 13.

1071 Vgl. Shingo (1992), S. 21; Hiroyuki (1988), S. 16.

1072 Vgl. Ferguson (2002), S. 139.

1073 Vgl. Wildemann (2001), S. 28.

1074 Vgl. Syska (2006), S. 27.

20% der Umsätze für Nacharbeiten bei qualitativ minderwertigen Produkten ausgegeben.[1075]

Empowerment ist der Einbezug der Problemlösungskompetenz und der Erfahrung von Mitarbeitern vor Ort bei der Prozessgestaltung und bei Verbesserungsvorschlägen, z. B. durch institutionalisierte Qualitätszirkel in Kleingruppen. Dieser Einbezug und die damit verbundene höhere Verantwortung motiviert die Mitarbeiter in ihrer Arbeitsleistung.

Visualisierung meint die Darstellung von Informationen bei den Mitarbeitern vor Ort. So können Tafeln in der Fertigung Soll- und Ist-Montagemengen anzeigen, um Produktionsrückstände an alle Mitarbeiter zu kommunizieren. In anderer Ausprägung kann Visualisierung auch nur Stellplatzmarkierungen bedeuten.[1076] Ein gängiges Mittel im Zusammenhang mit Jidoka ist auch das Ziehen einer Reißleine oder Schalterbetätigung, was zugleich eine gut sichtbare Anzeige in Form einer Ampel (Andon) auslöst, die Hilfe durch andere Mitarbeiter bei Verzögerungen herbeiruft (gelb) oder bei größeren Störungen das ganze Band stoppt (rot). Dies findet insbesondere dann Verwendung, wenn ein fehlerhaftes Werkstück droht, den Arbeitsbereich eines Mitarbeiters zu verlassen.[1077] Solche mitarbeiterbezogenen Lösungen werden vorrangig dort eingesetzt, wenn technische Lösungen (wie Jidoka) zur Qualitätsüberwachung zu teuer sind.[1078] Idealerweise sollen die Vorrichtungen von den Mitarbeitern selbst gebaut werden, um eine möglichst hohe Ergonomie (indem jede Prüfung keines eigenen Vorgangs bedarf, sondern in einen anderen Vorgang eingebettet ist), Benutzerfreundlichkeit und Identifikation mit dem System sicher zu stellen.[1079] Aufgetretene Fehler sind statistisch zu erfassen und in Diagrammen aufzuarbeiten sowie in Qualitätszirkeln auszuwerten. Weitere andere Beispiele für Visualisierung sind die Befestigung von Mustern an Behältern und Lagerplätzen, um das Auffinden zu beschleunigen. Ziel all dieser Maßnahmen ist, Informationen schnell zu kommunizieren, damit die Mitarbeiter vor Ort schnell Fehler auffinden, beheben und vermeiden können.[1080]

Demnach wirken bei einem Zero Quality Control System, wie es vor allem von Shigeo Shingo entwickelt wurde, verschiedene Maßnahmen der prozessbegleitenden Qualitätssicherung zusammen. Das umfasst das Auffinden von Fehlern an ihrer Quelle, bevor sie einen Fehler verursachen (z. B. durch Formschluss-Mechanismen), 100% Inspektion mit günstigen Sensoren (wie Auflaufkontakte)

1075 Vgl. Dickmann (2009), S. 47.

1076 Vgl. Thonemann (2005), S. 339 f.; Görgens (1994), S. 40 f.

1077 Vgl. Ohno (1993), S. 32 f.; Shingo (1992), S. 15; Syska (2006), S. 18.

1078 Vgl. Shingo (1992), S. 15; Walter (1996), S. 80 f.

1079 Vgl. Gunasekaran/Marri/Menci (1999), S. 330; Dickmann (2009), S. 48.

1080 Vgl. Görgens (1994), S. 40 f.

und unmittelbare Maßnahmen zum Stoppen der Fertigung, wenn ein Fehler entdeckt wird (wie mit Unterbrechungsschaltern und Anzeigen).[1081] Angestrebt wird eine prozessbegleitende Einbettung der Qualitätskontrolle, da erst bei der Endkontrolle festgestellte Fehler teuer[1082] oder – wie im Fall von Just-in-sequence mit Abrufhorizonten im Stundenbereich[1083] – gar nicht mehr zu beheben sind. Als Ergänzung zu technischen Lösungen erfolgt ein intensiver Einbezug der Werker in der Fertigung, weil sie in der besten Position sind, Fehlerquellen zu entdecken und konkrete Verbesserungsvorschläge zu machen.[1084] Diese Maßnahmen erhöhen nicht nur die Qualität, wie es eine produktionssynchrone Logistik erfordert, sondern senken zugleich Kosten und verringern durch die Reduzierung von Ausfallzeiten maßgeblich die Variabilität von Prozessen.[1085] Im Zero Quality Control System bezieht sich das Qualitätsmanagement nicht nur auf die Qualität des Produkts, sondern gleichgewichtet auf die Prozesssteuerung, die kontinuierliche Prozessverbesserung und die Diagnosetechniken.[1086] Wildemann (2004) unterscheidet in diesem Zusammenhang zwischen primären Qualitätsmerkmalen eines Produktes (Funktionsfähigkeit, Zuverlässigkeit und Haltbarkeit) sowie sekundären Qualitätsmerkmalen des mit dem Produkt verbundenen Prozesses (Lieferzeit, Liefertreue, Anpassungsgrad an kundenspezifische Anforderungen und Liefergenauigkeit nach Art, Menge und Zustand).[1087]

Dieser prozessbegleitende Ansatz wird von Unternehmen wie Toyota so konsequent verfolgt, dass auf eine Qualitätskontrolle bei verschiedenen Zwischenschritten verzichtet wird – so bei zeitsensiblen Wareneingängen im Zusammenhang mit Just-in-sequence. Hier erfolgt die Vereinnahmung der Versandeinheiten ohne Wareneingangskontrolle. Dennoch sind hier die Qualitätsanforderungen and Produkte und Prozesse denkbar hoch. Daher besteht weiterhin ein Bedarf, die bestehenden Instrumente zu verbessern und deren Nutzung auszuweiten. Denn auch in den informationsverarbeitenden Bereichen der Auftragsabwicklung kommt einer fehlerfreien Bearbeitung beim ersten Mal (FPY) ein sehr hoher Stellenwert zu.[1088] Im folgenden Abschnitt soll daher auf den Einsatz von Informationssystemen und insbesondere RFID zur prozessbegleitenden Qualitätssicherung eingegangen werden – sowohl zum stärkeren Einbezug von Mitarbeitern in die Qualitätsverbesserung als auch von automatisierten Fehlervermeidungsmechanismen.

1081 Vgl. Hiroyuki (1988), S. XII.

1082 Vgl. John et al. (2006), S. 192 f.; Walter (1996), S. 69; Wildemann (2000b), S. 56; Hahn/Laßmann (1989), S. 134; siehe auch Kapitel 4.2.1.

1083 Vgl. Wildemann/Faust (2004), S. 158.

1084 Vgl. Hiroyuki (1988), S. XII.

1085 Vgl. Furmans (2007), S. 188.

1086 Vgl. Görgens (1994), S. 34.

1087 Vgl. Wildemann (2004), S. 394.

1088 Vgl. Wildemann (2000), S. 406.

Aus der Perspektive einer prozessbegleitenden Qualitätssicherung heraus können automatische Identifikationssysteme die Variabilität von Durchlaufprozessen verringern, indem auf den Transpondern über Instruktionen für die Montage und Fertigung in flexiblen Fertigungssystemen hinaus auch Fehlerbeseitigungs- und Wartungsinstruktionen für die Mitarbeiter hinterlegt werden.[1089] Dies ist zweckdienlich, um die produktionssynchrone Versorgung ergonomisch und benutzerfreundlich zu gestalten.[1090] Ein weitererer Schritt in Richtung einer Null-Fehler-Zuverlässigkeit bei Prozessen ist, eine nachträgliche Fehlerbehebung durch eine automatische Fehlerverhütung zu ersetzen, indem eingebettete Tests vorliegende Prozessabweichungen und -störungen erkennen. Um mit dem Ziel der Begrenzung von Qualitätsabweichungen und Durchlaufzeitvariationen effektive Problemlösungsmechanismen in Prozesse zu implementieren, bedarf es einer Problemerkennung, die zeit- und raumnah erfolgt.[1091] Der Ansatz des Lean managements ist dabei, selbstkontrollierende (z. B. durch Messwertgeber, Sensoren, Miniaturschalter[1092]) oder fehlerresistente Mechanismen in sich wiederholende Tätigkeiten zu integrieren, um Arbeiter von manuellen Tätigkeiten zu befreien und eine Null-Fehler-Rate zu erzielen.[1093]

Um aber die Forderung nach einer zeit- und raumnahen, d. h. verzögerungslosen und direkten Problemlösung besser zu erfüllen, können dezentrale Informationsspeicher wie bei beschreibbaren RFID-Transpondern Einsatz finden. So führt Strassner (2005) ein Beispiel der Identifikation von Kabelbäumen bei der BMW AG auf, bei dem durch RFID-Transponder Fehler beim Einbau dieser individualisierten und leicht verwechselbaren Bauteile verhindert werden können, indem die Monteure die Kabelbäume eindeutig mittels Handlesegeräte identifizieren.[1094] Die vermiedenen Fehlerfolgekosten (durch weniger Verwechselungen und Suchaufwand) können auch darauf bezogen werden, dass es zu weniger Abweichungen im Zeitplan der Montage kommt, die sich als Prozessvariabilität wiederum negativ auf die Gesamtdurchlaufzeiten auswirken können. Dies läuft auf eine halbautomatisierte Integration hinaus, bei der Material- und Informationsfluss integriert werden. Eine höherer Automatisierungsgrad bei administrativen Tätigkeiten und geringere Erfassungszeiten verringern Stillstandszeiten in der Fertigung und verstetigen den Materialfluss. Zudem erleichtert es Präventivmaßnahmen zur Schadensvermeidung und -behebung.[1095] Mobile Datenträger können in diesem Zusammenhang lokal Soll-Ist-Informationen über Ablaufparameter und Instruktionen zur Verfügung stellen, die die Mitarbeiter vor Ort bei der Gewährleistung

1089 Vgl. Furness (2000), S. 29; Wildemann (2001), S. 148; Marsh/Finch (1998), S. 25.
1090 Vgl. Gunasekaran/Marri/Menci (1999), S. 330.
1091 Vgl. Spear (2002), S. 765.
1092 Vgl. Wildemann (2001), S. 28.
1093 Vgl. Hirano (1988), S. xi f.
1094 Vgl. Strassner (2005), S. 5.
1095 Vgl. Henkel (1995), S. 88.

einer hohen Prozesssicherheit unterstützen, indem Poka yoke-Einrichtungen mit mechanischen Zähleinrichtungen um Detektionsmechanismen auf RFID-Basis zur Aufdeckung weiterer Fehlerursachen ergänzt werden. Algedri/Frieling (2001) nennen neben Fehlern des Poka yoke Ansatzes – Positionierungsfehlern (Justierhilfen), Auslassungs- und Hinzufügungsfehlern (Festwertmethode) und Reihenfolgefehlern (Bewegungsschrittmethode) – auch Informations- und Qualifikationsfehler (aufgrund fehlerhafter Arbeitsanweisungen oder mangelnder Qualifikation), Vertauschungsfehler (Einsatz falscher Objekte), Zeitfehler (fehlerhafte Ablaufdauer) und Zeitpunktfehler (Einsatz zu früh oder zu spät).[1096] Besonders die Weiterentwicklung von Detektionsmechanismen zur besseren Erfassung von Zeitfehlern, Zeitdauerfehlern und Reihenfolgefehlern ist für die Variantenfertigung mit Lieferungen Just-in-sequence von besonderem Interesse, weil bei dieser eine hohe Sequenz-, Qualitäts-, Vereinnahmungs- und Verwechselungssicherheit von herausragender Bedeutung ist.[1097] Zudem verweisen Haasis/Plöger (2007b) darauf, dass das Speichern von qualitätsbezogenen Daten (z. B. erfolgte Bearbeitungszeiten in Nacharbeitsbereichen) auf einem beiliegenden RFID-Chip den Mitarbeitern vor Ort ergänzende Informationen für eine permanente Qualitätsverbesserung unmittelbar zugänglich macht, sofern sie Zugriff auf ein RFID-Lesegerät haben.[1098] Was zunächst als technischer Zusatzaufwand erscheint, bietet in mehrstufigen, überbetrieblichen Produktionsprozessen den einzig praktisch umsetzbaren Weg in Konstellationen mit Informationsintegrationsdefekten (insbesondere den Integrationsdefekten der Datenreferenzierung, der Asynchronität, der Selektion und der Interoperabilität). Neben Qualitätsaspekten ist dieses dem Informationsintensitätsansatz zuzurechnende Konzept auch auf die Weitergabe von Leistungsdaten zu Durchlaufzeiten und -kosten erweiterbar.

4.3.2.2 Ausschussminderung durch Paarauslese

In Kapitel 2.4.1.3 wurde die Bedeutung von Qualitätsfaktoren – insbesondere hinsichtlich der internen und externen Fehlerfolgekosten – herausgestellt. In Supply chains ist ein betriebsübergreifendes Qualitätsmanagement aber ein seltenes Phänomen. So konnten Huang/Lau/Mak (2003) in ihrer Literaturanalyse nur einen wissenschaftlichen Beitrag finden, der den überbetrieblichen Austausch von Qualitätsmerkmalen aufgreift, so dass dieses Themenfeld wenig untersucht ist.[1099] Besonders für hochgradig integrierte Fertigungsverbünde mit zeitlich enger Synchronisation von Prozessen sind Informationen hinsichtlich der Qualität von Produkten von besonderem Interesse. Als besonders interessante Ansätze werden die Bereitstellung der Ergebnisse von statistischen Qualitätstests eines Loses sowie

1096 Vgl. Algedri/Frieling (2001), S. 19 ff.
1097 Vgl. Wildemann/Faust (2004), S. 158.
1098 Vgl. Haasis/Plöger (2007b), S. 12.
1099 Vgl. Huang/Lau/Mak (2003), S. 1497.

der Austausch von Durchmesserangaben bei Verbauteilen vorgestellt, um beim Abnehmer von Vorprodukten die Einstellung von Fertigungsparametern von Maschinen in der Fertigung zu optimieren.[1100] Dies spielt eine Rolle für eine Verbesserung der Paarungstoleranz als Differenz zwischen einem Höchst- und einem Mindestspiel zweier Bauteile. Auch wenn in Prozessen im Zusammenhang mit produktionssynchroner Logistik vorrangig eine Verringerung der Fertigungsstreuung angestrebt wird, kann als nachrangige Strategie auch eine Erhöhung der Toleranz von Werkstücken hinsichtlich eines passgenauen Verbaus angestrebt werden. Hierzu werden Auslespaarungen bei Passteilen vorgenommen, indem vorzugsweise Komponenten mit gleichgerichteten Abweichungen hinsichtlich ihrer Dimensionierung miteinander in der Montage kombiniert werden. Eine solche Auslesepaarung erfordert zwar einen hohen Messaufwand und die verbauten Einzelteile sind später nur bedingt austauschbar, aber durch einen geringeren Ausschuss sinken die Produktionskosten. Für die produktionssynchrone Logistik von vorrangigem Interesse ist in dem Zusammenhang, dass so bei Komponenten aus verfahrenstechnisch schwer beherrschbaren Prozessen ein stetig geringerer Ausschuss die Lieferbereitschaft erhöht und daher Prozesse robuster macht. Somit kann eine Paarauslese neben der Prozessqualität auch positive Nebeneffekte hinsichtlich Produktionskosten und Prozessvariabilität erzielen. Eingeschränkend muss erwähnt werden, dass eine pulkorientierte Versorgung Just-in-time (sortenreine Anlieferung von Komponenten) eine Paarauslese beim OEM erlaubt, während eine Belieferung Just-in-sequence regelmäßig keinen Tausch der angelieferten, kundenindividuell gefertigten Produkte erlaubt. Allerdings unterstützt dort die Paarauslese eine zuverlässige Fertigung der anzuliefernden Module und reduziert damit das Risiko von Fehlmengenlieferungen an den OEM.

```
1. Beginne mit i := 1 für |A| dann
2.      Beginne A: {j ∈ C} und j wurde noch nicht aus der Menge A gelöscht
3.           Wenn A ≠ ∅ dann
4.                Beginne i: = Min j ∈ A
5.                     Lösche j aus B
6.                     Gehe zu 2. und iteriere mit i+1
7.                Andernfalls A = ∅
8.           Wenn_Ende
9.      Abbruch
10. Abbruch
```

Abb. 20: Zuordnung mit maximaler Kardinalität bei einem konvexen bipartiten Graphen G zur Paarauslese

Das Problem der Paarauslese wurde erstmals von Glover (1967) für den jeweils variierenden Durchmesser von Achsen und Lagern veröffentlicht. Weitere Algo-

1100 Vgl. Tsung (2000), S. 211 ff.; Huang/Lau/Mak (2003), S. 1497.

rithmen zum zu Grunde liegenden Algorithmus für bipartites Matching zur effizientesten Zuordnung von Auslesepaarungen finden sich auch in Lipski/ Pretarata (1981) und Jungnickel (1994).[1101] Das Problem wird wie folgt formuliert: Sei $G = (A, B, C)$ ein ungerichteter bipartiter Graph,[1102] wobei A und B Mengen von Knoten sind und C eine Menge ungerichteter Kanten ist. C hat die Form (a, b) mit $a \in A$ und $b \in B$. Eine Teilmenge $P \subseteq C$ soll zugeordnet sein, wenn keine zwei Kanten in P mit demselben Knoten verbunden sind. C hat die maximale Kardinalität, wenn es die maximale Zahl an Kanten enthält. G ist konvex in A, wenn eine Reihefolge für A gefunden werden kann, bei der für jedes $b \in B$ und die disjunkten a_1 und a_i in A (mit $a_1 \leq a_2$) gelten $(a_1, b) \in C$ und $(a_i, b) \in C \Rightarrow (a, b) \in C$ für jedes $a \in A$, so dass $a_1 \leq a \leq a_i$ gilt. Analog lässt sich für jedes Intervall von $a \in A$ eine Ordnung möglicher $b \in B$ finden, so dass $b_1 \leq b \leq b_i$ gilt, also auch die Elemente von B ihrer Größe nach aufsteigend sortiert (Min bis Max) werden können.[1103]

Zusätzlich soll gelten, dass es eine Restriktions-Variable $d \in A \cup B$ gibt, deren Größe $g(d)$ ist. Hierzu sei die folgende Nebenbedingung zu erfüllen: $s(b) - s(a) \leq \varepsilon$, wobei ε hier eine Abweichungstoleranz meint. Es gilt also $G = (A, B, C)$, wobei $C = \{(a,b): a \in A, b \in B \mid s(b) - s(a) \leq \varepsilon\}$.

Für eine Abfolge von a und b ordnet der Algorithmus in Abbildung 20 diese in einem konvexen bipartiten Graphen so zu, dass er die maximale Kardinalität der Menge C findet (Maximum Matching).[1104]

Lipski/Preparata (1981) zeigen zu diesem Algorithmus weitere doppelt konvexe Optimierungsansätze, weisen aber auch darauf hin, dass ohne eine Verwendung einer anderweitigen Vorsortierung keine Regel mit Laufzeitverbesserung gegenüber dem Algorithmus von Glover (1967) mit $O(|C|)$ auffindbar ist.[1105]

Die Bedeutung des mit der Paarauslese beschriebenen Verfahrens für Prozessoptimierungsansätze liegt darin, dass auch Produktionsverfahren mit technisch schwer beherrschbarer Ergebnisgüte eine verringerte Ausschussquote bzw. einen geringeren Nacharbeitungsbedarf aufweisen. Dieses Konzept ergänzt das Prinzip des Austauschbaus mit standardisierten Normteilen bei arbeitsteiligen Prozessen,

1101 Vgl. Glover (1967), S. 314; Lipiski/Preparat (1981), S. 330 ff.; Jungnickel (1994), S. 250 ff.

1102 Domschke (2007) definiert ferner einen bipartiten Graph als einen Graph, für dessen Knotenmengen A und B $A \cap B = \emptyset$ gilt, die Knoten aus A nicht untereinander mit Kanten verbunden sind und ebenso die Knoten aus B sind nicht untereinander mit Kanten verbunden sind, vgl. Domschke (2007), S. 1. Zur allgemeinen Einführung in die Graphentheorie und zur kombinatorischen Optimierung in bipartiten Graphen sei auf Diestel (2005), S. 34 ff. und Jungnickel (1994), S. 476 ff. verwiesen.

1103 Vgl. Lipski/Preparata (1981), S. 330.

1104 Vgl. Glover (1967), S. 313 f.; siehe auch Lipski/Preparata (1981), S. 330; Steiner/Yeomans (1993), S. 732.

1105 Vgl. Lipski/Preparata (1981), S. 331.

welches wiederum historisch der Schlüssel für die Etablierung der industriellen Massenproduktion war.[1106] Durch einen solchen Kunstgriff kann der Verbau von Toleranzen unterliegenden Bauteilen ohne Nacharbeit realisiert werden, wodurch wiederum vormals einer hohen Variabilität und geringen Ergebnisqualität unterliegende Prozesse mit überschaubarem Aufwand stabilisiert werden.

Zugleich erleichtert der Austausch von qualitätsbezogenen Daten aus Qualitätstests und zur Komponentendimensionierung für Paarausleseverfahren die Bewertung von Zulieferern hinsichtlich ihrer qualitativen Leistungsfähigkeit im Zeitvergleich und im Vergleich mit Wettbewerbern. Allerdings erfordert eine für Fertigungsprozesse einsetzbare Paarauslese nicht-aggregrierte Prozessdaten in Echtzeit.[1107] Wie in Kapitel 3.5.3 herausgestellt wurde, stehen einer Informationsintegration regelmäßig erhebliche Hindernisse entgegen. Als eine Anwendung, die nur beim Informationsfluss downstream eine wirkliche Echtzeiterfordernis hat, ist hier eine dezentrale Informationsweitergabe über programmierbare RFID-Transponder eine mögliche Option oder eine ergänzende Maßnahme zu einem Datenversand via EDI. Denn durch eine Koppelung des Informationsflusses an die Versandeinheiten entfällt eine aufwändige Zuordnung nach der Vereinnahmung beim Abnehmer. Weitere Qualitätsdaten, die im Laufe der weiteren Fertigung anfallen (wie für statistische Prozesskontrollen, gemeinsame Qualitätsstandards und Daten der Qualitätssicherung), können ebenfalls später für den Kunden ergänzend gespeichert werden. Für die Fehleranalyse kommen weiterhin auch Fotos und Daten aus der Konstruktion (z. B. von Computer Aided Design, CAD) in Frage.[1108] So schlägt Shingo (1992) vor, Standardgrenzen für noch tolerierte Fehler am Produkt festzulegen.[1109] Solche Informationen können gezielt mit dem Produkt über Transponder weitergegeben werden, um eine automatisierte Paarauslese beim Abnehmer zu unterstützen. Für eine automatisierte Nutzung von Qualitätsdaten ist eine uneingeschränkte Zuverlässigkeit und Vergleichbarkeit bei der Datenerhebung erforderlich, so dass De Toni/Nassimbeni (2000) eine Zertifizierung von Zulieferern vor dem Austausch von Qualitätsdaten empfehlen.[1110] Neben der überbetrieblichen Anwendung können durch ein solches Vorgehen weitere Instrumente des Lean managements hinsichtlich einer prozessbegleitenden Qualitätssicherung etabliert werden.

1106 Vgl. Haasis (2008), S. 100.
1107 Vgl. Tsung (2000), S. 211 f.
1108 Vgl. Wan/Chen (2008), S. 1003.
1109 Vgl. Shingo (1992), S. 206.
1110 Vgl. De Toni/Nassimbeni (2000), S. 633.

4.4. Deliver: Warentransfer und -vereinnahmung

4.4.1 eKanban

In Kapitel 2.3 wurden bereits die Grundzüge des Kanban Systems erläutert. Dabei wurde herausgestellt, dass Kanban einen Informationsfluss upstream etabliert, der auf physischen Informationsträgern ohne IT-Systeme basiert.[1111] Allerdings ist ein Einsatz von Pappkarten – vor allem bei einem überbetrieblichen Informationsaustausch unter Einbezug von Bestellungen bei Zulieferern – nur bei räumlich geringen Distanzen und hohen Lieferfrequenzen möglich. Unter japanischen Verhältnissen ist dies unproblematisch, weil dort an Standorten wie Toyota City die Werke nahe beieinander liegen[1112] und Japan die Regionen mit der höchsten räumlichen Dichte an Industriewerken weltweit aufweist.[1113] Europäische und vor allem nordamerikanische Unternehmen sind hingegen überwiegend mit einer extensiven Verteilung von Niederlassungen konfrontiert. Mit einer größeren Zulieferentfernung und einer einhergehend höheren Informationsdurchlaufzeit[1114] nimmt die Komplexität der Steuerung eines Kanban-Systems zu,[1115] was leicht zu verloren Kanbans, Verzögerungen und Fehllieferungen führen kann. Darüber hinaus unterliegen konventionelle Systeme im Allgemeinen Fehlerquellen durch menschliches Fehlverhalten (Karten werden zerstört oder gehen verloren). Ein Verlust von Kanban-Karten durch menschliches oder technisches Versagen kann zu Fehlmengen, Zusatzkosten und ggf. geringeren Serviceleveln führen. Zudem weisen konventionelle, kartenbasierte Kanban-Systeme eine mangelnde Tracking-Fähigkeit auf.[1116]

Entsprechend versuchen neuere Entwicklungen, Pappkarten durch den Einsatz von automatischen Identifikationssystemen zu ersetzen, ohne auf das zugrunde liegende Konzept der Fertigungssteuerung zu verzichten. Entsprechend wird eine papierlose Produktion und Logistik durch Übertragung von auf dem Papier vorhandenen Informationen auf ein elektronisches Medium angestrebt.[1117] Von Kanban kann auch dann gesprochen werden, wenn statt auf einen physischen Informationsträger auf ein IT-System zurückgegriffen wird,[1118] sofern der Kanban-Auftrag mit einem Beleg, einem elektronischen Medium (wie einem automatischen Identifikationssystem) oder auch durch Koppelung der Informationen an einen

1111 Vgl. Nahmias (2009), S. 398.
1112 Vgl. ebd., S. 359.
1113 Vgl. McCann/Fingleton (1996), S. 495.
1114 Die Informationsdurchlaufzeit ist die Zeit zwischen dem Materialverbrauch und dem Eintreffen eines Reproduktionsauftrags; vgl. Lackes (1995), S. 187.
1115 Vgl. Nahmias (2009), S. 398.
1116 Vgl. Wan/Chen (2008), S. 995 f.
1117 Wildemann (2001), S. 36.
1118 Vgl. Lackes (1996), S. 844.

Behälter erfolgt (der Ladungsträger dient zugleich selbst als Kanban).[1119] Hierbei wird das ursprüngliche Kanban Verfahren modifiziert: Wenn Teile aus einem vollen Kanbanbehältnis im Verbau entnommen werden, wird die Kanban Karte entfernt und vom Montageplatz eingesammelt. Anschließend werden die Karten eingescannt (per Barcode). Peridodisch werden die gesammelten Kanban Daten per EDI an die Zulieferer übertragen (Batch) und dort die Kanban ausgedruckt. Zu festgelegten Lieferzeitfenstern werden die auf dem Kanban genannten Teile geliefert.[1120] So beschreibt Schonberger (1987b) den Einsatz scannbarer Transport-Kanbans und den Einsatz von leeren Ladungsträgern mit aufgebrachten Kanban-Informationen als Ersatz für Pappkarten bei der Mitsuboshi Belting Company in Kobe.[1121] Auch von Chen/Lu/Chang (2003) wird die Nutzung von eKanban auf Basis von 2D-Barcodes zur Bearbeitungsstationserkennung beschrieben.[1122] Bauer (2009) stellt die Implementierung von eKanban in SAP ERP dar. Der Bestellstatus kann per Tastatur in Eingabemasken gepflegt oder per Barcode aktualisiert werden. Die Weitergabe der Informationen an Zulieferer erfolgt dann per Web EDI.[1123] Eine alternative Implementierung von eKanban über ERP- und EDI-Systeme mit einem XML-Transferprotokoll wird von Wan/Chen (2008) beschrieben.[1124]

Bei Toyota Japan wurde von einer schrittweisen Einrichtung von einem elektronischen Kanban ab dem Jahr 2006 berichtet, um den Datentransfer zu erleichtern (und damit die Informationsdurchlaufzeit zu verringern), Bestellmengenanforderungen an Zulieferer zu nivellieren und um bei Bedarfsschwankungen die Zahl der umlaufenden Kanbans besser anpassen zu können.[1125] Dies erleichtert die Kontrolle der Bestandshöhe und der Materialdurchlaufzeiten in Echtzeit.[1126] Solche Vorteile kommen insbesondere bei kleinen Bestellmengen zum Tragen.[1127] Der Einsatz eines eKanban über IT-Systeme (z. B. Barcode in Verbindung mit einer Datenbankverbindung über das Internet) erlaubt die Realisierung eines Kanban-Konzepts selbst über große Entfernungen mit einer geringen Informationsdurchlaufzeit.[1128] Dies hat Auswirkungen auf die Gesamtprozessdurchlaufzeit, die mit einer Beschleunigung des innerbetrieblichen Informationsflusses verkürzt wird.[1129] Zudem schafft eKanban Transparenz, indem es eine Anbindung an Tracking- und SCEM-Systeme erlaubt.[1130]

1119 Wildemann (2001), S. 35.
1120 Vgl. Kotani (2007), S. 5791; Lackes (1995), S. 426.
1121 Vgl. Schonberger (1987b), S. 67.
1122 Vgl. Chen/Lu/Chang (2003), S. 91.
1123 Vgl. Bauer (2009), S. 154 ff.
1124 Vgl. Wan/Chen (2008), S. 997.
1125 Vgl. Kotani (2007), S. 5790 ff.; Wan/Chen (2008), S. 997.
1126 Vgl. Wan/Chen (2008), S. 1002.
1127 Vgl. Bauer (2009), S. 159 f.
1128 Vgl. Weber (2007), S. 6.
1129 Vgl. Günther/Fischer (2000), S. 283.
1130 Vgl. Wan/Chen (2008), S. 997.

Vereinzelt wird im Zusammenhang mit eKanban auch die Kombination von Kanban-Ansätzen mit zentralen Leitständen zu Systemen mit hybriden Zentralisierungsgrad der Steuerung vorgeschlagen,[1131] was aber auf Grund der Leistungsstärke des Kanban-Ansatzes überwiegend unnötig ist.[1132]

Problematisch an dem Einsatz von eKanbans ist die Schnittstellenintegration innerhalb und vor allem zwischen Unternehmen,[1133] wo insbesondere die Informationsintegrationsdefekte der Schnittstellenheterogenität, des Medienbruchs (vor allem bei WebEDI) und der Latenzzeit (Batchabläufe verzögern eine fristgerechte Fertigung und Lieferung von Teilen) den Einsatz von eKanban behindern – eKanbans werden mit Hilfe einer EDI-Infrastruktur realisiert. Der Informationsintegrationsdefekt des Medienbruchs hat in Kanban-Systemen eine geringere Auswirkung, wenn das klassische Kanban-Konzept Verwendung findet; bei Einsatz von CONWIP ist es hingegen umso problematischer, da eine Weitergabe über eine Vielzahl von Schnittstellen hinweg durch Medienbrüche behindert wird. Auch die Informationsintegrationsdefekte der Rentabilität und irreversible Investitionen stehen auf Grund der (im Vergleich zu einem Kanban-System mit Pappkarten) hohen Investitionen einer eKanban-basierten Bestellautomatisierung entgegen.[1134] Und wenn eine Auslösung des eKanban-Bestellimpulses und der Pufferbestandsüberwachung nicht mit automatischen Identifikationssystemen (wie RFID oder Barcodes) realisiert wird, kann der manuelle Informationserfassungs- und Verarbeitungsprozess (Translation, Transformation und Transmission) zu einer erheblichen zusätzlichen Arbeitsbelastung für die Mitarbeiter in der Fertigung werden.[1135]

4.4.2 One touch Wareneingang bei Just-in-sequence

Wie in Kapitel 2.4.4 erörtert, liegt der der Vorteil von Just-in-sequence-Lieferungen gegenüber konventionellen, lagerbezogenen Versorgungskonzepten oder produktionssynchrone Lieferungen als Pulk (Just-in-time) darin, dass der sonst mit der Umordnung und Sortierung der gelieferten Module anfallende Handhabungsaufwand[1136] entfällt, wodurch die Abläufe im Wareneingang durch die Vereinnahmung sortierter Warenfolgen beschleunigt und vereinfacht werden

1131 Vgl. Hahn/Laßmann (1989), S. 136.

1132 Vgl. Neumann (1996), S. 218.

1133 Vgl. Wan/Chen (2008), S. 1004.

1134 Vgl. ebd., S. 997.

1135 Vgl. ebd., S. 1003.

1136 Handhaben ist nach VDI-Richtlinie 2860 definiert als „[...] das Schaffen, definierte Verändern oder vorübergehende Aufrechterhalten einer vorgegebenen räumlichen Anordnung von geometrisch bestimmten Körpern in einem Bezugskoordinatensystem.“, vgl. VDI 2860, S. 2.

können. Eine solche Reduzierung der Prozesskomplexität durch Just-in-sequence[1137] ist hinsichtlich stabiler Prozesse auch beim Verbau der Module von Interesse, da im Bereich der Montage regelmäßig nur sehr begrenzte Lagerflächen zu Verfügung stehen und keine Vorratslagerung an einer Fertigungsstraße möglich sind.[1138] Eine Sequenzierung der gelieferten Waren soll die Stabilität und Zuverlässigkeit von Materialströmen steigern (bei Just-in-sequence entfällt die Umsortierung und Kommissionierung von Waren, weil die sequenzgerecht gelieferte Perlenkette ohne weiteres Handling weitergeleitet werden kann oder durch Verringerung der Variabilität der Bedienzeiten[1139]) um dem durch die verkürzten Zeitfenster der Lieferung erhöhten Risiko von Produktionsstillständen in der Fertigung des Abnehmers zu begegnen. So können stochastisch induzierte Wartezeiten vermieden werden, welche daraus resultieren würden, dass vor der Bearbeitung eines Wareneingangs noch der Einlauf eines in der Montagesequenz vorangehendes Stückgut erwartet wird oder die Vereinnahmung einer zufälligen Schwankung unterliegt (vor allem verursacht durch Sortierung von Stückgütern innerhalb des Wareneingangs). Da ceteris paribus die Variabilität von Prozessen durch die Zusammenführung von Materialflüssen zu einem Knotenpunkt und die anschließende Verzweigung zu höherer Variabilität führt,[1140] sollte der Koordinationsaufwand dadurch verringert werden, dass Ladungen als konsolidierte Just-in-sequence-Lieferungen zeitgleich eintreffen und nicht noch im „Brennpunkt" Wareneingang manuell zusammengeführt werden müssen. Just-in-sequence lässt sich in dieser Form daher als ein Konzept zur Verringerung der Variabilität von Materialströmen im Engpass Wareneingang interpretieren: An Stelle von stochastischen Zuflüssen einer Vielzahl von Wareneinheiten werden Ladungen in der bedarfsgerechten Reihenfolge zusammengefasst. Durch die Konsolidierung der für einen Montageabschnitt bestimmten Waren können diese am Wareneingang en bloc bearbeitet und weitergeleitet werden. Dies hat eine hohe Bedeutung für einen reibungslosen Ablauf der logistischen Prozesse an den Schnittstellen zwischen Zulieferern und Abnehmern, da durch eine Verminderung der Streuung von Zustrom oder Abfertigung an Transportknoten kürzere Warteschlangen, Wartezeiten und Rückstauwahrscheinlichkeiten ermöglicht werden können.[1141] Gudehus (2005) verweist darauf, dass Staueffekte an Transportknoten linear mit der Systemvariabilität zunehmen,[1142] woraus geschlossen werden kann, dass eine sequenzgerechte Konsolidierung von Güterströmen einen Beitrag für stabilere Logistikprozesse in einem produktionssynchronen Umfeld liefern kann. Für Just-in-sequence bleibt dabei das vorrangige Ziel der Vermeidung von Verzögerungen

1137 Vgl. Wildemann/Faust (2004), S. 157; Panichi (1996), S. 25.
1138 Vgl. Wildemann/Faust (2004), S. 157.
1139 Vgl. Drews (2006), S. 254.
1140 Vgl. Furmans (2007), S. 188.
1141 Vgl. Gudehus (1976b), S. B 225.
1142 Vgl. Gudehus (2005), S. 512.

durch Staueffekte im Engpass Wareneingang, um Produktionsstillstände zu vermeiden. So beziffert Hollmann (2006) den Produktionsausfall verursacht durch Verzögerung einer Just-in-sequence-Lieferung in der Automobilindustrie auf 40 Karosserien – mit einhergehenden Folgekosten aufgrund von Umsatzverlusten und zusätzlich anfallenden Eilarbeiten.[1143]

In diesem Abschnitt soll daher die Verringerung der internen Variabilität durch IT-Syteme, insbesondere automatische Identifikationssysteme, eingehend diskutiert werden. Automatische Identifikationssysteme ermöglichen eine beschleunigte und fehlerfreiere Erfassung von eingehenden Waren und somit ein Optimierungspotenzial zur Erhöhung der ad-hoc-Reaktionsfähigkeit und der Verringerung der Durchlaufzeit im Wareneingang.[1144]

In der Literatur werden überwiegend nur rückkoppelnde Informationsflüsse upstream behandelt.[1145] Zur Reduzierung des Handhabungsaufwandes bei der Vereinnahmung und beim weiteren Verbau von Zulieferteilen – als Kernprinzip der Just-in-sequence-Logistik – leistet die Rückkoppelung von Informationen aber nur einen untergeordneten Beitrag. Aus operativer Sicht hat bei der hohen Frequenz kleinteiliger Ladungssendungen (wie sie bei produktionssynchroner Logistik und einer Verwirklichung des One-piece flow-Prinzips angestrebt wird) vielmehr die Zuordnung und Erfassung von ladungsbezogenen Informationen eine hohe Bedeutung für die Dauer und Variabilität der Prozesszeiten bei Vereinnahmung und Weiterverwertung von Lieferungen. Elektronische Lieferankündigungen haben einerseits den Nachteil, dass ein Mitarbeiter sie den physischen Warenlieferungen zuordnen muss. Andererseits können Probleme in der zeitlichen Abstimmung des Versands und Empfangs der elektronischen Nachrichten die Warenvereinnahmung verzögern.[1146] Dieser manuelle Prozess der Synchronisation von Informations- und Materialfluss bedeutet einen Aufwand, der sich durch eine dezentrale Speicherung auf Transpondern einsparen lässt. Durch den Einsatz von automatischen Identifikationssystemen können Abläufe automatisiert werden,[1147] so dass Informations- und Objektfluss ohne manuelle Zusammenführung (beispielsweise hinsichtlich Herkunfts- und Zielinformationen) stets synchron bleiben.[1148] Dies ist für Just-in-sequence von herausragender Bedeutung, da im Gegensatz zu Just-in-time die gelieferten Module dezidiert einem konkreten Endprodukt zugeordnet sind. Daher ist eine uneingeschränkte Sequenzstabilität einzuhalten.[1149]

1143 Vgl. Hollmann (2006), S. 11.

1144 Vgl. McFarlane/Sheffi (2003), S. 9.

1145 Vgl. Wildemann (2001), S. 35; Wildemann (2000), S. 78.

1146 Vgl. Johnston/Yap (1998), S. 86 f.

1147 Vgl. Gunasekaran/Marri/Menci (1999), S. 338; Haasis/Plöger (2007b), S. 3.

1148 Vgl. ten Hompel (2006), S. 271; Lindau/Lumsden (1999), S. 164 f.

1149 Vgl. Thun,/Drüke/Silveira-Camargos (2007), S. 25.

Eine gezielte Automation bietet somit Potentiale zur Verringerung der Variabilität von Bearbeitungsprozessen, indem die Datenerfassung von Wareneingängen automatisiert wird. So gewährleistet eine Etikettierung von Versandeinheiten mit automatischen Identifikationssystemen, dass vom Zulieferer in richtiger Reihenfolge gelieferte Teile auch in dieser verbaut werden und erhöht damit die Verwechselungssicherheit. Daher sollten am zu montierenden Bauteil neben Identifikationsdaten auch Informationen zur Verwendung hinterlegt werden.[1150] Auch die Abweichungen der Prozessdurchlaufzeiten im Wareneingang werden dadurch verringert, dass Fehler bei einer manuellen Dateneingabe vermieden und die Datenerfassung und Weiterleitung beschleunigt wird,[1151] was die Durchlaufzeit verringert und zudem Einsparungen beim Personaleinsatz zulässt.[1152] Dies wiederum hat nicht nur positive Auswirkungen in Form einer Verringerung der Variabilität der Bearbeitungszeiten im Wareneingang (wie beispielsweise Gunasekaran/Marri/Menci (1999) in einer Studie aufzeigen), so dass durch den Einsatz von automatischen Identifikationssystemen gegenüber einem manuellen, papiergebundenen Handling im Wareneingang eines Lagers innerhalb von zwei Jahren die erforderliche Mitarbeiterzahl für die Wareneingangsabwicklung halbieren und weitere Gemeinkosten um 25% senken konnten.[1153] Vielmehr können auch Vorteile hinsichtlich der Prozesssicherheit bei einer Just-in-sequence Versorgung durch die Vermeidung von Verzögerungen beim Verbau oder Produktionsstillstände auf Grund von Fehlmengen und Verzögerungen durch Staus im Wareneingang realisiert werden.[1154]

Eine hinreichende Zuverlässigkeit vorausgesetzt, würde eine Dezentralisierung des Wareneingangs neue Optimierungsmöglichkeiten der produktionssynchronen Versorgung von Montagebändern und zur Behebung von Engpasssituationen im Wareneingang eröffnen. Die Ursachen für die überproportionale Zunahme der Variabilität des Materialflusses bei der Zusammenführung und anschließender Verzweigung auf nachfolgende Ströme und die daraus resultierenden Risiken für eine zuverlässige Just-in-sequence-Logistik können durch eine Dezentralisierung des Wareneingangs beseitigt werden. Anstatt den Warenzufluss zu einem Werk oder einer Betriebsstätte über einen Wareneingang zentral abzuwickeln, würden mehrere mit einem RFID-System (Portalantenne) ausgestattete Warenlieferzugänge zwecks eines automatisierten Wareneingangs (One touch) geschaffen, so dass Verkehrsballungen vor Wareneingängen vermindert und zugleich Wegstrecken zwischen dem Wareneingang und dem Verbauort reduziert werden. Denn Staueffekte an einem einzelnen Wareneingang als Knotenpunkt einer Vielzahl von Warenströmen kann eine verzögerungslose Warenvereinnahmung gefährden unter-

1150 Vgl. Wildemann/Faust (2004), S. 158; Thun/Drüke/Silveira-Camargos (2007), S. 24.
1151 Vgl. Smith/Offodile (2002), S. 117.
1152 Vgl. McFarlane/Sheffi (2003), S. 9.
1153 Vgl. Gunasekaran/Marri/Menci (1999), S. 329.
1154 Vgl. Mukhopadhyay (1995), S. 67.

bricht den Weiterbearbeitungsplan.[1155] Die zeitliche Verkürzung von Durchlaufzeiten gegenüber dem Einsatz von Barcodes kann mit Hilfe des Einsatzes von RFID-Systemen nochmals gesteigert werden. Denn Barcodes haben den Nachteil, dass sie manuell von einer Person gescannt werden müssen und zum Erfassen eine bestimmte Ausrichtung sowie eine ununterbrochene Sichtlinie erforderlich ist, während die Erfassung von pulkerfassungsfähigen RFID-Tags vollständig automatisierbar wäre, sofern eine technisch zuverlässige Erfassung möglich ist.[1156] Vereinnahmungsprozesse im Wareneingang sind eine Menge von Verifikationsprozessen zusammen mit Weiterleitungsaktivitäten. Beide sind sehr zeitaufwändig.[1157] Denn zum Auslesen eines Barcodes wird eine ununterbrochene Sichtline zum Scanner in der richtigen Ausrichtung benötigt, weshalb dieser Prozess nur schwer vollständig automatisiert werden kann und erhebliche manuelle Arbeitsanteile enthält.[1158] Die Möglichkeit einer Vollautomatisierung ist für die Prozesseffizienz im Wareneingang von hoher Bedeutung, da Scanprozesse unter Herstellung einer Sichtlinie im Wareneingang den Weg des Personals zu den Stückgütern, den Griff nach dem Scanner, das Positionieren des Stückguts und das Warten bis zum Bestätigungssignal der Erfassung umfasst. Somit ist die Warenerfassung im Wareneingang nicht vergleichbar mit der Erfassungsdauer von Kassenscannern im Einzelhandel.[1159] Entsprechend dauert das Auslesen eines Barcode-Etiketts einschließlich Handling bis zu 15 Sekunden oder länger, wenn erst zu Objekt gelaufen werden muss.[1160] Andere Studien beziffern die Dauer für das Scannen auf 0,3 Minuten zuzüglich der Dauer der Warenverbuchung mit 0,3 Minuten.[1161]

Durch RFID kann der manuelle Aspekt der Verifikation entfallen und die Weiterleitung erfolgt sofort. Wenn eine schnelle und akkurate Identifikation möglich ist, sind Ansätze der vollautomatisierten Warenvereinnahmung möglich, so dass RFID Lade- und Entladevorgänge beschleunigen kann.[1162] Empirische Evidenz für diese These bietet die Studie von Delen/Hardgrave/Sharda (2007) bei der Procter & Gamble Company. Durch den Einsatz von RFID konnte die Vereinnahmungszeit am Wareneingang von 20 Sekunden auf 5 Sekunden gesenkt werden. Die Ursachen für diese drastische Einsparung liegen in der Reduktion von Erfassungsfehlern und der Möglichkeit einer Überprüfung von Ladungsinhalten (nach Sorten und Mengen), ohne die Paletten abzuladen und aufzubrechen zu

---

1155 Vgl. Mukhopadhyay (1992), S. 67.
1156 Vgl. McFarlane/Sheffi (2003), S. 4.
1157 Vgl. ebd., S. 9.
1158 Vgl. Hozak/Collier (2008), S. 864.
1159 Vgl. Gaukler/Hausman (2008), S. 1093.
1160 Vgl. Hozak/Collier (2008), S. 864 f.
1161 Vgl. Strassner (2005), S. 159.
1162 Vgl. McFarlane/Sheffi (2003), S. 9.

müssen.[1163] Angeles berichtet von einer Steigerung der Arbeitsproduktivität im Wareneingang bei der Kitchens Incorporated um 35% und einer Erfassungsfehlerreduktion von 88 % nach Einführung von RFID.[1164] Holmqvist/Stefansson (2006) belegen in ihrer Studie eine Beschleunigung der Entladung und Vereinnahmung von Warenlieferungen mit Hilfe von RFID um 10 bis 50%. Beim Verladen lag die Ersparnis zwischen 13 und 36%.[1165] Zusätzlich unterstützt der Einsatz von automatisierten Identifikationssystemen im Wareneingang die Vermeidung von Verwechselungen durch automatischen Perlenkettenabgleich bei sequenzabhängigen Lieferungen (Just-in-sequence).[1166] Ein weiterer Vorteil von RFID-Transpondern gegenüber Barcodes ist, dass weitere Daten auf dem mobilen Datenträger gespeichert werden können und somit elektronische Informationen synchron mit den Waren eintreffen. Das hat insbesondere für produktionssynchrone Lieferungen eine hohe Bedeutung, da hier eine Vielzahl von kleinen Lieferungen innerhalb kurzer Zeit eingehen. Denn elektronische Lieferankündigungen haben einerseits den Nachteil, dass ein Mitarbeiter sie den physischen Warenlieferungen zuordnen muss und andererseits können Probleme in der zeitlichen Abstimmung des Versands und Empfangs der elektronischen Nachrichten die Warenvereinnahmung verzögern.[1167] Dieser Prozess bedeutet Aufwand, der sich durch eine dezentrale Speicherung auf dem Transponder einsparen lässt. Gunasekaran/Marri/Menci (1999) weisen darauf hin, dass der Kernprozess der Informationsverarbeitung durch die Trennung von Informationsflüssen und dem Materialstrom behindert wird und zu Verzögerungen führt. Sie kommen daher zu dem Schluss, dass auch die Informationsverarbeitung bei der Warenübergabe – ergänzend zu der bisherigen dominanten Betrachtung von Informationsflüssen upstream – Beachtung finden sollte, um die Informationsdurchlaufzeiten (hinsichtlich des Aufwands für Translation, Transformation und Transmission von Informationen) zu verringern.[1168] Auch Wildemann (2004) verweist auf die Bedeutung von materialbegleitenden Informationsflüssen, um Liegezeiten an Schnittstellen zu reduzieren.[1169]

Eine langfristige Zielsetzung bei der Automatisierung der Datenerfassung im Wareneingang ist die Vision eines One touch-Wareneingangs, bei dem alle Qualitätssicherungsmaßnahmen und Handlingsaufgaben im Zusammenhang mit

1163 Vgl. Delen/Hardgrave/Sharda (2007), S. 621 f.

1164 Vgl. Angeles (2005), S. 58.

1165 Vgl. Holmqvist/Stefansson (2006), S. 265 f.

1166 Vgl. Wildemann/Faust (2004), S. 158.

1167 Vgl. Johnston/Yap (1998), S. 86 f.

1168 Vgl. Gunasekaran/Marri/Menci (1999), S. 338; in der gleichen empirischen Studie konnten sie Verzögerungen in der Bearbeitung von Wareneingängen darauf zurückführen, dass außerordentliche Lieferungen ohne elektronische Ankündigung eingingen oder Lieferankündigungen falsche Daten enthielten.

1169 Vgl. Wildemann (2004), S. 393.

der Ordnung der Wareneinheiten in Sequenz einmalig nur beim Warenausgang des Zulieferers im Rahmen einer Just-in-sequence-Partnerschaft erfolgen und die Vereinnahmung von Waren weitgehend automatisiert wird. Hierdurch würden mit zunehmender Realisierung eines One touch-Wareneingangs die Mitarbeiter von ermüdender und zeitaufwändiger Datenerfassung entlastet,[1170] da die Erfassung und Quittierung des Wareneingangs automatisch mit Hilfe von maschinenlesbaren Identifikationssystemen erfolgt. Durch den Einsatz von automatischen Identifikationssystemen kann die Vereinnahmung von Lieferungen – welche zuvor vorwiegend eine überwiegend manuelle Tätigkeit war – automatisiert werden.[1171] Herkunft und Zielinformationen von Objekten können zudem auf beschreibbaren Transpondern gespeichert werden, so dass Objekte dezentral und ohne übergelagerte Entscheidungsinstanz zu ihrem Ziel verbracht werden können. Hierbei blieben Material- und Informationsfluss ohne manuelle Zusammenführung stets synchron.[1172]

So könnten sich die Mitarbeiter auf Grund standardisierter Ablauffolgen Sonderaufgaben und Maßnahmen zur kontinuierlichen Prozessverbesserung widmen.[1173] Eine hinreichende Zuverlässigkeit vorausgesetzt, würden sich durch einen One touch-Wareneingang ganz neue Möglichkeiten der produktionssynchronen Versorgung von Montagebändern ergeben. Die Ursachen für bereits angesprochene Flaschenhalsproblematik (die überproportionale Zunahme der Variabilität des Materialflusses bei der Zusammenführung und anschließender Verzweigung auf nachfolgende Ströme) und die daraus resultierenden Risiken für eine zuverlässige Just-in-sequence-Logistik können durch eine Dezentralisierung des Wareneingangs beseitigt werden. Da, statt einer räumlichen Konzentration der Vereinnahmungsabläufe im Wareneingang, Module nun für die Fertigung vom Zulieferer direkt zum Ort des Verbaus geliefert werden, entfallen die durch die Zusammenführung von Materialflüssen verursachten Staueffekte. Allerdings muss abgewogen werden, ob zusätzliche Investitionen durch dezentrale Wareneingänge und Lager (durch Umbauten, zusätzliches Personal, zusätzliche Docking-Stationen, zusätzliche Fördertechnik) anfallen.[1174]

Kritisch ist am Konzept eines One touch-Wareneingangs ist zu bewerten, dass ein Verzicht auf eine dezidierte Wareneingangskontrolle die Untersuchungs- und Rügepflicht nach §377 HGB verletzt und dadurch Gewährleistungsansprüche entfallen können.[1175] Daher wird beim Einsatz einer produktionssynchronen

1170 Vgl. Lindau/Lumsden (1999), S. 167.

1171 Vgl. Mukhopadhyay (1995), S. 67; Gunasekaran/Marri/Menci (1999), S. 338; Haasis/Plöger (2007b), S. 3.

1172 Vgl. ten Hompel (2006), S. 271; Lindau/Lumsden (1999), S. 164 f.

1173 Vgl. Wildemann (2001), S. 201.

1174 Vgl. Sargent/Kay (1995), S. 213 ff.

1175 Vgl. Hartlieb (1997), S. 139.

Logistik regelmäßig eine vertraglich enge Kooperation und Prozessintegration (im Sinne der Etablierung eines Fertigungsverbunds rechtlich selbstständiger Unternehmen) angestrebt. Erst eine enge Prozesspartnerschaft ermöglicht eine Intensivierung der Qualitätsmaßnahmen zur Erreichung eines Six sigma-Niveaus zwecks Etablierung einer ausschließlich beim Abnehmer vorzunehmende Qualitätskontrolle vor den Versand an den OEM.[1176] Ein Verzicht auf eine stichprobenartige Qualitätskontrolle im Wareneingang vermindert den Handlingaufwand, was wiederum die mögliche Variabilität im Engpass Wareneingang des OEM reduziert.[1177] Die hohe Bedeutung der Zuverlässigkeit der Liefergüte ergibt sich daraus, dass Qualitätsprobleme bei „Muss"-Teilen zwangsweise zum Bandstillstand und kostenintensiven Nacharbeiten führen; dies gilt aber eingeschränkt auch bei nicht für weitere Prozessschritte zwingend notwendigen Teilen.[1178] Daher müssen Zukaufteile grundsätzlich in einwandfreier Qualität und mit sehr hoher Liefertreue geliefert werden, um Produktionsstillstände zu vermeiden, sofern keine Sicherheitsbestände vorgehalten werden.[1179] Um diese durchzusetzen, sollte auf die Vereinbarung von Konventionalstrafen bei Verspätungen von Lieferungen und Fehlmengen nicht verzichtet werden.[1180]

Zusammengefasst ist Just-in-sequence ein Instrument, um Prozesszeitverkürzungen im Wareneingang sowie den Warentransfer vom Zulieferer zum OEM zu optimieren. Dabei ist dieses Instrument darauf angewiesen, dass die Prozessvariabilität gering ist, weil andernfalls Verzögerungen und Produktionsstillstände drohen. Automatische Identifikationssysteme liefern einen Beitrag, die interne Variabilität von Prozessen im Engpass Wareneingang (des OEM) zu reduzieren. Insbesondere der Einsatz von RFID erleichtert in diesem Sinne die Verringerung von z (siehe Formel 22), da kein Scanner mehr in Sichtlinie geführt werden muss: Die gesamte Perlenkette wird nur einmal erfasst. Stamm- sowie Lieferdaten (ggf. einschließlich Bemerkungen des Zulieferers für abweichende Liefermerkmale) sind auf dem Transponder abgelegt.

4.5 Return: Chargenrückverfolgung und -rückführung

Im SCOR-Modell wird Return sowohl der Funktion Source, als auch der Funktion Deliver gegenüber gestellt. Die Erwägung hierzu ist, das sowohl zugelieferte Teile

1176 Vgl. Pokrandt (1993), S. 74; Wildemann (1988), S. 93.
1177 Vgl. Pokrandt (1993), S. 75.
1178 Vgl. Wildemann/Faust (2004), S. 157; Thun/Drüke/Silveira-Camargos (2007), S. 22.
1179 Vgl. Schonberger (1987a), S. 7; Ruppert (1997), S. 110.
1180 Vgl. Wildemann (2003), S. 136; Ruppert (1997), S. 189.

einer Rückführung unterliegen können (z. B. Fehllieferungen), als auch selbst erstellte und weiterverkaufte Teile zurückzuführen sind (ebenso Fehllieferungen, aber auch Altprodukte für das Recycling). Während Kapitel 4.5.1 sich an der Funktion Source orientiert, steht in Kapitel 4.5.2 die Funktion Deliver im Mittelpunkt.

4.5.1 Entwicklung eines Softtracing-Ansatzes

Für eine produktionssynchrone Logistik – insbesondere Just-in-sequence – hat der Rückruf von Teilen auf Grund der engen zeitlichen Synchronisation eine zunächst untergeordnete Rolle: Komponenten, die sich nach dem Versand als fehlerhaft erweisen, werden kaum für Nacharbeiten zum Versender zurückgeschickt. Umso wichtiger zur Prozessabsicherung ist eine prozessbegleitende Fehleridentifikation und verzögerungslose Behebung durch Tracking & Tracing. Implizit zielt die Diskussion zur Unterstützung von Tracking & Tracing durch automatische Identifikationssysteme (insbesondere RFID) auf die Reduzierung der Totzeit (Zeit zwischen Anfall und Entdeckung einer Störung) im Regelungsparadigma ab. Im Zusammenhang mit den Erwägungen des Kapitels 3.5.2.8 und hinsichtlich der dort erörterten Informationsintegrationsdefekte in mehrstufigen Supply chains stellen Jansen-Vullers/ Wortmann/Beulens (2004) abweichend und zutreffend fest: „[...] there is the real need to be able to guarantee that certain properties hold for a particular product, and this does not result straightforwardly from multiechelon information systems. We may conclude that the scientific literature on coding and batch traceability does not add new insight to current practice."[1181]

Die Rückverfolgung von Waren ist in mehrstufigen Supply chains problematisch, weil hier die IT-Systeme bisher keine durchgängige Informationsintegration schaffen können. Daher wird eine Anwendung des Informationsintensitätsansatzes als Lösung vorgeschlagen. Hierdurch besteht die Möglichkeit der Informationsintegration durch Koppelung von Material- und Informationsfluss mittels Einsatz von ID-Systemen als Träger eines Neben-Informationsflusses downstream. Da produkt- und prozessbezogene Daten an die logistischen Objekte gekoppelt sind, wird die Koordination von Frachtsendungen über Organisationsschnittstellen hinweg erleichtert. Dies entspricht der These von Porter/Millar (1985), dass eine Erhöhung der Informationsintensität eine Schnittstellenoptimierung ermöglicht,[1182] da die Informationen zur Vereinnahmung an organisatorischen Schnittstellen direkt am Objekt vorliegen und nicht erst bei zentralen Datenspeichern abgerufen werden müssen.[1183]

1181 Jansen-Vullers/Wortmann/Beulens (2004), S. 305.
1182 Vgl. Porter/Millar (1985), S. 152.
1183 Vgl. Haasis/Plöger (2007b), S. 10.

Der Rückgriff auf einen transponderbasierten Informations-Nebenfluss hat zwei mögliche theoretische Schwächen: einerseits können sich Datenänderungen während der Transitzeit ergeben, die zu veralteten und ggf. mit auch in zentralen Datenbanken abgelegten Informationen inkonsistent sind. Andererseits würden bei Verlust von Frachtsendungen die an ihnen geführten Daten ebenfalls verloren gehen; ebenso wenn mehrere Vorprodukte in ein Endprodukt aufgehen oder aus einem Rohstoff mehrere Komponenten gefertigt werden.[1184]

Durch die Problematik der Datensynchronisation kommen Hustadt/Jansen (2005) zu dem Schluss, dass eine dezentrale Datenhaltung auf RFID-Tags nicht notwendigerweise zu Dateninkonsistenzen führen muss. Vielmehr können ergänzte oder geänderte Datensätze mit einem Zeitstempel versehen werden, um Änderungen und den gültigen Stand nachvollziehen zu können. Daher ist eine grundsätzliche Ablehnung eines solch dezentralen Datenhaltungsansatzes nicht gerechtfertigt.[1185] Offen bleibt, in welchen Fällen sich objektbezogene Daten in der Zeit des Transits zwischen dem Warenausgang des Versenders und dem Wareneingang des Abnehmers ändern, so dass eine Datensynchronisation erforderlich wäre. Es kann davon ausgegangen werden, dass solche außerordentlichen Sonderprozesse in der Logistik selbst dann durch eine persönliche Ansprache der Entscheidungsträger (z. B. per Telefon) erfolgen würde, wenn ein Kanal zur elektronischen Datenübertragung vorhanden wäre. Daher ist auch dieser Aspekt zu vernachlässigen.

Schwerwiegender ist hingegen, dass bei divergierenden und konvergierenden Materialflüssen den resultierenden Produkten jeweils ein Transponder zugewiesen werden müsste, auf dem die Historie der Vorprodukte übertragen und abspeichert wird („Vererbung") – also auch eine Referenz zu den Vorprodukten.[1186] Während bei konvergierender Produktion nur die Daten aller eingehenden Komponenten aggregiert werden müssen, ist das Problem bei einer divergierenden Produktion schwerwiegender: hier ist ggf. eine Dekomposition der Daten nach Relevanz für die Folgeprodukte erforderlich (vor allem im Fall inhomogener Folgeerzeugnisse wie bei der Kuppelproduktion). So erörtern Haasis/Plöger (2007b) einen Ansatz zur Aufschlüsselung von zu vererbenden Kostendaten auf die Transponder nachfolgender Produkte.[1187]

Im Falle der Loszusammenfassung (Konvergenz) muss dem neuem Los eine eigene Identifikation zugeteilt werden, wenn die Durchmischung zusätzliche Eigenschaften erzeugt. Bei einem Splitting des Loses (Divergenz) haben die neuen Lose nur dann eine neue Identifikationsnummer zu erhalten, wenn Stromabwärts-

---

1184 Dykhoff/Spengler (2007) unterscheiden die Vergenz der Produktion in durchgängige (glatte), konvergierende (synthetische), divergierende (analytische) und umgruppierende (austauschende) Materialflüsse, vgl. ebd. S. 31.

1185 Vgl. Hustadt/Jansen (2005), S. 10 f.

1186 Vgl. Haasis/Plöger (2007b), S. 15.

1187 Vgl. ebd., S. 14 ff.

aktivitäten oder -bedingungen eintreten, die sich jeweils unterscheiden und die Eigenschaften modifizieren. Dazu bedarf es einer Bill-of-batches.[1188] Die Erstellung einer solchen losbezogenen Zusammensetzungsdokumentation erfordert eine Abspeicherung auf einem Informationsträger (einschließlich aller untergeordneten Daten), was auf Grund von beschränkter Speicherkapazität schwierig sein kann. Ein grundsätzlich anderer Lösungsansatz kann die Etablierung eines Informationskonsolidierungspunkts sein. Hier würden ausgewählte Produkteigenschaften aggregiert gespeichert werden. Zweckmäßig ist dies vor allem an Split off-Punkten, wie z. B. an der Bearbeitungsstation, an dem sich die Komponenten eines gemeinsamen Vorprodukts aufteilen.[1189] An den durchlaufenden Objekten würden die Daten auf dem Transponder durch eine eindeutige Nummer ersetzt werden. Diese fungiert als Schlüssel, über den stromaufwärts gelagerte Prozessinformationen zu Frachtsendungen zugeordnet werden können. Dabei können mehrere Entkoppelungspunkte in einer Supply chain vorliegen.[1190] Upstream zu diesem Punkt werden alle Produktdaten weitergegeben, downstream nur der Verweis auf den Konsolidierungspunkt und zwischenzeitig angefallene Daten. Durch die ID-Nummer als Konsolidierungspunkt-Schlüssel müssen umfangreiche Daten am Objekt nicht weitergegeben werden, bleiben aber dennoch zugänglich.[1191]

Der Vorteil eines solches Tracing-Systems ohne Echtzeit-Tracking (Softtracing) liegt darin, dass keine automatisierte Verarbeitung von Daten notwendig ist und somit auch Automatisierungsinseln bei der Informationsintegration toleriert werden können. Eine Stand alone-Basisstation speichert die aggregierten Daten und vergibt eine Seriennummer als Schlüssel für Datensätze, ohne dass es einer Informationsanbindung an Kommunikationsnetze bedarf. In größeren zeitlichen Abständen können Daten auch gesammelt über einen Datenträgeraustausch abgerufen werden. Der Offline-Betrieb von Informationsarchiven an Informationskonsolidierungspunkten (als unangebundene Stand alone-Einzelgeräte) wird vorgenommen, wenn eine Investition in eine Vernetzung mit zentralen IT-Systemen unwirtschaftlich ist (Informationsdefekt der Rentabilität). Das Verfahren wird als Data-logging bezeichnet.[1192] Dieses stellt eine Möglichkeit der Informationsentkoppelung für nachfolgende Glieder der Supply chain dar. So können Prozessdaten vorgehalten werden, um zu belegen, dass alle Prozesse den gesetzlichen Anforderungen oder Qualitätsnormen entsprechen.[1193] Dieses dezentrale Vorhalten von Daten hat den Vorteil, dass Daten gespeichert werden können, wenn keine

---

1188 Vgl. van Dorp (2002), S. 29.

1189 Vgl. Kahle (1991), S. 277.

1190 Vgl. van Dorp (2002), S. 30; Jansen-Vullers/Wortmann/Beulens (2004), S. 304.

1191 Vgl. Jansen-Vullers/Wortmann/Beulens (2004), S. 307 ff.

1192 Vgl. Hahn/Laßmann (1989), S. 408.

1193 Vgl. Jansen-Vullers/Wortmann/Beulens (2004), S. 304.

Verbindung zu einer zentralen Datenbank garantiert werden kann. Militärische Anwendungen machen intensiv von beschreibbaren Transpondern gebrauch.[1194]

Wenn nur eine begrenzte Zahl an Informationskonsolidierungspunkten verwendet wird, macht dies ein Sendungs-Tracing ohne die Integration einer Vielzahl von IT-Systemen entlang einer Supply chain möglich[1195] und umgeht somit die Integrationsdefekte von IT-Systemen in Supply chains. Jansen-Vullers/Wortmann/Beulens (2004) haben das Konsolidierungskonzept vor allem für automatische Identifikationssysteme mit begrenzter dezentraler Speicherkapazität und nicht programmierbaren Informationsträgern ausgelegt. Werden bei RFID-Systemen Transponder mit hinreichend großer Speicherkapazität eingesetzt, käme den Informationskonsolidierungspunkten nur noch eine Back-up-Funktion für den Fall des Totalverlusts von Frachtsendungen zu, sofern beispielsweise Kosteninformationen zurückverfolgt werden sollen.

Informationskonsolidierungspunkte auf Data-logging-Basis können grundsätzlich einen Beitrag liefern, um die Herkunft von Gütern zurückzuverfolgen. Aber diese Systeme haben ihre Nachteile, weil sie eine enge Integration benötigen. Daher können sie nur das letzte Element eines Qualitätssicherungssystems und nicht die tragende Säule sein.[1196] Der Softtracing-Ansatz liefert auch einen Beitrag zur Entlastung der IT-Systeme vor einem hohen Datendurchsatz. Die Dokumentation und Rückverfolgung von Prozessdaten auf Teileebene würde enorme Datenmengen generieren, auf die in Echtzeit zugegriffen werden müsste. Diese Datenmengen überlasten auch aktuelle IT-Systeme und können bisher bestenfalls durch eine Reduzierung des Detaillierungsgrades der erfassten Informationen bewältigt werden.[1197] Dabei ist der Austausch von vielen Informationen gerade für die Koordination einer Supply Chain von großer Bedeutung.[1198]

Nachteilig an dem Softtracing-Ansatz ist, dass eine Prozessüberwachung in Echtzeit nicht unterstützt wird. Im Lean management wird allerdings auch nicht auf eine zentrale Prozessüberwachung und Problembehebung abgestellt, sondern hat eine lokale Fehleridentifikation und -behebung Priorität (Prinzips des Locality of reference).[1199] Van Dorp (2002) verweist auf, dass für eine Vielzahl von Problemen, für die mit Tracking & Tracing eine zentralisierte Echtzeitüberwachung eingerichtet wird, das Lean management konzeptionell eine dezentral Überwachung und Problembehebung vorsieht.[1200] Entsprechend für die Einführung einer

1194 Vgl. Gaukler/Seifert (2007), S. 31.

1195 Wie in Kapitel 3.5.1.4 anhand empirischer Studien gezeigt wurde, kann dies eine vierstellige Zahl an isolierten Systemen umfassen.

1196 Vgl. Jansen-Vullers/Wortmann/Beulens (2004), S. 310.

1197 Vgl. McFarlane/Sheffi (2003), S. 15; Kaplan/Anderson (2004), S. 132; Pflaum (2001), S. 218; Haasis/Plöger (2007b), S. 9.

1198 Vgl. Childerhouse et al. (2003), S. 496.

1199 Siehe Kapitel 4.6.2.

1200 Vgl. van Dorp (2002), S. 24.

produktionssynchronen Logistik auch der Ersatz einer zentralen Überwachung durch dezentrale Mechanismen wie Jidoka oder Andon zu empfehlen. Hierdurch bleiben Regelkreise auf eng definierte Verantwortungsbereiche beschränkt und es wird für den schnittstellenübergreifenden Informationsaustausch auf Neben-Informationsflüsse downstream mit Koppelung von Material- und Informationsfluss zurückgegriffen (Informationsintensitätserhöhung bei Softtracing).

In der Regel ist für den Einsatz von Tracking & Tracing wie auch bei Softtracing auf automatische Identifikationssysteme zurückzugreifen, da sonst die manuelle Datenerfassung und -weitergabe (Translation, Transformation und Transmission) zu Verzögerungen und Dateninkonsistenzen führt, die den Nutzen und die Akzeptanz des Systemeinsatzes erheblich schmälern. Unter diesem Gesichtspunkt ist auf Grund des geringsten Handlingaufwandes unter den Identifikationssystemen berührungslos auslesbaren Systemen wie RFID-Transpondern der Vorzug zu geben.

4.5.2 Die Unterstützung von Recyclingkonzepten durch RFID nach Saar/Thomas (2003)

Im Zusammenhang mit dem Informationsintensitätsansatz haben Saar/Thomas (2003) einen innovativen Vorschlag zur Optimierung der Produktrückführung veröffentlicht. Sie untersuchen die Möglichkeit, durch die Einbettung von automatischen Identifikationssystemen in Gebrauchsgüter die Wiederverwendung, -verwertung und die Rohstoffrückgewinnung zu optimieren. Dabei schlagen sie vor, Demontageschritte und Inhaltsstoffe von Gefahrgütern (z. B. Farben und Lacke) direkt am Objekt abzuspeichern, um das Recycling effizienter zu gestalten. Weiterhin stellen sie konzeptionelle Möglichkeiten zur Gestaltung von Anreizen für die Rückgabe von Gebrauchsgütern vor. In Deutschland sind für verschiedene Kategorien von Absatzgütern Rücknahmepflichten für den Hersteller rechtlich vorgeschrieben.[1201] Denkbar ist hier ein Pfandmanagement für recyclebare Güter, vor allem, wenn die Entsorgung nicht über den Hausmüll vorgesehen ist (wie bei Batterien) und die Erstattung über die Identifikation eines Barcodes erfolgt. Für wiederverwendbare oder wiederverwertbare Güter, die einen Restwert haben, könnte auch abweichend ein Coupon-System eingeführt werden, mit dem Rabatte beim Ersatzkauf einer gleichen Produktsorte gewährt werden.[1202] Verschlüsselbare

1201 Namentlich die Verordnung über die Überlassung, Rücknahme und umweltverträgliche Entsorgung von Altfahrzeugen (AltfahrzeugV), Verordnung über die Rücknahme und Entsorgung gebrauchter Batterien und Akkumulatoren (BattV), Verordnung über die Vermeidung und Verwertung von Verpackungsabfällen (VerpackungsV) sowie das Gesetz über das Inverkehrbringen, die Rücknahme und die umweltverträgliche Entsorgung von Elektro- und Elektronikgeräten (ElektroG), vgl. Marx/Köhlmann (2005), S. 2008.

1202 Vgl. Saar/Thomas (2003), S. 134 f.

RFID-Transponder schützen hier vor Leistungsmissbrauch, indem sie das Einbringen von Plagiaten durch einen Kopierschutz erschweren. Durch solche Incentives soll der Kunde ebenfalls dazu gebracht werden, Komponenten zurück in den Wertstoffkreislauf zu bringen, um eine Kreislauflogistik zu etablieren.[1203] Siestrup (1999) nennt als erforderliche Informationen an unterschiedlichen Stellen eines zu schließenden Produktkreislaufs Konstruktionsdaten (für die Fertigung, Reparaturstellen und Demontagestandorte) ebenso wie modifizierte Arbeitspläne und Stücklisten, gemeinsam verwendete Qualitätsdaten in Produktion und Reproduktionsstufen und Logistikdaten (Packungsmaße oder Handlinganforderungen).

Saar/Thomas (2003) empfehlen den Einsatz von RFID-Transpondern zur Datenspeicherung. Diese sind zwar teurerer als Barcodes, allerdings unempfindlicher gegen Schmutz und Zerkratzen, was eine hohe Bedeutung für die Wiederverwertung von Abfällen hat. Zudem lassen sie sich ohne aufwändiges Handling berührungslos auslesen.[1204] RFID-Systeme haben allerdings Probleme beim Auslesen in Gegenwart von Metallteilen. Wenn die Transponder selbst auf ferromagnetische Komponenten aufgebracht werden, gibt es hingegen mittlerweile technisch die Möglichkeit, Störungen durch den Untergrund zu kompensieren.[1205] Ein anderes Problem bei der Anwendung ist in den Informationsintegrationsdefekten zu sehen.[1206] Während bei statischen Daten zum Recycling (z. B. Angaben zu Gefahrgutklassen) durchaus auf Ansätze wie das Internet der Dinge zurückgegriffen werden könnte, um Daten zentral zu verwalten, kommen bei dem Rückgriff auf organisatorisch verteilte dynamische Daten (z. B. Betriebszeiten um einen möglichen Verschleiß abschätzen zu können) alle in den Abbildungen 12 bis 15 aufgeführten Informationsintegrationsdefekte uneingeschränkt zum Tragen. Hier wäre aber, da das Produkt bei der Verwertung in jedem Fall vorliegt, eine dezentrale Speicherung von dynamischen Daten ein zuverlässiges Verfahren, um diese weiterzugeben (Data-on-tag Ansatz). Abzuwägen sind hierbei vorrangig Kostenrestriktionen, die den Einsatz von kostengünstigen Barcodes nahe legen, die aber regelmäßig mit dem Verzicht des Zugriffs auf dynamische Daten einhergehen, weil eine fortlaufende Erneuerung von Barcodes zu aufwändig ist.

Bei variantenreichen Modulen, wie sie typisch für Beschaffung mittels produktionssynchroner Logistik sind, wäre eine Demontage von Verschleißteilen und die Wiederverwendung von Einzelkomponenten oder ganzen Produktplattformen ein vielversprechendes Anwendungsfeld für Demontageansätze. Eine

---

1203 Vgl. Plöger (2007), S. 129.

1204 Vgl. Saar/Thomas (2003), S. 138 ff.

1205 So werden technisch RFID-Transponder, deren Empfang durch den Untergrund gestört wird, mit Abstandshaltern versehen oder so dissonant produziert, dass sich nach Aufbringung auf das Objekt wieder eine empfangsfähige Resonanz ergibt.

1206 Siehe hierzu Kapitel 3.5.3.

Demontagetauglichkeit könnte zudem durch eine modulare Bauweise unter Trennung von Funktions- und Verschleißteilen (Differentialbauweise nach dem Prinzip eines Design for services)[1207] gefördert werden. Daraus ergibt sich vordergründig noch kein Anwendungsfeld für die produktionssynchrone Logistik. Allerdings könnten zukünftig staatliche Vorgaben zur Recyclebarkeit eine Ausstattung von Gebrauchsteilen mit eingebetteten Informationen erforderlich machen.[1208] Dann könnten solche Identifikationssysteme zusätzlich genutzt werden, um weitere Anwendungen im Sinne eines Informationsintensitätsansatzes zu etablieren. Bisher gibt es nur einzelne Beispiele, bei denen sensible Bauteile wie Airbags von den Herstellern mit Daten am Produkt ausgestattet werden – dort allerdings zwecks Erfüllung von Rechtsvorschriften zur Rückverfolgbarkeit aus Sicherheitsgründen. Ob sich der Vorschlag von Saar/Thomas (2003) in absehbarer Zukunft in nennenswerter Verbreitung verwirklichen wird, bleibt zu diesem Zeitpunkt offen.

4.6 Plan: Logistikgestaltung in Fertigungsverbünden

4.6.1 Time-driven activity-based costing durch Softtracing

Das aus dem Lean management stammende Prinzip der prozessbegleitenden Qualitätssicherung kann auch zur Kostenüberwachung Anwendung finden. Die Notwendigkeit einer funktionsübergreifenden Kostenkontrolle ergibt sich für die produktionssynchrone Logistik daraus, dass es zur Prozessintegration Investitionen in die Umgestaltung von Betriebsstätten zur reibungslosen Abwicklung von Material- und Informationsflüssen bedarf.[1209] Auf Grund von Wechselwirkungen innerhalb eines Fertigungsverbunds wird es dabei zu Ausgaben in einem Funktionsbereich (oder analog bei einem Geschäftspartner) kommen, deren Nutzen allerdings sich nur als Fernwirkung in einem anderen Funktionsbereich entfaltet.[1210] Damit solche Investitionen zur Erzielung von Effizienzgewinnnen nicht unterbleiben, bedarf es einer funktions- und unternehmensübergreifenden Kostenrechnung. Auch sind für rationale Beschaffungsentscheidungen Kosten differenziert zu bewerten. Wie in Kapitel 2.4.2 aufgezeigt wurde, ist die Beschaffungsoption mit dem niedrigsten Stückpreis nicht zwingend gleichzusetzen mit der wirtschaftlichsten Entscheidungsalternative. Falsche Kostenrechnungssysteme können nicht nur im Umfeld einer produktionssynchronen Logistik unzweckmäßig sein, sondern sogar dessen Zielsetzung konterkarieren. So wird ein

---

1207 Vgl. Haasis (2008), S. 107.

1208 So wäre eine mögliche Verschärfung denkbar zur Durchsetzung der Kennzeichnungspflicht von Elektro- und Elektronikgeräten nach § 7 des Gesetzes über das Inverkehrbringen, die Rücknahme und die umweltverträgliche Entsorgung von Elektro- und Elektronikgeräten.

1209 Vgl. Panichi (1996), S. 42.

1210 Vgl. Haasis/Plöger (2007), S. 4. Siehe hierzu auch die Erwägungen in Kapitel 2.4.

Kostenmanagement auf Basis von Anlagenauslastungsgraden den Aufbau hoher Bestände fördern. Der Einbezug nicht-finanzieller Kennzahlen kann hingegen Prozessoptimierungen fördern.[1211] Daher kann eine produktionssynchrone Logistik vor allem durch eine prozessorientierte Kostenrechnung unterstützt werden. In diesem Zusammenhang stellen Durden/Hassel/Upton (1999) mit Bezug auf Kostenrechnungssysteme fest, dass unangepasste Kostenrechnungssysteme die volle Ausschöpfung von Vorteilen neuer Produktionssysteme behindern und belegen dies auch empirisch.[1212] So können konventionelle Kostenrechnungssysteme zu restriktiv, aufwendig sowie komplex sein, um im Umfeld einer produktionssynchronen Fertigung eingesetzt zu werden.[1213] Hoque (2000) kommt zu dem Schluss, dass in einem Umfeld produktionssynchroner Versorgung das Organisationsverhalten komplizierter ist als in der Massenproduktion und daher Kostenrechnungen erforderlich sind, die über Stückzahlmessungen hinaus gehen.[1214]

Die naheliegende Lösung des Einsatzes eines Activity-based costing (ABC)[1215] zur Prozessbewertung in der produktionssnchronen Logistik findet in der Praxis allerdings nur eine geringe Verbreitung. Kaplan/Anderson (2004) führen die geringe Akzeptanz des ABC auf die prohibitiv hohen Kosten der Datenerfassung (insbesondere hinsichtlich der Cost driver) sowie dem einhergehend hohen Aufwand zur Datenpflege in IT-Systemen zurück.[1216] Dieses Problem ist auch in der dynamischen und sich fortlaufend wandelnden Natur von Prozessen angelegt.[1217] Ewert/Wagenhofer (2008) verweisen ebenso auf Studien, nach denen ABC international nur in einem kleinen Teil der Unternehmen Verwendung finden. Die wesentlichsten Barrieren bestehen aus ihrer Sicht aus der mangelnden Implementierung in IT-Systeme und dem geringen Rückhalt in operativen Planungsprozessen.[1218] Auch Weber (1995) betont, dass jedwede Prozessgestaltung denknotwendig mit Prozessveränderungen einhergeht und der daraus resultierende fortlaufende Anpassungsbedarf ABC unwirtschaftlich macht. Daher charakterisiert er ABC als fallweisen Ansatz für die außerordentliche Verwendung bei der Neu-

1211 Vgl. Upton (1998), S. 1102.

1212 Vgl. Durden/Hassel/Upton (1999), S. 122.

1213 Vgl. ebd., S. 111.

1214 Vgl. Hoque (2000), S . 135.

1215 Lukka/Granlund (2002) weisen nach, dass eine Fragmentierung und Parallelisierung der Begriffsauffasung des Activity-based costing aus theoretischer Sicht einer konzeptionelle Weiterentwicklung entgegen steht; vgl. Lukka/Granlund (2002), S. 186. Daher wird nachfolgend auf eine Bezugnahme zu verwandten Ansätzen (wie die Prozesskostenrechnung im deutschsprachigen Raum) verzichtet.

1216 Vgl. Kaplan/Anderson (2004), S. 131 f. Vgl. hierzu auch Armstrong (2002), S. 111; Brimson (1998), S. 6; Schildbach (1993), S. 357.

1217 Vgl. Haasis/Plöger (2007), S. 4.

1218 Vgl. Ewert/Wagenhofer (2008), S. 690.

gestaltung von Prozessen.[1219] Auch Siestrup (1999) sieht die Anwendbarkeit von ABC auf repetivite Prozesse beschränkt.[1220] Ebenso vertritt Brede (1998) die Auffassung, dass ABC nur zur Nachkalkulation von Zuschlagssätzen eingesetzt werden kann.[1221] Armstrong (2002) kritisiert, dass große Mengen an zentral vorgehaltenen Kostendaten vor einer regelmäßigen Pflege abschrecken können und daher notwendige Aktualisierungen an Kostenmodellen unterbleiben.[1222]

Um diese vorgenannten Probleme zu umgehen, schlagen Kaplan/Anderson (2004) den Einsatz eines vereinfachten Time-driven activity-based costing (TDABC) vor und fordern, Kosten nur noch über die Prozessdauer (als zeitliche Inanspruchnahme) zuzurechnen. Dies verringert nach ihrer These den Erhebungs- und Pflegeaufwand für die Erstellung von Kostenrechnungsmodellen bei komplexen Prozessen erheblich. Zudem kann leichter anhand eines einzelnen Kriteriums überprüft werden, ob die Kostenmodelle noch aktuell sind.[1223] Dekker/van Goor (2000) entwerfen einen Ansatz für ein überbetriebliches ABC auf Basis von zentralisierten IT-Systemen, die im Datenaustausch per EDI stehen.[1224] Eine solche Kostenrechnung bleibt anfällig für Informationsintegrationsdefekte – insbesondere wenn die Kostenrechnung schnittstellenübergreifend erfolgt. Zu den Informationsintegrationsdefekten wird entsprechend auf die Erwägungen des Kapitels 3.5.2.5 verwiesen. Ergänzend wird betont, dass der Informationsintegrationsdefekt des Geschäftsgeheimnisses bei Kostendaten ein herausragendes Hindernis für die unternehmensübergreifende Informationsintegration ist – Unternehmen sind bei der Weitergabe von Kostendaten besonders sensibel, um ein opportunistisches Verhalten von Geschäftspartnern in Vertragsangelegenheiten zu verhindern.[1225] Die rein produktbezogene Weitergabe von Kostendaten wird daher gegenüber einer uneingeschränkten Zugriffsfreigabe auf Datenbanken mit Kostendaten durch Unternehmen bevorzugt und schafft eine größere Bereitschaft zur Weitergabe (ausgewählter) Kostendaten.

Daher schlagen Haasis/Plöger (2007) den Einsatz von beschreibbaren RFID-Transpondern vor, um eine objektbezogene und damit dezentrale Datenerfassung für Prozesszeiten zu ermöglichen.[1226] Erste Überlegungen zur funktionsübergreifenden Verfolgung und Bewertung von Prozessen mittels automatischer Identifikationssysteme gehen auf Johnson/Kaplan (1987) sowie Porter/Millar (1985)

1219 Vgl. Weber (1995), S. 29 f.

1220 Vgl. Siestrup (1999), S. 138.

1221 Vgl. Brede (1998), S. 40.

1222 Vgl. Armstrong (2002), S. 111. Brede (1998) umschreibt dies als „[...] elektrifizierte Verfestigung bestehender Abläufe", S. 121.

1223 Vgl. Kaplan/Anderson (2004), S. 134 ff.

1224 Vgl. Dekker/van Goor (2000), S. 43.

1225 Vgl. Huang/Lau/Mak (2003), S. 1497.

1226 Vgl. Haasis/Plöger (2007), S. 11.

zurück.[1227] Allerdings scheiterten die damals auf optoelektronischen Identifikationssystemen gestützten Konzepte an der Notwendigkeit, eine ununterbrochene Sichtlinie zwischen dem Barcode und dem Lesegerät herstellen zu müssen.[1228] Erst durch den Einsatz von berührungslos auslesbaren RFID-Chips entfiel dieser manuelle Handlingaufwand und machte eine vollkommen automatisierte Erfassung von Objekten möglich.[1229] Diese ist dann die Grundlage für eine verursachungsgerechte, prozessorientierte, effiziente und detaillierte Kostenrechnung gemäß der zeitlichen Inanspruchnahme von Betriebseinrichtungen.[1230] Dazu werden an Betriebsstätten oder auch nur einzelnen Bearbeitungsstationen RFID-Lesegeräte angebracht, welche den Produktionsfortschritt mit Zeitstempeln am jeweiligen Objekt abspeichern.[1231] Hierdurch werden objektbezogen Daten der zeitlichen Ressourcenbeanspruchung oder der Verweildauer erfasst, um Gemeinkosten einer Funktionsinstanz über Duration driver umrechnen zu können. Die Vorteile dieses Verfahrens liegen darin, dass ein objektiver Indikator (Zeit) für die Kostenrechnung verwendet wird, ohne auf komplexe Prozessmodelle abstellen zu müssen. In einer variantenreichen Fertigung können Komplexitätskosten so leicht abgebildet werden (was damit eine Preisdifferenzierung für Sonderanfertigungen erleichtert) und die Erhebung durch maschinenlesbare Identifikationssysteme wird vereinfacht, ohne einen ausufernden Personalstab zur Prozessanalyse zu benötigen.[1232] Erst durch diese Vereinfachung der Kostenerfassung wird eine funktions- und prozessübergreifende Implementierung von ABC-Verfahren praxistauglich möglich. Auch kann Mitarbeitern vor Ort mit RFID-Lesegeräten Zugang zu aktuellen Prozess- und Kostendaten geschaffen werden, um Probleme sowie Kostenabweichungen lokal zu identifizieren und ohne Verzögerungen zu beheben. Dieser lokale Problemlösungsbezug unter Einbindung von Mitarbeitern ist ein zentrales Element des Total quality managements im Lean management[1233] und steht im Gegensatz zur Sachferne eines zentralisierten Reportings.[1234] Hierdurch wird eine prozessbegleitende Kostenkontrolle auf Komponentenebene erleichtert – bei zentralisierten Ansätzen erfolgt hingegen regelmäßig nur ein verzögertes Reporting am Periodenende auf Endproduktebene. Für die Prozessoptimierung liegt ein erheblicher Vorteil einer Sonderrechnung im Abrücken von einer aggregierten

1227 Vgl. Johnson/Kaplan (1987), S. 224; Porter/Millar (1985), S. 160 f.

1228 Vgl. Pflaum (2001), S. 62.

1229 Hierbei sei auf die Erwägungen zum kostengünstigen Einsatz von aktiven RFID-Transpondern gemäß IEEE P1902.1 (RuBee) in Kapitel 3.6.1 verwiesen.

1230 Vgl. Johnson/Kaplan (1987), S. 224; Brede (1998), S. 19.

1231 Zur ausführlichen Darstellung der Semantik von Zeitdaten sowie der Datenreferenzierung bei konvergierenden und divergierenden Materialströmen wird auf Haasis/Plöger (2007), S. 14 ff. verwiesen.

1232 Vgl. Haasis/Plöger (2007), S. 12.

1233 Vgl. Kapitel 4.4.3.1.

1234 Vgl. Picot/Reichwald/Wigand (2003), S. 532.

Datengenerierung in starrer Periodisierung.[1235] Zudem kann ein Längs- und Querschnittsvergleich bei Prozesszeiten dazu dienen, den effizientesten Pfad bei konkurrierenden Prozessen (z. B. wenn eine Modulsorte von mehreren Zulieferern bezogen wird) zu ermitteln oder unterschiedliche Prozesse zu analysieren (wie das Verhältnis der Lieferdauer im regulären Prozess im Vergleich zu Eillieferungen). Unter Hinzuziehung von Materialkosten, Einstandspreisen und Kostensätzen (die ebenfalls am Objekt gespeichert werden könnten) wäre konzeptionell auch eine Unterstützung von Transferpreismodellen in einer Variantenfertigung durch diese Kostendaten möglich.[1236] Die gesammelten zeitlichen Prozessdaten lassen auch Rückschlüsse auf den zeitlichen Anteil der wertschöpfenden Tätigkeiten im Verhältnis der gesamten Durchlaufzeit zu. Eine zu große Vereinfachung ist allerdings hierbei zu vermeiden, denn eine längere Bearbeitungsdauer kann ihre Ursache auch in der Schaffung von Zusatznutzen haben.[1237]

In der technischen Umsetzung wird dem Informationsintensitätsansatz folgend keine zentralisierte Datenspeicherung (Data-on-net) vorgenommen, sondern Daten werden dezentral (Data-on-tag) gespeichert. Der Informationsfluss wird dadurch an den Materialfluss gekoppelt, so dass Kostendaten für jedes Objekt lokal vorliegen, ohne von schnittstellenbedingten Informationsintegrationsdefekten behindert zu werden. Je nach Bedeutung eines Prozesses oder Investitionskraft können mehrere Antennen in einer Betriebsstätte aufgestellt werden, die Objektbearbeitungsvorgänge und -bewegungen mit Zeitstempeln dokumentieren. Dies bedarf keiner Online-Anbindung an zentrale IT-Systeme, auch wenn hybride Systeme mit zentraler Datenspeicherung möglich wären.[1238] Um auf Prozessdaten auch nach dem Verlust von RFID-Transpondern zugreifen zu können, kann an jedem Lesegerät ein Back-up-Speicher vorgehalten werden (Data loggin Verfahren), der zugleich auch als Datenquelle für periodische Auswertungen hinsichtlich des lokalen Objektdurchsatzes dienen kann. Bei der objektbezogenen Auswertung von akkumulierten Prozessdaten auf dem RFID-Transponder bleibt die zu verarbeitende Datenmenge überschaubar und die Informationsweitergabe wird über den Materialfluss abgewickelt, so dass über diesen Informationsnebenfluss downstream Informationsintegrationsdefekte umgangen werden.

Zusammengefasst umfasst das Kostenmanagement im Wesentlichen zwei Schritte: zunächst müssen Daten erfasst werden (Informationserfassung) und anschließend die gewonnenen Daten in Modellen[1239] abgebildet werden (Infor-

1235 Vgl. Riebel (1989), S. 63.
1236 Vgl. Haasis/Plöger (2007), S. 14.
1237 Vgl. Armstrong (2002), S. 113.
1238 Vgl. Haasis/Plöger (2007), S. 14.
1239 Sinz definiert ein Modell als „ein System (Ursystem), das mit Hilfe einer Abbildungsvorschrift (Modellabbildung) in ein Modellsystem (Bildsystem) abgebildet wird, Sinz, E. (1997), S. 270.

mationsabbildung),[1240] um die Vielzahl der Informationen in aussagekräftige Kennzahlen zwecks Analyse und darauf folgend Gestaltung zu aggregieren. Während es zum zweiten Aspekt des Kostenmanagements eine Vielzahl von Diskussionen und Modellen in der Literatur gibt, wird die vorgelagerte Aufgabe der Informationserfassung ausgeblendet, bzw. das Vorhandensein von Informationen wird implizit angenommen. Die Verwirklichung des Informationsintensitätsansatzes unterstützt den vernachlässigten Bereich der Informationserfassung und trägt damit der Erkenntnis Rechnung, dass eine zweckmäßige Kostenrechnung zwischen der Genauigkeit der Ergebnisse und den Kosten der Erhebung und Verarbeitung von Ergebnissen abwägt.[1241]

In dem Zusammenhang verweisen Kaplan und Anderson (2004) darauf, dass ihr Time-driven Activity-based costing robust hinsichtlich Datenabweichungen ist und dadurch keine hochpräzise Zeiterfassung notwendig ist, um aussagekräftige Kostendaten zu bekommen.[1242] Im Hinblick auf das Gebot der Wirtschaftlichkeit des Rechnungswesens, ist auf einen zu hohen Detaillierungsgrad zu verzichten, zumal ein solcher augrund der Prognosen im Hinblick auf Einflussgrößen und des fortlaufenden Wandels wertschöpfender Prozesse grundsätzlich nicht zweckmäßig ist.[1243] Konzeptionelle Grenzen des ABC ergeben sich vor allem bei nicht-linearen Wirkungszusammenhängen von Leistungsinanspruchnahme und Kosten und bei kapazitätsmäßigen Wechselwirkungen zwischen Kostenträgern.[1244] Diese Anforderungen sind sehr eng und in der Praxis nur schwer zu erfüllen. So lassen sich empirisch häufig nicht-lineare Kostenbeziehungen bei Gemeinkosten nachweisen. Allerdings bilden Prozesskostenrechungssysteme gegenüber traditionellen mengenbezogenen Kostenrechnungsansätzen die nicht-linearen Zusammenhänge noch am zutreffensten näherungsweise in linearer Form ab.[1245] Der von Haasis/Plöger (2007b) vorgestellte Ansatz der dezentralen Prozesserfassung vermeidet zudem Informationsintegrationsdefekte bei funktionsübegreifenden Prozessen und greift den Einbezug der Mitarbeiter vor Ort zur Problemlösung (Gemjitsu) auf.

1240 Modelle dienen dabei einer zweckgerichteten Vereinfachung eines Ausschnitts der Wirklichkeit, vgl. Eichhorn (1979), S. 65.

1241 Vgl. Kaplan/Cooper (1997), S. 95; Armstrong (2002), S. 105; Babad/Balachandran (1993), S. 565; Haasis/Plöger (2007b), S. 3; Schildbach (1997), S. 261 f.; Horváth/Mayer (1995), S. 65; Laßmann (1983), S. 92; Lackes (1989), S. 51; Laux/Liermann (2005), S. 24.

1242 Vgl. Kaplan/Anderson (2004), S. 133.

1243 Vgl. Laßmann (1983), S. 92.

1244 Vgl. Noreen (1991), S. 164; Preißler (1999), S. 179; Degrave/Labro/Roodhooft (2005), S. 9.

1245 Vgl. Degrave/Labro/Roodhooft (2005), S. 14.

4.6.2 Kontinuierliche Verbesserung und Ex post facto-Experimente

Die zuvor vorgestellten Ansätze zur prozessbegleitenden Qualitätssicherung greifen den Aspekt der funktionsübergreifenden Verbesserung als Definitionsbestandteil des Lean managements auf. Dabei wurde noch nicht auf das Verhältnis zur Forderung des Lean managements nach kontinuierlicher Verbesserung eingegangen – als inkrementelle Verbesserungen im Sinne eines Kaizen.[1246] Eine in Prozesse eingebettete Qualität verhindert nicht nur das Auftreten von Fehlern,[1247] sondern auch die Weitergabe fehlerhafter Teile.[1248] Dies ist von besonderer Bedeutung hinsichtlich der Annahme des Lean managements, dass eine sofortige Qualitätskontrolle eine bessere Fehlerauffindung ermöglicht als nachträgliche Maßnahmen zur Qualitätssicherung.[1249] In dem Zusammenhang steht auch die grundlegende Schlussfolgerung, dass hohe Bestände Prozessfehler und Organisationsmängel verdecken,[1250] weil jeder Bestandsaufbau eine zeitliche Verzögerung zwischen Problemauftritt im Prozess und Problemerkennung durch nachfolgende Verwender erzeugt oder verlängert. Von Walter (1996) werden als Problemursachen falsche Produktionsstrategien, quantitativ und qualitativ nicht beherrschte Produktionsprozesse, redundant hohe Losgrößen, nicht flussgerechte Fertigungslayouts, unzureichende Kapazitäten, eine geringe Verfügbarkeit der Betriebsmittel, schlecht synchronisierte Prozesse und lange Rüstzeiten aufgeführt.[1251] Nachfolge Prozesse werden daher im Lean management auch als Kunden verstanden, die zwangsläufig in eine Fehlererkennung eingebunden werden müssen, um Probleme zu entdecken und möglichst schnell beseitigen zu können.[1252] Wie bereits in Kapitel 2.4.2.1 erörtert, ist dieses Argument eine wesentliche Rechtfertigung eines One-piece flows, um nicht die Produktion einer Vielzahl fehlerhafter Teile und einhergehenden Ausschuss sowie Prozessvariabilität auf Grund einer verzögerten Problemerkennung erdulden zu müssen. Letzterer Zusammenhang zwischen Qualität und Variabilität hinsichtlich der Erzielung eines stetigen Materialflusses wird auch in der Literatur regelmäßig aufgegriffen.[1253] Zudem schafft ein One-piece flow eine geringere Problemdichte, so dass Fehler leichter zu entdecken und zu beheben sind.[1254]

1246 Vgl. Syska (2006), S. 71.
1247 Vgl. Hiroyuki (1988), S. 24.
1248 Vgl. Walter (1996), S. 56.
1249 Vgl. Shingo (1992), S. 208.
1250 Vgl. Weber (2007), S. 42.
1251 Vgl. Walter (1996), S. 59 f.
1252 Vgl. Hiroyuki (1988), S. 8.
1253 Vgl. Gunasekaran et al. (1993), S. 541.
1254 Vgl. Walter (1996), S. 62.

Spear/Bowen (1999) und Spear (2002) verallgemeinern diese Erkenntnis und kommen in ihren Studien über 40 Fertigungsstandorte von Toyota zu dem Schluss, dass die kontinuierliche Verbesserung (Kaizen) eines lernenden Systems bedarf, das auf der fortlaufenden Anwendung von Fehlerbehebungsabläufen basiert.[1255] Jeder aufgetretene Fehler wird sofort behoben. Nötigenfalls werden Prozesse gestoppt, um die Problemquelle zu beseitigen – so wie bei Andon beschrieben. Hierbei handelt es sich dann um ein Verfahren der experimentellen Optimierung, wobei die realen Prozesse an Stelle eines Modells als Testgrundlage dienen.[1256] Letztendlich handelt es sich bei einer solchen Behandlung von Prozessabweichungen um ein fortlaufendes Ex post facto Quasi-Experiment. Hierbei wird durch zielgerichtete Beobachtungen auf die Vorbedingungen von vergangenen Ereignissen geschlossen, die nicht (mehr) kontrolliert, gestaltet oder manipuliert werden können.[1257] Chmielewicz (1994) fordert in dem Zusammenhang, dass Ex post facto-Experimente auch dann möglich sein müssen, auch wenn sie noch unterentwickelt oder verbesserungswürdig sind, um dem Fernziel einer Vermehrung des Wissensbestands näher zu kommen; wenn nicht als wissenschaftliches Experiment, dann zumindest als „betriebsbezogenes Experiment“ [1258] (wie in dieser Arbeit vorgeschlagen).[1259] Eine solche Methode kann also auch unter Verwendung teilweise unrealistischer Prämissen akzeptiert werden, wenn sie einen Entscheidungsprozess positiv unterstützen können, d. h. pragmatische Relevanz besitzen.[1260] Charakteristisch für dieses Verfahren ist, dass zunächst ein Fehler auftritt und chronologisch nachfolgend eine Theorie über die Ursache konstruiert wird. Eine solche Methodik ist innerhalb der Wissenschaftstheorie dem Neuen Experimentalismus zuzuordnen.[1261] Dem wird allerdings von den Vertretern des Kritischen Rationalismus ein wissenschaftstheoretischer Einwand entgegen gebracht. Sie vertreten die rigorose Auffassung, dass Kausalzusammenhänge nur nach erfolgreicher Prüfung einer ausformulierten Forschungshypothese[1262] geschlussfolgert werden können. Entsprechend wird postuliert, dass die Erfassung von Daten ohne vorangegangene genaue Formulierung einer Forschungshypothese

1255 Vgl. Spear/Bowen (1999), S. 98.

1256 Vgl. Schiemenz (1982), S. 48.

1257 Vgl. Cooper/Schindler (2001), S. 136; Chmielewicz (1994), S. 113 f.

1258 Vgl. Chmielewicz (1994), S. 115 f.

1259 Diese würden für das jeweilige Unternehmen Informationen liefern, allerdings wären die daraus gewonnenen Schlüsse nur raumzeitlich begrenzt und daher nur für „Quasi-Theorien“ tauglich, vgl. Ulrich/Hill (1979), S. 177.

1260 Vgl. Kirsch (1979), S. 115 f.; vgl. auch Ulrich/Hill (1979), S. 166.

1261 Vgl. Chalmers (2007), S. 155 ff. Chalmers bietet dort auch ein anschauliches Beispiel für die Entdeckung von elektromagnetischen Wellen durch Hertz ohne Vorliegen einer problemadequaten Theorie.

1262 Um eine Theorie prüfen zu können, bedarf sie eines geordneten Systems von Sätzen, die sich nicht widersprechen, vgl. Eichhorn (1979), S. 80.

fruchtlos bleibt.[1263] Demnach wäre es unwissenschaftlich, zunächst analog eines Experiments Prozessdaten zu erfassen und mit ihnen im Nachgang auf analytischem Wege Prozessfehler ermitteln zu wollen. Dieser verbreiteten Auffassung muss allerdings entgegnet werden, dass es in der Geschichte der Wissenschaften mehrfach Erkenntnisse aus Experimenten gewonnen werden konnten, die einerseits in ihrer Gültigkeit bis heute überdauert haben, obwohl die ihnen zu Grunde liegenden Theorien widerlegt wurden[1264] oder neue Erkenntnisse ohne Vorliegen einer problemadäquaten Theorie entdeckt wurden.[1265] Entsprechend können experimentelle Befunde auch Erkenntnisse aufdecken, die einer Theoriebildung vorangehen bzw. einem Theoriewechsel überdauern.[1266] Auf Grund der Vielzahl an wissenschaftlichen Erkenntnissen, die auf eben diesem Weg gewonnen werden konnten, ist der wissenschaftstheoretische Wert von explorativen Experimenten zum Erkenntnisgewinn belegt, ohne den Beitrag der Formulierung von Forschungshypothesen für einen wissenschaftlichen Erkenntnisgewinn zu schmälern.[1267] Der Vorteil von Ex post facto-Experimenten liegt allerdings für die Prozessoptimierung darin, dass auch unbekannte Problem- und Fehlerursachen einer Optimierung unterzogen werden können und die Anwendung von Problemlösungskonzepten schneller und flexibler erfolgen kann.[1268] Letzteres ist für Prozesse im Zusammenhang mit produktionssynchroner Logistik von großer Bedeutung, da hier Problemzusammenhänge auf Grund unbekannter Art und Zahl der einwirkenden Variablen schlecht strukturierbar sind.[1269]

Null-Fehler-Qualitätsziele (wie Six Sigma) werden in komplexen Prozessen als Fernziele betrachtet, da dort Fehler nie endgültig ausgeschlossen werden können. Priorität bei der Problemerkennung hat eine schnelle Fehleridentifikation[1270] und den Einbezug schwacher Signale.[1271] Damit der Regelkreis von Problemauftritt, -identifikation und -beseitigung effizient funktioniert, bedarf es der Vermeidung von

1263 Insbesondere sei hierzu verwiesen auf Popper (1998), S. 150.

1264 Die Vertreter des Neuen Experimentalismus nennen in diesem Zusammenhang die Arbeiten von Augustin Fresnel, dessen experimentell gewonnenen Berechnungen noch heute in gültigen Beschreibungen zu optischen Phänomenen Verwendung finden, obwohl seine Wellentheorie des Lichts durch die Annahmen der Teilchen-Welle-Dualität obsolet geworden ist, vgl. Chalmers (2007), S. 194.

1265 Chalmers (2007) bietet hierzu ein anschauliches Beispiel über die Entdeckung von elektromagnetischen Wellen durch Heinrich Hertz; vgl. ebd., S. 158. In den Wirtschaftswissenschaften sind die Hawthorne-Experimente ein bekanntes Beispiel.

1266 Vgl. Mayo (1996), S. 45 ff.

1267 So akzeptieren Ulrich/Hill (1979) ein Modell auch dann als Theorie, wenn es primär einen hinreichend bestätigten praxeologischen Wert (Realisationsgrad) trotz beschränktem Erklärungswert aufweist, vgl. Ulrich/Hill (1979), S. 186.

1268 Vgl. Eisenhardt (1989), S. 533; ebd. S. 536.

1269 Vgl. Adam (1989), S. 1416 f.

1270 Vgl. Thonemann (2005), S. 338.

1271 Vgl. Sugimori et al. (1977), S. 557.

Prozessbrüchen an Schnittstellenübergängen hinsichtlich zeitlicher Verzögerungen, räumlicher Distanzen, personeller und organisatorischer Verantwortungswechsel. Hier liegt für Kaizen ein Prinzip der "Locality of Reference"[1272] zu Grunde: je weniger Prozessbrüche zwischen Problemauftritt, -identifikation und -beseitigung liegen, desto schneller und gründlicher können Unregelmäßigkeiten und deren Ursachen behoben werden, was wiederum die Variabilität in Prozessen verringert und die Qualität der Prozessergebnisse verbessert. Dieser Ansatz läuft einer Buffered production mit durch Pufferlager entkoppelten Prozessen zuwider, so dass eine produktionssynchrone Logistik eine katalytische Rolle bei der Umsetzung von Kaizen hat. Denn Bestände verschleiern Probleme in Form von hohem Auschuss, Fehlmengen bei Rohstoffen, Fehlzeiten bei Mitarbeitern, nicht abgestimmte Kapazitätsquerschnitte, hohe Rüstzeiten und eine schlechte Materialabfertigung durch Bestände.[1273] Hier besteht vielmehr ein enger Bezug zu den Implikationen der Luhmer-Ungleichung (Formel 18) zur optimalen Wahl des Beschaffungsmodus bei Gegenwart von Erfahrungskurveneffekten und dem Instrument des Kaizen, dass das Forcieren von Fehlerauftrittsmöglichkeiten eine Qualitätsverbesserungskonzept ist und daher bei Kaizen gleichsam Prozessfehler provoziert werden, um nachfolgend Abläufe optimieren zu können. Um ein erfolgreiches Kaizen auf Basis von Ex post facto-Experimenten unter Einhaltung des Prinzips der Locality of Reference umzusetzen, müssen alle Prozesse klar definiert sein und Abweichungen eindeutig zugeordnet werden können (z. B. durch Prozesspläne oder Andon).[1274] Nicht standardisierte und inhomogene Prozesse zerstören hingegen die Transparenz und Rückverfolgbarkeit zwischen Ursache und Wirkung, was Lerneneffekte und eine kontinuierliche Verbesserung erschwert.[1275] Schnittstellenprobleme behindern den Informationsfluss.[1276]

Eine Handlungsempfehlung hierzu ist die Verwirklichung eines Mushroom-Prinzips: die Etablierung langer Standardprozesse (möglichst ohne divergierender oder konvergierende Flüsse) mit Diversifikation im letzten Augenblick.[1277] Eine andere ist die Verwirklichung eines One-piece flows durch die wirtschaftliche Realisierung kleiner Losgrößen und den Einsatz des Pull-Prinzips.[1278] Und auch die zuvor diskutierten Ansätze der prozessbegleitenden Qualitätssicherung unterstützen Ex post facto-Experimente, indem sie Fehler idealerweise mit einer 100%-Kontrolle sofort aufdecken und nicht erst mit Verzögerung bei einer Stichprobenkontrolle am Ende einer Prozessabfolge.[1279]

1272 Vgl. Sarma (2006), S. 47.
1273 Vgl. Chan (2001), S. 149.
1274 Vgl. Spear/Bowen (1999), S. 100.
1275 Vgl. ebd., S. 99.
1276 Vgl. Walter (1996), S. 56.
1277 Vgl. ebd., S. 58.
1278 Vgl. Hiroyuki (1988), S. 9.
1279 Vgl. Yagyu (2007), S. 50.

Analog wird durch Instrumente wie Andon eine begleitende visuelle Eigenkontrolle als Management by sight realisiert.[1280] Entscheidend ist in diesem Zusammenhang, dass jedem Prozess ein eindeutig definierter Prozessverantwortlicher zugeordnet ist, so dass das Montagepersonal vor Ort die Qualitätsverbesserungen verantworten. Dazu müssen Mitarbeiter in überschaubaren Bereichen abgeschlossene Arbeitsinhalte ausführen können. Die in der Fertigung und Logistik tätigen Mitarbeiter formulieren ihre Verbesserungsziele (japanisch „Gemba") vorrangig selbst, damit Kaizen wirksam ist. Dazu müssen die Sachverhalte in den Betriebsstandorten mit Zahlen und Fakten („Gemjitsu") dargestellt werden.[1281] Durch diese Qualitätsdatenrückkoppelung wird die Eigenkontrolle durch Mitarbeiter (-gruppen) erleichtert.[1282] Für diese Qualitätssicherung durch aktive Selbstkontrolle der Arbeitnehmer ist eine hohe Motivation Voraussetzung.[1283] Lukka/Granlund (2002) kommen gar zu dem Schluss, dass in den Wirtschaftswissenschaften die explorative Forschung in erster Linie auf Ex post facto-Erkenntnissen basiert.[1284]

Für die kontinuierliche Verbesserung wird auf die reibungslose Weitergabe von problembezogenen Informationen abgestellt – mit dem Ziel, eine möglichst weit reichende Transparenz für die Mitarbeiter zu schaffen. Um den Informationsgrad lokal zu erhöhen, schlagen Haasis/Plöger (2007) vor, Qualitätsdaten lokal auf einem Transponder abzuspeichern.[1285] Dadurch können Fertigungsanlagen mit stationären Lesegeräten oder auch Monteure mit mobilen Lesegeräten ergänzende Qualitätsinformationen zur Verfügung stellen. Der besondere Vorzug eines Informationsintensitätsansatzes für einen Informationsfluss downstream liegt wiederum darin, dass hier denknotwendig anfallende dynamische Daten (vor allem Qualitätskontrollen während der Fertigung) weitergegeben werden können, ohne Probleme mit Referenzierungsdefekten oder Asynchronitätsdefekten zu bekommen. Auch die Herausforderung der Etablierung von Follow the chain kann durch einen Nebeninformationsfluss umgangen werden. Die vorangegangenen Erwägungen zur prozessbegleitenden Qualitätssicherung unterstreichen, dass eine Bereitstellung von ausschließlich statischen Objektdaten nicht hinreichend ist.[1286] Das zuvor ausführlich dargestellte Beispiel der Paarauslese veranschaulicht diese Schlussfolgerung auch für automatisierte Prozesse.

1280 Vgl. Ohno (1993), S. 35; Yagyu (2007), S. 8.

1281 Vgl. Bartholomay (2009), S. 20 f.

1282 Vgl. Shingo (1992), S. 16.

1283 Vgl. Schulte (2004), S. 313.

1284 Vgl. Lukka/Granlund (2002), S. 168.

1285 Vgl. Haasis/Plöger (2007), S. 12.

1286 Zum Beleg der Begrenzung des Internets der Dinge auf den Austausch statischer Daten abseits bilateraler Geschäftsbeziehungen siehe Kapitel 3.5.2.9.

4.6.3 Servicegradgerechte Bestellerfüllung bei Kollision von Versorgungskonzepten

In Kapitel zwei wurde erörtert, dass produktionssynchrone Logistikkonzepte auf eine Begrenzung von Beständen abzielen. Zugleich wurden die Grenzen der Bestandsreduktion aufgezeigt, so z. B. im Hinblick auf den Nachweis von Kistner (1994) einer abnehmenden Grenzrate der Substitution von Umlauf- durch Anlagevermögen.[1287] Zudem werden bei Firmen wie Toyota wegen der enorm hohen Rüstkosten z. B. Produkte für die Lackierung bewusst zu großen Losen (Farbblöcken) zusammengefasst.[1288] Eine konzeptionelle Konkurrenz von konventioneller, lagerbezogener Versorgung und produktionssynchroner Logistik kann den Blick auf die Tatsache verstellen, dass in produktionssynchronen Fertigungsverbünden vor dem Kundenauftragsentkoppelungspunkt eine servicegradgerechte Bestandshaltung zu erfolgen hat. Entsprechend sind auch in Fertigungsverbünden mit vorrangig produktionssynchroner Logistik Sekundärbestände vorzuhalten, die zur Deckung des Primärbedarfs des OEM dienen. So sind sie vor allem dort eine notwendige Voraussetzung, wo die geforderte Lieferzeit kleiner als die Fertigungsdurchlaufzeit ist.[1289] Hier muss eine Bestandsreichweite vorgehalten werden, die der Fertigungsdurchlaufzeit entspricht.[1290] Toyota baut tatsächlich dort bewusst Bestände auf, wo bei vernachlässigbarer Durchlaufzeit keine vorgehalten werden müssten. Diese berücksichtigen vielmehr unvorhergesehene Maschinenausfälle, zeitaufwändige Rüstvorgänge und Schwankungen in Höhe und Zusammensetzung der Kundennachfrage.[1291] Das Prinzip der Bestandsbegrenzung wird nach Langzeitstudien von Spear/Bowen (1999) bei Toyota differenzierter umgesetzt: dort wird zwischen Sicherheitsbeständen zur Abdeckung einer schwankenden, externen Kundennachfrage und Pufferbeständen zur Absicherung unzuverlässiger und fehleranfälliger Prozesse unterschieden. Vorräte zur Befriedigung dieser zwei unterschiedlichen Bestandskategorien werden dabei niemals zusammengefasst oder gemeinsam vorgehalten, weil hierdurch die Aufdeckung von Problemursachen bei fehleranfälligen Prozessen behindert würde.[1292] Entsprechend verfolgt Toyota nicht den Grenzfall eines Zero-inventory Ansatzes, sondern nur eine Begrenzung auf den zweckmäßig minimalen Bestand. Dass diese Herangehensweise zweckmäßig ist, lässt sich auch durch die Beweise von Kistner (1994) fundieren.[1293]

Zur Gewährleistung störungsfreier Prozesse in der produktionssynchronen Logistik muss der Zulieferer seinem Abnehmer eine ununterbrochene Liefer-

---

1287 Vgl. Kistner (1994), S. 130. Siehe hierzu Kapitel 2.4.3.

1288 Vgl. Weyer (2002), S. 85.

1289 Vgl. Gudehus (2005), S. 253; Zangwill (1992), S. 20.

1290 Vgl. Zangwill (1992), S. 20.

1291 Vgl. Spear/Bowen (1999), S. 104.

1292 Vgl. ebd., S. 105; Towill (2007), S. 3627.

1293 Vgl. Kapitel 2.4.3.

bereitschaft garantieren. Diese lässt sich als prozentuales Verhältnis der Anzahl von Wiederbeschaffungszeiträumen, in denen der Bestand zur Deckung des Bedarfs ausreicht, im Verhältnis zur Anzahl aller Wiederbeschaffungszeiträume, definieren.[1294] Entsprechend sind dort, wo in Fertigungsverbünden eine produktionssynchrone Versorgung des OEM stattfindet, Sicherheitsbestände im oben genannten Sinne für Sekundärbedarfe (abgeleitet aus dem primären Bestellaufkommen des OEM) zu planen. Insbesondere eine Beschaffung Just-in-sequence weist eine problematische Eigenschaft auf. Auf Grund der engen Zeitfenster zwischen dem Eingang des Lieferabrufs und der spätestmöglichen Lieferung für den Verbau können fehlende Teile beim Zulieferer regelmäßig nicht rechtzeitig bei dessen Zulieferern (Second tier) per Eillieferung beschafft werden, so dass Produktionsstillstände drohen.[1295] Hier ergibt sich also eine Kollision von Versorgungskonzepten am Kundenauftragsentkoppelungspunkt (KAEP), der bei der produktionssynchronen Logistik auf der Wertschöpfungsstufe des Zulieferers liegt (Push-Pull-Schwelle).[1296] Materialpuffer sind auf der Bevorratungsebene anzulegen, wo die prognostizierte Bedarfshaltung auf die auftragsbezogene Fertigung trifft – der aus wirtschaftlicher Sicht niedrigstmöglichen Wertschöpfungsstufe.[1297] Vor dem KAEP wird dabei prognosegetrieben (Make-to-stock) und hinter dem KAEP auf Basis von realisierten Kundenaufträgen (Make-to-order) produziert und beschafft. Um die produktionssynchrone Logistik hinter dem KAEP abzusichern, bedarf es daher eines hohen Servicegrades, der regelmäßig ein Six Sigma Niveau absichern sollte.[1298] Entsprechend gibt es auf Ebene eines Fertigungsverbundes auch für produktionssychron beschaffte Teile ein Lagerhaltungsproblem. Für die Versorgung von OEM und deren in ortsnahen Zulieferparks ansässigen Lieferanten (Co-Location) wird in der japanischen Automobilindustrie – wie auch zunehmend im angelsächsisch-europäischen Raum – auf getaktete, konsolidierte Rundlauflieferungen in hoher Frequenz (Milkruns) zurückgegriffen. Häufig erfolgt die Konsolidierung von Lieferungen über einen Gebietsspediteur, der für ein abgegrenztes Gebiet Einzellieferungen sammelt und diese gemeinsam an den Bestimmungsort transportiert.[1299] Gründe hierfür liegen in der besseren zeitlichen Verteilung von Lieferungen (und damit der Vermeidung von Staus am Wareneingang), des kostengünstigen Transports jeweils kleiner Lose (Synergieeffekte auf Grund der Zusammenfassung mehrerer Teilladungen verschiedener Versender) sowie der sich daraus ergebenden Verstetigung von Materialströmen (Verwirklichung von Heijunka durch eine hohe Frequenz der Lieferungen kleinerer Versandmengen als bei Ganzladungslieferungen realisiert

1294 Vgl. Stölzle/Heusler/Karrer (2004), S. 97.
1295 Vgl. Wiechern (2004), S. 202.
1296 Siehe auch Abbildung 4.
1297 Vgl. Hartlieb (1997), S. 35.
1298 Vgl. hierzu auch Kapitel 2.4.4.
1299 Vgl. Wildemann (2001), S. 168.

würden).[1300] Die durch Milkruns in Verbindung mit Co-Location erzielbaren Synergieeffekte bewirken augenscheinlich, dass nach Auswertungen von Vahrenkamp (2007) und Ihde (1991) eine produktionssynchrone Logistik trotz erheblich höherer Belieferungsfrequenz nicht zu höheren Transportkosten führt,[1301] da durch die Kombination von Milkruns und Co-Location strukturell die durchschnittliche Transportweite reduziert wird sowie Lieferungen verschiedener Produkte in Teilladungen zu Ganzladungen konsolidiert werden.[1302] Im Gegenteil: Von Wildemann (2001) werden erzielbare Transportkosteneinsparungen bei Rückgriff auf Gebietsspediteurskonzepte von 10 bis 15% genannt.[1303] Zudem verzeichneten Lee/Billington (1993) in einer Studie eine Verbesserung von Kennzahlen zur Höhe der Sicherheitsbestände und zum Servicegrad durch Co-Location.[1304]

Weil die Abrufe von Just-in-time und Just-in-sequence beschaffender OEM in unregelmäßigen Abständen erfolgen,[1305] besteht daher ein besonderes Problem darin, dass die dem Zulieferer vorgelagerten Unternehmen (2nd tier Zulieferer) selbst nicht auf kurzfristige Abrufe hin fertigen und liefern, sondern dies regelmäßig nur in zeitlich konstanten Abständen erfolgt. Diese Kollision grundsätzlich verschiedener Beschaffungskonzepte bei der Push-Pull-Schwelle in einem Zulieferunternehmen führt zu erheblichen Unsicherheiten für den betreffenden Zulieferer, da er einerseits gegenüber seinem Kunden (dem OEM) einen vertraglich zugesagten Servicegrad einhalten muss und andererseits zum Erhalt einer wettbewerbsfähigen Kostenposition nicht ein Übermaß an Beständen vorhalten kann, um die Zeitfenster zwischen den eigenen Wareneingängen zu überbrücken.

Daher sind Lagerhaltungsmodelle unter stochastischen Bedingungen von großer Bedeutung für die in eine produktionssynchrone Logistik eingebundenen Zulieferer, um ausufernde Bestände oder Fehlmengen zu vermeiden. Dazu ist eine Lagerhaltungspolitik erforderlich, die fremdbestimmte Bestellzyklen berücksichtigt, namentlich die (r,S)-Politik. Stochastische Lagerhaltungsmodelle gehen von der Lagerabgangsmenge pro Periode als zufällige Variable aus. Die Sicherheitsbestände werden als Puffer für Prognosefehler hinsichtlich zukünftiger Bedarfe vorgehalten.[1306] Die Lagerhaltungspolitiken können in Bestellpunktverfahren (es wird überprüft, wann der Vorrat unter eine Meldegrenze gefallen ist und eine Bestellung ausgelöst) und Bestellzyklenverfahren (Nachschubbestellungen erfolgen nach festgelegten Periodenlängen) unterteilt werden. Die Länge der

---

1300 Vgl. Spear (2002), S. 762; Vahrenkamp (2007), S. 353.

1301 Vgl. Vahrenkamp (2007), S. 45; Ihde (1991), S. 196.

1302 Vgl. Ihde (1991), S. 194 f.

1303 Vgl. Wildemann (2001), S. 182.

1304 Vgl. Lee/Billington (1993), S. 844.

1305 Diese Sicherheitsbestände im Sinne von Spear/Bowen (1999) sind durch die Nachfrageschwankungen der Kunden exogen determiniert, so dass hier das Vorhalten aus Sicht des Lean managements gerechtfertigt ist.

1306 Vgl. Nahmias (2009), S. 276.

Bestellintervalle ist dabei vorgegeben und nicht Gegenstand der Optimierung. Ein Vorteil der Bestellzyklusverfahren ist, dass Bestellsendungen von kleineren Teilladungen über viele Artikel hinweg bei einem Zulieferer zeitlich gebündelt angeliefert werden können. Bei langsam umschlagenden Teilen ist eine solche Bestellkonsolidierung hingegen regelmäßig nicht sinnvoll, da während der Bestellperiode der Verbrauch nur gering ist. Bestellzyklusverfahren haben hingegen einen Vorteil, wenn die Lagerbestandsabgänge berechenbar sind und nicht nur sporadische Bestellungen notwendig sind.[1307]

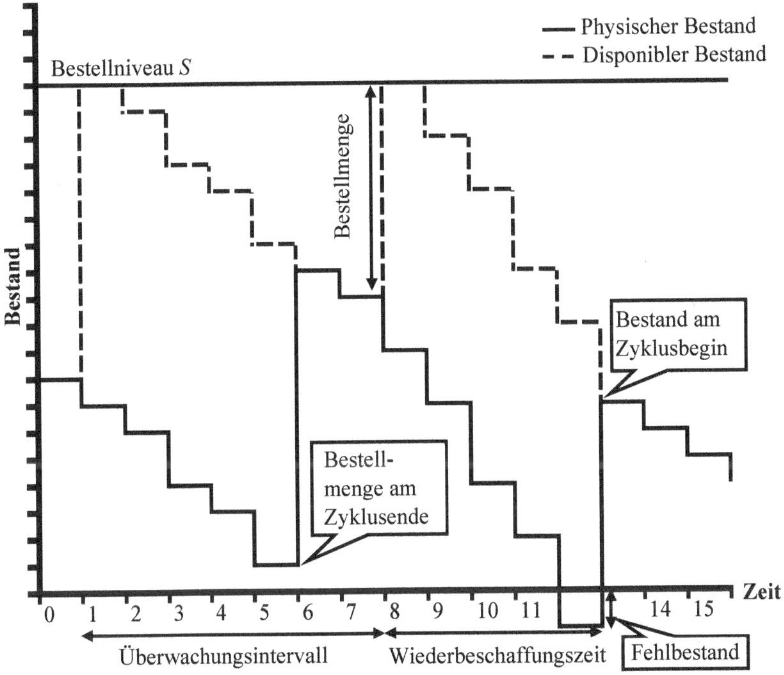

Abb. 21: Bestandszyklen einer (r,S)-Politik[1308]

Innerhalb von produktionssynchronen Fertigungsverbünden findet das Bestellrhythmusverfahren Anwendung in der prognosegetriebenen Beschaffung zwischen 2nd tier und 1st tier Zulieferern und gewährleistet somit mittelbar eine ständige Lieferbereitschaft des 1st tier Zulieferers gegenüber dem OEM.[1309]

1307 Vgl. Vahrenkamp (2007), S. 192 f.

1308 Vgl. Tempelmeier (2006a), S. 94.

1309 Siehe Abbildung 4. Stochastische Bedarfe werden häufig auch näherungsweise und mit befriedigenden Ergebnissen unter Verwendung des Mittelwerts des Bedarfes abgebildet,

Die Versorgungsmengen und Intervalle zwischen 1st tier Zulieferer und OEM werden in einer produktionssynchronen Versorgung durch den Abruf des Abnehmers nach Bedarf determiniert und sind damit für den 1st tier Zulieferer keine Entscheidungsvariable. Die extrem hohen Qualitätsanforderungen,[1310] die die für die produktionssynchrone Versorgung zuständigen Zulieferer gewährleisten müssen, führen aber dazu, dass bereits für die Vorprodukte ebenso hohe Qualitätsanforderungen gelten müssen. Eine implizite Annahme des klassischen Losgrößenmodells ist, dass die Lieferungen vollkommen frei von Ausschuss und ohne Fehlmengen sind. Andernfalls sind zusätzliche Sicherheitsbestände vorzuhalten.[1311]

4.6.3.1 Optimierung von Beständen vor dem KAEP zur Sicherstellung einer produktionssynchronen Logistik

Für die Optimierung des Sekundärbedarfs vor dem KAEP wird ein einstufiges stochastisches Verfahren gewählt. Ein solches gilt auch theoretisch für mehrstufige Probleme der Bestandsoptimierung als optimal. Clark/Scarf (1960) kommen für den Fall linearer Supply chains zu dem Schluss, dass unter bestimmten Bedingungen – insbesondere bei kurzen Lieferzeiten zwischen unterschiedlichen Stufen der Supply chain – der optimale Sicherheitsbestand unter stochastischen Bedingungen durch ein einstufiges Optimierungsmodell ermittelt werden kann. Dies ist möglich, sofern der systemweit disponible Lagerbestand bei upstream gelegenen Lagerstufen durch Informationsweitergabe an eine zentrale Disposition wieder auf das Niveau *S* gehoben wird.[1312] Ihrem Beitrag liegt der Beweis zu Grunde, dass für eine mehrstufige Supply chain mit stochastischen Bedarfen die Kosten der aggregierten Beschaffung in die Kosten der einzelnen Bestandshaltungsstufen zerlegt werden können. Die Kostenfunktion jeder Bestandshaltungsstufe ist dabei identisch mit der einer einstufigen Bestandspolitik. Interessanter Weise werden hier durch das Modell von Clark/Scarf (1960) implizit gleich drei organisationsübergreifende Konzepte von Just-in-time bestätigt, um einen unternehmensübergreifend kostenoptimalen Bestand zu erzielen: Rüstzeitverkürzung (hier im Zusammenhang mit Lieferzeiten zwischen einzelnen Versorgungsstufen), eine Informationsintegration durch Regelkreise upstream und ein One-piece flow. Auch dieses mehrstufige Beschaffungsmodell rechtfertigt also eine Verkürzung von Rüstzeiten zur Optimierung einer produktionssynchronen Ver-

---

vgl. Axsäter (1996), S. 830; zur Darstellung dynamischer Bestellmengenformeln siehe u. a. Axsäter (2006), S. 43 ff. oder Tempelmeier (2006b), S. 137 ff.

1310 Siehe Kapitel 2.4.4 zu Qualitätsanforderungen auf Six Sigma-Niveau.

1311 Vgl. Choi (1994), S. 262.

1312 Vgl. Clark/Scarf (1960), S. 481; Tempelmeier (2006a), S. 213. Der systemweit disponible Lagerbestand ist definiert als lokaler Lagerbestand auf einer Stufe der Supply chain zuzüglich aller Bestandsmengen, die sich im Transit zum Kunden befinden, aber noch nicht ausgeliefert wurden, vgl. Tempelmeier (2006a), S. 206 f.

sorgung. Auch Inderfurth (1992) zeigt anhand eines Modells, dass generell eine Bevorratung von Sicherheitsbeständen auf allen Stufen einer mehrstufigen Supply chain zum Zweck einer kostenminimierenden Sicherheitsbestandsplanung vorteilhaft sein kann.[1313] Eine mögliche Anwendung von lokalen (r,S)-Politiken zur Optimierung einer mehrstufigen Supply chain wird auch von Tempelmeier (2006a) angeführt.[1314] Weitere Konzepte zur mehrstufigen Sicherheitsbestandsoptimierung werden überblicksartig von Inderfurth (2008) erörtert – mit dem Hinweis, dass weiterhin auf Grund komplexer stochastischer Interdependenzen nur wenig praxistaugliche Optimierungsverfahren abseits von dem Verfahren von Clark/Sarf (1960) existieren.[1315] Diese Ansicht teilt auch Nahmias (2009) mit dem Hinweis, dass trotz umfangreicher Forschung bis heute unklar ist, welche Auswirkungen ein stochastischer Endbedarf auf die optimale Bestandshaltung und Produktion hat.[1316]

Ausschlaggebend für die Betrachtung der (r,S)-Politik mit periodischer Lagerüberwachung (gleiches Zeitintervall, ungleiche Bestellmenge) ist die für die produktionssynchrone Logistik wichtige Konsolidierung von Lieferungen in getakteten Milkruns. Eine (r,S)-Politik ermöglicht im Gegensatz zum Bestellpunktverfahren die Generierung von Synergieeffekten im Transportbereich durch solche konsolidierte Lieferungen[1317] (z. B. weil die periodischen Lieferungen in getaktete Rundlauflieferungen entlang fester Touren als Milkruns gebündelt werden). So können ggf. höhere Kosten der (r,S)-Politik (gegenüber Bestellpunktverfahren) in Kauf genommen werden, um Synergieeffekte zu erzielen, wenn mehrere Produkte vom selben Lieferanten bezogen werden. Bei internen Prozessen können solche Synergien auch in der Vermeidung von Rüstkosten in der Produktion liegen, weil nur geringe (produktgruppenbezogene) Rüstkosten anfallen.[1318] Zudem unterliegen in einer niedrigeren Stufe der Supply chain vorgehaltene Gleichteile einem höheren Durchsatz als kundenspezifisch montierte Produkte. Ein höherer Durchsatz führt tendenziell zu stabileren Abrufmengen.[1319] Ebenso liegt ein operativer Vorteil von (r,S)-Lagerhaltungspolitken darin, dass Lieferfenster bestimmt werden können, so dass LKW-Staus vor den Ladezonen auf einem Gelände vermieden werden. Studien von Viswanathan/Widiarta/Piplani (2007) belegen zudem, dass die Synchronisation der Supply chain durch die Etablierung fixer Bestellintervalle Bestandskosteneinsparungen innerhalb der

1313 Vgl. Inderfurth (1992), S. 29; Tempelmeier (2006a), S. 225.

1314 Vgl. Tempelmeier (2006a), S. 218.

1315 Vgl. Inderfurth (2008), S. 162. Die Komplexität dieser unternehmensübergreifenden Bestandsplanung inspirierte, wie bereits in Kapitel 2.1 erwähnt, Forrester (1961) zur Veröffentlichung seines System Dynamics Ansatzes.

1316 Vgl. Nahmias (2009), S. 290.

1317 Vgl. Urban (2004), S. 18 f.

1318 Vgl. Tempelmeier (2006a), S. 114.

1319 Vgl. Olhager (2002), S. 682.

Supply chain erwirkt. Sie führen dies auf eine Reduzierung von Nachfrageschwankungen zurück, die wiederum ihre Ursache in wechselnden Bestellplänen bei rollierenden Zeithorizonten haben.[1320]

Nachteilig bei Kontrollrhythmusverfahren ist, dass die Bedarfsmengen der Bestellperioden schwanken, was eine durchgängige Optimierung von Beschaffungs-, Lager- und Transportkosten erschwert,[1321] wenn mengenabhängige Rabatte eine erhebliche Rolle spielen, da die Beschaffungsmengen dann eine Zufallsvariable sind, die sich nicht wirtschaftlich beeinflussen lässt.[1322] Ebenso reduziert die Einschränkung auf periodische Bestellungen die Bestandskosten beim Zulieferer durch geringere Schwankungen, führt aber zu höheren Bestandskosten beim Abnehmer.[1323] Schließlich schränkt eine externe Vorgabe diskreter Transport- und Packungsgrößen (z. B. bei vertraglicher Festlegung auf Ganzladungen) die Anwendbarkeit dieser Beschaffungspolitik ein.

Bei Verwendung der (r,S)-Politik findet die Bedarfsermittlung und Bestellung als Bestellrhythmusverfahren anhand eines Überwachungsintervalls (konstante Abstände der *r* Perioden zwischen Kontrollzeitpunkten)[1324] statt, wodurch der disponible Lagerbestand auf das Bestellniveau *S* ergänzt wird. Bei dieser Bestellpolitik löst jede Lagerüberwachung eine Bestellung aus, so dass die Zahl der Bestellungen vom Überwachungsintervall *r* abhängt. Die Bestellperiode ropt kann hierbei analog zur klassischen Losgrößenformel bestimmt werden:[1325]

$$r_{opt} = \frac{Q_a^*}{\mu_D} \tag{41}$$

Mit Q_a^* als optimale Bestellmenge (Formel 2) und μ_D als Erwartungswert der Nachfrage.

Nach jeder Lagerauffüllung beträgt der disponible Lagerbestand genau *S*. Während der Wiederbeschaffungszeit zwischen Bestellung und Verfügbarkeit der Waren im Lager treten allerdings weiterhin Lagerabgänge auf, so dass bis zum Eintreffen der Bestellung der physische Lagerbestand am Beginn eines Beschaffungszyklus im Durchschnitt $S - E\{Y\}$ beträgt. *Y* ist dabei die Nachfrage in der Wiederbeschaffungszeit l^W, die sich auf den Bestand am Zyklusbeginn bezieht (was identisch mit der Bestandshöhe des vorangegangenen Zyklusendes ist). Die folgende Bestellung ist nach durchschnittlich *r* Perioden verfügbar. Am Ende des

---

1320 Vgl. Viswanathan/Widiarta/Piplani (2007), S. 5067 ff.
1321 Vgl. Tempelmeier (2006a), S. 79.
1322 Vgl. ebd., S. 114.
1323 Vgl. Cachon (1999), S. 843 f.
1324 Vgl. Hoitsch (1993), S. 418.
1325 Vgl. Günther/Tempelmeier (2005), S. 261; Tempelmeier (2006a), S. 94 f.

Beschaffungszyklus, d. h. unmittelbar vor Eintreffen einer Lieferung beträgt der erwartete disponible Bestand $S - E\{Y\} - r \cdot E\{D\}$. Werden die Zeiträume $r + l^W$ zur Größe Z zusammengefasst, können die erwarteten Fehlbestände zum Bestellzyklusanfang bzw. zum Bestellzyklusende wie folgt ermittelt werden:[1326]

$$E\{I_{Anf}(S)\} = \int_S^\infty (y - S) \cdot f_Y(y) \cdot dy \tag{42}$$

$$E\{I_{End}(S)\} = \int_S^\infty (z - S) \cdot f_z(z) \cdot dz \tag{43}$$

Hierbei wird angenommen, dass die Periodennachfragemengen unabhängige Zufallsvariablen mit der Dichtefunktion f_D, dem Mittelwert $E\{D\}$ und der Varianz $E\{D\}$ sind. Diese Formeln sind zur Bestimmung des Bestellniveaus S der (r,S)-Politik wichtig. Dieser Parameter ist wie folgt zu bestimmen:[1327]

$$S_{opt} = \min\left[S \mid E\{I_{End}(S)\} - E\{I_{Anf}(S)\} \leq (1-\beta) \cdot r_{opt} \cdot E\{D\}\right] \tag{44}$$

Neben dem zuvor schon ermittelten ropt ist hierbei der β Servicegrad einzubeziehen.[1328] Der β Servicegrad ist der Erwartungswert der sofort ausgelieferten Nachfragemenge je Periode dividiert durch den Erwartungswert der Periodennachfragemenge.[1329] Unter der Annahme eines normalverteilten Bestellaufkommens lässt sich der Grad der Lieferbereitschaft jeweils durch ein Vielfaches der Standardabweichung bestimmen. Ein Servicegrad von 100% würde demnach wirtschaftlich prohibitiv hohe Sicherheitsbestände erforderlich machen.[1330]

Zur numerischen Bestimmung des Parameters S ist eine Annahme über die Verteilung der Zufallsvariable Z zu treffen. In der Literatur wird hierzu in erster Linie von einer Normalverteilung ausgegangen.[1331] So nimmt auch Vahrenkamp (2007) eine Normalverteilung für Lagerabgangsmengen unter Verweis auf Untersuchungen an, dass diese Verteilung repräsentativ für Lagerabgänge ist, auch wenn die Normalverteilung beliebig weit in den positiven und negativen Bereich streut.[1332]

1326 Vgl. Tempelmeier (2006a), S. 95.

1327 Vgl. Schneider (1979a), S. 84.

1328 Der β Servicegrad gibt den Anteil der Gesamtnachfragemenge an, der ohne ungeplante Verzögerung ausgeliefert werden kann; vgl. Schneider (1979a), S. 115; Tempelmeier (2006a), S. 29.

1329 Vgl. Fischer (2008), S. 18.

1330 Vgl. Bode/Preuß (2004), S. 34.

1331 Vgl. Johnson/Davis/Lee (1996), S. 3500; Tempelmeier (2006a), S. 96.

1332 Vgl. Vahrenkamp (2007), S. 192 f.

Dies stellt nur ein Problem bei niedrigen Mittelwerten dar, wenn $\sigma/\mu > 0{,}5$ ist. Hier stehen ferner als weitere Verteilungen die Gammaverteilung, die negative Exponentialverteilung, die logarithmische Normalverteilung oder diskrete empirische Verteilung zur Verfügung.[1333] Diese werden deswegen bei niedrigen Mittelwerten gewählt, weil bei der Annahme einer normalverteilten Nachfrage mit hoher Wahrscheinlichkeit ein negativer Bedarf unterstellt werden müsste.[1334] Dies zieht einen niedrigen Bestellpunkt nach sich, was letztendlich zu einer Unterschreitung des festgelegten Servicegrades führen würde.[1335] Für produktionssynchrone Nachfrageverläufe ist eine so hohe Streuung gerade nicht charakteristisch, da bei Einführung einer produktionssynchronen Logistik zugleich Instrumente zur Verwirklichung verstetigter Materialflüsse implementiert werden.[1336]

Die Annahme einer Normalverteilung für produktionssynchrone Lieferungen wird zudem durch eine im Rahmen des BMBF-Projekts SUCULOG durchgeführten Erhebung bei einem Automobilzulieferunternehmen gestützt, das Autositze Just-in-sequence liefert.[1337] Hier lag der durchschnittliche Variationsquotient der Lagerabgangsmengen σ/μ bei 0,324894 und somit deutlich unter 0,5. Auf Grund dieser Datenlage soll in diese Untersuchung für Konstellationen mit produktionssynchroner Versorgung von regelmäßigen Bedarfen ausgegangen werden, die die Annahme einer normalverteilten Nachfrage rechtfertigen.[1338] Tyworth/O'Neill (1997) haben in einer Studie die Nachfrage in sieben verschiedenen Branchen untersucht und kamen zu dem Schluss, dass durch eine Approximation der Nachfrage mit einer Normalverteilungsfunktion die Servicegradabweichung durchschnittlich 1,4% beträgt (wobei der Abweichungskorridor den Bereich von 0 bis 6,9% umfasst).[1339] Daher ist die Annahme einer normalverteilten Nachfrage bei 1st tier Zulieferern in produktionssynchronen Fertigungsverbünden problemadäquat.

Somit wird nachfolgend für Lagerabgänge, die produktionssynchrone Lieferabrufe bedienen, eine normalverteilte Nachfrage angenommen. Sind die jeweiligen

---

1333 Vgl. ebd., S. 193; Schneider (1979b), S. 116, Tempelmeier (2006a), S. 78 ff.; Schneider (1979b) unterscheidet sporadische Bedarfe bei $\sigma/\mu > 0{,}5$ von regelmäßige Bedarfen bei $\sigma/\mu \leq 0{,}5$.

1334 Axsäter (2006) verweist darauf, dass eine Normalverteilung auch unter diesen Umständen noch recht zutreffend sein kann, vgl. Axsäter (2006), S. 86. Negative Bedarfe, interpretiert als Lieferrückläufe, werden gewöhnlich für die Modellbildung als vernachlässigbar angesehen und daher üblicherweise nicht berücksichtigt, vgl. Johnson/Davis/Lee (1996), S. 3500.

1335 Vgl. Schneider (1979b), S. 116.

1336 Vgl. Kapitel zwei.

1337 Vgl. o. V. (2008), S. 63 ff.

1338 Das Auftreten extremer „Ausreißer" kann jedoch grundsätzlich nur sehr begrenzt durch eine Lagerhaltungspolitik abgebildet werden. Es sei denn, im Voraus besteht auf anderem Wege Kenntnis von solchen Nachfragespitzen; vgl. Schneider (1979a), S. 121.

1339 Vgl. Tyworth/O'Neill (1997), S. 184.

Mengen der Periodennachfrage mit dem Mittelwert μ_D und der Standartabweichung σ_D normalverteilt, so sind die Größen Y und Z ebenfalls mit den folgenden Mittelwerten normalverteilt:[1340]

$$\mu_Z = \mu_D \cdot l^W \qquad (45)$$

$$\mu_Z = \mu_D \cdot \left(r + l^W\right) \qquad (46)$$

und entsprechend den Mittelwerten:

$$\sigma_Y = \sigma_D \cdot \sqrt{l^W} \qquad (47)$$

$$\sigma_Z = \sigma_D \cdot \sqrt{r + l^W} \qquad (48)$$

Wenn eine Nachfragemenge im Risikozeitraum Z normalverteilt ist, kann eine entsprechende nicht-standardisierte Nachfragemenge in eine standardisierte Nachfragemenge transformiert werden:

$$E(I_{End}) = E(I_{End}^{S\tan}) \cdot \sigma_Z \qquad (49)$$

Dabei gilt:
$E(I_{End})$: nicht-standardisierte Fehlmenge am Zyklusende
$E(I_{End}^{S\tan})$: standardisierte Fehlmenge am Zyklusende
σ_Z: Standardabweichung der Nachfragemenge Z

Durch die Standardisierung geht die mit den Parametern (μ, σ^2) normalverteilte Zufallsvariable S in die normalverteilte Zufallsvariable v mit den Parametern (0,1) über.

Daraus folgt die Bestimmung von S unter Einhaltung der β-Servicegradrestriktion für die standardisierte Normalverteilung mit der Dichtefunktion ϕ(S) und der Verteilungsfunktion $\Phi(S)$:

$$S_{opt} = \min \begin{bmatrix} S \mid \sigma_Z \cdot \left(\phi(v_Z) - v_Z \cdot \{1 - \Phi(v_Z)\}\right) \\ - \sigma_Y \cdot \left(\phi(v_Y) - v_Y \cdot \{1 - \Phi(v_Y)\}\right) \leq (1 - \beta) \cdot r_{opt} \cdot \mu_D \end{bmatrix} \qquad (50)$$

1340 Vgl. Vahrenkamp (2007), S. 193; Tempelmeier (2006a), S. 96.

Dabei gilt:

$$\nu_Z = \frac{S - \mu_Z}{\sigma_Z} \tag{51}$$

$$\nu_Y = \frac{S - \mu_Y}{\sigma_Y} \tag{52}$$

Sofern eine Bestandsüberwachung nur auf periodischer Basis erfolgt, ist häufig der disponible Lagerbestand bereits unter ein festgelegtes Bestandsniveau gesunken, wenn die Bestellung ausgelöst wird. Dieses Defizit (auch Undershoot genannt) muss bei der Bestandsplanung zur Gewährleistung eines ausgewählten Servicegrades berücksichtigt werden. So ist das Defizit und die in der Wiederbeschaffungszeit anfallende Nachfragemenge Y bei der Festlegung der Bestandshöhe zu berücksichtigen.[1341] Es kann daher in der Zeit zwischen Bestellung und Lieferung (Durchlaufzeit) zu Fehlmengen kommen.[1342] Die Herleitung von $E\{I_{Anf}(S)\}$ und $E\{I_{End}(S)\}$ als Verlustfunktion $\Phi \cdot (\upsilon_Z)$ (First-order loss function) erfolgt dabei auf folgende Weise:[1343]

$$\begin{aligned} \Phi^*(\nu_Z) &= \int_{\nu}^{\infty}(Z-\nu)\cdot\phi(Z)\cdot dZ \\ &= \int_{\nu}^{\infty} Z\cdot\phi(Z)\cdot dZ - \nu\cdot\int_{\nu}^{\infty}\phi(Z)\cdot dZ \\ &= \phi(\nu) - \nu\cdot\{1-\Phi(\nu)\} \end{aligned} \tag{53}$$

Die Verlustfunktion ermittelt den standardisierten Erwartungswert der Fehlmenge im Sinne des Nachfrageüberhangs, um den die standardisierte Nachfragemenge im Wiederbeschaffungszeitraum den Bestand am Zyklusende übersteigt. Ihr Einbezug ist somit notwendig, um den Bedarf in der Wiederbeschaffungszeit zu ermitteln.

Tempelmeier (2006a) sowie Johnson/Davis/Lee (1996) nehmen deterministische Wiederbeschaffungszeiten mit der Länge l^W an. Diese Approximation wird vorgenommen, weil die Varianz dieser Zeiten in der Praxis nur gering ist.[1344]

1341 Vgl. Tempelmeier (2006a), S. 77 f.

1342 Vgl. Nahmias (2009), S. 269.

1343 Die Herleitung erfolgt analog für die Variable Y; vgl. Richter (1997), S. 108; Nahmias (2009), S. 270; Tempelmeier (2006a), S. 272.

1344 Vgl. Tempelmeier (2006a), S. 96; Johnson/Davis/Lee (1996), S. 3500; Van der Heijden/De Kok (1992), S. 326; zu Modellen mit stochastischer l^W vgl. Harihan/Zipkin (1995), S. 1602 ff.

Es gibt eine konterkarierende Wechselwirkung der Auftragsdurchlaufzeit (Zeitraum der Kundenbestellung bis zur Auslieferung) l^A und des Zeitraums der Wiederbeschaffung von Vorprodukten durch vorgelagerte Lieferanten l^W: Während eine lange Wiederbeschaffungszeit die Lieferbereitschaft einer hohen Unsicherheit unterwirft, wirkt eine vom Kunden akzeptierte lange Auftragsdurchlaufzeit (durch langfristige Ankündigung von Aufträgen) unsicherheitsmindernd, da sie ein längere Zeit zur Reaktion auf Bedarfsschwankungen zulässt.[1345] Entsprechend hat die Länge von Wiederbeschaffungszeiten einen maßgeblichen Einfluss auf die Höhe von Sicherheitsbeständen.[1346] Neben der geringeren Notwendigkeit, Bedarfe in der Wiederbeschaffungszeit abzudecken (wie sie mit der First-order loss function abgebildet wird), ist hierfür auch ein anderer Effekt ursächlich: die Größe der möglichen Gesamtfehlmenge nimmt auf Grund der mengenmäßig geringeren Einzelbestellmengen und durch den kleineren Planungshorizont ab, weil tendenziell auch mögliche Prognosefehler kleiner ausfallen.[1347]

Daraus folgend können Bestellvorankündigungen auf gleiche Weise Bestandsreduzierungen ermöglichen wie Verkürzungen der Durchlaufzeit ausgehender Lieferungen.[1348] Durch einen Bestellvorlauf über mehrere Perioden r können Lagerabgänge im disponiblen Bestand berücksichtigt werden, für die kein Sicherheitsbestand mehr vorgehalten werden muss. So können die Aufträge schon fertig disponiert vorliegen und einfach schneller übermittelt werden oder dem Abnehmer wird beispielsweise mit Rabatten ein Anreiz gegeben, sich vorzeitig festzulegen.[1349] Letzteres bedeutet eine mittelfristige und verbindliche Bestellankündigung und somit eine Auftragsfestlegung, die dann nicht mehr abgeändert werden darf (Frozen period). Dabei wird die Reihenfolge der Fertigungsaufträge für die Montage mittelfristig vor Produktionsstart festgelegt.[1350] Nach dem Zulieferabruf bleiben Reihenfolge, Auftragsinhalt und Produktionstermine fixiert.[1351] Im Umkehrschluss kalkulieren Zulieferer für die Zusage kurzer Lieferzeiten an die Kunden Preisaufschläge, weil sie hierfür höhere Bestände vorhalten müssen.[1352] Eine Möglichkeit, dabei selber Eillieferungen zu beziehen, wirkt hingegen als Substitut für Sicherheitsbestände.[1353]

1345 Vgl. Harihan/Zipkin (1995), S. 1600.

1346 Vgl. Tempelmeier (2006a), S. 245.

1347 Vgl. Richter (1997), S. 70 f.

1348 Vgl. Harihan/Zipkin (1995), S. 1609; Lee/Cheng/Leung (2009), S. 37 f.; Tempelmeier (2006a), S. 245 f.

1349 Vgl. Tempelmeier (2006a), S. 245 f.; Gallego/Özer (2001), S. 1345.

1350 Vgl. Grinninger/Meißner (2006), S. 56.

1351 Vgl. Meißner/Grinninger (2007), S. 25.

1352 Vgl. Gallego/Özer (2001), S. 1354; Lee/Özer (2007), S. 55.

1353 Vgl. Lee/Özer (2007), S. 59.

4.6.3.2 Auswirkungen von Informationssystemen auf Bestandshöhe und den Servicegrad

Einer Vergrößerung des Lieferzeithorizonts steht korrespondierend eine Verringerung der Durchlaufzeit in der Fertigung des Zulieferers gegenüber, welche sehr geeignet ist, die Effekte von Bedarfsunsicherheiten zu reduzieren. Es verringert die Notwendigkeit, über mehrere Produktionsperioden hinweg prognoseorientiert zu fertigen. Daher ist die Abweichung zwischen der prognostizierten und der tatsächlichen Bedarfsentwicklung tendenziell geringer.[1354] Eine Verkürzung der Bestellintervalle r führt daher ebenso wie eine Verkürzung der Wiederbeschaffungszeit l^W zu niedrigeren Lagerbeständen S und erlaubt geringere Bestellmengen, was den Einsatz von Quick response Systemen mittels EDI rechtfertigt.[1355]

Unter Rückgriff auf das Modell aus Kapitel 4.2.1 kann dargestellt werden, inwieweit eine Frozen period in produktionssynchronen Versorgungskonzepten für vorgelagerte Lieferstufen zu Bestandsreduzierungen führt. Da die Normalverteilung l^W nicht in geschlossener Form bestimmt werden kann, soll exemplarisch der Effekt von Vorankündigungen in Abbildung 22 veranschaulicht werden.[1356]

Angenommen sei eine normalverteilte Nachfragemenge mit μ=32,33 und σ=10,5 sowie r=5 als gegebene Größe und einem β Servicegrad von 0,9999966%.[1357] Die Grafik veranschaulicht, dass unter den Bedingungen dieser Annahmen mit einer Halbierung der Wiederbeschaffungszeit l^W von 10 auf 5 Perioden der vorzuhaltende Sicherheitsbestand S um 29,9% (von 642 auf 450 Einheiten) sinkt, ohne die Lieferbereitschaft gegenüber dem Kunden zu reduzieren.

Der lineare Verlauf lässt sich damit erklären, dass die Auffüllgrenze S auch vereinfacht über die Formel $S = \mu_Z + a\sigma_Z$ hergeleitet werden kann, die besagt, dass der Sicherheitsbestand dem durchschnittlichen Verbrauch zuzüglich einem Vielfachen der Standardabweichung entspricht. Diese Formel ist wiederum linear von $\sigma_Z = \sigma\sqrt{l+w}$ abhängig.[1358] Dies ist konform mit den empirischen Ergebnissen von Hariharan/Zipkin (1995), nach denen eine frühzeitige Bestellankündigung in gleicher Weise zur Senkung der vorzuhaltenden Bestände dienen kann wie eine Verkürzung der Durchlaufzeiten.[1359]

1354 Vgl. Garg/Lee (2003), S. 470.

1355 Vgl. Vahrenkamp (2007), S. 195; Wildemann (1988), S. 60.

1356 Vgl. hierzu Kuhn/Wensing (2007), S. 211.

1357 Dieser Servicegrad entspricht der im Zusammenhang mit produktionssynchronen Versorgungskonzepten üblichen Qualitätsvorgabe Six Sigma, vgl. Toutenburg/Knöfel (2008), S. 20 f.

1358 Vgl. Vahrenkamp (2007), S. 195.

1359 Vgl. Harihan/Zipkin (1995), S. 1605; die Vorankündigungen haben nur dann einen Wert, wenn sie maximal so lang sind wie die Auftragsdurchlaufzeit der Bestellung. Zeitlich darüber hinaus gehende Ankündigungen schaffen hingegen für den Zulieferer keine

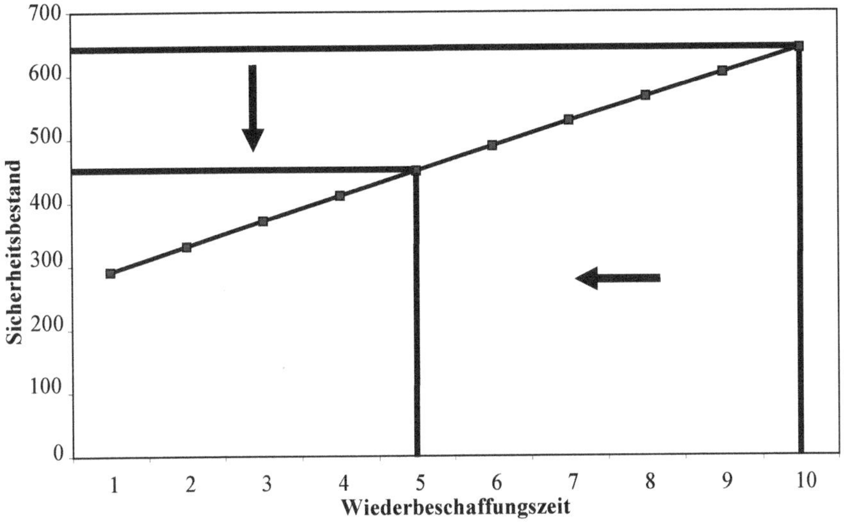

Abb. 22: Verlauf des Sicherheitsbestands S im Verhältnis zur Wiederbeschaffungszeit l^W

Kekre/Mukhopadhyay/Srinivasan (2003) konnten ebenso in einer empirischen Studie belegen, dass Zulieferer geringere Bestände vorhalten mussten, wenn sie Informationen mit dem Abnehmer austauschten.[1360] Dieses Beispiel zeigt, dass der Austausch von Informationen mit Datenfernübertragung (EDI) zu einer erheblichen Reduktion von Beständen beitragen kann, was wiederum die Erörterungen zum Bullwhip-Effekt bestätigt.[1361] Ebenso konnten auch Srinivasan/Kekre/Mukhopadhyay (1994) in einer empirischen Studie nachweisen, dass die Weitergabe von Just-in-time-Bedarfsplänen (mit einem Horizont von zehn Tagen vor dem Ist-Abruf) einen statistisch signifikant positiven Effekt auf die Liefertreue von Zulieferern hat. Diese lag bei 13% bis 19% – je nach Teilevielfalt und Zahl der durch den Zulieferer bedienten Kunden.[1362] Dies zeigt, dass Informationssysteme die Leistung von produktionssynchronen Versorgungssystemen durch moderne IT-Systeme durch bessere Koordination deutlich steigern können.

Daher erleichtern Informationen zur Bestellankündigung und Datenfernübertragungssysteme eine Absenkung der Sicherheitsbestände, weil sie das Auftreten von Prognosefehlern vermindern und dem Zulieferer die Reaktionszeit auf

---

zusätzliche Möglichkeit der Bestandskostensenkung, da sie zu keinem weiteren Abbau von Sicherheitsbeständen führen.

1360 Vgl. Kekre/Mukhopadhyay/Srinivasan (2003), S. 376.

1361 Siehe Kapitel 3.4.1.

1362 Vgl. Srinivasan/Kekre/Mukhopadhyay (1994), S. 1300.

eingehende Bestellungen verlängern. Neben diesen dem kybernetischen Regelungsparadigma zuzuordnenden Ansätzen können mit IT-Systemen weitere positive Effekte hinsichtlich der eigentlichen Abwicklung von Versandprozessen und Erfassungsfehlern erzielt werden. So listen Lee/Cheng/Leung (2009) verschiedene Ansätze auf, bei denen RFID zur besseren Kontrolle der Bestände verwendet werden kann, wodurch eine Absenkung von Sicherheitsbeständen zur Abdeckung von Fehlmengen im Lager bzw. falschen Bestandsinventaren ermöglicht wird.[1363] Denn Fehler bei der Bestandserfassung in Warenwirtschaftssystemen können ebenfalls eine servicegradgerechte Bestellerfüllung gefährden. Dass Bestandsabweichungen eine nicht mehr zu vernachlässigende Größenordnung haben können, belegen DeHoratius/Raman (2008) sowie Bagchi et al. (2007) empirisch, in deren Studien bei einer Einzelhandelskette 65% der Inventare von Beständen falsch waren.[1364] Lee/Özer (2007) kommen in ihrer Studie über 6.000 Unternehmen zu dem Schluss, dass 25% der betrachteten Unternehmen Bestandsdifferenzen aufwiesen, die durchschnittlich 4% der monatlichen Umsätze ausmachten.[1365] Lee/Cheng/Leung (2009) zeigen in dem Zusammenhang in ihrer Studie auf, dass durch den Einsatz von RFID zur aktuellen Ist-Bestandserfassung vor Bestellungen die Fehlbestände auf Grund von Erfassungsfehlern um 99% reduziert werden können.[1366] Das ist nicht nur für die Bestandshöhe eines einzelnen Unternehmens von Bedeutung. So weist Heese (2007) in seiner Studie nach, dass von Erfassungsfehlern verursachte ungenaue Bestandsinformationen die vorgehaltenen Bestandsmengen in mehrstufigen dezentralen Supply chains expandieren lassen.[1367] Erfassungsfehler haben regelmäßig einen doppelten Fehlereffekt: eine Falscherfassung mit Verwechselung weist eine Bestandsart als zu niedrig aus und eine andere wird fehlerhaft als zu hoch angenommen.[1368] RFID hat in Simulationen bei verschiedenen Lagerhaltungshaltungspolitiken dazu geführt, dass bei gleichbleibendem Servicegrad nur geringere Bestandshöhen vorgehalten werden müssen: es bedarf keiner zusätzlichen Sicherheitsbestände mehr, um ungeplante Bestandsabweichungen aufzufangen und der Wareneingang beim Lager wird schneller verbucht.[1369] Zu den Abweichungsarten gehören falsch erfasste Teilenummer, Schwund und Verderb sowie nicht verfügbares Material (aufgrund falscher Ablage). In Studien wurden Bestandsabweichungen in Höhe von bis zu 28% des Bestandswertes genannt.[1370] Andere Untersuchungen mit Auswertung von 370.000 Inventareinträgen bei einem US-Einzelhandelskonzern ergaben, dass über 65% der

1363 Vgl. Lee/Cheng/Leung (2009), S. 28 f.
1364 Vgl. DeHoratius/Raman (2008), S. 634 ff.; Bagchi et al. (2007), S. 77 ff.
1365 Vgl. Lee/Özer (2007), S. 44.
1366 Vgl. Lee/Cheng/Leung (2009), S. 38.
1367 Vgl. Heese (2007), S. 550.
1368 Vgl. ebd., S. 545.
1369 Vgl. Lee/Cheng/Leung (2009), S. 26.
1370 Vgl. ebd., S. 28.

Inventare falsch waren. Die durchschnittliche Abweichung bei der Bestandshöhe betrug 35%. Dies stellt ein erhebliches Problem für dieses Unternehmen angesichts von jährlichen Milliardenumsätzen dar.[1371] Zudem entfallen aufwändige Zwischeninventuren, während deren Verlauf das Lager nur eingeschränkte Betriebskapazitäten hat.

Bestandsabweichungen sind nicht nur für die Zulieferer mit erheblichen nachteiligen Kosten-, Qualitäts- und Variabilitätseffekten verbunden, sondern diese werden in den Beschaffungsangeboten gegenüber dem OEM eingepreist, so dass sie die Beschaffungskosten auch für den OEM erhöhen.[1372] Der hier beschriebene Effekt ist nicht mit dem Bullwhip-Effekt zu verwechseln, denn statt des Vorhaltens von Sicherheitsbeständen zum Auffangen externer Bedarfsschwankungen und von Prognosefehlern bei externen Größen dienen hier Pufferbestände der Abdeckung fehlerhafter (Erfassungs-)Prozesse. Wie in diesem Kapitel bereits erörtert, widerspricht es dem Lean management, Sicherheitsbestände zur Abdeckung externer Störgrößen und Pufferbestände zur Stabilisierung von Prozessen mit internen Störgrößen zu kombinieren. Daher kann der Einsatz von RFID einen sehr wichtigen Beitrag zur Bestandsreduzierung und einer robusten Synchronisation von Prozessen leisten, indem es interne Fehler und Probleme in der Bestandshaltung aufdeckt. Dies ist als eine erforderliche Maßnahme anzusehen, um die in Kapitel 2.4.1.3 formulierten Anforderungen an die Prozessqualität auf Six sigma-Niveau für Just-in-sequence Prozesse zu erfüllen.

Zusammengefasst erleichtern Informationssysteme hinsichtlich dreier Faktoren das Absenken von Beständen (und damit die Vermeidung von negativen Kosten-, Qualitäts- und Variabilitätseffekten):

1. Verlängerung des Zeitfensters zwischen Auftragseingang und dem Zeitpunkt der Bestellerfüllung, indem die Übermittlungszeit zwischen OEM und Zulieferer reduziert wird.
2. Verringerung von Abweichungen zwischen Ist-Bestand und Soll-Bestand in Warenwirtschaftssystemen durch den Einsatz von RFID
3. Verringerung der Vereinnahmungszeiten und damit der Sicherheitsbestände zum Abdecken möglicher Fehlmengen in der Wiederbeschaffungszeit des Zulieferers selbst (Undershoot, siehe Abbildung 18).

Diese Erkenntnis hat zwei wichtige Implikationen für die produktionssynchrone Logistik: Informationssysteme können die Prozessqualität verbessern und haben dabei indirekt positive Wechselwirkungen auf Kosten- und Varibilitätsaspekte innerhalb des Fertigungsverbunds. Zusätzlich greift eine umgekehrte Kausalität des Lean managements: eine kurze Informationsdurchlaufzeit ermöglicht

---

1371 Vgl. Raman/DeHoratius/Ton (2001), S. 137.
1372 Siehe Kapitel 2.4.

sinkende Bestandshöhen, was wiederum mittelfristig zu einer besseren Produkt- und Prozessqualität führt und die Variabilität von Prozessen verringert.

Informationen verringern demnach Unsicherheit und können daher als Substitut für Bestände dienen, weil eine Beschleunigung des Informationsflusses direkte Auswirkung auf die vorzuhaltenden Sicherheitsbestände hat. Darin liegt die hohe Bedeutung der Informationsdurchlaufzeit bei der Prozessbewertung, insbesondere an Schnittstellen.[1373] Die Rolle der Vereinnahmungszeit beim Zulieferer verhält sich analog zum Wareneingang des OEM und wurde bereits in Kapitel 4.4.2 ausführlich analysiert. Zunächst werden im folgenden Abschnitt die Anwendung von EDI in der produktionssynchronen Logistik untersucht und Besonderheiten bei einer Just-in-sequence Logistik herausgestellt.

4.7 Zwischenfazit

4.7.1 Kritische Würdigung

In diesem Kapitel wurden innovative Ansätze zur Optimierung einer produktionssynchronen Logistik in Fertigungsverbünden mittels Informationsintegration für verschiedene Funktionsbereiche diskutiert. *Ein besonderer Schwerpunkt der Untersuchung war dabei die Bewertung unter dem Gesichtspunkt der in Kapitel drei erörterten Informationsintegrationsdefekte und der These des Informationsintensitätsansatzes nach Porter/Millar (1985), dass mit einer Einbettung von Informationsflüssen in Materialflüsse Kosten- und Differenzierungsvorteile geschaffen werden können.*[1374] Von besonderem Interesse war dabei die Einsatzmöglichkeit von beschreibbaren RFID-Transpondern, da diese ohne Herstellen einer Sichtline und einhergehendem Handling ausgelesen werden können, was für logistische Prozesse hinsichtlich der Informationsdurchlaufzeit von besonderer Bedeutung ist.

Aus Perspektive des Lean managements sind die relevanten Optimierungsparameter Kosten, Qualität und Variabilität zuzuordnen.[1375] In Kapitel 4.3 wurde zunächst der Einsatz von EDI in konventioneller Ausprägung untersucht. Hierbei wurde der Beitrag von Datenfernübertragung zur Übermittlung von komplexen Bestellinformationen in der Variantenfertigung (insbesondere bei Mass customization in Zusammenhang mit Just-in-sequence) aufgezeigt und die Bedeutung zur Verkürzung der Informationsdurchlaufzeit bei zeitlich eng synchronisierten Prozessen in der produktionssynchronen Logistik hervorgehoben. Allerdings wurde auch darauf verwiesen, dass nichtkonventionelle Formen des Bestellabrufs in der Automobilindustrie Anwendung finden – so wie die Ausweitung von Kanban auf unternehmensübergreifende Bestellungen bei Toyota, um Prozessbrüche zu ver-

1373 Vgl. Wildemann (2001), S. 201.
1374 Siehe Kapitel 3.6.2.1.
1375 Siehe Kapitel 2.1.

meiden. Der EDI-Ansatz auf Basis von automatischen Identifikationssystemen nach Johnson/Yap (1998) wurde vorgestellt, mit dem durch einen Informationsintensitätsansatz ein Informationsnebenfluss downstream mehrere Informationsintegrationsdefekte umgangen werden.

Das folgende Kapitel untersucht den Einsatz von RFID-Transpondern, um über Leitteile die Fertigungs- und Anlagensteuerung dezentral abzuwickeln. Als besondere Vorteile dieser Herangehensweise wurden die Robustheit bei Ausfall von zentralisierten IT-Systemen sowie die Überwindung von Problemen mit Informationsintegrationsdefekten bei funktionsübergreifenden Prozessen herausgestellt. Dies betrifft insbesondere die Reduzierung des Informationsintegrationsdefekts der Latenzzeit durch einen Data-on-tag Ansatz. Hierdurch kann eine höhere Prozesssicherheit mit geringerer Variabilität erzielt werden. Als verwandte Systeme wurden zunächst die Fehlervermeidungsmaßnahmen im Zusammenhang mit der prozessbegleitenden Qualitätssicherung vorgestellt. Da diese im Lean management von vorneherein dezentral angelegt sind, wurde auch die technische Umsetzung von Prinzipien der prozessbegleitenden Qualitätssicherung mit beschreibbaren RFID-Transpondern diskutiert. Dieser Ansatz wurde auf die Erweiterung des Prinzips des Austauschbaus durch Paarauslese übertragen und daraus resultierende Potenziale zur Qualitätsverbesserung und Variabilitätreduzierung diskutiert. Im Abschnitt zu eKanban wurde das Problem des unternehmensübergreifenden Bestellabrufs bei großen Entfernungen zwischen Zulieferer und Abnehmer aufgegriffen und der Einsatz von eKanban als Alternative untersucht. Als weitere Motive für den Einsatz von eKanban sind die Möglichkeit der Verringerung von Prozessfehlern auf Grund von verlorenen Karten und die Kombination mit Tracking & Tracing einschließlich eines Eventsmanagements aufgezeigt worden. Allerdings ist eKanban durch die Abhängigkeit von einer EDI-Infrastruktur von einer Vielzahl von Informationsintegrationsdefekten betroffen, denen ein konventionelles, kartenbasiertes Kanban nicht unterliegt. Nach diesem dem Regelungsparadigma zuzuordnenden Ansatz wurde mit dem Konzept eines One touch Wareneingangs das Potenzial eines Informationsnebenflusses downstream zur Prozessoptimierung untersucht. Durch Ausstattung von Versandeinheiten mit RFID-Transpondern kann die Vereinnahmung automatisiert und dezentralisiert werden; diese verringert die Informationsdurchlaufzeit und Variabilität von Materialströmen. Dies ist insbesondere im Kontext von Just-in-sequence Prozessen mit sehr hoher Sequenzabhängigkeit und komplexen Lieferprozessen direkt an den Verbauort von hoher Bedeutung.

Im Zusammenhang mit der Chargenrückverfolgung wurde ein Data-on-tag Ansatz (Softtracing) zur Informationsweitergabe downstream vorgeschlagen, um eine Vielzahl von Informationsintegrationsdefekten zu umgehen. Nachteilig an diesem Ansatz ist, dass er für ein Tracking und Event management eine ergänzende, zentralisierte Infrastruktur benötigt. Dafür kann dieser Ansatz über eine beliebig hohe Zahl von Schnittstellen hinweg auch dynamische Prozessdaten in den Informationsfluss einbeziehen. Auch der Ansatz von Saar/Thomas (2003) zur Realisierung von geschlossenen Kreislaufsystemen basiert auf einem Informationsintensitätsansatz zur Schaffung von Incentives und für die Erleichterung von Demontageprozessen. Hier ist für Anwendungen in der produktionssynchronen Logistik eine Rückwirkung interessant – rechtliche Treiber für eine Ausstattung von Produkten mit automatischen Identifikationssystemen können den Weg für die zuvor aufgezeigten Instrumente bereiten, die ergänzend implementiert werden. Direkter hingegen ermöglichen die Daten Rückschlüsse von der ergebnisorientierten Produktqualität auf die dafür maßgebliche Prozessqualität über mehrere Funktionen hinweg. Hierin unterscheiden sich diese Ansätze zu den lokal orientierten Ansätzen der Qualitätssicherung wie Jidoka. Perspektivisch kann das implizit darin angelegte Verfahren auch zur Unterstützung von Activity-based costing verwendet werden – als eine Form eines Ex post facto-Experiments, das Spear/Bowen (1999) als ein dominierendes Prinzip in der produktionssynchronen Logistik (wie im Lean management allgemein) interpretieren. Ein solches bedarf der Unterstützung durch vernetzte Informationssysteme zur arbeitsteiligen Koordination.

Zusammengefasst werden in Abbildung 23 die untersuchten Konzepte hinsichtlich ihrer Anfälligkeit für Informationsintegrationsdefekte bewertet (ein + bedeutet, dass der Defekt sich auswirkt und ein -, dass der Defekt sich nicht auswirkt).

	Prozess									
Informationsintegrations-defekt	EDI	Leitteileansatz	Paarauslese	eKanban	One touch Wareneingang	Chargenrückverfolgung	Recycling	Activity-based costing	Ex post facto Experimente	Sicherheitsbedarfsplanung
…der Interoperationalität	+	+	+	+	+	+	+	+	+	+
…der Schnittstellenheterogenität	+	+	+	+	+	+	+	+	+	+
…des Medienbruchs	+	+	+	+	+	+	+	+	+	+
…der Referenzierung	+	+	+	-	+	+	+	+	+	+
…der Asynchronität	+	+	+	-	+	-	-	+	-	+
…der Latenzzeit	+	+	+	+	+	-	-	+	-	+
…der Selektion	+	-	-	-	-	+	+	+	+	+
…des Geschäftsgeheimnisses	-	+	+	-	-	+	+	+	+	+
…der Rentabilität	+	+	+	+	+	+	+	+	+	+
…der mangelnden Anreize	+	+	+	-	+	-	+	+	-	+
…der irreversiblen Investitionen	+	+	+	+	+	+	+	+	-	+

Abb. 23: Bewertung der Anfälligkeit von Prozessen für Informationsintegrationsdefekte

Abschließend wurde in Kapitel 4.6 zunächst die Bedeutung der Optimierung von Sekundärbedarfen für die servicegradgerechte Erfüllung von Bestellungen des OEM aufgezeigt. In dem Zusammenhang wurde auf Grundlage eines analytischen Modells aufgezeigt, wie eine Verringerung der Wiederbeschaffungszeit (arithmetisches Mittel und Standardabweichung) mittels Einsatz von Informationssys temen zu einer Senkung der Sicherheitsbestände für Sekundärbestände beiträgt und somit einen Beitrag zur Senkung von Kosten und Variabilität leistet. Hier besteht ein enger Zusammenhang zur Automatisierung von Vereinnahmungs-prozessen mit One touch Konzepten für den Wareneingang, die die Wiederbeschaffungszeit verkürzen können.

Die Vorschläge zur Behebung oder Umgehung von Informationsintegrationsdefekten durch den Einsatz von dezentralen Informationsspeichern stützen für den Anwendungsfall der produktionssynchronen Logistik die These von Porter/Millar (1985). Sie postulieren, dass die Einbettung von Informationen in den Materialfluss Potenziale zur Prozessoptimierung – insbesondere zur besseren Koordination arbeitsteiliger Prozesse über Schnittstellen hinweg – ermöglichen. Die vorangegangenen Analysen legen nahe, dass hierbei das größte Optimierungspotenzial mit programmierbaren RFID-Transpondern realisiert werden kann. Dies ist zusammengefasst damit zu begründen, dass nur mittels wiederbeschreibbarer RFID-Transponder eine Dokumentation dynamsicher Prozessdaten mit einem vertretbaren Aufwand möglich ist. Für die Logistik von Bedeutung ist ebenfalls, dass Barcode-Systeme einen erheblichen Handling-Bedarf verursachen, um eine notwendige Sichtlinie zwischen Lesegerät und Identifikationsinformationsträger herzustellen. Dies wiederum erhöht den Durchschnitt als auch die Variabilität der Informationsdurchlaufzeit.

4.7.2 Zwischenfazit in sechs Schlussfolgerungen

- Eine effiziente Integration arbeitsteiliger Funktionen zur Prozesskoordinierung und -optimierung stützt sich maßgeblich auf IT-Systeme.
- Informationssysteme dienen als Ausgangspunkt für Prozessinnovationen zur Optimierung von Bestell-, Fertigungs-, Vereinnahmungs-, Rückverfolgungs- sowie Qualitätssicherungs-, Kostenplanungs-, Bestandshaltungs- und kontinuierlichen Optimierungsabläufen in Fertigungsverbünden.
- Durch Einbettung von automatischen Identifikationssystemen in logistische Objekte (Informationsintensitätsansatz) ist eine Koppelung von Materialflüssen mit Informationsflüssen downstream wie auch upstream möglich. Ergänzend können aber auch automatische Identifikationssysteme zur dezentralen Generierung von Informationsflüssen upstream dienen.

- Informationsflüsse downstream finden in der Logistik nur eine nachrangige Beachtung, sind aber für eine Synchronisation von Materialflüssen über Schnittstellen hinweg von unabdingbarer Bedeutung.
- Der Informationsintensitätsansatz bietet durch die Etablierung von Informationsnebenflüssen einen wichtigen Beitrag zur Umgehung von Informationsintegrationsdefekten bei funktions- und schnittstellenübergreifenden Prozessen in der produktionssynchronen Logistik.
- Dem Prinzip der kontinuierliche Verbesserung (Kaizen) im Lean management liegen fortlaufende Ex post facto-Experimente zu Grunde. Um lokal Fehler verzögerungslos beheben zu können und auch schwache Problemsignale aufdecken zu können, ist eine reibungslose Informationsintegration notwendig. Diese kann auch durch dezentrale Informationssysteme wie beschreibbare RFID-Transponder wirkungsvoll unterstützt werden.

5 Zusammenfassung und zukünftige Forschungsfelder

5.1 Zusammenfassung der Arbeit

Trotz der hohen Verbreitung, der großen wirtschaftlichen Erfolge und der breiten Akzeptanz der produktionssynchronen Logistik in der Industrie, ist dieses Instrument des Lean managements bisher im akademischen Diskurs konzeptionell unterentwickelt. Ebenso ist die theoretische Fundierung und Abgrenzung der produktionssynchronen Logistik – insbesondere hinsichtlich des Instruments Just-in-sequence – bisher unbefriedigend. Daher hat diese Arbeit die (im Vergleich zu anderen Beschaffungsformen) komplexen Prozesse der produktionssynchronen Versorgung in Fertigungsverbünden untersucht. Neben der quanitativen Fundierung des Instruments Just-in-sequence-Logistik steht in dieser Arbeit die Bewertung des Informationsintensitätsansatzes zur Optimierung störanfälliger Prozesse der Just-in-sequence-Logistik mittels Informationsintegration im Mittelpunkt.

In Kapitel eins wurde zunächst knapp die Relevanz des Themas, die Zielsetzung sowie der Fortgang der Arbeit dargelegt.

Für die Erarbeitung der theoretischen Grundlagen wurden in Kapitel zwei zunächst Begriffe der produktionssynchronen Logistik definiert und unterschiedliche Konzepte abgegrenzt. Dabei wurde festgestellt, dass Entscheidungen für oder gegen eine produktionssynchrone Logistik einer simultane Betrachtung der Auswirkungen auf Prozesse hinsichtlich der Aspekte Kosten, Qualität und Variabilität bedürfen. Unter diesem Gesichtspunkt wurde die Pareto-Analyse als bisher dominierende Methode für die Wahl zwischen einer konventionellen, lagerbezogenen Beschaffung und einer produktionssynchronen Logistik aufgrund von methodischen Unzulänglichkeiten (subjektive Bewertung, willkürliche Klassenwahl, prohibitv hoher Aufwand der Rankingerstellung, schwieriger Einbezug von mehr als zwei Bewertungsdimensionen und geringe Akzeptanz bei den anwendenden Entscheidern) für diese Problemstellung verworfen und eine Indifferenzpunkt-Gleichung hergeleitet, die in geschlossener Form ein objektives Entscheidungsmodell zur Bewertung des optimalen Modus der Beschaffung bietet. Mit diesem Modell konnte zudem nachgewiesen werden, dass vor allem ein durch Variabilitätsverringerung reduzierter Flächenbedarf maßgeblich für die Wirtschaftlichkeit einer produktionssynchronen Logistik ist. Daraus abgeleitet wurde die Fundierung der Just-in-sequence-Logistik, die in der Erhöhung der Flächenproduktivität beim Abnehmer als Ausprägung des Ausgleichsgesetztes der Planung nach Gutenberg (1955) liegt. Denn durch die kleinen Zeitfenster zwischen Bestellabruf und Lieferung ans Band entfällt der Bedarf für Lagerbestände beim

Abnehmer und damit einhergehend die Opportunitätskosten der Flächenbeanspruchung. Zudem wurde mit Hilfe von Modellen der Warteschlangentheorie aufgezeigt, dass beim Abnehmer der Engpassfaktor Raum durch eine Reduzierung des Handlingaufwands bei Just-in-sequence entlastet wird. Denn bei Lieferungen Just-in-sequence erfolgt die Lieferung als Perlenkette. Hierdurch entfällt gegenüber einer Pulklieferung Just-in-time Handlingaufwand für Vereinnahmung, Sortierung und Kommissionierung, was weitere Einsparungen bei Flächenbedarfen für Pufferbestände ermöglicht. Damit wurde die bisherige theoretische Lücke hinsichtlich der Fundierung von Just-in-sequence geschlossen. Neben der Diskussion der Vorteile von Just-in-sequence wird in dem Kapitel geschlussfolgert, dass die durch Just-in-sequence bedingte starke Prozesssynchronisation dieses Logistikkonzept sehr störanfällig ist und Störungen im Prozessablauf ummittelbar zu hohen wirtschaftlichen Schäden führen. Daher geht eine Just-in-sequence-Logistik einher mit einem hohen Bedarf an schnittstellenübergreifender Informationsintegration, um die Koordination dieser Beschaffungsform zu optimieren.

Kapitel drei greift dieses Ergebnis auf und stellt zunächst den historischen Diskurs hinsichtlich der Informationsintegration mit Bezug zur Logistik dar. Aus der komparativen Literaturanalyse wird abgeleitet, dass die kybernetische Perspektive mit Untersuchung der Informationsflüsse upstream das dominierende Paradigma darstellt. Den daraus abgeleiteten impliziten und expliziten Forderungen nach einer Trennung von Material- und Informationsfluss zur Optimierung der Logistik wird die Rolle der bisher wenig beachteten Informationsflüsse downstream zur Optimierung funktions- und schnittstellenübergreifender Logistikprozesse – insbesondere hinsichtlich Vereinnahmungsprozesse – gegenüber gestellt. Im weiteren Verlauf werden die betrieblichen Informationssysteme (sowohl zur internen als auch zur organisationsübergreifenden Informationsintegration) definiert, diskutiert und hinsichtlich möglicher Stärken und Schwächen bei der Informationsintegration aus prozessorientierter Perspektive bewertet. Als Ergebnis wird festgehalten, dass die für eine produktionssychnrone Logistik (insbesondere Just-in-sequence) notwendige Koordination zwecks problemloser Prozesssynchronisation durch Informationsintegrationsdefekte behindert wird. Die hier identifizierten 11 Informationsintegrationsdefekte treten vorrangig dann auf, wenn über eine bilaterale Informationsintegration hinaus ein Informationsaustausch in mehrstufigen Netzwerken erfolgen muss. Dieses Ergebnis hat mehrere Implikationen. So wurde die in der Literatur weitgehend dominierende Auffassung, eine durchgängige Informationsintegration von der Urerzeugung bis zum Endkunden sei wirtschaftlich und wird nur durch technische Probleme oder mangelnden Willen der Akteure behindert, widerlegt.

Zudem wurde mit den Informationsintegrationsdefekten neben der Luhmer-Ungleichung, dem Collier-Theorem, den Kistner-Beweisen und der Indifferenzpunkt-Gleichung eine weitere Restriktion gefunden, die einer Ausweitung der produktionssynchronen Logistik von der Endfertigung bis hin zur Urerzeugung theoretisch entgegensteht und damit eine konventionelle, lagerbezogene Beschaffung bei vorgelagerten Zulieferern für einen Fertigungsverbund mit produktionssynchronen Logistik rechtfertigen. Denn die für eine produktionssynchrone Logistik notwendige Informationsintegration ist nicht unbegrenzt auf vorangehende Zulieferstufen ausdehnbar.

Zur Umgehung dieser aufgezeigten Informationsintegrationsdefekte wurde nachfolgend vorgeschlagen, einen Neben-Informationsfluss downstream zu etablieren. Dies wird ermöglicht durch Koppelung von Material- und Informationsfluss mittels Einsatz von wiederbeschreibbaren automatischen Identifikationssystemen (vorrangig RFID). Der dabei zugrunde liegende Informationsintensitätsansatz von Porter/Millar (1985) bildet die forschungsleitende These zur prozessorientierten Optimierung der Informationsintegration über Schnittstellen hinweg.

Kapitel vier strukturiert mögliche Anwendungsfelder im Zusammenhang mit einer produktionssynchronen Logistik in Fertigungsverbünden zur Optimierung der Informationsintegration anhand des SCOR-Modells und untersucht die Anfälligkeit für Informationsintegrationsdefekte. Aufbauend auf dieser Bewertung wurde das Optimierungspotenzial des Informationsintensitätsansatzes durch Etablierung von Informations-Nebenflüsse downstream hinsichtlich der Erhöhung des schnittstellenübergreifenden Informationsgrads im Sinne von Kosiol (1969) analysiert. Mit dem grundlegenden Beispiel der Kanban-Systeme kann auf ein Instrument des Lean managements verwiesen werden, das bereits ein wichtiges Konzept des Informationsintensitätsansatzes vorweggenommen hat: die Etablierung von Informationsflüssen in Fertigungsverbünden mittels dezentraler Informationsträger, die eng mit dem Materialfluss verbunden sind. Als Ergebnis des Kapitels wird festgehalten, dass der Informationsintensitätsansatz ein hohes Potenzial zur Optimierung der produktionssynchronen Logistik einschließlich der Just-in-sequence-Logistik bietet. Einerseits indem über die Etablierung von Neben-Informationsflüssen mittels wiederbeschreibbarer automatischer Identifikationssysteme die in dieser Arbeit hergeleiteten Informationsintegrationsdefekte umgangen werden können und andererseits weil bisher vernachlässigte Aspekte der vereinnahmungsgerechten Schnittstellüberbrückung mittels Informationsflüsse downstream eine angemessene Betrachtung finden. Dies ist von hoher Relevanz, weil für eine störungsfreie Prozesssynchronisation einer Just-in-sequence-Logistik die Informationsflüsse downstream von vorrangiger Bedeutung sind.

Somit zeigt die Arbeit auf, das eine Verbesserung der Informationsintegration ein erhebliches und bislang noch nicht voll ausgeschöpftes Potenzial bietet, um die komplexen Prozesse einer Just-in-sequence-Logistik in Fertigungsverbünden gegen Störungen abzusichern und hinsichtlich Kosten, Qualität und Variabilität kontinuierlich und funktionsübergreifend zu verbessern.

5.2 Zukünftige Forschungsfelder

Diese Arbeit stützt die These von Schniederjans/Olson (1999), welche besagt, dass das Potenzial zur Optimierung von produktionssynchroner Logistik durch IT-Systeme noch nicht voll ausgeschöpft ist.[1376] Dies betrifft insbesondere Anwendungen zur Unterstützung von Informationsflüssen downstream, wie RFID. Einwände hinsichtlich der hohen Implementierungskosten von RFID werden in absehbarer Zeit durch technische Entwicklungen wie RuBee und Polymerechips relativiert, so dass jährliche Preissenkungen bei RFID-Transpondern in der Größenordnung von 20% zu erwarten sind.[1377] Entsprechend ist nach einer AMR-Studie unter Beteiligung von 500 Unternehmen zu erwarten, dass der Anteil von RFID-Investionen an den gesamten IT-bezogenen Investitionen derzeit bei durchschnittlich 9,1% liegt und zukünftig weiter steigen wird.[1378] Entsprechend wird der Absatz von RFID-Systemen nach Prognosen der Deutsche Bank Research von 2006 bis 2016 in Deutschland jährlich um 19% steigen, weltweit kann dieser Anstieg bei 25% liegen.[1379]

Diese Prognosen werden auch von einer im Auftrag des Bundesministeriums für Bildung und Forschung durchgeführten Studie mit über 19.000 internationalen Experten[1380] gestützt. 80% der Befragten betrachten das Themenfeld Produkterkennung und -authentifizierung für Produktionsprozesse als relevantes bzw. sehr relevantes Thema und 96% auch im kommenden Jahrzehnt als wichtiges bzw. sehr wichtiges Thema. Ein ähnliches Bild ergibt sich für „Maschinen mit inhärenter Intelligenz, selbstoptimierende Prozesse". Dieses Themenfeld wird als relevantes bzw. sehr relevantes Thema von 77% der Befragten beurteilt und von 71% der Experten auch in den nächsten zehn Jahren als wichtiges bzw. sehr wichtiges Thema gekennzeichnet. Diese Ergebnisse decken sich mit der Auffassung von 74% der Studienteilnehmer, dass „Neue Technologien in Material- und Informationsfluss" ein relevantes bzw. sehr relevantes Thema ist und sogar 93% hierin in den nächsten zehn Jahren ein wichtiges oder sehr wichtiges Thema sehen. Dies steht auch im Zusammenhang mit der Meinung von 91% der Befragten, dass „Effiziente Logistik" ein relevantes bzw. sehr relevantes Thema ist und 94% dieses Themenfeld auch im kommenden Jahrzehnt als wichtiges bzw. sehr wichtiges Thema beurteilen.

Somit ist für für die logistische Informationsintegration im Allgemeinen und für Anwendungen in der produktionssynchronen Logistik im Besonderen ein weiterer Bedeutungszuwachs zu erwarten.

1376 Vgl. Schniederjans/Olson (1999), S. 84.

1377 Vgl. Gaukler/Hausman (2008), S. 1093.

1378 Vgl. Whitaker/Mithas/Krishnan (2007), S. 599.

1379 Vgl. Heng (2009), S. 1.

1380 Siehe zum BMBF Foresight Prozess auch www.bmbf-foresight.de.

Anhang

Herleitung der Losgrößenermittlung unter Berücksichtigung von Qualitäts- und Komplexitätsgrößen:

k	Fixe Kosten pro Bestellvorgang
D	Bedarf in der Periode
h	Lagerhaltungskostensatz pro Periode
Q	Bestellmenge
Q_E^*	Kostenminimale Bestellmenge
P_E	Stückkostenpreis bei konventionellem Bestellverfahren (Harris-Formel)
C_E	Gesamtkosten bei konventionellem Bestellverfahren (Harris-Formel)
θ	Komplexitätsfaktor für Komponente
φ	Qualitätskosten der Komponenten (pro Stück)

Die Kostenfunktion unter Berücksichtung von Qualitäts- und Komplexitätsgrößen wird wie folgt formuliert:

$$C_E = \frac{kD}{Q} + \frac{QP_E h}{2} + \frac{\theta\varphi Q}{2} \tag{54}$$

Die Auflösung nach Q ergibt:

$$Q_E^* = \sqrt{\frac{2kD}{P_E h + \theta\varphi}} \tag{55}$$

Durch einsetzen von Q_E^* in Gleichung 54 ergibt sich:

$$C_E^* = \frac{kD}{\sqrt{\frac{2kD}{P_E h + \theta\varphi}}} + \frac{\sqrt{\frac{2kD}{P_E h + \theta\varphi}} P_E h}{2} + \frac{\theta\varphi\sqrt{\frac{2kD}{P_E h + \theta\varphi}}}{2} \tag{56}$$

$$C_E^* = \frac{D}{\sqrt{D}} \frac{k}{\sqrt{\frac{2k}{P_E h + \theta\varphi}}} + \sqrt{D}\frac{\sqrt{\frac{2k}{P_E h + \theta\varphi}} P_E h}{2} + \sqrt{D}\frac{\theta\varphi\sqrt{\frac{2k}{P_E h + \theta\varphi}}}{2} \tag{57}$$

$$C_E^* = \sqrt{D}\left(\frac{k}{\sqrt{\frac{2k}{P_E h + \theta\varphi}}} + \frac{\sqrt{\frac{2k}{P_E h + \theta\varphi}} P_E h + \sqrt{\frac{2k}{P_E h + \theta\varphi}}\theta\varphi}{2}\right) \tag{58}$$

$$C_E^* = \sqrt{D}\left(\frac{k}{\sqrt{\frac{2k}{P_E h + \theta\varphi}}} + \frac{\sqrt{\frac{2k}{P_E h + \theta\varphi}}(P_E h + \theta\varphi)}{2}\right) \tag{59}$$

$$C_E^* = \sqrt{D}\left(\frac{\sqrt{k}\sqrt{P_E h + \theta\varphi}}{\sqrt{2}} + \frac{\sqrt{2}\sqrt{k(P_E h + \theta\varphi)}}{2}\right) \tag{60}$$

$$C_E^* = \frac{\sqrt{kD(P_E h + \theta\varphi)}}{\sqrt{2}} + \frac{\sqrt{kD(P_E h + \theta\varphi)}}{\sqrt{2}} \tag{61}$$

$$C_E^* = \frac{2\sqrt{kD(P_E h + \theta\varphi)}}{\sqrt{2}} \tag{62}$$

$$C_E^* = \sqrt{2}\sqrt{kD(P_E h + \theta\varphi)} \tag{63}$$

$$C_E^* = \sqrt{2kD(P_E h + \theta\varphi)} \tag{64}$$

Literaturverzeichnis

Adam, D. (1989): Planung, heuristische, in: Sysperski, N./Winand, U. (Hrsg.): Handwörterbuch der Planung, Stuttgart, S. 1414-1419.

Adam, D. (2001): Produktionsmanagement, 9. Aufl., Wiesbaden.

Adam, D./Johannwille, U. (1998): Die Komplexitätsfalle, in: Adam, D. (Hrsg.): Komplexitätsmanagement, Wiesbaden, S. 5-28.

Aigbedo, H. (2007): An assessment of the effect of mass customization on suppliers' inventory levels in a JIT supply chain, in: European Journal of Operational Research, 181. Jg., 2/2007, S. 704-715.

Albino, V./Pontrandolfo, P./Scozzi, B. (2002): Analysis of information flows to enhance the coordination of production processes, in: International Journal of Production Economics, 75. Jg., 1/2002, S. 7-19.

Algedri, J./Frieling, E. (2001): Human-FMEA. Menschliche Handlungsfehler erkennen und vermeiden, München/Wien.

Alpar, P./Grob, H. L./Weimann, P./Winter, R. (2008): Anwendungsorientierte Wirtschaftsinformatik. Strategische Planung, Entwicklung und Nutzung von Informations- und Kommunikationssystemen, 5. Aufl., Wiesbaden.

Angeles, R. (2005): RFID-Technologies: Supply-Chain Applications and Implementation Issues, in: Information Systems Management, 22. Jg., 1/2005, S. 51-65.

Arendt, F. (2002): Innovative IT-Konzepte für die Logistik. Ein generisches Datenmodell für die Unterstützung der operativen Kooperation in der Transportlogistik, Bremen.

Armenio et al. (2009): The EPCglobal Architecture Framework 1.3, http://www.epcglobalinc.org/standards/architecture/, Abruf am 18.09.2010.

Armstrong, P. (2002): The costs of activity-based management, in: Accounting, Organizations and Society, 27. Jg., 1/2002, S. 99-120.

Arnold, D./Furmans, K. (2009): Materialfluss in Logistiksystemen, 6. Aufl., Berlin/ Heidelberg.

Ashby, W. R. (1956): An Introduction to Cybernetics, 2. Aufl., London.

Attaran, M. (2007): RFID: an enabler of supply chain operations, in: Supply Chain Management: An International Journal, 12. Jg., 4/2007, S. 249-257.

Axsäter, S. (1996): Using the Deterministic EOQ Formula in Stochastic Inventory Control, in: Management Science, 42. Jg., 6/1996, S. 830-834.

Axsäter, S. (2006): Inventory Control, 2. Aufl., New York.

Babad, Y. M./Balachandran, B. V. (1993): Cost Driver Optimization in Activity-Based Costing, in: The Accounting Review, 68. Jg., 3/1993, S. 563-575.

Balcezak, W. (1984): Tandem assembles, tracks, and tests – without paper!, in: Modern materials handling, 39. Jg., 2/1984, S. 46-49.

Ballnus, R. (2000): Erfolg mit EDI und E-Commerce. Handlungsempfehlungen für die Abstimmung und Organisation interorganisationaler Netzwerke, Marburg.

Banerjee, A./Kim, S.-L. (1995): An integrated JIT inventory model, in: International Journal of Operations & Production Management, 15. Jg., 9/1995, S. 237-244.

Banerjee, S./Golhar, D. Y. (1993): EDI Implementation: A Comparative Study of JIT and Non-JIT Manufacturing Firms, in: International Journal of Physical Distribution & Logistics Management, 23. Jg., 7/1993, S. 22-31.

Banker, R. D./Davis, G. B./Slaughter, S. A. (1998): Software Development Practices, Software Complexity, and Software Maintenance Performance: A Field Study, in: Management Science, 44. Jg., 4/1998, S. 433-450.

Bartholomay, C. (2009): Kaizen, in: Dickmann, P. (Hrsg.): Schlanker Materialfluss mit Lean Production, Kanban und Innovationen, 2. Aufl., Berlin/Heidelberg, S. 20-23.

Bartkowiak, J./Schreier, U./Siestrup, G./Haasis, H.-D./Plöger, M. (2009): A Flexible Communication Concept for Integrated Supply Chain Planning Concerning Aspects of Trust, in: Pawar K. S./Lalwani C. S. (Hrsg.): Proceedings of the 14th International Symposium on Logistics (14th ISL), Nottingham, S. 252-257.

Bauer, J. (2009): Produktionscontrolling und -management mit SAP ERP. Effizientes Controlling, Logistik- und Kostenmanagement moderner Produktionssysteme, 3. Aufl., Wiesbaden.

Bayer, M. (2008): SAP verteuert den ERP-Support, in: Computerwoche, 35. Jg., 12/2008 (21. März 2008), S. 5.

Baykoç, Ö. F./Erol, S. (1998): Simulation modelling and analysis of a JIT production system, in: International Journal of Production Economics, 55. Bnd., 2/1998, S. 203-212.

Becker, T. (2005): Konzeption von Entwicklungspfaden für Zulieferparks in der Automobilindustrie, Diss. Kassel.

Bendoly/Citurs/Konsynski (2007): Internal Infrastructure Impacts on RFID Perceptions and Commitment: Knowledge, Operational Procedures, and Information-Processing Standards, 38. Jg., 3/2007, S. 423-449.

Bertram, H.-G. (1995): Logistik Informationssysteme, Aachen.

Bhatt, G. B. (2001): Business process improvement through electronic data interchange (EDI) systems: an empirical study, in: Supply Chain Management: An International Journal, 6. Jg., 2/2001, S. 60-73.

Blecker, T./Friedrich, G. (2007): Mass Customization Manufacturing Systems, in: IEEE Transactions on Engineering Management, 54. Jg., 1/2007, S. 4-11.

Bode, J. (1993): Betriebliche Produktion von Information, Wiesbaden.

Bode, W./Preuß, R. W. (2004): Intralogistik in der Praxis. Komplettanbieter der Intralogistik, Suhl.

Bodendorf, F./Zimmermann, R. (2005): Proactive Supply-Chain Event Management with Agent Technology, in: International Journal of Electronic Commerce, 9. Jg., 4/2005, S. 58-89.

Boyd, D. T./Kronk, L./Skinner, R. (2002): The effects of Just-in-time systems on financial accounting metrics, in: Industrial Management & Data Systems, Bnd. 102, 3/2002, S. 153-164.

Boysen, N./Fliedner, M./Scholl, A. (2007): Level-Scheduling bei Variantenfließfertigung: Klassifikation, Literaturüberblick und Modellkritik, in: Journal für Betriebswirtschaft, 57. Jg., 1/2007, S. 37-66.

Brede, H. (1998): Prozessorientiertes Controlling, München.

Brehm, B. (1997): Strategisches Management von Electronic Data Interchange (EDI), Göttingen.

Bretzke, W.-R. (2006): SCM: Sieben Thesen zur zukünftigen Entwicklung logistischer Netzwerke, in: Supply Chain Management, 6. Jg., 3/2006, S. 7-15.

Brimson, J. A. (1998): Feature Costing: Beyond ABC, in: Journal of Cost Management, o. Jg., 1/1998, S. 6-12.

Bruhn, M. (2008): Qualitätsmanagement für Dienstleistungen. Grundlagen, Konzepte, Methoden, 7. Aufl., Berlin/Heidelberg.

Bullinger, H.-J./Lebender, M./Otto, B./Weisbecker, A. (2003): Unternehmensübergreifende Prozessinteraktion für den elektronischen Geschäftsverkehr, in: Kersten, W. (Hrsg.): E-Collaboration. Prozessoptimierung in der Wertschöpfungskette, Wiesbaden, S. 59-82.

Buxmann, P./König, W. (2000): Zwischenbetriebliche Kooperationen auf Basis von SAP-Systemen. Perspektiven für die Logistik und das Servicemanagement, Berlin et al.

Cachon, G. P. (1999): Managing Supply Chain Demand Variability with Scheduled Ordering Policies, in: Management Science, 45. Jg., 6/1999, s. 843-856.

Cao, Q./Schniederjans, M. J. (2004): A revised EMQ/JIT production-run model: An examination of inventory and production costs, in: International Journal of Production Economics, 87., 1/2004, S. 83-95.

Carr, C./Ng, J. (1995): Total cost control: Nissan and its U.K. supplier partnerships, in: Management Accounting Research, 6. Jg., 4/1995, S. 347-365.

Chalmers, A. F. (2007): Wege der Wissenschaft. Einführung in die Wissenschaftstheorie, 6. Aufl., Berlin/Heidelberg/New York.

Chan, F. T. S. (2001): Effect of kanban size on Just-in-time manufacturing systems, in: Journal of Materials Processing Technology, 11. Jg., 2-3/2001, S. 146-160.

Chawathe, S. S./Krishnamurthy,V./Ramachandran, S./Sarma, S. (2004): Managing RFID Data, in: Proceedings of the 30th Very Large Data Base Conference, Toronto, Canada 2004, S. 1189-1195.

Chen, F./Drezner, Z./Ryan, J. K./Simchi-Levi, D. (2000): Quantifying the Bullwhip Effect in a Simple Supply Chain: The Impact of Forecasting, Lead Times, and Information, 46. Jg., 3/2000, S. 436-443.

Chen, R.-S./Lu, K.-Y./Chang, C. C. (2003): Intelligent warehousing management systems using multi-agent, in: International Journal of Computer Applications in Technology, 16. Jg., 4/2003, S. 194-201.

Chen, Y./Li, K. W./Levy, J./Hipel, K. W./Kilgour, D. M. (2008): A Rough Set Approach to Multiple Criteria ABC Analysis, in: Peter, J. F./Skowron, A. (Hrsg.): Transactions on Rough Sets VIII, LNCS 5084, Berlin/Heidelberg, S. 35-52.

Childerhouse, P./Hermiz, R./Manson-Jones, R./Popp, A./Towill, D. R. (2003): Information flow in automotive supply chains – identifying and learning to overcome barriers to change, in: Industrial Management & Data Systems, Band 103, 7/2003, S. 491-502.

Chmielewicz, K. (1994): Forschungskonzeptionen der Wirtschaftswissenschaft, 3. Aufl., Stuttgart.

Choi, J.-W. (1994): Investment in the Reduction of Uncertainties in Just-in-time Purchasing Systems, in: Naval Research Logistics, 41. Jg., 2/1994, S. 257-272.

Cingil, I./Dogac, A. (2001): An Architecture for Supply Chain Integration and Automation on the Internet, in: Distributed and Parallel Databases, 10. Jg., 1/2001, S. 59-102.

Clark, A. J./Scarf, H. (1960): Optimal Policies for a Multi-Echelon Inventory Problem, in: Management Science, 6. Jg., 4/1960, S. 475-490.

Claycomb, C./Germain, R./Dröge, C. (1999): Total system JIT outcomes: inventory, organization and financial effects, in: International Journal of Physical Distribution & Logistics Management, 29. Jg., 10/1999, S. 612-630.

Collier, D. A. (1982): Aggregate Safety Stock Levels and Component Part Commonality, in: Management Science, 28. Jg., 11/1982, S. 1296-1303.

Cooper, D. C./Schindler, P. S. (2001): Business Research Methods, 7. Aufl., New York

Cooper, M. C./Ellram, L. M./Gardner, J. T./Hanks, A. M. (1997): Meshing multiple alliances, in: Journal of Business Logistics, 18. Jg., 1/1997, S. 67-87.

Cooper, M. C./Lambert, D. M./Pagh, J. D. (1997): Supply chain management: more than a new name for logistics, in: International Journal of Logistics Management, 8. Jg., 1/1997, S. 1-14.

Corsten, H. (2007): Produktionswirtschaft. Einführung in das industrielle Produktionsmanagement, 11. Aufl., München et al.

D'Ouville, E./Willis, T. H./Huston, C. R. (1998): Traditional versus JIT production systems: a cost comparison model, in: Production Planning & Control, 9. Jg., 9/1998, S. 457 - 464.

Dangelmeier, W./Pape, U./Rüther, M. (2004): Agentensysteme für das Supply Chain Management. Grundlagen - Konzepte - Anwendungen, Wiesbaden.

Davy, J. A./White, R. E./Merrit, N. J./Gritzmacher, K. (1992): A Derivation of the Underlying Constructs of Just-in-time Management Systems, in: Academy of Management Journal, 35. Jg., 3/1992, S. 653-670.

De Toni, A./Nassimbeni, G. (2000): Just-in-time purchasing: an empirical study of operational practices, supplier development and performance, in: Omega. The International Journal of Management Science, 28. Jg., 6/2000, S. 631-651.

Dechow, N./Mouritsen, J. (2005): Enterprise resource planning systems, management control and the quest for integration, in: Accounting, Organizations and Society, 30. Jg., 7-8/2005, S. 691-733.

Degraeve, Z./Labro, E./Roodhoft, F. (2005): Constructing a Total Cost of Ownership supplier selection methodology based on Activity-Based Costing and mathematical programming, in: Accounting and Business Research, 35. Jg., 1/2005, S. 3-27.

DeHoratius, N./Raman, A. (2008): Inventory Record Inaccuracy: An Empirical Analysis, in: Management Science, 54. Jg., 4/2008, S. 627-641.

Dekker, H. C./van Goor, A. R. (2000): Supply Chain Management and Management Accounting: A Case Study of Activity-Based Costing, in: International Journal of Logistics: Research and Applications, 3. Jg., 1/2000, S. 41-52.

Deleersnyder, J.-L./Hodgson, T. J./Muller-Malek, H./O'Grady, P. J. (1989): Kanban Controlled Pull Systems: An Analytic Approach, in: Management Science, 35. Jg., 9/1989, S. 1079-1091.

Delen, D./Hardgrave, B. C./Sharda, R. (2007): RFID for Better Supply-Chain Management through Enhanced Information Visibility, in: Production and Operations Management, 16. Jg., 5/2007, S. 613-624.

Dickmann, P. (2009): Poka Yoke – Fehlervermeidungsstrategien, in: Dickmann, P. (Hrsg.): Schlanker Materialfluss mit Lean Production, Kanban und Innovation, 2. Aufl., Berlin/Heidelberg, S. 46-51.

Dickmann, P. (2009): Ruhiger kontinuierlicher Materialfluss, in: Dickmann, P. (Hrsg.): Schlanker Materialfluss mit Lean Production, Kanban und Innovationen, 2. Aufl., Berlin/Heidelberg, S. 103-114.

Dieckies, H. F. (1951): ABC Inventory Analysis Shoots for Dollars, not Pennies, in: Factory Management and Maintenance, 109. Jg., 7/1951, S. 92-94.

Diestel, R. (2005): Graphentheorie, 3. Aufl., Heidelberg.

Dimitriadis, N. I./Koh, S. C. L. (2005): Information flow and supply chain management in local production networks: the role of people and information systems, in: Production Planning & Control, 16. Jg., 6/2005, S. 545-554.

Diruf, G. (1997): Strukturen und Entwicklungstendenzen des EDI-Einsatzes in der deutschen Transportwirtschaft, in: Pfohl, H.-C. (Hrsg.): Informationsfluß in der Logistikkette. EDI – Prozeßgestaltung – Vernetzung, Berlin, S. 63-82.

Dittrich, J./Mertens, P./Hau, M./Hufgard, A. (2006): Dispositionsparameter in der Produktionsplanung mit SAP. Einstellhinweise, Wirkungen, Nebenwirkungen, 4. Aufl., Wiesbaden.

Domschke, W. (2007): Logistik: Transport. Grundlagen, lineare Transport- und Umladeprobleme, 5. Aufl., München.

Dörflein, M. (2005): Electronic Procurement: Effizientere Beschaffung durch integrierte Prozesse, in: Thome, R./Schnitzer, H./Hepp, M. (Hrsg.): Electronic Commerce und Electronic Business. Mehrwert durch Integration und Automation, 3. Aufl., München, S. 101-134.

Dreher, A./Scherer, S. (2001): Supply Chain Controlling im e-Business, in: Buchholz, W./Werner, H. (Hrsg.): Supply Chain Solutions. Best Practices in e-Business, Stuttgart, S. 211-227.

Drews, R. (2006): Organisationsformen der Produktionslogistik. Konzeptionelle Gestaltung und Analyse der Wechselbeziehungen zu den Organisationsformen der Teilefertigung, Aachen.

Dreyfus, L. P./Ahire, S. L./Ebrahimpour, M. (2004): The Impact of Just-in-time Implemenation and ISO 9000 Certification on Total Quality Management, in: IEEE Transactions on Engineering Management, 51. Jg., 2/2004, S. 125-141.

Durden, C. H./Hassel, L. G./Upton, D. R. (1999): Cost accounting and performance measurement in a just-in-time production environment, in: Asia Pacific Journal of Management, 16. Jg., 1/1999, S. 111-125.

Dworatschek, S. (1989): Grundlagen der Datenverarbeitung, 8. Aufl., Berlin/New York.

Dykhoff, H./Spengler, T. S. (2007): Produktionswirtschaft. Eine Einführung für Wirtschaftsingenieure, 2. Aufl., Berlin/Heidelberg/New York.

Eichhorn, W. (1979): Modelle und Theorien in den Wirtschaftswissenschaften, in: Raffée, H./Abel, B. (Hrsg.): Wissenschaftstheoretische Grundfragen der Wirtschaftswissenschaften, München, S. 60-104.

Eisenhardt, K. M. (1989): Building Theories from Case Study Research, in: The Academy of Management Review, 14. Jg., 4/1989, S. 532-550.

Eisenkopf, A. (1994): Just-in-time-orientierte Fertigungs- und Logistikstrategien: Charakterisierung, transaktionskostentheoretische Analyse und wettbewerbspolitische Würdigung veränderter Zulieferer-Abnehmer-Beziehungen am Beispiel der Automobilindustrie, Hamburg.

Elbert, R. (2006): Möglichkeiten und Grenzen der Selbststeuerung in der Logistik – Theoriegeleitete Analyse der Voraussetzungen für Integration und Koordination zur Selbststeuerung, in: Pfohl, H.-C./Wimmer, T. (Hrsg.): Wissenschaft und Praxis im Dialog. Steuerung von Logistiksystemen – auf dem Weg zur Selbststeuerung. Hamburg, S. 55-74.

Ernst, R./Cohen, M. A. (1990): Operations Related Groups (ORGs): A Clustering Procedure for Production/Inventory Systems, in: Journal of Operations Management, 9. Jg., 4/1990, S. 574-598.

Ewert, R./Wagenhofer, A. (2008): Interne Unternehmensrechnung, 7. Aufl., Berlin/ Heidelberg.

Eymann, T. (2003): Digitale Geschäftsagenten, Berlin/Heidelberg.

Fazel, F. (1997): A comparative analysis of inventory costs of JIT and EOQ purchasing, in: International Journal of Physical Distribution & Logistics Management, 27. Jg., 8/1997, S: 496-504.

Fazel, F./Fischer, K. P./Gilbert, E. W. (1998): JIT purchasing vs. EOQ with a price discount: An analytical comparison of inventory costs, in: International Journal of Production Economics, 54. Jg. 1/1998, S. 101-109

Ferguson, G. T. (2002): Have Your Objects Call My Objects, in: Harvard Business Review, 80. Jg., 6/2002, S. 138-144.

Ferschl, F. (1961): Warteschlangen mit gruppiertem Input, in: Unternehmensforschung, 5. Jg., 4/1961, S. 185-196.

Ferschl, F. (1964): Zufallsabhängige Wirtschaftsprozesse. Grundlagen und Anwendungen der Theorie der Wartesysteme, Wien/Würzburg.

Finkenzeller, K. (2008): RFID-Handbuch. Grundlagen und praktische Anwendungen induktiver Funkanlagen, Transponder und kontaktloser Chipkarten, 5. Aufl., München/Wien.

Fischer, L. (2008): Bestandsoptimierung für das Supply Chain Management. Zeitdiskrete Modelle und praxisrelevante Ansätze, Köln.

Fischer, P./Hofer, P. (2008): Lexikon der Informatik, 14. Aufl., Berlin/Heidelberg.

Fisher, M. (1999): Process improvement by poka-yoke, in: Work Study, 48. Jg., 7/1999, S. 264-266.

Fleisch, E./Christ, O (2003): Identifikation in der Supply Chain, in: Boutellier, R./Wagner, S. M./Wehrli, H. P. (Hrsg.): Handbuch Beschaffung. Strategien, Methoden, Umsetzung, München/Wien, S. 45-61.

Fleisch, E./Christ, O./Dierkes, M. (2005): Die betriebswirtschaftliche Vision des Internets der Dinge, in: Fleisch, E./Mattern, F. (Hrsg.): Das Internet der Dinge. Ubiquitous Computing und RFID in der Praxis, Berlin/Heidelberg, S. 3-38.

Flores, B. E./Whybark, D. C. (1987): Implementing multiple criteria ABC analysis, in: Journal of Operations Management, 7. Jg., 1-2/1987, S. 79-85.

Flores, B. E./Whybark, D. C. (1988): Implementing Multiple Criteria ABC Analysis, in: Engineering Costs and Production Economics, 15. Jg., 1/1988, S. 191-195.

Forrester, J. W. (1961): Industrial Dynamics, 1. Aufl., Cambridge (USA).

Frey, R./Kimmich, J./Stommel, H. (2006): Die Bedarfsplanung als Grundlage von SCM-Planungen, in: Gehr, F./Hellingrath, B. (Hrsg.): Logistik in der Automobilindustrie. Innovatives Supply Chain Management für wettbewerbsfähige Zulieferstrukturen, Berlin, S. 52-59.

Fullerton, R. R./McWatters, C. S. (2001): The production performance benefits from JIT implementation, in: Journal of Operations Management, 19. Jg., 1/2001, S. 81-96.

Fullerton, R. R./McWatters, C. S./Fawson, C. (2003): An examination of the relationships between JIT and financial performance, in: Journal of Operations Management, 21. Jg., 4/2003, S. 383-404.

Furmans, K. (2007): Gestaltung leistungsfähiger, dezentral gesteuerter Supply Chains als Alternative zu Globalplanungsansätzen, in: Francisco J. G. S./Semmler, K./Walther, J. (Hrsg.): Die Automobilindustrie auf dem Weg zur globalen Netzwerkkompetenz. Effiziente und flexible Supply Chains erfolgreich gestalten, Berlin, Heidelberg, S. 181-197.

Furness, A. (2000): Machine-readable data carriers - a brief introduction to automatic identification and data capture, in: Assembly Automation, 20. Jg., 1/2000, S. 28-34.

Füßler, A. (2001): Radiofrequenztechnik zu Identifikationszwecken (RFID) für die Automatisierung von Warenströmen, in: Buchholz, W./Werner, H. (Hrsg.): Supply Chain Solutions. Best Practices in e-Business, Stuttgart, S. 87-104.

Gallego, G./Özer, Ö. (2001): Integration Replentishment Decisions with Advanced Demand Information, in: Management Science, 47. Jg., 10/2001, S. 1344-1360.

Garg, A./Lee, H. L. (2003): Managing Product Variety: An Operations Perspective, in: Tayur, S./Ganeshan, R./Magazine, M. (Hrsg.): Quantitative Models for Supply Chain Management, Boston/Dordrecht/London, S. 467-491.

Gaukler, G. M./Hausman, W. H. (2008): RFID in mixed-model automotive assembly operations: Process and quality cost savings, in: IIE Transactions, 40. Jg., 11/208, S. 1083-1096.

Gaukler, G. M./Seifert, R. W. (2007): Applications of RFID in Supply Chains, in: Jung, H./Chen, F. F./Jeong, B. (Hrsg.): Trends in Supply Chain Design and Management. Technologies and Methodologies, 2. Aufl., Berlin, S. 29-48.

Gehr, F. (2006a): Partner im Zuliefernetzwerk – Vier Gruppen und ihre Bedarfe, in: Gehr, F./Hellingrath, B. (Hrsg.): Logistik in der Automobilindustrie. Innovatives Supply Chain Management für wettbewerbsfähige Zulieferstrukturen, Berlin, S. 5-7.

Gehr, F. (2006b): Netzwerkübergreifende Logistiklösungen entwickeln und realisieren – Die Zielsetzung des Projekts LiNet, in: Gehr, F./Hellingrath, B. (Hrsg.): Logistik in der Automobilindustrie. Innovatives Supply Chain Management für wettbewerbsfähige Zulieferstrukturen, Berlin, S. 23-47.

Germain, R./Dröge, C. (1995): Just-in-time and context. Predictors of electronic data interchange technology adoption, in: International Journal of Physical Distribution & Logistics Management, 25. Jg., 1/1995, S. 18-33.

Gillert, F./Hansen, W. - R. (2007): RFID für die Optimierung von Geschäftsprozessen. Prozesse-Strukturen. IT-Architekturen-RFID-Infrastruktur, München.

Glaser, J./Kursawe, R. (1998): Mobiler Datenfunk in der Logistik. Einsatzbeispiele, technische Grundlagen, Auswahl und Einführung, München.

Glover, F. (1967): Maximum matching in a convex bipartite graph, in: Naval Research Logistics, 14. Jg., 3/1967, S. 313–316.

Goeudevert, D. (1991): Die Rolle der Zulieferindustrie angesichts der weltweiten Wettbewerbsverschärfung, in: Mendius, H. G./Wendeling-Schröder, U. (Hrsg.): Zulieferer im Netz – Zwischen Abhängigkeit und Partnerschaft. Neustrukturierung der Logistik am Beispiel der Automobilzulieferung, Köln, S. 99-112.

Golhar, D. Y./Stamm, C. L. (1991): The Just-in-time philosophy: a literature review, in: International Journal of Production Research, 29. Jg., 4/1991, S. 657-676.

Görgens, J. (1994): Just-in-Time Fertigung. Konzept und modellgestützte Analyse, Stuttgart.

Goyal, S. K./Deshmukh, S. G. (1992): A Critique of the Literature on Just-in-time Manufacturing, in: International Journal of Operations & Production Management, 12. Jg., 1/1992, S. 18-28.

Grinninger, J./Meißner, S. (2006): Früh in Reih und Glied, in: Automobil-Produktion: Technik, Management, Entwicklung, 20. Jg., 11/2006, S. 54-57.

Gudehus, T. (1976a): Grenzleistungsgesetze für Verzweigungs- und Zusammenführungselemente, in: Zeitschrift für Operations Research, 20. Jg., 2/1976, S. B37-B61.

Gudehus, T. (1976b): Staueffekte vor Transportknoten, in: Zeitschrift für Operations Research, 20. Jg., 6/1976, S. B207-B252.

Gudehus, T. (2005): Logistik. Grundlagen, Strategien, Anwendungen, 3. Aufl., Berlin/Heidelberg.

Gumm, H. P./Sommer, M. (2009): Einführung in die Informatik, 8. Aufl., München.

Gunasekaran, A./Goyal, S. K./Martikainen, T./Yli-Olli, P. (1993): Determining economic inventory policies in a multi-stage Just-in-time production system, in: International Journal of Production Economics, 30-31. Jg., 1/1993, S. 531-542.

Gunasekaran, A./Marri, H. B./Menci, F. (1999): Improving the effectiveness of warehousing operations: a case study, in: Industrial Management & Data Systems, 99. Bnd., 8/1999, S. 328-339.

Günther, H.-O./Tempelmeier, H. (2005): Produktion und Logistik, 6. Aufl., Berlin/ Heidelberg.

Günther, T./Fischer, T. (2000): Zeitkostenrechnung, in: Götze, U./Mikus, B./Bloech, J. (Hrsg.): Management und Zeit, Heidelberg, S. 269-296.

Günthner, W. A./Meißner, S. (2006): Logistischer Schutz vor Produktpiraterie, in: Logistics Journal, http://www.fml.mw.tum.de/PDF/Guenthner_Meissner-Logistischer_Schutz_vor _Produktpiraterie.pdf, Abruf am 15.04.2009.

Gutenberg, E. (1955): Grundlagen der Betriebswirtschaftslehre. Erster Band: Die Produktion, 2. Aufl., Berlin/Heidelberg/New York.

Guvenir, H. A./Erel, E. (1998): Multicriteria inventory classification using a genetic algorithm, in: European Journal of Operational Research, 105. Bnd., 1/1998, S. 29-37.

Haasis, H.-D. (1994): Planung und Steuerung emissionsarm zu betreibender industrieller Produktionssysteme, Heidelberg.

Haasis, H.-D. (2008): Produktions- und Logistikmanagement. Planung und Gestaltung von Wertschöpfungsprozessen, Wiesbaden.

Haasis, H.-D. (2009): Logistik im Spannungsverhältnis zwischen Bestands- und Prozessmanagement, in: Haasis, H.-D./Plöger, M. (Hrsg.): Flexible Lagersysteme. Von der Bestandshaltung zur produktionssynchronen Versorgung, Frankfurt/M., S. 11-30.

Haasis, H.-D./Plöger, M. (2007a): Flexible Lagertechnik für Just-in-sequence-Logistik, in: Hebezeuge und Fördermittel. Fachzeitschrift für Technische Logistik, 47. Jg., Heft 7/8, S. 368-370.

Haasis, H.-D./Plöger, M. (2007b): Anwendung des Informationsintensitätsansatzes zur Realisierung einer RFID-gestützten Prozesskostenrechnung in Supply Chains, in: Otto, A./Obermaier, R. (Hrsg.): Logistikmanagement. Analyse, Bewertung und Gestaltung logistischer Systeme, Wiesbaden, S. 1-22.

Haasis, H.-D./Plöger, M. (2008): PAS 1080: Kombinierte Sortier- und Pufferlagereinrichtungen für den Einsatz bei Just-in-sequence Fertigung, DIN Deutsches Institut für Normung (Hrsg.): Publicly Available Specifications, Berlin.

Haasis, H.-D./Wildebrand, H./Plöger, M. (2009): Flexibel, dynamisch und effizient. Künstliche Intelligenz optimiert Tourenplanung in Speditionen, in: Impulse aus der Forschung, 5. Jg., 2/2009, S. 24-25.

Haasis, H.-D./Wildebrand, H./Plöger, M./Zimmermann, F. (2009): AMATRAK - Traffic Avoidance Through Intelligent Control of Freight Service on the Basis of Autonomous Multi-Agent Transport Coordination, in: Proceedings of the XIII Euro Working Group on Transportation 2009, Padua, 23.-25.09.2009.

Haasis, H.-D./Zimmermann, F./Plöger, M. (2010): Unternehmensübergreifende Bestandsallokation mittels softwarebasierter Multiagenten-Systeme, in: Bogaschewsky, R./Essig, M./Lasch, R./Stölzle, W. (Hrsg.): Supply

Management Research. Aktuelle Forschungsergebnisse 2010, Wiesbaden, S. 263-276.
Hadi-Vencheh, A. (2010): An improvement to multiple criteria ABC inventory classification, in: European Journal of Operational Research, 201. Bnd., 3/2010, S. 962-965.
Hahn, D./Laßmann, G. (1989): Produktionswirtschaft. Controlling industrieller Produktion. Band 2, Heidelberg.
Hallihan, A./Sackett, P./Williams, G. M. (1997): JIT manufacturing: the evolution to an implementation model founded in current practice, in: International Journal of Production Research, 35. Jg., 4/1997, S. 901-920.
Hans, C./Hribernik, K. A./Thoben, K.-D. (2008): An Approach for the Integration of Data Within Complex Logistics Systems, in: Haasis, H.-D./Kreowski, H.-J./Scholz-Reiter, B. (Hrsg.): Dynamics in Logistics. Proceedings of the first International Conference, LDIC 2007, Berlin/Heidelberg, S. 381-390.
Hansen, H. R./Neumann, G. (2001): Wirtschaftsinformatik 1, 8. Aufl., Stuttgart.
Harihan, R./Zipkin, P. (1995): Customer-Order Information, Leadtimes, and Inventories, in: Management Science, 41. Jg., 10/1995, S. 1599-1607.
Harris, F. W. (1913): How many parts to make at once, in: Operations Research, 38. Jg., 6/1990, S. 947-950 (Nachdruck).
Hartlieb, C. (1997): Konzeption eines unternehmensübergreifenden Schnittstellen-Controlling zur Realisierung einer Just-in-time-Wertschöpfungspartnerschaft, Lohfelden.
Hässig, K./Arnold, M. (1996): Informationslogistik und Workflow Management, in: Die Unternehmung, 50. Jg., 2/1996, S. 99-106.
Heese, H. S. (2007): Inventory Record Inaccuracy, Double Marginalization, and RFID Adoption, in: Production and Operations Management, 16. Jg., 5/2007, S. 542-553.
Heinen, E. (1969): Zum Wissenschaftsprogramm der entscheidungsorientierten Betriebswirtschaftslehre, in: Zeitschrift für Betriebswirtschaft, 39. Jg., 4/1969, S. 207-220.
Helo, P./Szekely, B. (2005): Logistics information systems. An analysis of software solutions for supply chain co-ordination, in: Industrial Management & Data Systems, 105 Bnd., 1/2005, S. 5-18.
Heng, S. (2009): RFID chips: Enabling the efficient exchange of information, http://www.dbresearch.com/PROD/DBR_INTERNET_EN-PROD/PROD0000000000236797.pdf, Abruf am 26.08.2009.
Henning, R. (1994): Ökonomische und ökologische Effekte von "Just-in-time"-Konzepten am Beispiel der deutschen Reifenindustrie, Frankfurt/M.
Heusler, K. F./Stölzle, W./Bachmann, H. (2006): Supply Chain Event Management. Grundlagen, Funktionen und potenzielle Akteure, in: Supply Chain Event Management. Grundlagen, Funktionen und potenzielle Akteure, in: Wirtschaftswissenschaftliches Studium, 35. Jg., 1/2006, S. 19-24.

Hirano, H. (1988): Introduction, in: Shimbun, N. K. (Hrsg.): Poka-yoke. Improving product quality by preventing defects, S. xi-xiii.

Hiroyuki, H. (1988): Overview of Poka-yoke, in: Nikkan, K. S. (Hrsg.): Poka-Yoke. Improving Product Quality by Preventing Defects, Cambridge/Norwalk, S. 1-28.

Hirschmüller, T. (2004): Leistungskriterien und Systemfindung für die Stückguteinschleusung auf Sorter, Dortmund.

Ho, J. C./Chang, Y.-L. (2001): An integrated MRP and JIT framework, in: Computers & Industrial Engineering, 41. Jg., 2/2001, S. 173-185.

Hofmeister, M./Baier, G./Gärtner, M. (2010): Strategien für die dezentrale agentenbasierte Steuerung von Materialflusssystemen, in: ten Hompel, M./Günthner, W. A. (Hrsg.): Internet der Dinge in der Intralogistik, Berlin/Heidelberg, S. 119-139.

Hoitsch, H.-J. (1993): Produktionswirtschaft. Grundlagen einer industriellen Betriebswirtschaftslehre, 2. Aufl., München.

Hoitsch, H.-J./Akin, B. (1998): Geschichte der Produktionswirtschaft, in: Wirtschaftswissenschaftliches Studium, 27. Jg., 2/1998, S. 54-59.

Hollmann, M. (2006): Auf die Plätze, in: LOG., 2. Jg., 4/2006, S. 10-14.

Holmqvist, M./Stefansson, G. (2006): 'Smart Goods' and Mobile RFID. A Case with Innovation from Volvo, in: Journal of Business Logistics, 27. Jg., 2/2006, S. 251-272.

Holzkämper, C. (2006): Gestaltung kundenindividueller Supply Chains : Entwicklung eines Gestaltungsmodells von kundenindividuellen Supply Chains auf der Grundlage einer Analyse von logistischen Planungsaufgaben in Abhängigkeit des Kundenauftragsentkopplungspunktes (KAEP), Frankfurt am Main.

Hoque, Z. (2000): Just-in-Time Production, Automation, Cost Allocation Practices and Importance of Cost Information: An Empirical Investigation in New Zealand-Based Manufacturing Organizations, in: British Accounting Review, 32. Jg., 2/2000, S. 133-159.

Horváth, P./Mayer, R. (1995): Konzeption und Entwicklung der prozesskostenrechung, in: Männel, W. (Hrsg.): Prozeßkostenrechung: Bedeutung – Methoden – Branchenerfahrungen – Softwarelösungen, Wiesbaden, S. 59-86.

Houlian, J. B. (1985): International supply chain management, in: International Journal of Physical Distribution & Materials Management, 17. Jg., 2/1985, S. 51-66.

Hozak, K./Collier, D. A. (2008): RFID as an Enabler of Improved Manufacturing Performance, in: Decision Sciences, 39. Jg., 4/2008, S. 859-881.

Huang, C.-C./Kusiak, A. (1996): Overview of Kanban systems, in: International Journal of Computer Integrated Manufacturing, 9. Jg., 3/1996, S. 169-189.

Huang, G. Q./Lau, J. S. K./Mak, K. L. (2003): The impacts of sharing production information on supply chain dynamics: a review of the literature, in: International Journal of Production Research, 41. Jg., 7/2003, S. 1483-1517.

Huin, S. F./Luong, L. H. S./Abhary, A. (2002): Internal supply chain planning determinants in small and medium-sized manufacturers, in: International Journal of Physical Distribution & Logistics Management, 32. Jg., 9/2002, S. 771-782.

Hustadt, J./Jansen, R. (2004): Widerspruchsfreiheit bei RFID-Systemen unter dem Aspekt der dezentralen Datenhaltung, in: MM Logistik, Sonderheft „Der Softwareführer 2004/2005“, 3. Jg., S. 8-11.

Ihde, G. B. (1991): Mehr Verkehr durch Just in time?, in Zeitschrift für Verkehrswissenschaft, 62. Jg., 4/1991, S. 192-198.

Ihde, G. B. (1998): Logistikmanagement als Zeitcontrolling, in: Bogaschewsky, R./Götze, U. (Hrsg.): Unternehmensplanung und Controlling, Heidelberg, S. 203-214.

Inderfurth, K. (1992): Mehrstufige Sicherheitsbestandsplanung mit dynamischer Programmierung, in: OR Spektrum, 14. Jg., 1/1992, S. 19-32.

Inderfurth, K. (2008): Lagerbestandsmanagement, in: Arnold, D./Isermann, H./Kuhn, A./Tempelmeier, H./Furmans, K. (Hrsg.): Handbuch Logistik, 3. Aufl., Berlin/Heidelberg, S. 153-166.

Inman, R. A./Mehra, S. (1990): The Transferability of Just-in-time Concepts to American Small Businesses, in: Interfaces, 20. Jg., 2/1990, S. 30-37.

Jacobs, F. R./Weston, F. C. (2007): Enterprise resource planning (ERP) - A brief history, in: Journal of Operations Management, 25. Jg., 2/2007, S. 357-363.

Jansen-Vullers, M. H./Wortmann, J. C./Beulens, A. J. M. (2004): Application of labels to trace material flows in multi-echelon supply chains, in: Production Planning & Control, 15. Jg., 3/2004, S. 303-312.

Jayram, J./Vickery, S. K./Droge, C. (2000): The effects of information system infrastructure and process improvements on supply-chain time performance, in: International Journal of Physical Distribution & Logistics Management, 30. Jg., 3-4/2000, S. 314-330.

Jehle, E./Müller, K./Michael, H. (1994): Produktionswirtschaft. Eine Einführung mit Anwendungen und Kontrollfragen, 4. Aufl., Heidelberg.

Jodin, D. (2005): Was ist (leistet) ein Sorter?, in: Hebezeuge und Fördermittel, 45. Jg., 10/2005, S. 538-541.

Jodlbauer, H. (2009): Produktionsoptimierung. Wertschaffende sowie kundenorientierte Planung und Steuerung, 2. Aufl., Wien/New York.

John, A./Meran, R./Roenpage, O./Staudter, C. (2006): Six Sigma + Lean Toolset. Verbesserungsprojekte erfolgreich durchführen, Berlin/Heidelberg.

Johnson, H. T./Kaplan, R. S. (1987): Relevance Lost. The Rise and Fall of Management Accounting, Boston.

Johnson, M. E./Davis, T./Lee, H. L. (1996): Robustness of order reliability models with applications to order ageing, in: International Journal of Production Research, 34. Jg., 12/1996, S. 3499-3514.

Johnson, R./Winchell, W. O. (1989): Production and Quality, Milwaukee.

Johnston, R. B./Yap, A. K. C. (1998): Two-Dimensional Bar Code as a Medium for Electronic Data Interchange, in: International Journal of Electronic Commerce, 3. Jg., 1/1998, S. 86-100.

Jungnickel, D. (1994): Graphen, Netzwerke und Algorithmen, 3. Aufl., Mannheim/Wien/Zürich.

Kahle, E. (1991): Produktion. Lehrbuch zur Planung der Produktion und Materialbereitstellung, 3. Aufl., München/Wien.

Kajüter, P./Kulmala, H. I. (2005): Open-Book accounting in networks. Potential achivements and reasons for failures, in: Management Accounting Research, 16. Jg., 2/2005, S. 179-204.

Kaplan, R. S./Anderson, S. R. (2004): Time-Driven Activity-Based Costing, in: Harvard Business Review, 82. Jg., 11/2004, S. 131-138.

Kaplan, R. S./Cooper, R. (1997), Cost & Effect. Using Integrated Cost Systems to Drive Profitability and Performance, Boston.

Kärkkäinen, M./Ala-Risku, T./Främling, K. (2003): The product centric approach: a solution to supply network information management problems?, in: Computers in Industry, 52. Jg., 2/2003, S. 147-159.

Kärkkäinen, M./Ala-Risku, T./Främling, K. (2004): Efficient tracking for short-term multi-company networks, in: International Journal of Physical Distribution & Logistics Management, 34. Jg., 7/2004, S. 545-564.

Kazazi, A./Keller, A. Z. (1993): Just-in-time Manufacturing Systems: A Literature Review, in: Industrial Management & Data Systems, 93. Bnd., 7/1993, S. 2-32.

Kazazi, A./Keller, A. Z. (1994): Benefits Derived from JIT by European Manufacturing Companies, in: Industrial Management & Data Systems, 94. Bnd., 10/1994, S. 12-14.

Kekre, S./Mukhopadhyay, T./Srinivasan, K. (2003): Modeling Impacts of Electronic Data Interchange Technology, in: Tayur, S./Ganeshan, R./Magazine, M. (Hrsg.): Quantitative Models for Supply Chain Management, Boston/Dordrecht/London, S. 359-380.

Kern, C. (2007): Anwendung von RFID-Systemen, 2. Aufl., Heidelberg.

Kiencke, U. (2006): Ereignisdiskrete Systeme. Modellierung und Steuerung verteilter Systeme, 2. Aufl., München.

Kim, E. (1994): Strategische Implikationen des EDI-Einsatzes bei den Geschäftstransaktionen, Bergisch Gladbach/Köln.

Kim, J. (2009): Activity-based framework for cost savings through the implementation of an ERP system, in: International Journal of Production Research, 47. Jg., 7/2009, S. 1913 - 1929.

Kim, S. W./Narasimhan, R. (2002): Information system utilization in supply chain integration efforts, in: International Journal of Production Research, 40. Jg., 18/2002, S. 4585-4609.

Kirsch, W. (1979): Die verhaltenswissenschaftliche Fundierung der Betriebswirtschaftslehre, in: Raffée, H./Abel, B. (Hrsg.): Wissenschaftstheoretische Grundfragen der Wirtschaftswissenschaften, München, S. 105-120.

Kirsch, W./Bamberger, I./Gabele, E./Klein, H. K. (1973): Betriebswirtschaftliche Logistik. Systeme, Entscheidungen, Methoden, Wiesbaden.

Kistner, K.-P. (1994): Die Substitution von Umlaufvermögen durch Anlagevermögen im Rahmen der Produktion auf Abruf, in: OR Spektrum, 16. Jg., 2/1994, S. 125-134.

Klaus, P. (2002): Die dritte Bedeutung der Logistik: Beiträge zur Evolution logistischen Denkens, Hamburg.

Knüpffer, W./Mautner, R. (2005): Aufbau integrierter Vertriebsstrukturen mit Online-Shops, in: Thome, R./Schnitzer, H./Hepp, M. (Hrsg.): Electronic Commerce und Electronic Business. Mehrwert durch Integration und Automation, 3. Aufl., München, S. 29-51.

Koether, R. (2001): Technische Logistik, 2. Aufl., München.

Kosiol, E. (1969): Die Unternehmung als wirtschaftliches Aktionszentrum: Einführung in die Betriebswirtschaftslehre, 3. Aufl., Reinbek b. Hamburg.

Kotani, S. (2007): Optimal method for changing the number of kanbans in the e-Kanban system and its applications, in: International Journal of Production Research, 45. Jg., 24/2007, S. 5789-5809.

Koufteros, X. A./Vonderembse, M. A./Doll, W. J. (1998): Developing measures of time-based manufacturing, in: Journal of Operations Management, 16. Jg., 1/1998, S. 21-41.

Krafcik, J. F. (1988): Triumph of the Lean Production System, in: Sloan Management Review, 30. Jg., 1/1988, S. 41-52.

Krcmar, H. (2003): Informationsmanagement, 3. Aufl., Berlin/Heidelberg/New York.

Krieg, G. N. (2005): Kanban-Controlled Manufacturing Systems, Berlin/ Heidelberg.

Krieger, W. (1995): Informationsmanagement in der Logistik. Grundlagen – Anwendungen – Wirtschaftlichkeit, Wiesbaden.

Kuhn, A./Hellingrath, B. (2002): Supply Chain Management. Optimierte Zusammenarbeit in der Wertschöpfungskette, Berlin et al.

Kuhn, H./Wensing, T. (2007): Abschätzung des zyklischen α-Servicegrads einer (r,S)-Lagerhaltungspolitik bei stochastischer Wiederbeschaffungszeit, in: Günther, H.-O./ Mattfeld, D. C./Suhl, L. (Hrsg.): Management logistischer Netzwerke. Entscheidungsunterstützung, Informationssysteme und OR-Tools, Heidelberg, S. 201-220

Kumar, C. S./Panneerselvam, R. (2007): Literature review of JIT-KANBAN system, in: International Journal of Manufacturing Technology, 32. Jg., 3-4/2007, S. 393-408.

Kummer, S. (2006): Einführung in die Verkehrswirtschaft, Wien.

Kurbel, K. (2005): Produktionsplanung und -steuerung im Enterprise Resource Planning und Supply Chain Management, 6. Aufl., München/Wien.

Lackes, R. (1989): EDV-orientiertes Kosteninformationssystem. Flexible Plankostenrechnung und neue Technologien, Wiesbaden.

Lackes, R. (1995): Just-in-time-Produktion. Systemarchitektur. Wissensbasierte Planungsunterstützung. Informationssysteme, Wiesbaden.

Lander, E./Liker, J. K. (2007): The Toyota Production System and art: making highly customized and creative products the Toyota way, in: International Journal of Production Research, 45. Jg., 16/2007, S. 3681-3698.

Landers, T. L./Cole, M. H./Walker, B./Kirk, R. W. (2000): The virtual warehousing concept, in: Transportation Research Part E, 36. Jg., 2/2000, S. 115-125.

Laßmann, G. (1983): Betriebsmodelle, in: Chmielewicz, K. (Hrsg.): Entwicklungslinien der Kosten- und Erlösrechnung, Stuttgart, S. 85-108.

Lauer, T. W. (2000): Side effects of mandatory EDI order processing in the automotive supply chain, in: Business Process Managment Journal, 6. Jg., 5/2000, S. 366-373.

Laux, H./Liermann, F. (2005): Grundlagen der Organisation. Die Steuerung von Entscheidungen als Grundproblem der Betriebswirtschaftslehre, 6. Aufl., Berlin/Heidelberg.

Lee, H. L./Billington, C. (1993): Material Management in Decentralized Supply Chains, in: Operations Research, 41. Jg., 5/1993, S. 835-847.

Lee, H. L./Özer, Ö. (2007): Unlocking the Value of RFID, in: Production and Operations Management, 16. Jg., 1/2007, S. 40-64.

Lee, H. L./Padmanabhan, V./Whang, S. (1997): Information Distortion in a Supply Chain: The Bullwhip Effect, in: Management Science, 43. Jg., 4/1997, S. 546-558.

Lee, Y. M./Cheng, F./Leung, Y. T. (2009): A quantitative view on how RFID can improve inventory management in a supply chain, in: International Journal of Logistics Research and Applications, 12. Jg., 1/2009, S. 23-43.

Lieberman, M. B./Demeester, L. (1999): Inventory Reduction and Productivity Growth: Linkages in the Japanese Automotive Industry, in: Management Science, 45. Jg., 4/1999, S. 466-485.

Liiv, I. (2007): Visualization and data mining method for inventory classification, in: (o. Hrsg.) Proceedings of the IEEE International Conference on Service Operations and Logistics, and Informatics, S. 1-6.

Lim, D./Palvia, P. C. (2001): EDI in strategic supply chain: impact on customer service, in: International Journal of Information Management, 21. Jg., 3/2001, S. 193-211.

Lindau, R./Lumsden, K. (1999): The use of automatic data capture systems in inventory management, in: International Journal of Production Economics, 59. Jg., 1-3/1999, S. 159-167.

Lipiski, W./Preparata, F. P. (1981): Efficient Algorithms for Finding Maximum Matchings in Convex Bipartite Graphs and Related Problems, in: Acta Informatica, 15. Jg., 4/1981, S. 329-346.

Little, J. D. C. (1961): A Proof for the Queuing Formula: $L= \lambda W$, in: Operations Research, 9. Jg., 3/1961, S. 383-387.

Liu, Q./Huang, D. (2006): Classifying ABC Inventory with Multicriteria Using a Data Envelopment Analysis Approach, in: IEEE Computer Society (Hrsg.): Proceedings of the Sixth International Conference on Intelligent Systems Design and Applications, Washington DC, S. 1185 - 1190.

Liu, R./Kumar, A./van der Aalst, W. (2007): A formal modeling approach for supply chain event management, in: Decision Support Systems, 43. Jg., 3/2007, S. 761-778.

Loebbecke, C./Powell, P. (1998): Competitive Advantage from IT in Logistics: The Integrated Transport Tracking System, in: International Journal of Information Management, 18. Jg., 1/1998, S. 17-27.

Lorenz, M. O. (1905): Methods of Measuring the Concentration of Wealth, in: Publications of the American Statistical Association, 9. Jg., 70/1905, S. 209-219.

Luhmer, A. (2001): „Just-in-time" und klassisches Losgrößenmodell – ein Widerspruch? Eine dynamische Analyse, in: Zeitschrift für Betriebswirtschaft, 71. Jg., Ergänzungsheft 2/2001, S. 31-48.

Lukka, K./Granlund, M. (2002): The fragmented communication structure within the accounting academia: the case of activity-based costing research genres, in: Accounting, Organizations and Society, 27. Jg., 1/2002, S. 165-190.

Lyons, A. C./Coronado Mondragon, A. E./Bremang, A./Kehoe, D. F./Coleman, J. (2005): Prototyping an information system's requirements architecture for customer-driven, supply-chain operations, in: International Journal of Production Research, 43. Jg., 20/2005, S. 4289-4319.

Mabert, V. A./Soni, A./Venkataramanan, M. A. (2001): Enterprise Resource Planning: Common Myths Versus Evolving Reality, in: Business Horizons, 44. Jg., 3/2001, S. 69-76.

Mackay, D./Rosier, M. (1996): Measuring organizational benefits of EDI diffusion: A case of the Australian automotive industry, in: International Journal of Physical Distribution & Logistics Management, 26. Jg., 10/1996, S. 60-78.

Malhotra, A./Gosain, S./El Sawy, O. A. (2007): Leveraging Standard Electronic Business Interfaces to Enable Adaptive Supply Chain Partnerships, in: Information Systems Research, 18. Jg., 3/2007, S. 260-279.

Marsh, L./Finch, E. (1998), Using portable data files in facilities management, in: Facilities, 16. Jg., 1-2/1998, S. 21-28.

Martin, H. (2004): Transport- und Lagerlogistik. Planung, Aufbau und Steuerung von Transport- und Lagersystemen, 5. Aufl., Wiesbaden.

Martinich, J. S. (1997): Production and Operations Management. An Applied Modern Approach, New York.

Marx, F.-J./Köhlmann, S. (2005): Bilanzielle Abbildung von Rücknahmeverpflichtungen nach HGB und IFRS, in: Betriebs-Berater, 60. Jg., 37/2005, S. 2007-2011.

Masak, D. (2006): Legacysoftware. Das lange Leben der Altsysteme, Berlin/ Heidelberg.

Mason-Jones, R./Towill, D. R. (1999): Using the Information Dexoupling Point to Improve Supply Chain Performance, in: The International Journal of Logistics Management, 10. Jg., 2/1999, S. 13-26.

Mayo, D. (1996): Error and the Growth of Experimental Knowledge, Chicago.

McCann, P./Fingleton, B. (1996): The Regional Agglomeration Impact of Just-in-time Input Linkages: Evidence from the Scottish Electronics Industry, in: Scottish Journal of Political Economy, 43. Jg., 5/1996, S. 493-518.

McFarlane, D. C./Sheffi, Y. (2003): The Impact of Automatic Identification on Supply Chain Operations, in: International Journal of Logistics Management, 14. Jg., 1/2003, S. 1- 17.

Meißner, S./Grinninger, J. (2007): Durchlaufzeitenstabilisierung in der Automobilfertigung. Methode der Analyse von Einflussgrößen auf die Auftragsreihenfolge, in: PPS Management. Zeitschrift für Produktion und Logistik, 12. Jg., 1/2007, S. 24-27.

Miltenburg, J. (2001): Computational complexity of algorithms for MRP and JIT production planning problems in enterprise resource planning systems, in: Production Planning & Control, 12. Jg., 2/2001, S. 198-209.

Miltenburg, J. (2007): Level schedules for mixed-model JIT production lines: characteristics of the largest instances that can be solved optimally, in: International Journal of Production Research, 45. Jg, 16/2007, S. 3555 - 3577.

Mistry, J. J. (2005): Origins of profitability through JIT processes in the supply chain, in: Industrial Management & Data Systems, 105. Bnd., 6/2005, S. 752-768.

Mönch, L. (2006): Agentenbasierte Produktionssteuerung komplexer Produktionssysteme, Wiesbaden.

Monden, Y. (1983): Toyota Production System: Practical Approach to Production Management, Norcross.

Montgomery, D. C./Woodall, W. H. (2008): An Overview of Six Sigma, in: International Statistical Review, 76. Jg., 3/2008, S. 329-346.

Moyaux, T./Chaib-draa, B./D´Amours, S. (2006): An Overview, in: Chaib-draa, B.; Müller, J. P. (Hrsg.): Multiagent-based Supply Chain Management, Berlin/ Heidelberg, S. 1-21.

Mukhopadhyay, S. K. (1995): Optimal scheduling of Just-in-time purchase deliveries, in: International Journal of Operations & Production Management, 15. Jg., 9/1995, S. 59-69.

Nagar, V./Rajan, M. V. (2001): The Revenue Implications of Financial and Operational Measures of Product Quality, in: The Accounting Review, 76. Jg., 4/2001, S. 495-513.

Nahmias, S. (2009): Production and Operations Analysis, 6. Aufl., New York.

Narasimhan, R./Kim, S. W. (2001): Information System Utilization Strategy for Supply Chain Integration, in: Journal of Business Logistics, 22. Jg., 2/2001, S. 51-75.

Neuburger, R. (1994): Electronic Data Interchange. Einsatzmöglichkeiten und ökonomische Auswirkungen, Wiesbaden.

Neumann, K. (1996): Produktions- und Operations-Management. Produktionsplanung – Produktionssteuerung – Produktionskontrolle, Berlin/Heidelberg.

Ng, W. L. (2007): A simple classifier for multiple criteria ABC analysis, in: European Journal of Operational Research, 177. Bnd., 1/2007, S. 344-353.

Nicolai, S. (2004): eSupply Chain Management als strategisches Managementkonzept, in: Wannenwetsch, H. H./Nicolai, S. (Hrsg.): E-Supply-Chain-Management. Grundlagen – Strategien – Praxisanwendungen, 2. Aufl., Wiesbaden.

Nicolaou, A. I. (2002): Adoption of Just-in-time and electronic data interchange systems and perceptions of cost management systems effectiveness, in: International Journal of Accounting Information Systems, 3. Jg., 1/2002, S. 35-62.

Noreen, E. (1991): Conditions Under Which Activity-Based Cost Systems Provide Relevant Costs, in: Journal of Management Accounting Research, 3. Jg., Fall/1991, S. 159-168.

Nurmilaakso, J.-M./Kotinurmi, P. (2004): A review of XML-based supply-chain integration, in: Production Planning & Control, 15. Jg., 6/2004, S. 608-621.

O. V. (2001): Supply Chain Operations Reference Model, o. O.

O. V. (2007a): Zeitenwende: Toyota überholt GM, in: Das Wirtschaftsstudium, 25. Jg., 5/2007, S. 620-621.

O. V. (2007b): EPC Information Service (EPCIS) Version 1.0.1 Specification, http://www.epcglobalinc.org/standards/epcis/, Abruf am 18.09.2010.

O. V. (2008): Schlussbericht für das BMBF-Projekt SUCULOG - Sustainable Net-by-Cube Logistics - im Rahmen der BMBF-Fördermaßnahme Innovationen als Schlüssel für Nachhaltigkeit in der Wirtschaft, Bremen.

O. V. (2010): Toyota's Recall Costs Could Top $5 Billion. Available from: http://online.wsj.com/article/SB10001424052748704145904575111341893725992.html , zuletzt abgerufen am 09.03.2010.

Ocaña, C./Zemel, E. 1996. Learning from Mistakes: A note on Just-in-time systems. Operations Research, 44. Jg., 1/1996, S. 206-214.

Ohno, T. (1988): Toyota production system: beyond large-scale production, Portland.

Olhager, J. (2002): Supply chain management: a Just-in-time perspective, in: Production Planning and Control, 13. Jg., 8/2002, S. 681-687.

Osterloh, M./Frost, J. (2006): Prozessmanagement als Kernkompetenz: wie Sie Business Reengineering strategisch nutzen können, 5. Aufl., Wiesbaden.

Otto, A. (2003): Supply Chain Event Management: Three Perspectives, in: The International Journal of Logistics Management, 14. Jg., 2/2003, S. 1-13.

Paiva E. L./ Roth, A. V./Fensterseifer, J. E. (2002): Focusing information in manufacturing: a knowledge management perspective, in: Industrial Management & Data Systems, 107. Bnd., 7/2002, S. 381-389.

Panichi, M. (1996): Wirtschaftlichkeitsanalyse produktionssynchroner Beschaffung mit Hilfe eines prozeßorientierten Logistikkostenmodells, Bergisch Gladbach/Köln.

Pareto, V. (1897): The New Theories of Economics, in: The Journal of Political Economy, 5. Jg., 4/1897, S. 485-502.

Partovi, F. Y./Anandarajan, M. (2002): Classifying inventory using an artificial neural network approach, in: Computers & Industrial Engineering, 41. Jg., 4/2002, S. 389-404.

Pawellek, G. (2007): Produktionslogistik. Planung – Steuerung – Controlling, München.

Pawellek, G./Best, D./Hinz, F. (1994): Produktionslogistik. Organisation und Steuerung kybernetisch optimieren, in: Zeitschrift für Planung, 63. Jg., 1/1994, S. 34-41.

Petersen, P. B. (2002): The misplaced origin of Just-in-time production methods, in: Management Decision, 40. Jg., 1/2002, S. 82-88.

Pflaum, A. (2001): Transpondertechnologie und Supply Chain Management: elektronische Etiketten – bessere Identifikationstechnologie in logistischen Systemen, Hamburg.

Pfohl, H.-C. (2004a): Logistiksysteme. Betriebswirtschaftliche Grundlagen, 7. Aufl., Berlin et al.

Pfohl, H.-C. (2004b): Logistikmanagement. Konzeption und Funktionen, 2. Aufl., Berlin/Heidelberg.

Pibernik, R. (2001): Flexibilitätsplanung in Wertschöpfungsnetzwerken, in: Zeitschrift für Betriebswirtschaft, 71. Jg., 8/2001, S. 893-913.

Picot, A./Reichwald, R. (1991): Informationswirtschaft, in: Heinen, E. (Hrsg.): Industriebetriebslehre. Entscheidung in Industriebetrieben, 9. Aufl., Wiesbaden, S. 242-391.

Picot, A./Reichwald, R./Wigand, R. T. (2003): Die grenzenlose Unternehmung. Information, Organisation und Management, 5. Aufl., Wiesbaden.

Piller, F. T. (1998): Kundenindividuelle Massenproduktion (Mass Customization) als wettbewerbsstrategisches Modell industrieller Wertschöpfung in der Informationsgesellschaft, Würzburg.

Pine II, B. J. (1993): Mass Customization. The New Frontier in Business Competition, Boston.

Pinedo, M. L. (2005): Planning and Scheduling in Manufacturing and Services, New York.

Plöger, M. (2007): Planned Obsolescence in Closed Loop-Logistics – Ein angebotspolitisches Instrument zur Koordination von Kreislaufwirtschaftssystemen, in: Haasis, H.-D. (Hrsg.): Nachhaltige Innovation in Produktion und Logistik, Frankfurt/M., S. 129-140.

Plöger, M. (2009): Agentenbasierte Steuerung flexibler Lagersysteme, in: Haasis, H.-D./Plöger, M. (Hrsg.): Flexible Lagersysteme. Von der Bestandshaltung zur produktionssynchronen Versorgung, Frankfurt/M.: Peter Lang Verlag, S. 125-151.

Plöger, M./Haasis, H.-D. (2008): Vereinnahmungsgerechte Just-in-sequence-Versorgung in Fertigungsverbünden, in: Zeitschrift für wirtschaftlichen Fabrikbetrieb, 103. Jg., 9/2008, S. 613-616.

Plöger, M./Haasis, H.-D./Siestrup, G. (2008): Dynamic Warehouse Sharing in Supply Chains. A Software-Based Multi-Agent Coordination Approach, in: Pawar, K. S./Lalwani, C. S./Banomyong, R. (Hrsg.): Integrating the Global Supply Chain. Proceedings of the 13th International Symposium on Logistics (ISL 2008), Bangkok, S. 364–372.

Pokrandt, B. (1993): Ein hierachisches Konzept zur Losgrößenplanung unter Just-in-time-Bedingungen, Frankfurt/M.

Popper, K. R. (1998): Objektive Erkenntnis. Ein evolutionärer Entwurf, 4. Aufl., Hamburg.

Porter, M. E./Millar, V. E. (1985): How information gives you competitive advantage, in: Harvard Business Review, 63. Jg., 4/1985, S. 149-161.

Preißler, P. R. (1999): Controlling. Lehrbuch und Intensivkurs, 11 Aufl., München/Wien.

Quiescenti, M./Bruccoleri, M./La Commare, U./Noto La Diega, S./Perrone, G. (2006): Business process-oriented design of Enterprise Resource Planning (ERP) systems for small and medium enterprises, in: International Journal of Production Research, 44. Jg., 18-19/2006, S. 3797-3811.

Rabinovich, E./Evers, P. T. (2002): Enterprise-wide adoption patterns of inventory management practices and information systems, in: Transportation Research Part E, 38. Jg., 6/2002, S. 389-404.

Raman, A./DeHoratius, N./Ton, Z. (2001): Execution: The Missing Link in Retail Operations, in: California Management Review, 43. Jg., 3/2001, S. 136-152.

Ramanathan, R. (2006): ABC inventory classification with multiple-criteria using weighted linear optimization, in: Computers & Operations Research, 33. Jg., 3/2006, S. 695-700.
Ramarapu, N. K./Mehra, S./Frolick, M. N. (1995): A comparative analysis and review of JIT "implementation" research, in: International Journal of Operations & Production Management, 15. Jg., 1/1995, S. 38-49.
Ranganathan, C./Brown, C. V. (2006): ERP Investments and the Market Value of Firms: Toward an Understanding of Influential ERP Project Variables, in: Information Systems Research, 17. Jg., 2/2006, S. 145-161.
Ranky, P. G. (2007): Engineering Management-Focused Radio Frequency Identification (RFID) Model Solutions, in: IEEE Engineering Management Review, 35. Jg., 2/2007, S. 20-30.
Rapp, T, (1999): Produktstrukturierung, Wiesbaden.
Richter, S. (1997): Die Bewertung produktionssynchroner Beschaffungen unter besonderer Berücksichtigung des Gebietsspediteur-Konzeptes, Göttingen.
Riebel, P. (1989): Probleme der Abbildung zeitlicher Strukturen im Rechnungswesen, in: Hax, H./Kern, W./Schröder, H.-H. (Hrsg.): Zeitaspekte in betriebswirtschaftlicher Theorie und Praxis, Stuttgart, S. 61-76.
Rössler, E. (2002): U-Boottyp XXI, 6. Aufl., Bonn.
Ruppert, M. (1997): Die Just-in-time-Beschaffung aus Sicht der Zulieferindustrie, Frankfurt/M. et al.
Saar, S./Thomas, V. (2003): Towards Trash That Thinks, in: Journal of Industrial Ecology, 6. Jg., 2/2003, S. 133-146.
Sahin, F./Robinson, E. P. (2002): Flow Coordination and Information Sharing in Supply Chains: Reviews, Implications, and Directions for Future Research, in: Decision Sciences, 3. Jg., 4/2002, S. 505-536.
Sakakibara, S./Flynn, B. B./Schroeder, R. G./ (1993): A Framework and Measurement Instrument for Just-in-time Manufacturing, in: Production and Operations Management, 2. Jg., 3/1993, S. 177-193.
Sakakibara, S./Flynn, B. B./Schroeder, R. G./Morris, W. T. (1997): The Impact of Just-in-time Manufacturing and Its Infrastructure on Manufacturing Performance, in: Management Science, 43. Jg., 9/1997, S. 1246-1257.
Sargent, T. A./Kay, M. G. (1995): Implementation and utilization of a decentralized storage system costing model, in: International Journal of Operations & Production Management, 15. Jg., 9/1995, S. 210-219.
Sarkar, D./Zangwill, W. I. (1991): Variance Effects in Cyclic Production Systems, in: Management Science, 37. Jg., 4/1991, S. 444-453.
Sarma, S. (2006): A History of the EPC, in: Garfinkel, S. (Hrsg.): RFID. Applications, Security, and Privacy, Upper Saddle River et al., S. 37-55.
Saygin, C./Sarangapani, J./Grasman, S. E. (2007): A System Approach to Viable RFID Implementation in the Supply Chain, in: Jung, H./Chen, F. F./Jeong,

B. (Hrsg.): Trends in Supply Chain Design and Management. Technologies and Methodologies, London, S. 3-28.

Scheer, A.-W./Grieble, O./Zhang, S. (2003): Collaborative Business Management, in: Kersten, W. (Hrsg.): E-Collaboration. Prozessoptimierung in der Wertschöpfungskette, Wiesbaden, S. 29-58.

Schiemenz, B. (1982): Betriebskybenetik, Stuttgart.

Schiemenz, B. (1997a): Kybernetik und Wirtschaftsinformatik, in: Mertens, P. et al. (Hrsg.): Lexikon der Wirtschaftsinformatik, 3. Aufl., Berlin/Heidelberg, S. 239-240.

Schiemenz, B. (1997b): Logistische Prozesssteuerung, in: Bloech, J./Ihde, G. B. (Hrsg.): Vahlens großes Logistiklexikon, München, S. 859-861.

Schiemenz, B./Schönert, O. (2005): Entscheidung und Produktion, 3. Aufl., München/Wien.

Schießl, M. (2007): Einzug ins globale Dorf, in: Der Spiegel, 61. Jg., 37/2007, S. 92f.

Schildbach, T. (1993): Vollkostenrechnung als Orientierungshilfe. Ein Rechtfertigungsversuch, in: Die Betriebswirtschaft, 53. Kg., 3/1993, S. 345-359.

Schildbach, T. (1997): Cost accounting in Germany, in: Management Accounting Research, 8. Jg., 3/1997, S. 261-276.

Schmidt, D. (2006): RFID im Mobile Supply Chain Event Management. Anwendungsszenarien, Verbreitung und Wirtschaftlichkeit, Wiesbaden.

Schneider, H. (1979a): Lieferbereitschaft bei sporadischem Bedarf, in: OR Spektrum, 1. Jg., 2/1979, S. 115-122.

Schneider, H. (1979b): Servicegrade in Lagerhaltungsmodellen, Berlin.

Schneider, H. M./Buzacott, J. A./Rücker, T. (2005): Operative Produktionsplanung und -steuerung. Konzepte und Modelle des Informations- und Materialflusses in komplexen Fertigungssystemen, München/Wien.

Schnetzler, M. J./Schönsleben, P. (2007): The contribution and role of information management in supply chains: a decomposition-based approach, in: Production Planning & Control, 18. Jg., 6/2007, S. 497-513.

Schniederjans, M. J./Cao, Q. (2000): A note on JIT purchasing vs. EOQ with a price discount: An expansion of inventory costs, in: International Journal of Production Economics, 65. Jg., 3/2000, S. 289-294.

Schniederjans, M. J./Cao, Q. (2001): An alternative analysis of inventory costs of JIT and EOQ purchasing, in: International Journal of Physical Distribution and Logistics Management, 31. Jg., 2/2001, S. 109-123.

Schniederjans, M. J./Olson, J. R. (1999): Advanced topics in Just-in-time management, 2. Aufl., Westport.

Schoch, T. (2005): Middleware für Ubiquitous-Computing-Anwendungen, in: Fleisch, E./Mattern, F. (Hrsg.): Das Internet der Dinge. Ubiquitous Computing und RFID in der Praxis, Berlin/Heidelberg, S. 119-140.

Schonberger, R. (1982): Japanese manufacturing techniques. Nine hidden lessons in simplicity, o. O.
Schonberger, R. J. (1987a): Just-in-time Replacing Complexity with Simplicity, in: Voss, C. A. (Hrsg.): Just-in-time Manufacture, Berlin et al., S. 3-13.
Schonberger, R. J. (1987b): The Kanban System, in: Voss, C. A. (Hrsg.): Just-in-time Manufacture, Berlin et al., S. 59-71.
Schröder, M. (2004): Zeitorientierte Gestaltung von Logistiknetzwerken. Strukturelle und prozessuale Optionen der Dislozierung, Lohmar.
Schulte, C. (2004): Logistik. Wege zur Optimierung der Supply Chain, 4. Aufl., München.
Schultmann, F./Fröhling, M./Rentz, O. (2002): Demontageplanung und -steuerung mit Enterprise-Resource- und Advanced-Planning-Systemen, in: Wirtschaftsinformatik, 44. Jg., 6/2002, S. 557-565.
Schulz, A. (1970): Gedanken zu einer Informationsbetriebslehre, in: Zeitschrift für Betriebswirtschaft, 40. Jg., 2/1970, S. 91-104.
Schützdeller, K. (1990): Modelle der produktionssynchronen Beschaffung und ihre Einsatzmöglichkeiten, 2. Aufl., Bergisch Gladbach/Köln.
Selhofer, H./Lilischkis, S./Karageorgos, G./O'Donnell, P. (2007): The European e-Business Report. 2006/07 Edition, Gare.
Selhofer, H./Lilischkis, S./Woerndl, M./Alkas, H./O'Donnell, P. (2008): The European e-Business Report 2008. The impact of ICT and e-business on firms, sectors and the economy, Gare.
Shah, R./Ward, P. T. (2007): Defining and developing measures of lean production, in: Journal of Operations Management, 25. Jg., 7/2007, S. 785-805.
Sheombar, H. S. (1992): EDI-induced Redesign of Co-ordination in Logistics, in: International Journal of Physical Distribution & Logistics Management, 22. Jg., 8/1992, S. 4-14.
Shepard, S. (2005): RFID. Radio Frequency Identification, New York.
Shingo, S. (1992): Das Erfolgsgeheimnis der Toyota Produktion, Landsberg/Lech.
Siestrup, G. (1999): Produktkreislaufsysteme. Ein Ansatz zur betriebswirtschaftlichen Bewertung produktintegrierter Umweltschutzstrategien in kreislaufwirtschaftsorientierten Produktionsnetzwerken, Berlin.
Simchi-Levi, D./Kaminski, P./Simchi-Levi, E. (2000): Designing and Managing the Supply Chain, New York.
Sinz, E. (1997): Modell, in: Mertens, P. et al. (Hrsg.): Lexikon der Wirtschaftsinformatik, 3. Aufl., Berlin, Heidelberg, S. 270.
Smith, A. D./Offodile, F. (2002): Information management of automatic data capture: an overview of technical developments, in: Information Management & Computer Security, 10. Jg., 2-3/2002, S. 109-118.
Spear, S. J. (2002): The essence of Just-in-time: embedding diagnostic tests in work-systems to achieve operational excellence, in: Production Planning & Control, 13. Jg., 8/2002, S. 754-767.

Spear, S. J. /Bowen, H. K. (1999): Decoding the DNA of the Toyota Production System, in: Harvard Business Review, 78. Jg., 5/1999, S. 97-106.

Spencer, M. S./Daugherty, P. J./Rogers, D. S. (1996): Logistics support for JIT implementation, in: International Journal of Production Research, 34. Jg., 3/1996, S. 701-714.

Srinivasan, K./Kekre, S./Mukhopadhyay, T. (1994): Impact of Electronic Data Interchange Technology on JIT Shipments, in: Management Science, 40. Jg., 10/1994, S. 1291-1304.

Stalk, G./Webber, A. M. (1993): Japan's Dark Side of Time, in: Harvard Business Review, 4/1993, S. 93-102.

Stefansson, G. (2002): Business-to-Business data sharing: A source for integration of supply chains, in: International Journal of Production Economics, 75. Jg., 1-2/2002, S. 135-146.

Stefansson, G./Tilanus, B. (2000): Tracking and tracing: Principles and practise, in: International Journal of Technology Management, 20. Jg., 3-4/2000, S. 252-271.

Steiner, G./Yeomans, S. (1993): Level Schedules for Mixed-Model, Just-in-time Processes, in: Management Science, 39. Jg., 6/1993, S. 728-735.

Steven, M. (2007): Handbuch Produktion. Theorie-Management-Logistik-Controlling, Stuttgart.

Steven, M./Krüger, R./Tengler, S. (2000): Informationssysteme für das Supply Chain Management, in: PPS Management. Zeitschrift für Produktionsplanung und -steuerung, 5. Jg., 2/2000, S. 15-23.

Stevens, G. C. (1989): Integrating the Supply Chain, in: International Journal of Physical Distribution and Materials Management, 19. Jg., 8/1989, S. 3-8.

Stölzle, W./Heusler, K. F./Karrer, M. (2004): Erfolgsfaktor Bestandsmanagement. Konzepte – Anwendung – Perspektiven, Zürich.

Strassner, M. (2005): RFID im Supply Chain Management. Auswirkungen und Handlungsempfehlungen am Beispiel der Automobilindustrie, Wiesbaden.

Sugimori, Y./Kusunoki, F./Cho, F./Uchikawa, S. (1977): Toyota production system and Kanban system. Materialization of Just-in-time and respect-for-human system, in: International Journal of Production Research, 15. Jg., 6/1977, S. 553-564.

Sugumaran, V./Dietrich, A. J./Kirn, S. (2005): Supporting mass customization with agent-based coordination, in: Information Systems and E-Business Management, 4. Jg., 1/2005, S. 83-106.

Surana, A./Kumara, S./Greaves, M./Raghavan, U. N. (2005): Supply-chain networks: a complex adaptive systems perspective, in: International Journal of Production Research, 43. Jg., 20/2005, S. 4235-4265.

Swamidass, P. M. (2007): The effect of TPS on US manufacturing during 1981-1998: inventory increased or decreased as a function of plant performance,

in: International Journal of Production Research, 45. Jg., 16/2007, S. 3763-3778.
Swenseth, S. R./Buffa, F. P. (1990): Just-in-time: Some Effects on the Logistics Function, in: The International Journal of Logistics Management, 1. Jg., 2/1990, S. 25-34.
Syska, A. (2006): Produktionsmanagement. Das A – Z wichtiger Methoden und Konzepte für die Produktion von heute, Wiesbaden.
Tan, G. W./Shaw, M. J./Fulkerson, B. (2000): Web-based Supply Chain Management, in: Information Systems Frontier, 2. Jg., 1/2000, S. 41-55.
Tarn, J. M./Yen, D. C./Beaumont, M. (2002): Exploring the rationales for ERP and SCM integration, in: Industrial Management & Data Systems, Band 102, 1-2/2002, S. 26-34.
Tempelmeier, H. (2006a): Bestandsmanagement in Supply Chains, 2. Aufl., Norderstedt.
Tempelmeier, H. (2006b): Material-Logistik. Modelle und Algorithmen für die Produktionsplanung und -steuerung in Advanced Planning-Systemen, 6. Aufl., Berlin/Heidelberg.
Tempelmeier, H./Schröer, K./Schwarz, M. (2006): Simultane Optimierung der Taktzeiten und Puffergrößen im Karosseriebau, in: Zeitschrift für wirtschaftlichen Fabrikbetrieb, 101. Jg., 1-2/2006, S. 35-41.
Ten Hompel, Michael (2006): Das Internet der Dinge – Potenziale autonomer Objekte und selbstorganisierter Systeme in der Intralogistik, in: Arnold, D. (Hrsg.): Intralogistik. Potential, Perspektiven, Prognosen, Berlin/Heidelberg, S. 266-275.
Tersine, R. J./Humminbird, E. A. (1995): Lead-time reduction: the search for competitive advantage, in: International Journal of Operations & Production Management, 15. Jg., 2/1995, S. 8-18.
Themistocleous, M./Irani, Z./Lover, P. E. D. (2004): Evaluating the integration of supply chain information systems: A case study, in: European Journal of Operational Research, 159. Jg., 2/2004, S. 393-405.
Thonemann, U. (2005): Operations Management. Konzepte, Methoden und Anwendungen, München.
Thun, J.-H./Drüke, M./ Silveira-Camargos, V. (2007): Just In Sequence – Eine Erweiterung des Just In Time Durch Sequenzlieferung, in: Logistik Management, 9. Jg., 2/2007, S. 19-30.
Thun, J.-H./Marble, R. P./Silveira-Camargos, V. (2007): A Conceptual Framework and Empirical Results of the Risk and Potential of Just-in Sequence – A Study of the German Automotive Industry, in: Journal of Operations and Logistics, 1. Jg., 2/2007, S. S. I.1-I.13.
Toutenburg, H./Knöfel, P. (2008): Six Sigma. Methoden und Statistik für die Praxis, Berlin/Heidelberg.

Towill, D. R. (2007): Exploiting the DNA of the Toyota Production System, in: International Journal of Production Research, 45. Jg., 16/2007, S. 3619-3637.

Truman, G. E. (2000): Integration in Electronic Exchange Environments, in: Journal of Management Information Systems, 17. Jg., 1/2000, S. 209-244.

Tsou, J.-C./Chen, J.-M. (2005): Dynamic Model for a Defective Production System with Poka-Yoke, in: The Journal of the Operational Research Society, 56. Jg., 7/2005, S. 799-803.

Tsung, F. (2000): Impact of Information Sharing on Statistical Quality Control, in: IEEE Transactions on Systems, Man and Cybernetics – Part A: Systems and Humans, 30. Jg., 2/2000, S. 211-216.

Tuma, A./Franke, S./Haasis, H.-D. (1999): Gestaltungsanforderungen an eine zukunftsorientierte Produktionssteuerung, in: Tuma, A./Franke, S./Haasis, H.-D. (Hrsg.): Innovation in der Produktionssteuerung, Marburg, S. 9-17.

Tyworth, J. E./O'Neill, L. (1997): Robustness of the Normal Approximation of Lead-Time Demand in a Distribution Setting, in: Naval Research Logistics, 44. Jg., 2/1997, S. 165-186.

Ulrich, P./Hill, W. (1979): Wirtschaftstheoretische Aspekte ausgewählter betriebswirtschaftlicher Konzeptionen, in: Raffée, H./Abel, B. (Hrsg.): Wissenschaftstheoretische Grundfragen der Wirtschaftswissenschaften, München, S. 161-190.

Upton, D. (1998) Just-in-time and performance measurement systems, in: International Journal of Operations & Production Management, 18. Jg., 11/1998, S. 1101-1110.

Urban, K.-P. (2004): Planung von Just-in-time-Belieferung mit lokalen Suchverfahren, Lüneburg.

Vahrenkamp, R. (2007): Logistik. Management und Strategien, 6. Aufl., München.

Vahrenkamp, R./Becker, T. (2005): Entwicklungsperspektiven für Zulieferpark-Modelle. Klassische Automobil-Zulieferparks in der Kritik, in: Logistik für Unternehmen, 19. Jg., 1-2/2005, S. 17-19.

Van der Heijden, M. C./De Kok, A. G. (1992): Customer Waiting Times in an (R,S) Inventory System with Compound Poisson Demand, in: ZOR - Methods and Models of Operations Research, 36. Jg., 4/1992, S. 315-332.

Van Dorp, K.-J. (2002): Tracking and tracing: a structure for development and contemporary practices, in: Logistics Information Management, 15. Jg., 1/2002, S. 24-33.

VDA-Norm 4905 (1996): Datenfernübertragung von Lieferabrufen,
http://www.vda.de/de/publikationen/publikationen_downloads/detail.php?id=192, Abruf am 06.09.2010.

VDA-Norm 4906 (1993): Datenfernübertragung von Rechnungen,
http://www.vda.de/de/publikationen/publikationen_downloads/detail.php?id=76, Abruf am 06.09.2010.

VDA-Norm 4913 (1996): Datenfernübertragung von Lieferschein- und Transportdaten (einschließlich Abwicklung externer Dienstleister),
http://www.vda.de/de/publikationen/publikationen_downloads/detail.php?id=80, Abruf am 06.09.2010.

VDA-Norm 4916 (1991): Datenfernübertragung von produktionssynchronen Abrufen,
http://www.vda.de/de/publikationen/publikationen_downloads/detail.php?id=83, Abruf am 06.09.2010.

VDI 2860 (1990): Montage- und Handhabungstechnik. Handhabungsfunktionen, Handhabungseinrichtungen; Begriffe, Definitionen, Symbole, VDI-Handbuch Betriebstechnik, Teil 3, Berlin.

VDI 3600 (2001): Prozesse und Prozessorientierung in der Produktionslogistik am Beispiel der Automobilindustrie, VDI-Handbuch Materialfluss und Fördertechnik, Band 7, Berlin.

VDI 3619 (1983): Sortiersysteme für Stückgut, VDI-Handbuch Materialfluss und Fördertechnik, Band 5, Berlin.

Virnich, M./Posten, K. (1986): Handbuch der maschinell lesbaren Belege und Ausweise. Codierte Datenträger als Voraussetzung für eine fortschrittliche Betriebsdatenerfassung in Produktion und Verwaltung, Köln.

Viswanathan, S./Widiarta, H./Piplani, R. (2007): Value of information exchange and synchronization in a multi-tier supply chain, in: International Journal of Production Research, 45. Jg., 21/2007, S. 5057-5074.

Vokurka, R. J./Lummus, R. R. (2000): The Role of Just-in-time in Supply Chain Management, in: International Journal of Logistics Management, 11. Jg., 1/2000, S. 89-98.

von Kortzfleisch, H. (1973): Information und Kommunikation in der industriellen Unternehmung, in: Zeitschrift für Betriebswirtschaft. 43. Jg., 8/1973, S. 549 - 560.

Wacker, J. G. (2004): A theory of formal conceptual definitions: developing theory-building measurement instruments, in: Journal of Operations Management, 22. Jg., 6/2004, S. 629-650.

Wahl, H./Dörr, M./Wohlfarth, G. (2006): Anforderungen an die softwaretechnische Umsetzung – Wie werden die Prozesse durch die IT unterstützt?, in: Gehr, F.; Hellingrath, B. (Hrsg.): Logistik in der Automobilindustrie. Innovatives Supply Chain Management für wettbewerbsfähige Zulieferstrukturen, Berlin/ Heidelberg, S. 102-105.

Walter, T. (1996): Qualitätsmanagement für die Einführung bestandsarmer Produktionskonzepte, Stuttgart.

Walton, S. V./Gupta, J. N. D. (1999): Electronic data interchange for process change in an integrated supply chain, in: International Journal of Operations & Production Management, 19. Jg., 4/1999, S. 372-388.

Wan, H.-D./Chen, F. F. (2008): A Web-based Kanban system for job dispatching, tracking, and performance monitoring, in: International Journal of Advanced Manufacturing Technology, 38. Jg., 9-10/2008, S. 995-1005.

Wang, E. T. G./Seidmann, A. (1995): Electronic Data Interchange: Competitive Externalities and Strategic Implementation Policies, in: Management Science, 41. Jg., 3/1995, S. 401-418.

Wang, Z.-J./Xu, X.-F./Zhan, D.-C. (2006): Component reuse based agile reconfiguration for Enterprise Resource Planning (ERP) systems in manufacturing enterprises, in: International Journal of Producton Research, 44. Jg., 23/206, S. 5107-5129.

Warburton, R. D. H. (2004): An Analytical Investigation of the Bullwhip Effect, in: Production and Operations Management, 13. Jg., 2/2004, S. 150-160.

Ward, P./Zhou, H. (2006): Impact of Information Technology Integration and Lean/Just-in-time Practices on Lead-Time Performance, in: Decision Sciences, 37. Jg., 2/2006, S. 177-203.

Waters-Fuller, N. (1995): Just-in-time purchasing and supply: a review of the literature, in: International Journal of Operations & Production Management, 15. Jg., 9/1995, S. 220-236.

Waters-Fuller, N. (1996): The benefits and costs of JIT sourcing. A study of Scottish suppliers, in: International Journal of Physical Distribution & Logistics Management, 26. Jg., 4/1996, S. 35-50.

Weber, A. (1909): Über den Standort der Industrien, 1. Teil: Reine Theorie des Standorts, Tübingen.

Weber, R. (2007): Kanban-Einführung. Das effiziente, kundenorientierte Logistik- und Steuerungskonzept für Produktionsbetriebe, 5. Aufl., Renningen.

Wecker, G. (1993): Intelligente Logistikkonzepte erfordern Umdenken in der Spedition bei Industrie und Handel, in: (o. Hrsg.): Spedition. Glied der Logistikkette, Düsseldorf.

Weid, H. (1995): Wettbewerbsvorteile durch Electronic Data Interchange (EDI). Analyse betrieblicher Effekte des Einsatzes zur zwischenbetrieblichen Kommunikation zwischen Lieferant und Abnehmer, München.

Werner, S./Kellner, M./Schenk, E./Weigert, G. (2003): Just-in-sequence material supply – a simulation based solution in electronics production, in: Robotics and Computer Integrated Manufacturing, 19. Jg., 1-2/2003, S. 107-111.

Westphal, J. R. (2001): Komplexitätsmanagement in der Produktionslogistik. Ein Ansatz zur flussorientierten Gestaltung und Lenkung heterogener Produktionssysteme, Wiesbaden.

Weyer, M. (2002): Das Produktionssteuerungskonzept Perlenkette und dessen Kennzahlensystem, Karlsruhe.

Whitaker, J./Mithas, S./Krishnan, M. S. (2007): A Field Study of RFID Deployment and Return Expectations, in: Production and Operations Management, 16. Jg., 5/2007, S. 599-612.

White, A./Johnson, M./Wilson, H. (2008): RFID in the supply chain: lessons from European early adopters, in: International Journal of Physical Distribution & Logistics Management, 38. Jg., 2/2008, S. 88-107.

Wiechern, A. (2004): Just-in-time-Beschaffung und Macht. Eine theoretische und empirische Analyse zu den veränderten Beschaffungsstrategien deutscher Automobilhersteller, Diss. HWP Hamburg.

Wiener, N. (1948): Cybernetics: Control and Communication in the animal and the machine, Cambridge.

Wildebrand, H. (2009): Kundenindividuelle Massenproduktion zur Bewältigung überkapazitätsbedingter Unternehmenskrisen, Frankfurt/M.

Wildemann, H. (2000a): Durchlaufzeit-Controlling, in: Götze, U./Mikus, B./ Bloech, J. (Hrsg.): Management und Zeit, Heidelberg, S. 397-420.

Wildemann, H. (2000b): Von Just-in-time zu Supply Chain Management, in: Wildemann, H. (Hrsg.): Supply Chain Management, München, S. 49-86.

Wildemann, H. (2001): Das Just-in-time Konzept – Produktion und Zulieferung auf Abruf, 5. Aufl., München.

Wildemann, H. (2003): Supply Chain Management. Effizienzsteigerung in der unternehmensübergreifenden Wertschöpfungskette, München.

Wildemann, H. (2004): Der Wertbeitrag der Produktion – Entwicklungspfade von Produktionssystemen, in: Zeitschrift für Betriebswirtschaft, 74. Jg., 4/2004, S. 385-404.

Wildemann, H./Faust, P. (2004): Partnerschaftliche Prozessoptimierung. Just-in-sequence-Audits in der Automobilindustrie, in: Zeitschrift für wirtschaftlichen Fabrikbetrieb, 99. Jg., 4/2004, S. 157-161.

Wittmann, W. (1959): Unternehmung und unvollkommene Information. Unternehmerische Vorsicht – Ungewißheit und Planung, Opladen/Köln.

Wright, T. P. (1936): Factors affecting the cost of airplanes, in: Journal of the Aeronautical Sciences, 3. Jg., 4/1936, S. 122-128.

Wu, M./Low, S. P. (2005a): EOQ with a Price Discount Versus JIT Purchasing: An Alternative Analysis in the Ready-Mixed Concrete Industry, in: Journal of Construction Research, 6. Jg., 1/2005, S. 47-69.

Wu, M./Low, S. P. (2005b): Re-modeling EOQ and JIT purchasing for performance enhancement in the ready mixed concrete industries of Chogqing, China and Singapore, in: International Journal of Productivity and Performance Management, 54. Jg., 4/2005, S. 256-277.

Wu, M./Low, S. P. (2006): EOQ, JIT and fixed costs in the ready-mixed concrete industry, in: International Journal of Production Economics, 102. Jg., 1/2006, S. 167-180.

Wu, M./Low, S. P. (2007): Modeling Just-in-time purchasing in the ready mixed concrete industry, in: International Journal of Production Economics, 107. Jg., 1/2007, S. 190-201.

Xu, H./Nord, J. H./Brown, N./Nord, G. D. (2002): Data quality issues in implementing an ERP, in: Industrial Management & Data Systems, 102. Bnd., 1/2002, S. 47-58.

Yagyu, S. (2007): Das synchrone Managementsystem: Wegweiser zur Neugestaltung der Produktion auf Grundlage des synchronen Produktionssystems, Heidelberg.

Yavuz, M./Akçali, E. (2007): Production smoothing in Just-in-time manufacturing systems: a review of the models and solution approaches, in: International Journal of Production Research, 45. Jg., 16/2007, S. 3579-3597.

Zachcial, M. (2010): Modal Split Functions for Simulating Decisions on Shifting Cargo from Road to Sea, in: Grammenos, C. T. (Hrsg.): The Handbook of Maritime Economics and Business, 2. Aufl., London, S. 173-178.

Zangwill, W. I. (1992): The Limits of Japanese Production Theory, in: Interfaces, 22. Jg., 5/1992, S. 14-25.

Zäpfel, G. (1991): Produktionslogistik. Konzeptionelle Grundlagen und theoretische Fundierung, in: Zeitschrift für Betriebswirtschaft, 61. Jg., 2/1991, S. 209-235.

Zäpfel, G. (1996): Grundzüge des Produktions- und Logistikmanagements, Berlin/ New York.

Zäpfel, G./Piekarz, B. (1998): Regelkreisbasiertes Supply Chain Controlling, in: Wildemann, H. (Hrsg.): Innovation in der Produktionswirtschaft – Produkte, Prozesse, Planung und Steuerung, München, S. 45-96.

Zhou, P./Fan, L. (2007): A note on multi-criteria ABC inventory classification using weighted linear optimization, in: European Journal of Operational Research, 182. Bnd., 3/2007, S. 1488-1491.

Wertschöpfungsmanagement
Value-Added Management

Herausgegeben von/ Edited by Hans-Dietrich Haasis

Band 1 Hans-Dietrich Haasis (Hrsg.): Nachhaltige Innovation in Produktion und Logistik. 2007.

Band 2 Sebastian Gabriel: Prozessorientiertes Supply Chain Risikomanagement. Eine Untersuchung am Beispiel der Construction Supply Chain für Offshore-Wind-Energie-Anlagen. 2007.

Band 3 Christian Geßner: Unternehmerische Nachhaltigkeitsstrategien. Konzeption und Evaluation. 2008.

Band 4 Hendrik Wildebrand: Kundenindividuelle Massenproduktion zur Bewältigung überkapazitätsbedingter Unternehmenskrisen. 2009.

Band 5 Annika Stelter: Siedlungsentwicklung und Energielogistik in Deutschland im Spannungsfeld von Zentralität und Dezentralität. 2009.

Band 6 Hans-Dietrich Haasis / Marco Plöger (Hrsg.): Flexible Lagersysteme. Von der Bestandshaltung zur produktionssynchronen Versorgung. 2009.

Band 7 Matthias Schmidt: Mass Customization auf dem Chinesischen Automobilmarkt. Logistische und produktionswirtschaftliche Handlungserfordernisse für Auslandswerke. 2009.

Band 8 Matthias Bastian Theubert: Steuerung der Leercontainerströme. Simultane, dezentral koordinierte Allokation verfügbarer Ressourcen auf Basis der Vickrey-Auktion. 2010.

Band 9 Sebastian Lorenz: Wissensmanagement in unternehmensübergreifenden Forschungsprojekten im internationalen Umfeld. 2010.

Vol. 10 Michael Wehrheim: The Buy or Lease Decision. An Enhanced Theoretical Model Based on Empirical Analyses with Implications for the Container Financing Decision of Shipping Lines. 2011.

Vol. 11 Marco Plöger: Informationsintegration in der Just-in-Sequence-Logistik. Koordinationsansätze des Lean Managements zur logistischen Prozesssynchronisation. 2011.

www.peterlang.de

FSC
www.fsc.org
MIX
Papier | Fördert gute Waldnutzung
FSC® C083411

Kolibri 360 GmbH
Ferdinand-Jühlke-Straße 7
99095 Erfurt, Deutschland
produktsicherheit@kolibri360.de